污水处理厂
运行和管理问答

王福浩　主编

朱四富　沈晓南　副主编

第三版
3rd Edition

化学工业出版社

·北京·

内容简介

本书内容主要包括城市污水处理概述、污水处理工程的调试运行、污水处理厂的工艺运行和管理、污水处理厂生产保障系统的运行和管理、污水处理厂化验室的运行和管理、污水处理厂生产及设备管理、污水处理厂的安全生产管理、污水处理厂的管理职责和行政管理、污水处理厂的运行指标管理、污水处理成本及管理、污水处理厂的清洁生产。本书可以使读者在旧厂升级改造、提标扩容、新厂调试运行、培训新职工中遇到问题时能及时得到解答并获得相应的知识和经验。

本书与《污水处理设备操作维护问答（第三版）》相互配套，可作为污水处理厂、污水处理站运行和管理人员、技术人员和操作人员的培训用书，也可作为环保公司的工程设计人员、调试人员的自学参考书，还可作为高等学校环境工程和给排水工程专业师生的学习参考书。

图书在版编目（CIP）数据

污水处理厂运行和管理问答 / 王福浩主编； 朱四富，沈晓南副主编 . — 3 版 . — 北京： 化学工业出版社，2024.3

ISBN 978-7-122-44477-6

Ⅰ．①污… Ⅱ．①王… ②朱… ③沈… Ⅲ．①污水处理厂-运行-问题解答②污水处理厂-管理-问题解答Ⅳ．①X505-44

中国国家版本馆 CIP 数据核字（2023）第 225310 号

责任编辑：董　琳　　　　　　　　装帧设计：韩　飞
责任校对：王　静

出版发行：化学工业出版社
　　　　　（北京市东城区青年湖南街 13 号　邮政编码 100011）
印　　刷：三河市航远印刷有限公司
装　　订：三河市宇新装订厂
787mm×1092mm　1/16　印张 19　字数 458 千字
2024 年 3 月北京第 3 版第 1 次印刷

购书咨询：010-64518888　　　　　售后服务：010-64518899
网　　址：http://www.cip.com.cn
凡购买本书，如有缺损质量问题，本社销售中心负责调换。

定　　价：　128.00 元　　　　　　　　版权所有　违者必究

前　言

　　根据国家《"十四五"重点流域水环境综合治理规划》要求，对全国的城镇污水处理提出了更高的标准，出水水质需达到《城镇污水处理厂污染物排放标准》（GB 18918—2002）中一级 A 标准，有些区域更要求达到《地表水环境质量标准》（GB 3838—2002）中的类Ⅳ类标准，各地纷纷对现有污水处理厂进行改扩建和提标，以适应更高的标准。同时，为达到"双碳"目标，节能降耗、污水污泥资源化的新技术，如污泥消化、污水源热泵、污泥高干脱水、原水碳源利用、能源综合管理等已广泛应用于污水处理厂。因此，相应地对污水处理厂运行和管理也提出了更加严格的考核标准和监管指标。

　　本书是在《污水处理厂运行和管理问答（第二版）》的基础上修订而成，编者根据近十年来的实际运行经验，结合新的污水处理国家标准，以及新工艺、新技术的广泛应用与实践，对第二版书内容进行了补充和完善。本书的修订可更好地为污水处理厂（站）的运行、管理提供参考和借鉴，更好地服务于污水处理操作管理人员的岗位培训。

　　本书共分为 11 章，包括城市污水处理概述、污水处理工程的调试运行、污水处理厂的工艺运行和管理、污水处理厂生产保障系统的运行和管理、污水处理厂化验室的运行和管理、污水处理厂生产及设备管理、污水处理厂的安全生产管理、污水处理厂的管理职责和行政管理、污水处理厂的运行指标管理、污水处理成本及管理、污水处理厂的清洁生产。

　　本书第 1 章修正了现行国家标准并明确了标准适用的环节及范围；第 2 章增加了 MBR膜工艺的安装调试；第 3 章增加了 MBR 及磁混凝系统的运行与管理；第 4 章增加了污水源热泵系统的运行与管理；第 10 章增加了 BOT 模式下的水价确定原则；新增了第 11 章清洁生产内容。本书可以使读者在旧厂升级改造、提标扩容、新厂调试运行、培训新职工中遇到问题时能及时得到解答并获得相应的知识和经验。

　　在本书的编写过程中，青岛水务集团有限公司牟晓伟，青岛张村河污水处理厂荆玉姝、王丽艳、王黎佳，青岛海泊河污水处理厂霍宏宇、崔常桂、薛腾飞、刘静、张少帅、丁鑫，青岛海湾中水有限公司唐晓虎，青岛水务集团环境能源有限公司顾凯、苗露、侯迪，青岛水务集团排水分公司汪剑等也参加了本书的编写，并做了大量的资料收集、整理工作，第二版副主编谢经良教授继续给予了全面指导，上海市政工程设计研究总院（集团）有限公司、山东省城镇供排水协会也给予了大力支持，借本书出版之际，一并表示诚挚的感谢。

　　由于编者的水平和实践经验有限，书中难免有不全面和疏漏之处，敬请专家、读者批评指正。

编者

2023 年 10 月

第一版前言

随着我国改革开放和经济的快速发展，以及南水北调、三峡电站等工程的建设，人们的环保意识日益增强，国家对环境保护的要求和环境污染控制政策愈加严格。在这种情况下，我国的污水处理行业得到较快的发展，工业污水处理站、城镇污水处理厂纷纷建立。但若真正达到环境污染的有效控制，就必须运行管理好这些污水处理站、污水处理厂，因此相关的管理人员、运行人员的培训势在必行。

目前，在污水处理站、污水处理厂的运行管理过程中，由于管理不到位，管理规章制度不健全，管理人员的知识、技术不全面，运行操作人员培训不及时，造成污水设备、设施故障频繁，运行不稳定，管理不完善，从而影响污水处理正常运行，使污水处理出水水质不能稳定达标的现象时有发生。为配合污水处理管理人员、运行操作人员的培训，提高他们的管理水平和运行操作技术，特编写本书。

本书的主要内容是关于污水处理厂的运行和管理，与《污水处理设备操作维护问答》相互配套，面向污水处理厂运行管理人员进行培训。本书在广泛收集相关污水处理站、污水处理厂运行管理资料的同时，综合编者在实际运行管理工作过程中积累的实践经验，以问答的形式，就日常的运行管理，设备设施的维护管理等方面的问题进行了总结。全书共分10章，包括：城市污水处理基本知识；污水、污泥处理工艺运行和管理；污水处理厂的供电、供热、自动化控制及仪表、除臭、噪声控制等保障体系的运行和管理；化验室的组建及运行管理；污水处理厂的安全生产管理、行政管理、运行指标管理、成本核算管理等内容。

在本书的编写过程，青岛理工大学的白焕文教授，青岛麦岛污水处理厂的彭忠、朱四富，青岛海泊河污水处理厂的黄佳锐、王鹏、王强、于丽明，青岛李村河污水处理厂的武鹏崑，青岛团岛污水处理厂的华风山，青岛园林科研所的王少萍等亦参加了本书的编写，并做了大量的资料收集、整理工作，借此书出版之际，一并表示诚挚的感谢。

由于新型环保设备的研制开发突飞猛进，不断更新换代，运行管理不断地与国际接轨，走向市场化经营，再加上编者的水平和实践经验有限，书中难免存在疏漏，敬请专家、读者批评指正。

编者
2007 年 1 月

第二版前言

本书自 2007 年出版发行以来，作为新职工培训的教材，或者作为解决疑难问题的工具书，在污水处理厂的运行和管理中得到广泛应用，受到相关人员的好评。

根据国家十二五环境发展规划要求，对全国的城镇污水处理提出了更高的标准，出水水质需达到《城镇污水处理厂污染物排放标准》（GB 18918—2002）中一级 A 或 B 标准。各地纷纷对现有污水处理厂进行改扩建，以适应更高的标准。因此，相应地对污水处理运行和管理也提出了更加严格的考核标准和监管指标。在本次再版过程中，编者根据近些年来的实际经验，结合新的污水处理国家标准、引进的新工艺、新设备、新材料，对本书内容进行了相应的补充和完善。

本书共分 10 章，包括：城市污水处理基本知识；污水、污泥处理工艺运行和管理；污水处理厂的供电、供热、自动化控制及仪表、除臭、噪声控制等保障体系的运行和管理；化验室的组建及运行管理；污水处理厂的安全生产管理、行政管理、运行指标管理、成本核算管理等内容。

在第 3 章中增加了活性污泥法的 MSBR 工艺、生物膜法的 BIOSTRY 工艺、污泥厌氧消化工艺的运行和管理；在第 4 章中增加了沼气利用——综合热电联供方式、加药消毒工艺等；在第 6 章中增加了设备管理；在第 10 章增加了绩效考核办法等。使读者在旧厂升级改造、扩容提标与新厂调试运行、培训新职工中遇到问题时能及时得到解答并获得相应的知识和经验。

在本书的编写过程，青岛理工大学的白焕文教授，青岛麦岛污水处理厂的彭忠、朱四富、李丽、张玲、刘云英、王鹏、袁博，青岛海泊河污水处理厂的黄佳锐、王强、于丽明、高鹏、吴兆东、崔常桂、荆玉姝、顾凯、张宏，青岛李村河污水处理厂的安洪金，青岛团岛污水处理厂的华风山、刘如玲等亦参加了本书的编写，并做了大量的资料收集、整理工作，借此书出版之际，一并表示诚挚的感谢。

由于编者的水平和实践经验有限，书中难免有不全面和疏漏之处，敬请专家、读者批评指正。

编者

2012 年 7 月

目 录

第1章

城市污水处理概述

1.1 污水中的主要污染物有哪些？

答 污水中的主要污染物可分为：物理性污染、化学性污染和生物性污染三大类。

（1）物理性污染

① 热污染。污水的水温是污水水质的重要物理特性之一。污水处理过程中，水温过低（如低于5℃）或过高（如高于40℃）不仅会影响污水的生物处理效果，而且温度过高的污水排入水体后，造成受纳水体的水温异常升高，水中有毒物质毒性加剧，溶解氧降低，危害水生生物的生长甚至导致死亡。温度较高的污水主要来自热电厂及各种工艺冷却水。

② 悬浮物质污染。悬浮物是指水中含有的不溶性物质，包括固体物质、浮游生物及呈乳化状态的油类。它们主要来自生活污水、垃圾和采矿、建材、食品、造纸等工业产生的污水，或者是由于地面径流所引起的水土流失。悬浮物质的存在造成水质浑浊、外观恶化，改变水的颜色。

③ 放射性污染。污水中的放射性物质主要来自铀、镭等放射性金属的生产和使用过程，如放射性矿藏、核试验、核电站以及医院的同位素实验室等。放射性污染对人体的影响可以长期蓄积，引起潜在效应，诱发贫血、癌症等。

（2）化学性污染

① 无机无毒物污染。无机无毒物主要指无机酸、无机碱、一般无机盐以及氮、磷等植物营养物质。酸性、碱性污水主要来自矿山排水、化工、金属酸洗、电镀、制碱、碱法造纸、化纤、制革、炼油等多种工业污水。酸碱污水排入水体后会改变受纳水体的pH值，从而抑制或杀灭细菌或其他微生物的生长，削弱水体的自净能力，破坏生态平衡。此外，酸、

碱污染还能逐步地腐蚀管道、船舶和地下构筑物等设施。一般无机盐类是由于酸性污水与碱性污水相互中和以及它们与地表物质之间相互反应产生的。无机盐量的增多导致水中的溶解性固体增加，给工业用水和生活用水带来许多不利因素。

污水中的氮、磷是植物和微生物的主要营养物质。氮主要来源于氮肥厂、洗毛厂、制革厂、造纸厂等；磷的主要来源是磷肥厂和含磷洗涤剂。施用氮肥和磷肥的农田排水也会有残余的氮和磷。

当水体中氮、磷等植物营养物质增多时，可导致水体，特别是湖泊、水库、港湾、内海等水流缓慢的水域中的浮游植物及水草大量繁殖。这种现象称为水体的富营养化。富营养化可导致水中溶解氧减少，有些藻类还带有毒性，危害鱼类及水生动物的生存。更有甚者，过多的藻类残体可使湖泊变浅，最后形成水体老化和沼泽化。

② 无机有毒物污染。无机化学毒物包括金属和非金属两类。金属毒物主要为汞、铬、镉、铅、锌、镍、铜、钴、锰、钛、钒、铂和铋等，特别是前几种危害较大。如汞进入人体后被转化为甲基汞，在脑组织内积累，破坏神经功能，严重时造成死亡。镉中毒时引起全身疼痛，其中的镉取代了骨质中的钙，使骨骼软化、腰关节受损、骨节变形，有时还会引起心血管病。

金属毒物具有以下特点。

a. 不能被微生物降解，只能在各种形态间相互转化、分散。

b. 其毒性以离子态存在时最严重，金属离子在水中容易被带负电荷的胶体吸附，吸附金属离子的胶体可随水流迁移，但大多数会迅速沉降，因此重金属一般都富集在排污口下游一定范围内的底泥中。

c. 能被生物富集于体内，既危害生物，又通过食物链危害人体。

d. 重金属进入人体后，能够和生理高分子物质，如蛋白质等发生作用而使这些生理高分子物质失去活性，也可能在人体的某些器官积累，造成慢性中毒，其危害有时需 $10\sim20$ 年才能显露出来。

重要的非金属毒物有砷、氰、亚硝酸根等。如砷中毒时能引起中枢神经紊乱，诱发皮肤癌等。亚硝酸盐在人体内还能与仲胺生成亚硝胺，具有强烈的致癌作用。

③ 有机无毒物污染（需氧有机物污染）。有机无毒污染物主要包括生活污水、牲畜污水和某些工业污水中所含的碳水化合物、蛋白质、脂肪等有机物。这类有机物是不稳定的，在有氧条件下，经好氧微生物作用进行转化，消耗溶解氧，产生 CO_2、H_2O 等稳定物质；无氧条件下，可在厌氧微生物作用下进行转化，产生 H_2O、CH_4、CO 等稳定物质，同时放出硫化氢、硫醇等难闻气体。使水质变黑变臭，造成环境质量进一步恶化。这一类污染物质是目前水体中最普遍的一种污染物。

④ 有机有毒物污染。污染水体中的有机有毒物质种类很多，这类污染物质多属于人工合成的有机物质（如 DDT、六六六）、多环芳烃、芳香胺等污染物；这类污染物质的主要特征是化学性质稳定，很难被微生物分解，另一特征是它们以不同的方式和程度有害人类健康，是致畸、致突变物质。

⑤ 油类物质污染。有机油类污染物质包括石油类和动植物油类两项。它们进入水体后漂浮在水面上，形成油膜，隔绝阳光、大气与水体的联系，破坏水体的复氧条件，从而影响水生物、植物的生长。

(3) 生物性污染

生物污染物主要是指废水中的致病性微生物，包括致病细菌、病虫卵和病毒。未污染的天然水中细菌含量很低，当城市污水、垃圾淋溶水、医院污水等排入后将带入各种病原微生物。如生活污水中可能含有能引起肝炎、伤寒、霍乱、痢疾、脑炎的病毒和细菌以及蛔虫卵和钩虫卵等。

1.2　污水水质指标有哪些？

答　污水水质指标可分为：物理性指标、化学性指标和生物性指标三大类。

(1) 物理性指标

① 固体物质（TS）。水中固体物质是指在一定温度下将水样蒸发至干时所残余的固体物质总量，也称为蒸发残余物。按水中固体的溶解性可分为溶解性固体（DS）和悬浮性固体（SS）。溶解固体也称为总可滤残渣，是指溶于水的各种无机物质和有机物质的总和。在水质分析中，对水样进行过滤操作，滤液在 $103\sim105℃$ 温度下蒸干后所得到的固体物质即为溶解性固体。悬浮固体也称为总不可滤残渣，在水质分析中，将水样经 $0.45\mu m$ 滤膜过滤，凡不能通过滤器的固体颗粒物即为悬浮固体。

② 浑浊度。水中含有泥砂、纤维、有机物、浮游生物等会呈现浑浊现象。水体浑浊的程度可用浑浊度的大小来表示。所谓浑浊度是指水中的不溶物质对光线透过时所产生的阻碍程度。在水质分析中规定，$1L$ 水中含有 $1g$ SiO_2 所构成的浊度为一个标准浊度单位，简称为 1 度。浊度采用 NTU 单位。

③ 颜色。水的颜色有真色和表色之分。真色是由于水中所含溶解物质或胶体物质所致，即除去水中悬浮物质后所呈现的颜色。表色则是由溶解物质、胶体物质和悬浮物质共同引起的颜色。异常颜色的出现是水体受污染的一个标志。

水的物理性水质指标还有嗅味、温度、电导率等。

(2) 化学指标

① 化学需氧量（COD）。化学需氧量是指在一定条件下，用强氧化剂氧化污水中的有机物质所消耗的氧量。常用的氧化剂有高锰酸钾（$KMnO_4$）和重铬酸钾（$K_2Cr_2O_7$）。我国规定的污水检验标准采用重铬酸钾作为氧化剂，记作 COD_{Cr}，单位为 mg/L。由于 $K_2Cr_2O_7$ 氧化能力很强，能使污水中的 $85\%\sim95\%$ 以上的有机物被氧化。

COD_{Cr} 的测定较简便、迅速，测定时间只需 2h，用来指导生产较为方便，而且不受水质限制。但也有其缺点：由于污水中的还原性无机物也能消耗氧量，故 COD_{Cr} 值不能准确表示可被微生物氧化的有机物量。

② 生化需氧量（BOD）。由于污水中有机物种类繁多，现有技术难以分别测定各类有机物的含量（一般情况下也没有必要）。但污水中大多数有机污染物在微生物作用下氧化分解时皆需要氧，且有机物的数量同耗氧量的大小成正比。故生化需氧量成为广泛使用的污水水质指标。生化需氧量是指在温度、时间都一定的条件下，由于微生物的作用，水中能分解的有机物完全氧化分解时所消耗的溶解氧量，其单位为 mg/L。污水中有机物的分解过程一般可分为两个阶段。第一阶段为碳化阶段，即有机物中的碳被氧化为二氧化碳，有机物中的氮被转化为氨的过程。碳化阶段消耗的氧量称为碳化需氧量。第二阶段为硝化阶段，即氮在硝化细菌的作用下被氧化为亚硝酸根和硝酸根的过程。硝化阶段消耗的氧量称为硝

化需氧量。

微生物分解有机物的速率与温度和时间有密切关系。为了使测定的 BOD 值具有可比性，国家环境保护总局编制的《环境监测技术规范》中规定，将污水在 20℃ 温度下培养 5d，作为生化需氧量测定的标准条件。在此条件下测量所得结果即为 5 日生化需氧量，记作 BOD_5。如果测定的时间是 20d，则结果称为 20 日生化需氧量，记作 BOD_{20}。

BOD 值作为主要的有机物浓度指标，基本上反映了能被微生物氧化分解的有机物的量。但也存在某些条件下测定误差难以控制、反馈信息较慢等缺陷。

一般来说，对一定的污水而言，$COD > BOD_{20} > BOD_5$，BOD、COD 之间的差值大致反映了不能被生物降解的有机物含量。

③ 总有机碳（TOC）。总有机碳是指污水中所有有机物的含碳量。在 TOC 测定仪中，当样品在 950℃ 条件下燃烧时，样品中所有的有机碳和无机碳生成 CO_2，此即为总碳（TC）。当样品在 150℃ 条件下燃烧时，只有有机碳转化为 CO_2，剩余的即为总无机碳 TIC。总碳与无机碳之差即为总有机碳 TOC，即

$$TOC = TC - TIC$$

TOC 值近似地代表水样中全部有机物被氧化时耗去的氧量，COD 值与 TOC 值的换算系数为 2.57，即

$$1g \, TOC = 2.67g \, COD$$

④ 有机氮。有机氮是水中蛋白质、氨基酸、尿素等含氮有机物总量的一个水质指标。若使有机氮在有氧条件下进行生物氧化，可逐步分解为 NH_3、NH_4^+、NO_2^-、NO_3^- 等形态，NH_3 和 NH_4^+ 称为氨氮，NO_2^- 称为亚硝酸盐氮，NO_3^- 称为硝酸盐氮。有机氮与氨氮、亚硝酸盐氮、硝酸盐氮的总和则称为总氮（TN）。

⑤ pH 值。pH 值是指水中氢离子浓度的大小，即

$$pH \, 值 = -lg[H^+]$$

⑥ 有毒物质指标。水中的有毒物质主要包括氰化物、汞、砷化物、镉、铬、铅、酚等，它们的含量均作为单独的水质指标。

（3）生物指标

生物指标主要有细菌总数、大肠菌群数等。细菌总数是指 1mg 水中所含的各种细菌的总数；大肠菌群数是指每 1L 水中的大肠菌群个数。

1.3 怎样收集城市污水？城市污水流量是如何变化的？

答 在城市中，自来水主要用于市民生活、服务业和工业生产等，这些水在使用之后，约有 80% 的水变为污水排放。这些污水由污水管网汇流进入污水泵站，由污水泵站将这些污水简单地进行预处理：沉砂池除砂，粗格栅将大块漂浮物、悬浮物拦截，然后将污水送入污水处理厂，进行净化处理，达到国家规定的《城镇污水处理厂污染物排放标准》（GB 18918—2002）要求，才能最终排放。

城市污水流量随着城市活动的变化而不断变化，一般来说，大多数城市随着经济的发展，人口不断地增加，用水量及污水量也在逐年增长。污水处理厂所接纳的污水量随汇水面积内的企事业单位的增减和服务人口的多少而变化。污水量还随着居民的生活习惯而变化。如居民的上班前和下班后污水量处在高峰期；节假日居民消耗的水量和排污水量也处在高峰

期。后半夜大多数居民睡眠造成用水量大减，排污水量也大减。再有工业、企业、机关事业、学校、商业等白天活动多，夜间活动少，造成白天的用水量和排污水量要大于夜间的用水量和排污水量。

老城市中下水道有很多是雨污混流，在雨季雨水与污水混流，流量较大，可能会超过泵站和污水处理厂的设计量，发生溢流或淹没泵房。

1.4　污水处理工程如何执行污水排放标准？

答　按照国家综合排放标准与国家行业排放标准不交叉执行的原则，污水污泥排放标准如下。

(1) 排入城镇污水处理厂污水水质标准

《污水排入城镇下水道水质标准》（GB/T 31962—2015）。

(2) 污水处理厂排放标准

《城镇污水处理厂污染物排放标准》（GB 18918—2002）。近几年，随着对生态环境保护及修复力度加大，各地纷纷出台流域性地方标准，更多参照《地表水环境质量标准》（GB 3838—2002）中Ⅴ类、Ⅳ类、Ⅲ类的部分指标进行约束。

(3) 污水处理厂中水回用有关推荐标准

《城市污水再生利用　分类》（GB/T 18919—2002）；《城市污水再生利用　景观环境用水水质》（GB/T 18921—2019）；《城市污水再生利用　城市杂用水水质》（GB/T 18920—2020）；《城市污水再生利用　工业用水水质》（GB/T 19923—2005）。

(4) 污水处理厂污泥泥质有关标准

《城镇污水处理厂污染物排放标准》（GB 18918—2002）；《城镇污水处理厂污泥泥质》（GB/T 24188—2009）；《城镇污水处理厂污泥处置混合填埋用泥质》（GB 23485—2009）；《城镇污水处理厂污泥处置园林绿化用泥质》（GB/T 23486—2009）；《城镇污水处理厂污泥处置土地改良用泥质》（GB/T 24600—2009）；《城镇污水处理厂污泥处置制砖用泥质》（GB/T 25031—2010）；《农用污泥污染物控制标准》（GB 4284—2018）。

(5) 其他排水用户排放标准

《污水综合排放标准》（GB 8978—1996）。

1.5　《污水综合排放标准》是怎样分级的？

答　为贯彻《中华人民共和国环境保护法》《中华人民共和国水污染防治法》和《中华人民共和国海洋环境保护法》，控制水污染，保护江河、湖泊、运河、渠道、水库和海洋等地表水以及地下水水质的良好状态，保障人类的身体健康，维护生态平衡，促进国民经济和城乡建设的发展，制定了《污水综合排放标准》。

《污水综合排放标准》共分三级，标准规定：

① 排入 GB 3838 Ⅲ类水域（划定的保护区和游泳区除外）和排入 GB 3097 中二类海域的污水，执行一级标准；

② 排入 GB 3838 中Ⅳ、Ⅴ类水域和排入 GB 3097 中三类海域的污水，执行二级标准；

③ 排入设置二级污水处理厂的城镇排水系统的污水，执行三级标准。

1.6 城市污水处理后应怎样排放与利用？

答 城市污水经过处理后，有下面几条排放途径。

(1) 自然水体

如下游的河道、湖泊、海域等。这是城市污水处理后最常采用的出路，但排出的处理后的水应达到国家或地方相应的排放标准和总量控制标准，否则可能造成受纳水体遭受污染。

(2) 灌溉田地

灌溉田地可使处理后的水得到充分利用，但必须应符合《农田灌溉水质标准》（GB 5084—2021）使土壤与农作物免遭污染。

(3) 回用

排放水回用是最合理的出路，既可以有效地节约和利用有限的宝贵淡水资源，又可减少污水的排放量，减轻其对水环境的污染。城市污水经二级处理和深度处理后回用的范围很广，可以提供给企业工厂作冷却水用，也可以回用于生活杂用，如景观用水、园林绿化用水、浇洒道路、冲厕所等。

1.7 《中华人民共和国水污染防治法》关于污水排放的规定有哪些？

答 《中华人民共和国水污染防治法》规定，禁止向生活饮用水水源地和一级保护区的水体排放污水。

(1) 地表水污染防治方面

在生活饮用水源地、风景名胜区水体、重要渔业水体和其他有特殊经济文化价值的水体的保护区内，不得新建排污口。在保护区附近新建排污口，必须保证保护区水体不受污染。已有的排污口，排放污染物超过国家或者地方标准的，应当治理；危害饮用水源的排污口，应当搬迁。排污单位发生事故或者其他突然性事件，排放污染物超过正常排放量，造成或者可能造成水污染事故的，必须立即采取应急措施，通报可能受到水污染危害和损害的单位，并向当地环境保护部门报告。

禁止向水体排放油类、酸液、碱液或者剧毒废液；禁止在水体清洗装贮过油类或者有毒污染物的车辆和容器；禁止将含有汞、镉、砷、铬、铅、氰化物、黄磷等的可溶性剧毒废渣向水体排放、倾倒或者直接埋入地下；存放可溶性剧毒废渣的场所，必须采取防水、防渗漏、防流失的措施。禁止向水体排放或者倾倒放射性固体废弃物或者含有高放射性和中放射性物质的废水；向水体排放含低放射性物质的废水，必须符合国家有关放射防护的规定和标准；向水体排放含热废水，应当采取措施，保证水体的水温符合水环境质量标准，防止热污染危害；排放含病原体的污水，必须经过消毒处理；符合国家有关标准后，方准排放。

向农田灌溉渠道排放工业废水和城市污水，应当保证其下游最近的灌溉取水点的水质符合农田灌溉水质标准。利用工业废水和城市污水进行灌溉，应当防止污染土壤、地下水和农产品。船舶排放含油污水、生活污水，必须符合船舶污染物排放标准。从事海洋航运的船舶，进入内河和港口的，应当遵守内河的船舶污染物排放标准。船舶的残油、废油必须回收，禁止排入水体。

(2) 地下水污染防治方面

禁止企业事业单位利用渗井、渗坑、裂隙和溶洞排放、倾倒含有毒污染物的废水、含病原体的污水和其他废弃物；在无良好隔渗地层，禁止企业事业单位使用无防止渗漏措施的沟渠、坑塘等输送或者存贮含有毒污染物的废水、含病原体的污水和其他废弃物；在开采多层地下水的时候，如果各含水层的水质差异大，应当分层开采；对已受污染的潜水和承压水，不得混合开采；兴建地下工程设施或者进行地下勘探、采矿等活动，应当采取防护性措施，防止地下水污染；人工回灌补给地下水应符合相关水质标准，不得恶化地下水质。

1.8 污水处理工艺选择时应考虑的基本因素有哪些？

答 处理工艺流程选择时一般应考虑以下因素。

（1）废水水质

生活污水水质通常比较稳定，一般的处理方法包括酸化、好氧生物处理、消毒等。而工业废水应根据具体的水质情况进行工艺流程的合理选择。特别需要指出的是，对于采用好氧生物处理工艺处理废水来说，要注意废水的可生化性，通常要求 BOD/COD>0.3，如不能满足要求，可考虑进行厌氧生物水解酸化，以提高废水的可生化性，或是考虑采用非生物处理的物理或化学方法等。

（2）污水处理程度

这是污水处理工艺流程选择的主要依据。污水处理程度原则上取决于污水的水质特征、处理后水的去向和污水所流入水体的自净能力。但是目前，污水处理程度的确定主要依从国家的有关法律制度及技术政策的要求。通常环境管理部门是根据《污水综合排放标准》及相关的行业排放标准来控制污水的排放浓度，一些经济发展水平较高的地区还规定了更为严格的地方排放标准。因此，无论是何种需要处理的污水，也无论是采取何种处理工艺及处理程度，都应以处理系统的出水能够达标为依据和前提。按照法律、法规、政策的要求预防和治理水体环境污染。

（3）建设及运行费用

考虑建设与运行费用时，应以处理水达到水质标准为前提条件。在此前提下，工程建设及运行费用低的工艺流程应得到重视。此外，减少占地面积也是降低建设费用的重要措施。

（4）工程施工难易程度

工程施工的难易程度也是选择工艺流程的影响因素之一。如地下水位高，地质条件差的地方，就不适宜选用深度大、施工难度高的处理构筑物。

（5）当地的自然和社会条件

当地的地形、气候等自然条件也对废水处理流程的选择具有一定影响。如当地气候寒冷，则应采用在低温季节也能够正常运行，并保证水质达标的工艺。

当地的社会条件如原材料、水资源与电力供应等也是流程选择应当考虑的因素之一。

（6）污水的水量

除水质外，污水的水量也是影响因素之一。对于水量、水质变化大的污水，应首先考虑采用抗冲击负荷能力强的工艺，或考虑设立调节池等缓冲设施以尽量减少不利影响。

（7）处理过程中是否产生新的矛盾

污水处理过程中应注意是否会造成二次污染问题。例如制药厂废水中含有大量有机物质（如苯、甲苯、溴素等），在曝气过程中会有废气排放，对周围大气环境造成影响；化肥厂生产废水在采用沉淀、冷却处理后循环利用，在冷却塔尾气中会含有氰化物，对大气造成污染；农药厂乐果废水处理中，以碱化法降解乐果，如采用石灰做碱化剂，产生的污泥会造成二次污染；印染或染料厂废水处理时，污泥的处置成为重点考虑的问题。

总之，污水处理流程的选择应综合考虑各项因素，进行多种方案的技术经济比较才能得出结论。

1.9 常用的有关污水排放的国家标准有哪些？

答 国家已经颁布并正在使用的行业标准和综合排放标准有以下几种。

《污水综合排放标准》（GB 8978—1996）

《污水排入城镇下水道水质标准》（GB/T 31962—2015）

《地表水环境质量标准》（GB 3838—2002）

《城市污水再生利用 分类》（GB/T 18919—2002）

《城市污水再生利用 景观环境用水水质》（GB/T 18921—2019）

《城市污水再生利用 城市杂用水水质》（GB/T 18920—2020）

《城市污水再生利用 工业用水水质》（GB/T 19923—2005）

《城镇污水处理厂污染物排放标准》（GB 18918—2002）

《城镇污水处理厂污泥泥质》（GB/T 24188—2009）

《城镇污水处理厂污泥处置 混合填埋用泥质》（GB 23485—2009）

《城镇污水处理厂污泥处置 园林绿化用泥质》（GB/T 23486—2009）

《城镇污水处理厂污泥处置 土地改良用泥质》（GB/T 24600—2009）

《城镇污水处理厂污泥处置 制砖用泥质》（GB/T 25031—2010）

《农用污泥污染物控制标准》（GB 4284—2018）

《肉类加工工业水污染物排放标准》（GB 13457—1992）

《航天推进剂水污染物排放标准》（GB 14374—1993）

《兵器工业水污染物排放标准 火炸药》（GB 14470.1—2002）

1.10 清洁生产对城市污水处理的影响有哪些？

答 使用清洁的生产过程生产清洁产品，可以减少污染物的排放，也可以缩小与之配套的污水处理设施的处理规模，减少占地面积，节约基建投资。日常生产中使用清洁产品，生活污水中的处理就会变得相对简单起来，就可以在不进行较大改造的前提下利用现有的城市污水处理厂，提高城市污水的处理率。同时使中水处理过程变得简单，有利于中水利用的推广，进而提高水的重复利用率。

第2章

污水处理工程的调试运行

• 初步验收和单体试车

2.1　工程验收内容有哪些?

答　调试运行前应对各建筑物、构筑物及以及所安装的设备、工艺管道、各种阀门、仪器仪表、自控等进行验收。验收分为初步验收和最终验收两个阶段。

一般土建工程初步验收以后,施工单位保修一年,才能最终验收。设备和其他安装工程在其初步验收后也要经过一年的试运转、保修一年后才能最终验收。这样做的目的是让构建筑物、设备都要经过冷、热、潮湿等环境条件检验,充分暴露一些问题。在初步验收阶段要对建筑物、构筑物、设备等单项(体)进行试车验收,也叫单机(体)试车。

2.2　初步验收和单体试车应具备什么条件?

答　对土建工程的初步验收是分阶段的,许多单项(体)工程的验收应在施工同时进行。特别是隐蔽工程的验收,必须在下一道工序前组织验收。在建筑物、构筑物建好后组织初步验收时,尽可能查看可以看到的隐蔽工程,主要还是查阅施工各阶段中的隐蔽工程验收资料。如果资料不全或当时没有组织单项(体)隐蔽工程验收,应视为验收不合格。

对设备安装工程的初步验收是为了检查设备安装的质量和设备自身的质量是否符合设计的有关标准。安装工程也存在隐蔽工程的验收,如埋入地下的管道和在构筑物、建筑物体内的管道安装工程，防腐工程等。初步验收时如无相关的隐蔽工程验收记录或当时没有验收，也视为验收不合格。

具备初步验收条件的构筑物、建筑物和设备还应符合下列条件。

① 各建筑物、构筑物的全部施工结束。

② 各建筑物、构筑物的内部及外围应认真、彻底地清除全部建筑垃圾，卫生条件符合验收标准。

③ 安全防护设施、仪器，如灭火器、防 H_2S 毒气设备、防酸碱器具等，应按设计配齐安装完毕，以备试车时使用。

④ 被初验的设备应完成全部安装工作。

⑤ 设备外表应油漆一新，无碰痕、擦痕。设备内部该加油的按要求加至相应刻度。对于需要购买的润滑油或润滑脂应按设计要求的标准购买。

⑥ 土建工程和设备安装工程应由施工单位和质监单位准备好验收的表格，供验收时使用。有关图纸和验收标准应提前准备好并置于现场供验收时随时填表和查阅。

⑦ 试车前应对试车人员培训，掌握操作技能和取得各种必需的上岗证件后才能参加试车。参加试车前，有关人员应认真阅读有关资料，熟悉设备的机械、电气性能，做好单项（体）试车的技术准备。

⑧ 设备单体试车初步验收时应通知厂家或供货商到现场，引进国外设备的单体试车应在国外技术人员到场指导下进行。

2.3 初步验收前应接收哪些验收资料、文件？

答 初步验收前应接收三大类资料：工程综合类资料、工程技术类资料和竣工图类资料。

（1）工程综合类资料

主要包括项目建议书和批准文件；项目的可行性研究报告和批准文件；初步设计书；施工图设计书；环境影响评价书及批准文件；劳动安全评价书及批准文件；卫生防疫评价书及批准文件；消防评价书及批准文件；土地征用申报与批准文件与红线；拆迁补偿协议书；招标与投标文件；承包发包合同；施工执照；工程现场声像资料。

（2）工程技术类资料

主要包括工程地质、水文、气象、地震资料；地形、地貌、水准点、构建筑物、重要设备安装测量定位，观测记录；设计文件及审查批文、图纸会审和设计交底记录；工程项目开工、竣工报告；设计交付通知单、变更核实单；工程质量事故的调查和处理资料；材料、设备、构件的质量合格证明资料或相关试验、检验报告、隐蔽工程验收记录及施工日志。

（3）竣工图类资料

主要包括土建构建筑物竣工图；厂区工艺、进出水管线、检查井、压力井、阀门井等竣工图；上水、下水、再生水、供热等管道图；供电、通信竣工图；自控、仪表竣工图；道路、绿化竣工图；各种设施设备的说明书；单体详细图纸；化验设备设施、各种排气通风设备设施竣工图等。

2.4 污水处理厂预处理系统怎样进行初步验收和单体试车？应注意哪些事项？

答 **（1）预处理系统的土建工程**

预处理系统的土建工程可分为进水闸门井、溢流井、粗格栅土建、曝气沉砂池、进水泵房、细格栅土建、沉淀池等。一些强化工艺还有加药、搅拌池及斜板（斜管）沉淀池。验收方法：应对照竣工图进行外观尺寸实测实量，尺寸是否与图纸一致，设备安装位置是否符合设计要求。最后通水试压、试漏。如无问题，做好记录方可投入使用。如有问题，应返工重来。

（2）预处理系统的设备安装工程

预处理系统的设备安装工程验收及单体试车主要检查的设备有：进水闸门、溢流闸门、粗格栅、皮带运输机、栅渣压实机、砂水分离机、沉砂池吸砂泵、桥或刮浮渣机、污水泵、细格栅、絮凝剂投加机、搅拌机等。验收方法：由电气人员检查设备的供电线路是否正常，供电开关是否正常，有无漏电现象。机械人员检查设备底座安装是否牢固，按设备说明准确地向润滑部分加润滑油或润滑脂，对于电机带动的设备应点动试车，观察转向是否与标识一致。当确认准备工作完毕后可通电试车，并观察电压、电流是否符合要求，如有异常现象应及时检查维修。还应观察设备的振动、噪声是否符合标准。如有异常，也应立即检查维修，正常后再试车并做好记录。

（3）应注意事项

① 外观检查主要检查设备的外表有无生锈、破漆，有无划痕、碰伤和擦伤痕迹等；内里检查有无漏油、密封失效，机器是否过热或异常声音等。

② 实测实量应主要检查设备安装位置和施工图说明书是否一致，安装的公差尺寸是否符合标准。

③ 资料检查应注意各项隐蔽工程及资料是否齐全，各类管道的规格型号、材料材质是否有记录，防腐工程验收记录和主体设备验收的表格、记录等。

④ 闸门应做手动及电动开关试验。检查安装闸板与滑道之间行走是否平稳，有无障碍相克，关闭时密封是否严密，电动机转动方向是否正确，电动部分指示的开关位置与闸门是否相符。

⑤ 对粗格栅试车前应仔细检查格栅底部有无异物卡住格栅下链轮。认真清除格栅前和格栅渠道内的各种建筑垃圾、杂物。通电前应点车检查电机转向，耙齿与栅条是否吻合，有无别齿现象，配套的皮带运输机或螺旋输送机的运行是否平稳，以及栅渣压实机的功能能否实现。

⑥ 曝气沉砂池应检查吸砂桥行走是否平稳，导轮能否顺利地纠正走偏，到头的停留时间是否可调节，刮渣挡板能否按要求动作，吸砂泵在池中有水的情况下才能试车。

⑦ 潜水泵在没有水的情况下试车只能很短时间，俗称点车（约20s），只能利用这短暂时间判断叶轮的转向是否正确，否则重新接线。在下水通电前必须对叶轮手动盘车以检查叶轮与泵体之间是否摩擦。

⑧ 细格栅的单体试车与粗格栅基本相同，但要更注意格栅与耙齿之间的配合更严密，要求更高。

⑨ 所有的机械设备都要对螺栓螺母检查有无松动或松紧不一，有无垫片、弹簧圈。

2.5 污水处理厂的污水处理系统应怎样进行初步验收和单体试车？应注意哪些事项？

答 污水处理系统因工艺的不同，其构建筑物及设备有所不同。以 AB 工艺为例。

(1) 污水处理系统的土建工程

污水处理系统的土建工程初步验收包括生物 A 段曝气池、A 段沉淀池、B 段曝气池、B 段沉淀池、回流污泥泵房（坑）、回流污泥渠道、配水阀门井、放空井、管道沟、廊道等。验收方法：应对照竣工图进行外观尺寸实测实量是否与图纸一致。其隐蔽工程应检查对照隐蔽工程资料进行。最后通水试压、试漏。如无问题，做好记录方可投入使用。如有问题，应返工重来。

(2) AB 工艺的水处理系统

AB 工艺的水处理系统安装及单体试车主要检查验收设备如下。

① 进水调节堰门、闸门，回流污泥调节闸门。

② A 段、B 段各自的剩余污泥泵及逆止阀、阀门。

③ A 段、B 段的空气管道阀门。

④ A 段、B 段的曝气头。

⑤ A 段、B 段的吸污泥桥和回流泵。

⑥ A 段、B 段的进出水齿形堰、浮渣刮板、浮渣阀门、浮渣泵、浮渣脱水机、压实机。

⑦ 出水闸门。

⑧ 加药设备、絮凝搅拌设备、絮凝沉淀池、消毒机、接触池、滤池、清水池、加压泵。

⑨ 鼓风机及配套附属物。

(3) 设备安装工程验收及试车的主要内容和注意事项

① 设备安装工程验收在 4 个方面进行，即外观检查、实际测量、性能测试和对照竣工资料检查验收。

② 全部设备除止回阀外，均要进行通电调试和测试。各个设备的厂家调试人员应到现场与操作人员共同调试。

③ AB 段的污泥回流泵和剩余污泥泵与进水泵的调试相同。应注意在没有介质冷却的情况下，泵不能长时间空载运行，通电前须手动盘车，可尽早发现异常问题。

④ AB 段的曝气头在调试前加清水高出膜片 10cm，近距观察曝气头出气是否均匀，有无漏气现象。

⑤ 所有的电动蝶阀和电动闸门应进行手动、电动试验。手动闸门、闸板也要进行手动试验。调整阀门的行程及指示开或关的位置，并检查其关闭时的密封程度是否严密。

⑥ 吸泥桥要进行通电运行试验，注意桥的行走轨迹是否直线，运行是否平稳，有无杂声，变速箱的温升及声音是否正常。注意桥上的刮泥板与两头池壁相互结合成排浮渣渠道是否严实。导轮在桥的运行中能否起到调偏的功能。浮渣阀的开启能否配合刮泥桥排渣。浮渣挡板的起落是否顺畅。

⑦ 鼓风机的单机试车比较重要，应请厂家专业人员与操作人员共同验收和操作，避免发生重大失误。应做自控调试，与动力机（如电动机、沼气发动机）连动试验，防喘振试

验，冷却自锁试验，应检查空气管道内有无冷凝水，如有则打开放水阀排冷凝水。在此基础上，还要向曝气管道供气，对曝气器及曝气系统进行单试。

⑧ 锅炉及辅助设备应分别单试，如煤锅炉的炉排空试，燃油、气炉头自动点火单试，软化水设备的单试，以及锅炉系统中其他单试，如向供热管道供冷水做耐压试验等。

⑨ 全部设备的单体试验均应有记录。一些重要设备应有空载电流测试结果和其他表示设备机械性能的测试数据。

2.6 污水处理厂的污泥处理系统应怎样进行初步验收和单体试车？应注意哪些事项？

答 污泥处理系统因设计不同，其工艺有的设置厌氧消化处理＋污泥脱水处理工艺，有的只设置污泥脱水处理工艺。本书以消化＋脱水工艺为例介绍。

（1）污泥处理系统的土建工程

污泥处理系统的土建工程初步验收主要有污泥预浓缩池、进泥泵房、污泥消化池、污泥后浓缩池、污泥脱水机房、沼气脱硫房、沼气柜、沼气阀门井等。除按一般建筑物和工艺构筑物验收方法验收以上各种构筑物外，还应特别注意检查下面情况。

① 有可能泄漏有毒、有害、易燃易爆气体等场所的报警系统、安全系统（排气扇、排泥排水泵、消防装置、防毒装置）、日常保证系统（防爆电机、防爆开关、照明）。

② 在冬季有可能暴露在 0℃ 以下的管道、设备等的保温系统。

③ 在地面以下出现渗漏或事故泄漏时的排除系统。

④ 对消化池应做密闭性试验。

⑤ 各建、构筑物内的隐蔽工程验收。

（2）污水处理系统的污泥处理设备

污水处理系统的污泥处理设备初步验收和单体试车主要内容如下。

① 污泥消化池的进泥泵、循环泵、沼气提升泵。

② 污泥消化池上的各种气阀、水阀、室内外管廊。

③ 热交换器及进水、进泥阀、出水阀、出泥阀、水和泥的压力表。

④ 湿式脱硫设备。

⑤ 干式脱硫设备。

⑥ 脱水机（带式或离心式）及配套设备（如空气压缩机、冲洗水高压泵、配絮凝剂搅拌机械、冲洗水的排水系统、臭味排除系统）。

⑦ 预、后浓缩池上的刮泥桥或污泥浓缩机。

（3）应注意事项

① 初步验收和单体试车人员应认真学习，搞清施工图、设备的使用说明书及供货方的有关资料。

② 污泥处理的全部设备均应进行单体试车。泵、管道、闸阀等有关设备应做密闭试验，防止运行时有毒气体泄漏。

③ 泥区初试时，可尽量用河水、江水、海水、雨水、井水等替代自来水以节约资金。用空气替代氮气做密封试验可节约费用。

④ 絮凝剂配制需提前做小样试验，待有污泥时扩大到脱水机上机试车。经过试验还要

确定用粉末还是液体形式的絮凝剂。最终以性价比确定絮凝剂。

⑤ 带式脱水机初试前应对供水的压力、气动元件性能、空气压缩机的性能、纠偏系统、冲洗系统进行验收。

⑥ 脱水机上的各种水阀、泥阀,无论手动和电动的,都要进行启、闭试验。

⑦ 除臭设备如果是生物处理工艺待通水后才能做试验,如果是化学处理工艺应备好药品。

⑧ 凡是水管道在最高处应有放气阀门。凡是气管道(如沼气、蒸气)在最低处应有放水阀门,防止气阻和水阻。

⑨ 与污泥密闭装置相连通的水阀要防止沼气气体倒通引起爆炸和中毒的事件发生。

2.7 污水处理厂供配电系统应怎样进行单体试车和初步验收?应注意哪些事项?

答 供配电系统一般分为高压供配电系统和低压配电系统。

(1) 高压供配电系统

① 外线工程从电业局高压供电线路至厂内的高压变配电室进线端。

② 厂内高压电缆地下敷设工程从高压变配电室进线端至厂内各供配室的高压电缆敷设及进出线等。

③ 厂内高压供配电室的变压器、高压配电柜、高压计量柜、高压开关柜、高压保护柜等。

(2) 高压供配电系统的单体试车和初步验收内容

① 按上面所列的各子项分段验收。

② 高压变配电系统由电力安装公司负责安装,由供电局组织统一进行单体试车、电检、验收。外线工程以供电局验收为主。

③ 厂内验收应以设备的操作是否灵活,设备的机械性能是否良好,通风、避鼠设施是否完好等为主。

(3) 高压供配电系统应注意事项

① 高压供配电工程应在其他工程之前组织实施,根据该工程的进展情况尽快地让电力安装公司组织测试,向供电局申请验收,争取早日通电,为其他工程的施工、调试提供可靠的电源保障。

② 电力安装公司应向业主报送全部竣工资料和测试资料。

(4) 低压配电系统

① 从变压器低压侧开始至低压配电柜的母线安装。

② 各电机控制中心(MCC)低压配电柜安装。

③ 低压配电柜的出线、进线。

④ 电缆沟托架和电缆桥架的安装及电缆铺设。

⑤ 各类电缆套管。

⑥ 各类就地开关箱、控制箱的安装。

⑦ 与各类用电设备的电机、开关箱、控制箱的接线。

⑧ 各类临时配电盘的接线。

⑨ 变配电室接地网、避雷设施的安装。

（5）低压变配电系统的初步验收内容和注意事项

① 可按工序和变配电室所辖用电器设备的分类进行。

② 有些初步验收可在不通电情况下进行，应提前组织验收。

③ 必要的需通电进行测试，调试可接临时电源进行，也可在正式供电后进行。

④ 低压供电系统最好提前进行验收，以配合机械设备、自控设备及其他需用电设施的试车，直至全面完成整厂试车验收任务。

⑤ 国内厂家或外方提供的设备进行通电测试、调试时，必须提供有关技术资料并有供方的技术人员在现场指导。

⑥ 整个低压变配电初步验收应根据供配电专业规定提前拟出详细的调试、验收方案和必要的安全保证措施。

2.8 污水处理厂仪表自控系统应怎样进行单体试车和初步验收？应注意哪些事项？

答 仪表分就地随设备仪表和变送器系统仪表，其中还分机械仪表和电子显示表。

（1）仪表单体试车和初步验收主要内容

① 各机械仪表的机械调零和校正。

② 各电子显示仪表显示和校正。

③ 各监测控制仪表一次表的通电试验、校正和二次表的通电试验、校正。

④ 污水处理段的主要监控仪表有溶解氧仪、空气流量计、水流量计、pH 计、电导率计、温度计等。

⑤ 污泥处理段的主要监控仪表有泥位计、温度计、pH 计、污泥流量计、沼气流量计、污泥压力计（污泥管道、污泥密闭容器内等）、沼气压力计、有毒气体报警仪、易燃易爆气体报警仪等。

（2）自控系统的单体试车主要内容

① 各 PLC 系统的调试。

② 检查各 PLC 系统与相应 MCC 之间的连线是否正确。

③ 各 PLC 的接地是否可靠。

④ 各电机、阀门的状态和信号在 PLC 上反映是否对应和正确。

⑤ 检查各控制仪表及分析仪表信号输入情况是否正确。在中央控制室内的显示屏上的信号、曲线、开、停、故障信号等能否被记录和打印。

⑥ 对软件的检查、PLC 系统对软件执行情况的检查。

⑦ 中央控制室能否对全系统进行监视、控制、记录等。

（3）自控系统及仪表单体试车注意事项

① 上述自控系统及仪表在单体试车及验收前应认真阅读供货方提供的资料和说明书以及有关施工图、竣工图、设计文件、图纸。还应熟悉维护、保养方法。

② 自控系统的软件应有备份。其硬件为高科技精细产品，测试时应格外小心，避免因使用不当造成损失。

③ 国内产品应由供货商或代理商的技术人员指导进行调试和测试，引进设备应在外方技术人员参加并指导的情况下进行调试和测试。

2.9 污水处理厂供热系统与锅炉应怎样进行单体试车和初步验收？应注意哪些事项？

答 （1）供热系统与锅炉的单体试车和初步验收主要内容

供热系统分蒸汽锅炉供热或热水锅炉供热两种形式。锅炉的燃料有固体燃料（如煤等固体燃料）、液体燃料（如柴油、重油等液体燃料）、气体燃料（如天然气、煤气、沼气等气体燃料）。污水处理厂的锅炉运行一般为中压（额定压力为 $3.0\sim4.9\mathrm{MPa}$）、低压（额定压力为 $\leqslant2.45\mathrm{MPa}$）。锅炉的单体试车和初步验收主要内容包括以下几点。

① 锅炉炉体及耐压试验。

② 锅炉的就地开关控制箱。

③ 锅炉软化水处理装置、去离子水装置。

④ 供热管线、阀门、安全阀的试压。

⑤ 锅炉的尾气处理装置。

⑥ 锅炉燃料的储存装置。

⑦ 锅炉房的通风装置、防爆、防火装置。

⑧ 燃气或燃油锅炉房的安全报警装置。

⑨ 锅炉的监控仪表，如压力表、水位计、温度计、流量计。

（2）应注意事项

① 锅炉调试前应到技术监督部门办理锅炉使用登记证，并制订出安全运行规程。

② 司炉工应在锅炉调试前进行专业培训并获得锅炉工操作证后，才能上岗。

③ 初验前应认真学习锅炉的有关资料，在供货方的技术人员指导下进行调试。

④ 锅炉的气体燃料和液体燃料储存应注意防冻和防高温。在低洼处或地下的储存设施还应注意防水、防止锈蚀。

⑤ 软化水、去离子水装置一般都设在室内，北方寒冷地区要有防冻设施。

⑥ 司炉工应会制作软化水、去离子水，还要会化验几项专业项目，如水的硬度、溶解性固体等。

2.10 鼓风曝气系统初步验收的主要内容有哪些？应注意哪些事项？

答 （1）鼓风曝气系统初步验收的主要内容

① 空气过滤装置，前后压力差表。

② 鼓风机就地开关柜（自控系统）。

③ 鼓风机冷却系统，润滑系统。

④ 高压供电系统的绝缘测试。

⑤ 鼓风机的高压供电保护系统。

⑥ 供气管道系统（考虑热胀冷缩的影响）及闸门、逆止阀、放水阀。

⑦ 沼气发动机（带动鼓风机的）水冷、油冷系统，可燃、有毒气体报警系统，通风系统。

（2）应注意事项

① 鼓风机操作维护人员提前由供货厂家培训，经实际考核合格后才能参加调试运行。沼气发动机、高压电机的操作人员更要认真培训。稍有不慎，轻者损坏设备，重者损毁机器

伤害人员。

② 初步验收和单机调试的时候，供货厂家的技术人员必须到现场指导，直至稳定运行半年左右才能交付运营。

③ 鼓风机运转时噪声危害很大，调试时应给操作人员备好防噪声耳罩或耳塞。鼓风机房内应配备消防设备。

④ 调试时还应有自动控制、供电部门的密切配合。沼气发动机的调试要等有足够的沼气储量时才能调试，还应做好沼气的脱硫工作，避免腐蚀设备，尾气超标等不利因素。

2.11 化验室的初步验收内容有哪些？应注意哪些事项？

答 （1）化验室的初步验收内容

① 化验仪器仪表。

② 化验室内上、下水管道，阀门。

③ 供电配电盘、插座、照明。

④ 操作台、通风橱。

⑤ 安全保护设施。

⑥ 附属设施等。

（2）应注意事项

① 化验人员在验收前应先培训取得国家认定的化验证书后，才能参与验收与化验工作。

② 化验设备数据是否可用应由市级以上的技术监督部门鉴定，一般每年进行一次。

③ 化验仪器仪表到货后应立即组织开箱验收。根据合同和供货范围认真检查所供仪器仪表是否缺项或缺少附件。

④ 简单的化验设备应及时根据其规定的技术性能分步验收。复杂而贵重的化验仪器仪表应等供货方技术人员安装后，组织调试、培训和验收。

（3）验收的重点化验仪器仪表

① 电子分析天平。

② 显微镜及配套照相和显示屏幕。

③ 紫外分光光度计、红外分光光度计、总有机碳分光光度计、原子吸收分光光度计。

④ 气相色谱分析仪、离子色谱分析仪。

⑤ BOD 测定仪。

⑥ 便携式分析仪表。

⑦ 质谱联机。

化验室的酸、碱废水应注意不能随手倒入下水道，否则造成酸、碱腐蚀。最好倒入耐酸、碱腐蚀容器中，集中后专门处理。

化验用的可燃气体储存瓶、压力较高的气体储存瓶要放在安全地带，与工作人员隔离开，并保持一定的安全距离。

2.12 辅助生产设施应怎样进行单体试车和初步验收？

答 ① 除工艺、动力、土建、化验和自控等外，辅助生产设施主要包括天车、电动葫芦、浴室、食堂、生产车辆、绿化卫生、门卫等。

② 天车、电动葫芦等要请市级技术监督部门鉴定后才能投入使用。操作人员要参加培训，领取操作证才能上岗操作。

③ 汽车驾驶员要有个人驾驶证，经过严格培训，持证驾驶。

④ 辅助生产设施的房屋建筑、构筑物等按土建工程的初步验收办法执行。

● 污水处理厂通水和联动试车

2.13 污水处理厂通水和联动试车的目的和条件是什么？

答 在初步验收和单体试车阶段，已对土建构筑物单体、设备安装、电气自控、管道阀门、辅助工程等查出的问题进行了维修和更换，使其达到了合格。在此基础上，污水处理厂可转入通水和联动试车。

(1) 通水和联动试车的目的

通水和联动试车的目的是进一步考核设备的机械性能和安装质量，检查设备电气、仪表、自动控制等在联动条件下的工作状况，土建的构筑物能否达到工艺设计要求。还要进一步检查电气、仪表和自控设备的性能和与工艺设备联动的效果。特别要检查中央控制室与各PLC就地开关柜能否控制设备开关和反映运行状态下的数据和图表。

(2) 通水和联动试车的条件

① 通水和联动试车时，厂外输水管道及泵站应具备输送污水的能力，污水处理厂也具备向外排水的能力。

② 外部供电能力满足通水和联动试车的负荷条件。厂内的各主变压器和供电设备应投入运行，基本满足联动运行的用电负荷。

③ 电气和自控系统通过单体试车，能达到控制用电设备的条件。仪器仪表能显示和监控各种设备运行状况。

④ 单体试车完好后，绝大多数的设备和构筑物通过初步验收，有问题的设备和构建筑物经过更换和维修达到合格。

⑤ 人员经过充分的培训，各类安全操作规程已建立，对设备的性能及调试方法已基本掌握。

⑥ 化验室化验人员培训到位，化验室设备仪器、仪表安装到位，各种所需化验药品和标准溶液配备齐全，具备了分析水质各种指标的能力。

⑦ 供货商及技术人员到现场，指导现场操作人员通水和联动试运行各个环节，并逐步让操作人员独立掌握工作。

2.14 通水试车时采用何种水调试？

答 在初步验收和单体试车时已采用清水试车，已对设备和构筑物查出的问题进行了维修和更换。在此基础上，可采用污水直接进厂，不必再使用清水联动试车。主要有以下几种原因。

① 主要构筑物、设备已进行清水通水试车，经过一段时间考验，达到了验收标准。

② 可节约大量的清水，降低调试费用。

③ 在单机试车阶段的清水大部分可继续保留到通污水联动时用，直接节约了水费。

2.15 联动试车如何进行？

答 联动试车分为水处理段和泥处理段两个阶段试运行。先进行水处理段的联动调试，待有了足够的污泥后再进行泥处理段调试。水处理段又分预处理单元和生物处理单元两步调试。泥处理段分为生物处理单元和理化处理单元，有的厂只有理化处理单元。

2.16 水处理段的预处理单元联动试车内容和注意事项有哪些？

答 **（1）进水闸门**

一般设计为手电两用闸门。单机调试已合格，在调试运行时能按生产运行指令控制闸门的开关。在紧急事故时有紧急备用电源，自动将进水闸门关上并通过紧急溢流口流出去，保证污水处理厂后续设备的安全。

（2）沉砂集水池

主要将粒径≥25mm以上颗粒物沉积下来，并配有电动抓砂斗清理颗粒物。同时兼有调节水量混合水质的作用。

（3）粗格栅

当污水流入粗格栅后，PLC自动控制，根据进水流量利用液位仪或时间继电器，或两种方式同时控制开停粗格栅的次数及耙齿启动的次数。还应逐步检查粗格栅功能或联动运行的功能。

与粗格栅配套的设备有皮带运栅渣机、栅渣压实机。这些设备可在PLC控制下联动调试，也可手动试车。其联动程序是先开栅渣压实机、皮带运栅渣机、粗格栅机。关机时顺序相反。栅渣压实机、皮带运栅渣机可根据实际情况设置0~5min的时间间隙。多台格栅并联运行时，栅渣压实机、皮带运栅渣机需连续运转。

（4）细格栅

细格栅的自动控制方式和配套的附属设施与粗格栅一样，运行调试可参照粗格栅运行方式进行。

（5）曝气沉砂池

在手动和自动控制下启动吸砂桥、吸砂泵，分别观察吸砂桥走到两端时磁力开关能否让吸砂桥自动开、停，吸砂泵能否按要求自动开停，并能将砂水送入砂渠道。浮渣刮板在一端将浮渣刮入浮渣渠道。桥的导轮及时纠正走偏现象，电缆卷筒正确自动卷放电缆。磁力矩（离合器）不应发烫。

与曝气沉砂池配套的砂水分离器及时开启将砂、水分离，把砂送到砂箱。

（6）污水提升泵房

联动试车时PLC在泵房水位达到启动水位后，可控制水泵软启动开启，检查水泵的启动、停止和运行状态，并与调频设备连接，保持1台或几台泵连续提升污水，避免污水泵频繁启动。还要检查原来设定的水泵轮值功能是否健全，各泵在设定水位是否按设计要求开关，水位保护信号是否好用。

污水提升泵房设有潜污泵时，一般在管道上不设逆止阀、阀门。为保证干式泵的自动运行，阀门需要电动、手动两种功能。

（7）化学絮凝强化处理

为脱磷达标和生物处理（曝气生物滤池），常采用化学絮凝处理，联动试车时应通污水试车。

① 加药池投加药剂应在小试的基础上，选出几种药剂。加干式药剂要试干粉自动投药设施、搅拌稀释设施、存储设施、投加药液计量泵设施。加液体药剂要试液体计量泵和稀释设施、存储设施等。

② 混合反应池。将制备好的液体药剂与污水混合，产生絮状沉淀要通过混合设施、反应设施。反应设施一般与沉淀设施合建。混合设施有采用管式混合器、水力混合器、机械混合器等，一般采用机械混合器比较稳定可靠，并且可调混合的强度。反应池有隔板反应池、折板反应池、网格反应池、涡流反应池、机械反应池等，前四种属水力絮凝，是利用水流自身的能量，推荐使用。后一种属机械絮凝，耗能多，但效果较好。沉淀池通常为减小占地面积，缩短沉淀时间，一般采用斜板（管）沉淀池。

2.17 水处理段的生物处理单元联动试车内容和注意事项有哪些？

答 本书以 AB 法生物曝气池为例。

（1）曝气池

曝气池的联动试车要在培养好 A 段、B 段各自菌种的基础上通污水试运行。需要联动调试的设备有进水渠道调节堰门、气管道阀、气管道上的冷凝水闸阀、回流泵及回流污泥，曝气池内固定的仪表如溶氧仪、pH 计、温度仪等。

① 通过 PLC 对池内溶氧仪反馈的信号调整鼓风机的叶片张开、收缩，控制出气风量使池内溶解氧达到 A 段 0.5mg/L，B 段 1.5mg/L。PLC 根据溶解氧的反馈信号，需要增加溶解氧时先将鼓风机内的叶片（扩散量）角度调大，再不够时启动另一台鼓风机，直至达到设计数值。当溶解氧高时先将鼓风机内的叶片（扩散量）角度调小，直至关闭一台鼓风机。

② 调整调节堰门使各池进水均匀，并使曝气池内的污泥浓度、污泥负荷达到设计标准。

③ 空气管道隔一段时间需打开冷凝水阀放水，以免冷凝水造成水堵。

④ 根据曝气池污泥浓度确定剩余污泥排放量。保证 A 段、B 段回流污泥浓度都在 2～4kg/m³。

（2）沉淀池

① 当污水充满沉淀池后，才可启动吸泥桥。为防止回流污泥泵露出水面干运行烧坏，吸泥桥要能自动开停，没问题后再启动随桥运行的污泥泵、行走轮的电机和刮浮渣板。

② 检查沉淀池的出水齿形堰的出水是否均匀。如不均匀，应进行调整。

③ 观察回流污泥管道上的阀门能否按要求开启，并调整和开启阀门的角度控制回流泵的出泥量。

④ 观察剩余污泥泵管道上的逆止阀是否好用。如有堵塞或角度不可调就应拆开检修。

⑤ 观察吸泥桥的运行电缆是否运行正常，有无滑落的险情和缠绕的现象。

2.18 污泥处理段的生物厌氧消化如何联动调试？应注意哪些事项？

答 污泥处理段的联动调试要在污水处理段调试成功后进行。

① 厌氧消化的联动调试应先开启进泥泵，将消化池中充满污水，或充满污泥。待消化

池充满到泥位线时，停止进污水或污泥，将消化池泥位线以上的空气及输气管道、储气罐里的空气用氮气置换。

② 将污水或污泥送入消化池后，开启污泥循环泵和热交换器系统中的热水泵（可暂不加热），使消化池内的污泥循环起来。开启污泥搅拌泵（有的用沼气提升泵搅拌，有的用机械搅拌），使消化池的污泥混合均匀，防止沉淀。应特别注意热交换器套管内泥压和水压。污泥循环泵和热水循环泵的开停顺序不能有误。否则，可能压瘪热交换器内套管。

③ 在消化池、沼气管道、沼气柜进行气体置换期间应每日监测各有关气体含量，只有沼气、氧气、硫化氢含量达标后才能向使用沼气的设备供气。否则就需要在保证安全的情况下向空中排放不合格气体。

④ 消化池、沼气管道、湿式沼气柜上的水封罐，应按设计要求填满水，冬季运行还要做好保温防冻工作。

⑤ 污泥处理系统中的各种安全阀应按要求到市级质量监督部门办理检验手续，确保能安全使用。

⑥ 设在污泥处理段的报警器如 CO、H_2S、可燃气体、CO_2 等，都必须到市级质量监督部门办理检验手续后才能安全使用。

2.19　污泥脱水处理工序如何联合调试？应注意哪些事项？

答　① 污泥脱水药剂可用高分子有机絮凝剂，如阳离子聚丙烯酰胺 PAM，或是配合少量无机絮凝剂，如聚铝或聚铁，可改善脱水效果，但要注意先加无机药剂再加有机药剂的顺序。

② 脱水机以带式脱水机为例。开机前要检验絮凝药液是否配好，供气动元件的空气压缩机是否正常送压缩气体。供冲洗履带的水压是否足够。进药计量泵是否正确和可调。

③ 检查脱水机上的吸气除臭设备是否有效，机器上的照明设施是否安全可靠（防爆、防潮湿）。

④ 检查就地自控 PLC 是否正常监控运转和报警。

● 微生物培养和试运行

2.20　怎样培养水处理段的活性污泥？

答　污水处理厂在单体试车初步验收和联动试车的基础上。进水的污水水质、水量能满足初步运行的要求，即可进行投产试运行。首先要培养活性污泥，一般直接通污水进行培养。

将城市污水引入曝气池后暂停进水，进行曝气。在水温、气温都合适情况下 1~2d 就会出现絮状物，这时可少量连续进水，也可间歇进水，连续曝气。连续曝气一周后，通过显微镜检查到菌胶团长势良好后，即可由少到多逐渐增加进水到设计量，投入试运行。如果营养不足可加入一些粪便、食品加工业的含氮磷丰富的废液，以及饭店的米泔水等以增快培养的速度。还要注意在培养菌的初期，由于好氧细菌没大量形成，应控制曝气量，避免好氧细菌老化。

2.21 怎样培养污泥处理段的厌氧污泥？

答 ① 大中型污水处理厂一般在水处理段正常，并有足够的剩余污泥后，再培养厌氧污泥比较有利。

② 先将消化池内充满二级出水，投入其他消化池的厌氧污泥菌种，或接入水处理段的剩余污泥。

③ 在消化污泥来源缺乏的地方也可用人粪、牛粪、猪粪、酒糟、剩余的淀粉等有机废物稀释到含固率为 1%～3% 投入消化池。

④ 培养消化污泥菌时，必须控制 pH 值和有机物投配负荷，pH 值应保持在 6.4～7.8 之间。有机负荷控制在 $0.5kgVSS/(m^3 \cdot d)$ 之下。投配负荷过高，会导致挥发性脂肪酸大量积累，pH 值降低，使酸衰退阶段太长，从而延长培养时间。

⑤ 充分搅拌消化池内的混合污泥。中温消化要保持消化池内的水温在 35℃±2℃，边进泥边加热，待加至所需温度及泥位后，暂停进泥。待厌氧消化产气正常后可逐渐增加投泥量，直至到正常加泥。

⑥ 每日分析沼气成分，所需数据正常时，取样品进行点火试验（注意防火、防爆），然后才可正式进行沼气利用工作。

2.22 试运行期间应注意什么？

答 ① 当活性污泥培养成功后，污水处理厂即可投产试运行。试运行的水量可根据来水情况安排。一般开始试运行时按照设计量的一半运行，待正常时再投入另一半试运行。

② 试运行期间为了确定最佳工艺运行条件主要作为变量考虑的因素有污水的温度、电导率、曝气池中的溶解氧和污泥浓度、消化池内泥温、pH 值、加热污泥系统的运行情况、沼气柜的运行情况、脱水机的运行状况。

③ 活性污泥法的重要参数 BOD_5、COD_{Cr}、MLSS、MLVSS、氨氮、总磷等需要化验室每天监测，用以调整工艺参数。SV、SVI、显微镜检查，每天可根据实际需要多次检测，随时调整工艺。

④ 污水处理、污泥处理在试运行阶段控制、调整应以培养、驯化污泥为主，切实做好控制、观察、记录和分析检验工作，对污水处理量、污泥处理量、污泥产量、沼气产量、药剂耗量、生产电耗量、自来水耗量应有详细记录。对进、出水水质、好氧污泥指标、厌氧活性污泥指标、脱水污泥指标、沼气成分等应有足够的分析数据，便于提高污水处理的质量。

2.23 试运行前操作人员应如何培训？

答 试运行前应对操作人员做如下培训。

① 污水处理厂应组织各运行部门对口培训，研究联合调试方案以及学习设备的说明书、有关的技术资料。

② 请相关的设备提供方的技术人员讲解有关的基础知识、专业知识、实际操作注意事项。

③ 制定污水处理、污泥处理、设备维护保养、供电、供暖、供沼气、仪表、自动化控制等安全、工艺操作规程和注意事项。确保试运行中人身与设备的安全，以及试运行的顺利。

2.24 试运行期间设备应如何管理？

答 试运行期间除调整好工艺参数外，对于设备的试运行情况也应有详细的记录，建立健全设备档案，把设备的规格、数量、产品厂家、价格、合格证书、试运行状况、维修、故障分析和解除、设备的保养、更换、改造等事项一并记入档案。一些特殊设备如锅炉、高压变配电及电器、起重设备、压力容器等国家规定的强制检测设备和沼气柜、消化池还要到市级主管部门办理相关手续，登记备案。配备相应的保护器材、设备，制定严格的使用规章制度。

2.25 试运行期间化验室的主要分析项目有哪些？

答 试运行期间污水处理厂应全面正常投入分析化验工作，主要分析项目有化学需氧量（COD_{Cr}）、五日生化需氧量（BOD_5）、pH 值、悬浮固体（SS）、溶解性固性（DS）、挥发性固性（VS）、非挥发性固体（FS）、总固体（TS）、氨氮（NH_3-N）、凯氏氮（KN）、总氮（TN）、总磷（TP）、磷酸盐、污泥浓度、污泥指数（SVI）、污泥沉降比（SV_{30}）、溶解氧（DO）、总有机碳（TC）、污泥中重金属〔汞（Hg）、砷（A_s）、铅（Pb）、镉（Cd）、铬（Cr）〕、污水中阴离子分析（Cl^-、SO_4^{2-}）、污泥含水率、沼气成分测定（CH_4、CO_2、H_2S、H_2）、生物相镜检、大肠菌群检验。

2.26 污水处理厂在试运行后期应注意总结、收集、整理哪些资料？

答 污水处理厂在试运行后期应注意总结、收集、整理在单机试车、联动试车、试运行过程中各种资料，大约分为两类。

（1）竣工资料

竣工资料主要是单体试车和初步验收阶段为厂内设备及土建安装工程进行竣工验收（初步验收）所需的各项技术档案资料。

（2）试运行技术经济资料

试运行技术经济资料包括全部联动试车的资料和为了验证工艺设计所做的各项试验资料。化验室设备性能鉴定等技术资料也应包括在内。经济资料应包括电耗、能耗、药耗、各类材料消耗、人工费成本、污水处理量、污水处理单耗、污泥处理量、污泥处置费等指标。

● MBR 膜系统安装调试

2.27 MBR 膜系统安装时干试验有什么要求？

答 现场的系统调试需要合格的电工、管道工。

（1）电工

确认各种所需的电源已准备就绪可以接通。必须对所有电动机进行正反转试验以保证电动机转动方向正确。所有就地阀必须使用 PLC 触发试验，并填写好相应的机械和电气安装检查表备查。

（2）管道工

① 必须对照管道和仪表图检验所有管道。

② 所有泵和鼓风机必须校准、加油并为启动做好准备。

③ 有吊装设备可用于膜箱吊装。

④ 有仪表气源。

⑤ 有自来水，现场有水，排水系统正常。

⑥ 有清洗化学品（次氯酸钠和柠檬酸）可用。

⑦ 阀门完成开闭测试，并定时在 3～6s 行程时间。

⑧ 仪表已安装并校准。

完成干试验程序之前不得进行湿试验。在湿试验令人满意之前，不要安装膜。

2.28　MBR 膜系统安装时湿试验有什么要求？

答　保证膜池是空的，所有碎屑都被真空吸出。根据管道和仪表图中所示，打开所有必要的手动阀、自动阀和（或）泵以便冲洗所有管道。在膜安装之前，必须以设计流速冲洗与设备有关的所有管道，包括给水、鼓风机、MBR 产水和化学品管道系统。

继续进行湿试验之前，必须清除管道和容器中的所有碎屑。检查渗漏，必要时修理。冲洗后，必须对管道进行压力试验以找出任何泄漏。如果可能，使用自来水来加压管道。否则，应使用带压力表的小型试压泵。管道必须充满水，并清除全部空气。必须小心以保证所有仪表、零件等级符合试验压力。仪表、零件等级不适合试验压力的必须拆除或隔离。由于缺乏隔离元件，有些管道可能不能进行压力试验。在这些情况下将需要供应盲板法兰。

把所有水池装满检查变形或渗漏。通过打开所有手动阀（按照管道和仪表图）以及给水流量控制阀，把淡水灌入膜池至溢流顶部以下约 15cm 的地方。检查在填充膜池期间给水系统不泄漏；真空抽吸和冲洗反冲洗箱并排空；填写机械安装检查表；用含氯（2～5mg/L）的自来水装满反冲洗箱。在灌注反冲洗水箱期间，检查 PLC 是否触发了液位开关；确定用于反冲洗阀门的方向；确认所有管道都冲洗了。膜池排水并清除残留的任何碎屑；按照管道和仪表图校正鼓风机阀。

接通鼓风机把全部灰尘吹出管道。对每个空气管道隔离阀重复这个步骤。清除任何碎屑。检查次氯酸钠系统和柠檬酸系统及其各自的联锁。化学投加系统启动：对于最初的密闭性试验，承包商应对化学投加系统用自来水压力检测，任何渗漏都应进行修理。化学加药箱部分注入自来水，用于试验化学投加系统，任何泄漏都应进行修理。检测完毕后把化学投加泵设定为适当的投加量。

第3章

污水处理厂的工艺运行和管理

● 污水预处理单元的运行和管理

3.1　预处理单元设备、设施有哪些？应如何配置？

　　答　① 预处理单元设备包括进（出）水闸门、溢流闸门、粗格栅、皮带运输机、栅渣压实机、栅渣箱、砂水分离机、砂渣箱、油脂箱、（挑箱）叉车、沉砂池吸砂泵、桥或刮浮（油）渣机、污水提升泵、细格栅、曝气机、加药机、搅拌机、抓砂斗、起重天车等。

　　② 预处理设施包括格栅间、提升泵站、（曝气）沉砂撇油脂池、初沉池、除臭设施等。

　　③ 格栅间一般配置粗格栅、细格栅、格栅配置前闸门、后闸门、皮带运输机、栅渣压实机、栅渣箱、起重天车、除臭设施等。

　　④（曝气）沉砂撇油脂池一般在室内（防冻和除臭需要）。配置前闸门、后闸门，刮砂撇油桥（机）、吸砂泵、砂水分离机、砂渣箱、油脂箱、曝气机、除臭设施等。

　　⑤ 提升泵站配置提升泵、起重天车。

　　⑥ 初沉池配置刮泥除渣桥（机）、吸泥泵等。

3.2　格栅运行的重要参数是什么？应如何运行和管理？

　　答　格栅运行的重要参数有两个，一个是过栅流速（$V_{过}$）；另一个是栅前流速（$V_{前}$）。可按下式计算。

（1）过栅流速

$$V_过 = \frac{Q}{b(n+1)h}$$

式中　$V_过$——过栅流速，m/s，一般控制在 0.6～1.0m/s；

　　　Q——进入格栅渠道流量，m^3/s；

　　　b——格栅间距离，m；

　　　n——格栅的栅条数量，个；

　　　h——栅前渠道的水深，m。

（2）栅前流速

$$V_前 = \frac{Q}{Bh}$$

式中　$V_前$——栅前流速，m/s，一般控制在 0.4～0.8m/s；

　　　B——栅前渠道宽度，m。

在运行中要及时清除格栅上的栅渣和沉砂，这是保证过栅流速在合理范围内的重要措施。通常控制格栅耙齿启动的方式有两种。

① 利用栅前栅后的液位差，即过栅水头损失来自动控制开启，控制在 0.3m 以内。

② 利用时间控制，根据栅渣量的多少设置格栅开启间隔时间。

有的污水处理厂可设置两种方式同时控制，对栅渣量大的格栅运行更有效、更安全。

不管采取哪种方式控制格栅的开启，操作人员必须经常定时到现场巡查。观察格栅上的拦截污物的状况、水头损失的状况，是否有局部堵塞现状、积砂现象。发现问题要在保证安全的情况下，及时解决，恢复运转。如果需要操作人员下到格栅底部，必须先通风，再用测试仪器检测，直到确定安全、操作人员才可下到格栅底部，之前要带好安全带，并有人监护。

对于有皮带运输机或螺旋输送器输送栅渣的工艺，在开启时要检查格栅和输送机的启动程序。正常情况下，应该是只要有一台格栅机运行，输送机则也要运行，若格栅全部停止运行，输送机应延时停止，以便清空设备上的栅渣。对于有栅渣压实机的工艺也是在开启格栅前启动，在其他设备都停止后也要延时停止，防止设备损坏。

格栅除污机在污水处理厂内最易发生故障的设备之一，巡检时应注意：

① 栅条是否变形；

② 耙齿是否准确落在栅条中，耗齿的螺栓是否松动等；

③ 链条两边是否对称或钢丝绳是否错位，电气限位开关是否失灵或有无异常声音等。

栅渣中往往夹带许多菜叶、挥发性油类等有机物，堆积后能够产生异味，因此要及时清运栅渣，并经常保持格栅间的通风透气。

经常观察栅渣量并记录。摸索出一天之中什么时候栅渣量多或少，以利于有针对性的清理，提高操作效率，并通过栅渣量的变化判断格栅运转是否正常。

3.3　曝气沉砂撇油池有什么特点？

答　为了克服平流沉砂池泥砂分离效果差，人们设计了一种用空气吹洗泥砂的工艺，在沉砂池侧墙上设置一排空气扩散器，使纵向流的污水与垂直方向吹过来的气流共同合成一股螺旋流。曝气沉砂撇油池的这种特殊流态可以使有机悬浮物保持悬浮状态，对污水起到预曝气作用。而且，由于砂粒密度比污水大，通过离心作用将砂粒旋转推向前方，水流与气流的共同作用产生旋转摩擦，使砂粒表面附着的黏性有机物被冲刷到污水中，砂粒因自身的密度大而沉下去。达到了泥砂分离的目的。同时由于曝气的作用使污水中的油脂类物质上升到水面形成浮渣，便于刮渣挡板去除。

曝气沉砂的优点是通过调节曝气量，可以控制污水的旋流速度，使除砂的效率较稳定，受流量变化的影响较小。

3.4 曝气沉砂撇油池的工艺运行如何控制和管理？

答 曝气沉砂撇油池在运行期间主要控制参数如下。

① 曝气沉砂撇油池的曝气量控制在每立方米污水充气量为 $0.1\sim0.3m^3$ 或曝气强度为 $3\sim5m^3$ 空气/$(m^3 \cdot h)$。

② 曝气沉砂撇油池的停留时间为 $1\sim3min$。若兼有预曝气作用，可延长池长，使停留时间达到 $10\sim30min$。

③ 曝气沉砂撇油池的水平流速为 $0.06\sim0.12m/s$。可按下式计算：

$$V = \frac{Q}{BHn}$$

式中　V——流速，m/s；

　　　Q——进入曝气沉砂撇油池渠道污水流量，m^3/s；

　　　B——曝气沉砂撇油池宽度，m；

　　　H——曝气沉砂撇油池有效深度，m；

　　　n——池子的数量，个。

④ 曝气沉砂撇油池的旋流速度应保持在 $0.25\sim0.3m/s$。

曝气沉砂撇油池在运行时，可根据实际砂量采用污水进水端曝气量大些，使泥砂容易分离，悬浮物保持悬浮状态时间长些。在出水端曝气量渐小，最好在出水端有一小段不曝气，使浮渣上浮，砂子沉降更容易。

在曝气沉砂撇油池运行中，不论是行车带动砂泵排砂，还是链条式刮砂机刮砂，由于故障或其他原因停止排砂一段时间后，不能直接启动，应停止进水，把池内积水抽干后检查积砂槽内存砂的状况。如果积砂太多，应组织人工清淤砂，以免机械行走设施碰在砂上，导致歪斜或过载而损坏设备。

应定期巡视曝气沉砂撇油池，将浮渣清除掉，避免大量浮渣在曝气池水面上产生。行车式的除砂设备一般带有浮渣刮板，链条式刮砂机的刮板在回程通过液面时也会将浮渣刮走，由于曝气沉砂撇油池液面处在波动状态，去除浮渣效果不如平流沉砂池好，但沉砂宽度尺寸相对较小，运行人员可以将机械无法去除的部分浮渣人工清除掉。

曝气沉砂撇油池由于曝气的原因，是产生恶臭污染较严重的构筑物，其臭气强度会超过 100 个臭气单位。曝气会使污水中的硫化氢和硫醇类等恶臭物质加速逸入空气中。同时臭气相对密度较空气大，常常沉积在水面上空。因此在池上操作、巡视、清挖等工作时不可停留时间太长，否则臭气会麻痹神经，使身体失去平衡，严重时有人会溺入水中，产生严重后果。因此建在室内的曝气沉砂撇油池应注意通风，每小时换气应大于 10 次。砂水分离器清出的砂子应及时清运，不能长时间放置。如确要放一段时间，有条件的污水厂应向砂子堆表面喷洒药水，避免苍蝇、蚊子滋生。

曝气沉砂撇油池的配套除砂机械，如螺旋砂水分离器，在工作时应调整转速，确保砂水分离的最佳效果。产出的砂子要及时清除。对其变速箱要及时加油保养，对在污水中转动部分要按时保养和巡查。用吊抓式除砂设备工作时，不得在抓斗下面站人。抓砂完毕后将抓斗落在地面安全的地方。不得悬吊在半空中或人巡查走道上。抓斗除砂机工作完毕后，必须切断现场电源。避免他人误操作，防止设备漏电伤人。

3.5 初沉池有几种形式？控制参数是什么？

答 ① 初沉池按其流态及结构可分为平流沉淀池（矩形）、竖流沉淀池（圆形）、辐流式沉淀池（圆形）。

② 平流沉淀池按水流方式分为推流式，斜管（板）式，横向进水、横向出水式。

③ 辐流式沉淀池按进出水方式分为中心进水周边出水式，周边进水中心出水式，周边进水周边出水式。

④ 竖流沉淀池一般只有一种方式，即下进上出，在工程中极少应用。

初沉池的主要控制参数有 3 个，水力表面负荷 $[m^3/(m^2 \cdot h)]$、水力停留时间（h）、堰板溢流负荷 $[m^3/(m \cdot h)]$。

① 平流式沉淀池的水力表面负荷用下式计算：

$$q = \frac{Q}{A} = \frac{Q}{BL}$$

式中　　q——水力表面负荷，$m^3/(m^2 \cdot h)$；

Q——初沉池入流污水量，m^3/h；

A——初沉池表面积，m^2；

B，L——沉淀池的宽和长，m。

② 辐流式沉淀池表面负荷用下式计算：

$$q = \frac{Q}{A} = \frac{4Q}{\pi D^2}$$

式中　　D——辐流式沉淀池的直径，m；

A——辐流式沉淀池的表面积，m^2。

③ 初沉池的水力表面负荷一般在 $1 \sim 2 m^3/(m^2 \cdot h)$ 之间，对一般城市污水的初沉池，当后继处理工艺为活性污泥法时，常采用 $1.3 \sim 1.7 m^3/(m^2 \cdot h)$；当后续处理工艺为生物滤池等膜法时常采用 $0.8 \sim 1.2 m^3/(m^2 \cdot h)$。水力表面负荷越小，沉淀池效率越高；水力表面负荷越大，沉淀效率越低。

④ 污水在初沉池的水力停留时间一般在 $1.5 \sim 2.0 h$ 之间。平流式初沉池的水力停留时间用下式计算：

$$T = \frac{V}{Q} = \frac{BLH}{Q}$$

式中　　T——水力停留时间，h；

V——体积，m^3；

B，L，H——平流初沉池的宽、长和有效水深，m。

⑤ 辐流式沉淀池的停留时间用下式计算：

$$T = \frac{V}{Q} = \frac{\pi D^2 H}{4Q}$$

式中　D——辐流式沉淀池的直径，m；

　　　H——有效水深，m。

污水停留时间不能太短，污水停留时间太短污泥上浮，容易漂泥。污水停留时间也不能太长，污水停留时间太长污泥产生厌氧，漂浮到水面成大块并伴有恶臭味，不利于后续水处理。

⑥ 初沉池的另一个控制参数是出水堰板的溢流负荷，是单位堰板长度在单位时间内所溢流的污水量。可按下式计算：

$$q' = \frac{Q}{L}$$

式中　q'——堰板溢流负荷，$m^3/(m^2 \cdot h)$；

　　　Q——总溢流污水量，m^3/h；

　　　L——堰板总长度，m。

初沉池的溢流负荷一般控制在小于$10m^3/(m^2 \cdot h)$，在这个控制参数内能够控制污水在初沉池内特别是在出水端保持一个均匀而稳定的流态，防止污泥及浮渣的流失。

3.6　污水提升泵站的作用是什么？应怎样控制和管理？

答　污水处理厂在运行工艺流程中一般采用重力流的方法通过各个构筑物和设备。但由于厂区地形和地质的限制。必须在前处理处加提升泵站将污水提到某一高度后才能按重力流方法运行。污水提升泵站的作用就是将上游来的污水提升至后续处理单元所要求的高度，使其实现重力流。提升泵站一般由水泵、集水池和泵房组成。

泵站内的水泵多种，一般以离心泵为主。按照安装方式分为干式泵和潜污泵。干式泵分为立式泵和卧式泵。潜污泵有污水中安装和干式安装两种类型。泵的类型主要取决于污水处理厂的规模、要求的扬程、工作介质和控制方式等具体情况。

集水池的作用是调节来水量与抽升量之间的不平衡，避免水泵频繁启动。

① 集水池的布置应充分考虑到方便泵的维修、固定泵底座的维修等。现在要求污水处理厂不能因修或换某一设备而停止污水处理。因此潜污泵集水池最好是两套单独运行。一些旧集水池只有一套运行，当某个泵的底座或水下某一部位损坏时，应停止进水，抽干水后才能修理上述设备。这就需要改造成至少有一半数量的泵坚持运行的集水池，而在另一半集水池中能抽干水进行维修、更换。潜水泵或改造成干式运行，或两组间隔开运行等方法都可以。

② 对于平衡进水量和出水量现在大都采用调频的办法来解决，效果良好。

③ 对于集水池的布置还应考虑到清理时和维护保养的方便。如吊物孔、吊拉泵的电动葫芦、吊梁、出泥砂孔、集水池底部设集水坑以及可供维修人员进出的爬梯等。对于封闭式集水池应在对流处设通风孔、通风机。在通风最不利点应设有毒气体、可燃气体报警器等。

④ 尽管在集水池前有格栅拦截漂浮物，沉砂池除掉大部分砂子，但因污水进入集水池后速度放慢，一些泥砂可能沉积下来，一些浮渣漂浮在集水池的水面上，使有效池容减少，甚至堵塞水泵，直接影响了水泵的正常运行。为此集水池要根据具体情况定期清理杂物，保证水泵正常运行。在密闭的集水池内进行清池工作，最重要的是安全问题。因为在集水池沉

淀的污泥、砂子是没有经过有效处理而沉积在集水池内，会因厌氧分解产生出有毒气体如 H_2S、SO_2、CO，甚至可燃气体甲烷等。清池人员下去之前，必须先强制通风，在通风最不利点检测有无有毒气体、可燃气体，检测符合国家规定的标准后，才可穿戴呼吸器等防毒面具下去工作。人下到集水池后，通风强度可适当减少，但绝不能停止通风。这是防止人下到池中后积存在池底的污泥继续厌氧分解产出有毒易燃气体，伤害操作人员。同时下池操作最好不要超过 0.5h。

对集水池内的水泵机组运行控制应考虑以下几项原则。

① 保证来水量与提升量一致，即来多少，提升多少。如来水量大于提升量，上游又没有及时采取溢流措施，则可能淹泡格栅和沉砂桥。反之如来水量小于提升量，则可能使水泵处于干运行状态，损坏设备。

② 保持集水池高水位运行。这样可以降低泵的扬程，在保证提升水量的前提下降低能耗。

③ 水泵的开、停不要过于频繁，否则易损坏开关和水泵并降低使用期限。

④ 至少有一台备用泵。可在线备用，也可池外备用。

⑤ 保持水泵组内每台水泵的停、开时间均匀，投入运行的泵和备用泵之间定时转换。一是保证每台泵自身按时运转，比放在污水中静止状态备用寿命要长些。二是因为池内每一台泵对应着集水池内相应一部分容积，如果某台泵长时间不投入运行，它所对应的集水池某处成死角，泥、砂沉积，会影响泵的运行，甚至堵塞水泵，造成事故。

污水处理厂的运行管理人员要根据具体运行情况，不断总结出集水池和提升泵组最佳运行调度方案，以利污水泵安全、经济运行。

3.7　沉淀池排浮渣时应注意什么？

答　平流式行车刮浮渣机辐流回转式刮浮渣机及竖流式回转刮浮渣机都是用刮板将浮渣刮至浮渣槽或浮渣斗内。这种排渣方式问题较多。

① 刮板与浮渣槽的配合不是很到位，浮渣经常不能全进浮渣槽。

② 浮渣槽内必须设水冲，否则浮渣流不到浮渣槽中。

在北方的冬季，浮渣槽内浮渣不及时清理，还会结冰。即使大块浮渣能进入浮渣槽，油脂类物质形成的泡沫状浮渣也很难进入，漂在水面影响浮渣槽的效果。一种简易有效方法是在平流沉淀池的末端，安装一根带缺口的不锈钢圆管，转动圆管，大部分浮渣由缺口处流入管内，顺便将水面上的泡沫浮渣也流入管内被水带走。排浮渣装置如图 3-1 所示。

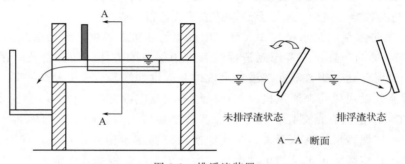

图 3-1　排浮渣装置

这种排渣的方式也可用液位计自动控制，当浮渣在圆管周围积累时，液位会稍微上升，水位计动作，使圆管自动转动，造成缺口浮渣和污水同时排走。液位降至原来水位后，圆管自动回到原来位置。这种排渣方式简单易行，运行方便，排渣彻底。

3.8 沉淀池运行巡视及维护应如何进行？

答 ① 运行人员应定时巡视初沉池运行情况，注意观察桥的行走状况，是否有异常声音，刮浮渣板是否把浮渣准确刮进浮渣斗里，平流沉淀池桥到头是否按要求停下，链条刮渣机的齿轮链条是否有缠绕物，刮泥板在水下行走是否平衡。

② 注意沉淀池的出水三角堰板的堰口是否被浮渣堵死，如有应及时清除。沉淀池的进出水堰板长期运转受外力的影响，可能出现倾斜、松动等现象。导致进、出水短流跑泥。影响沉淀池的效率，必须定期检查并进行必要的修正。一般通过调整堰板孔螺丝位置来校正堰板水平度，但铁螺栓经过长时间浸泡后易生锈，最好使用不锈钢或铜螺栓解决此问题。

③ 对于不经常开关的进、出水闸门和闸阀等，要每隔一周或两周人工或电动活动几个来回，对于暴露在空气中的丝杠（明杆闸门）要及时上润滑油、润滑脂。对于内丝杠（暗杆闸门）或变速箱要定时检查或打开箱盖检查上润滑油。对于闸门井中的阀门如果用清水覆盖比暴露在空气中会得到更好的保护。

④ 备用的初沉池最好采用动态备用，即按一定时间轮换投入使用，最好停运或备用时间不要超过一个月。对于确定不能投入运行的池子应将污水放空，用二级出水或再生水充满，每隔一个月左右最好启动刮泥和行走设备。

⑤ 初沉池在正常运行情况下每年要排空一次，彻底检查清理。检查污水下设备部件的锈蚀情况，确定防腐维修；池底是否有积砂，池内是否有泥砂异物等；刮泥板与池底是否密合；排泥斗及排泥管内是否有结垢、砂、石等异物；池壁或池底的混凝土表面保护层是否有结垢或有腐蚀脱落等情况；进、出水闸门是否需维修或更换等。

3.9 如何分析及排除初沉池运行异常问题？

答 **（1）污泥上浮**

① 如果是经常性的污泥上浮应从控制参数上核算一下表面负荷、停留时间、溢流负荷的数据是否在控制参数内，否则应加以调整。

② 来水的新鲜程度也能影响污泥上浮，腐败严重的污水能造成污泥上浮，这时应加强去除浮渣的工作，使上浮的污泥经浮渣刮板的动作，及时地去除。

③ 二沉池回流污泥能进入初沉池一部分，由于其硝酸盐含量较高，进入初沉池后缺氧可使硝酸盐反硝化，还原成氮气附着于污泥中，使之上浮。这时可控制后面生化处理系统，使污泥的泥龄减小，降低硝化程序，也可加大回流污泥量使之停留时间减少。

④ 污泥浓缩池的上清液、脱水机的出水，进入初沉池内导致出水混浊。解决办法：改进消化池、浓缩池的运行，提高消化池、后浓缩池的运行效率。对脱水废液可加无机絮凝剂先浓缩沉淀后再送至初沉池。

（2）污泥短路流出

① 由堰板溢流负荷超标或堰板不平整造成。解决办法：减少堰板的负荷或调整堰板出水高度一致。

② 刮泥机故障造成污泥上浮。

③ 辐流式沉淀池池面受大风影响出现偏流。

(3) 排泥不及时

刮泥机故障或排泥泵故障造成污泥上浮或浮渣聚集在池面上。

(4) 排泥浓度降低

① 排泥时间过长导致含固率下降，污泥浓度降低。

② 刮泥与排泥步调不一致，各单体池排泥不均匀。

③ 积泥斗严重积砂，有效容积减小。

3.10 预处理单元对后续处理单元有什么影响？

答 ① 如果从格栅流过的栅渣太多，会使初沉池、曝气沉砂池及曝气池、二次沉淀池面上的浮渣增多，难以清除，挂在出水堰板上影响出水均匀，不美观，增加恶臭气味。

② 如果从沉砂池流走的砂粒太多，砂粒有可能在初沉池配水渠道内沉积，影响配水均匀；砂粒进入初沉池内将使污泥刮板过度磨损，缩短更换周期；进入泥斗后将会干扰正常排泥或堵塞排泥管路；进入泥泵后将使泥泵过度过快磨损，降低泵的使用寿命；砂粒进入曝气池会沉在曝气池底部逐渐积累妨碍曝气头出气，甚至覆盖曝气头，大大降低曝气效率。

③ 从预处理向后漂移的破布条、棉纱、塑料条、铁丝、头发等杂物会在表曝机或水下搅拌设备、桨板上缠绕，增大阻力，损坏设备。还会缠绕在水下电缆上，形成很大的棉纱团、铁丝头发团、塑料团等，导致扯坏电缆。进入二沉池将会使浮渣增加，挂在出水堰板上影响出水均匀；进入生物滤池会堵塞配水管、滤料，甚至堵塞出水滤头、滤板等；进入生物转盘将在转盘上缠绕，增大了阻力，加快生物转盘的损坏，减少有效容积。

④ 从预处理单元漏出的杂物进入浓缩机后将在栅条上缠绕，影响浓缩效果。并在上清液出流的堰板上漂浮结块，影响出水均匀。进入消化池前后会堵塞排泥管道或送泥泵。还会在消化池内上浮，结成大的浮壳。这些杂物进入离心脱水机，会使高速旋转的叶轮失去平衡，从而产生振动或严重噪声，导致密封破漏，损坏离心脱水机。一些棉纱、毛发有时会塞满叶轮与蜗壳之间的空间，使设备过载，烧坏电机。

⑤ 从水处理设施进入浓缩池的细砂，可能堵塞排泥管路，使排、送污泥泵过度磨损。进入消化池将沉在底部，影响排泥，减小有效容积。如果这些细砂进入离心机，将严重磨损进泥管的喷嘴以及螺旋外缘和叶轮，增加维修更换次数，如进入带式压滤脱水机将大大降低污泥成饼率，使搅拌机容易磨坏，滤布过度磨损，转辊之间磨损和不均匀。

3.11 预处理单元的重要性是什么？

答 预处理单元能否将漂浮物、砂、沉淀物有效去除对于保证整个污水处理厂的正常运转是至关重要的。据有关专家统计，约有 50％的污水处理厂因预处理单元有问题而严重影响了后续处理的运转。究其原因如下。

① 运行人员认为预处理单元有些问题不必全解决掉。结果预处理单元的沉砂、棉纱、头发、塑料橡胶制品等经过一定积累，再给后续各个处理单元或者是各单机运行造成了困难和事故。如果在预处理单元中的每个环节上努力解决这些各自环节去除的杂物，就避免了这

些杂物影响后续各个环节的运行。

② 运行人员没有认真评价和分析预处理单元的运转效果，如格栅的截污效果如何，栅前栅后流速的影响如何，沉砂池的沉砂效果如何，多少砂粒随水流走，什么样的沉淀物容易流走等。运行人员忙于解决表面问题，如忙于解决修理损坏的设施、设备，而没有考虑产生这些问题的根源所在。如果预处理单元各个环节按设计把该处理掉的杂物处理达标，就不会给后续工艺留麻烦。

● 活性污泥法工艺运行和管理

3.12 什么是活性污泥法工艺？有什么特点？

答 活性污泥法是采用人工曝气手段，使得活性污泥均匀分散在曝气池中，和污水充分接触，并在有溶解氧的条件下，对污水中所含的有机物进行合成和分解的代谢活动，是一种应用最广泛的废水处理好氧生物处理技术。其净化污水的过程可分为吸附、代谢、固液分离三个阶段，由初沉池、曝气池、二沉池等组成。

活性污泥法工艺的特点是在工艺流程中，活性污泥作为主体，通过回流和污水一起进入曝气池，互相混合接触。污水中可生物降解的有机物质被微生物所利用，在利用过程中，进水 BOD 得以降低，而活性污泥增加。从曝气池流出的混合液进入二沉池进行固液分离。污泥沉入底部浓缩后再回流到曝气池，这部分污泥称为回流污泥。多余部分则排走，进一步消化处理或直接加药脱水，这部分污泥称为剩余污泥。

3.13 曝气池混合液工艺运行常规监测指标有哪些？

答 曝气池混合液工艺运行常规监测指标有：①温度；②pH 值；③溶解氧（DO）；④曝气时间（曝气水力停留时间）；⑤污泥浓度（MLSS）；⑥污泥沉降比（SV）；⑦污泥容积指数（SVI）；⑧污泥龄（天数）；⑨回流污泥浓度（RVSS）；⑩回流污泥沉降比（RSV）；⑪污泥生物相镜检；⑫活性污泥的有机负荷；⑬剩余污泥排放量；⑭挥发性污泥浓度（MLVSS）。

3.14 曝气池 MLSS 或 MLVSS 数值怎样控制？

答 曝气池混合液须维持相对固定的污泥浓度 MLSS，才能维持好处理效果和处理系统稳定运行。每一种好氧活性污泥法处理工艺都有其最佳曝气池的 MLSS，比如普通空气曝池活性污泥的 MLSS 最佳值为 2g/L 左右，而 AB 法工艺 A 段的 MLSS 最佳值为 5g/L 左右，两者差距很大。一般而言，曝气池中 MLSS 接近其最佳值时，处理效果最好，而 MLSS 过低时往往达不到预期的处理效果。

当 MLSS 过高时，泥龄延长，维持这些污泥中微生物正常活动所需的溶解氧数会增加许多，导致对充氧系统能力的要求增大。同时曝气池混合液的密度会增大，阻力增大，也就会增加机械曝气或鼓风曝气的电耗。也就是说，虽然 MLSS 偏高时，可以提高曝气池对进水水质变化和冲击负荷的抵抗能力，但在运行上往往是不经济的。而且有时还会导致污泥过度老化，活性下降，最后甚至影响处理水质。

在实际运行时，有时需要通过加大剩余污泥排放的方式强制减少曝气池的 MLSS 值，刺激曝气池混合液中的微生物的生长和繁殖，提高活性污泥分解氧化有机物的活性。

3.15　什么是曝气池混合液污泥沉降比（SV）？有什么作用？

答　污泥沉降比（settling velocity，SV）又称30min沉降率，是曝气池混合液在量筒内静置30min后所形成的沉淀污泥容积占原混合液容积的比例，以％表示。一般取混合液样1000mL，用满量程1000mL量筒测量，静置30min后泥面的高度恰好就是SV的数值。由于SV值的测定简单快速，因此是评定活性污泥浓度和质量的常用方法。

SV值能反映曝气池正常运行时的污泥量和污泥的凝聚性、沉降性能等。可用于控制剩余污泥排放量，SV的正常值一般在15％～30％之间，低于此数值区说明污泥的沉降性能好，但也可能是污泥的活性不良。可少排泥或不排泥或加大曝气量。高于此数值区，说明需要排泥操作，或应采取措施加大曝气量，也可能是丝状菌的作用使污泥发生膨胀，需加大进泥量或减少曝气量。

3.16　观测SV值时污泥的表观现象说明了什么？

答　① 污泥沉淀30～60min后呈层状上浮且水质较清澈。说明活性污泥反应功能较强，产生了硝化反应，形成了较多的硝酸盐，在曝气池中停留时间较长，进入二沉池中发生反硝化，产生气态氮；使一些污泥絮体上浮。可通过减少曝气量或减少污泥在二沉池的停留时间来解决。

② 在量筒中上清液含有大量的悬浮状微小絮体，而且透明度差、混浊。说明是污泥解体，其原因有曝气过度、负荷太低造成活性污泥自身氧化过度、有害物质进入等。可通过减少曝气量，或增大进泥量来解决。

③ 在量筒中泥水界面分不清，水质混浊其原因可能是流入高浓度的有机废水，微生物处于对数增长期，使形成的絮体沉降性能下降，污泥发散。可通过加大曝气量，或延长污水在曝气池中的停留时间来解决。

3.17　什么是污泥容积指数（SVI）？

答　污泥容积指数（sludge volume index，SVI）是指曝气池出口处混合液经过30min静置沉淀后，每克干污泥所形成的沉淀污泥所占的容积。单位以mL/g计。计算公式如下：

$$SVI = \frac{1L\,混合液经\,30min\,静置沉淀后以\,mL\,计的污泥容积}{1L\,混合液以\,g\,计的干污泥量}$$

SVI与SV值的关系：

$$SVI = \frac{10SV}{MLSS}$$

SVI值排除了污泥浓度对污泥沉降体积的影响，因而比SV值能更准确地评价和反映活性污泥的凝聚、沉淀性能。一般来说，SVI值过低说明污泥颗粒细小，无机物含量高，缺乏活性；SVI过高说明污泥沉降性较差，将要发生或已经发生污泥膨胀。城市污水处理厂的SVI值一般介于70～100之间。

SVI值与污泥负荷有关，污泥负荷过高或过低，活性污泥的代谢性能都会变差，SVI值也会变很高，存在出现污泥膨胀的可能。

3.18 影响曝气池混合液 SVI 值的原因是什么？

答 影响曝气池混合液 SVI 值的原因如下。

① 水温突然降低使微生物活性降低，分解有机物的功能下降。

② 流入含酸废水使曝气池混合液 pH 值长时间处于酸性条件下，嗜酸性丝状微生物大量繁殖，另外排放酸性废水的管道内生长的丝状微生物膜周期性脱落也会导致混合液中的丝状微生物的增殖。

③ 进水中氮磷营养物质比例偏低，而丝状菌能够在氮磷等营养物质严重不足的情况下大量繁殖，并在混合液中占优势，进而引起污泥膨胀。

④ 曝气池有机负荷过高导致活性污泥的凝聚性能和沉淀性能变差，SVI 值升高。

⑤ 进水中低分子有机物含量大，而低分子有机物是丝状菌最容易吸收利用的成分，从而使丝状微生物大量繁殖，曝气池混合液沉降性能降低。

⑥ 曝气池混合液溶解氧不足使絮体生长受抑制。而丝状菌生物却能够在 0.1mg/L 以下条件中大量繁殖，导致活性污泥膨胀 SVI 值升高。

⑦ 进水中有毒有害物质增加，如酚、醛、硫化物等类物质含量突然升高，使微生物菌胶团凝聚性能下降，大量解絮，而丝状菌则得以增殖，SVI 升高。

⑧ 高浓度有机废水缺氧腐败后进入曝气池，其中含有大量的低分子有机物和硫化物等，从而使丝状菌大量繁殖，SVI 值升高。

⑨ 消化池上清液短时间内进入曝气池。其中的高浓度有机物使曝气池有机负荷升高，丝状菌大量繁殖。

⑩ 进水中 SS 较低而溶解性有机物比例较大，使得污泥容重降低，固液难以分离从而使 SVI 值升高。

⑪ 污泥在二沉池停留时间过长，会导致其中溶解氧含量下降，污泥因此腐化变质，进而使回流污泥中丝状菌大量繁殖，引起曝气池活性污泥膨胀，SVI 增高。

3.19 污泥龄是什么？如何计算？

答 污泥龄是指活性污泥在整个系统中的平均停留时间，一般用 SRT 表示。因为活性微生物基本上"包埋"在活性絮体中，因此污泥龄也就是微生物在活性污泥系统内的停留时间。

控制污泥龄是选择活性污泥系统中微生物种类的一种方法。不同种类的微生物，具有不同的世代时间。所谓世代时间是指微生物繁殖一代所需的时间，如某种微生物群体以 1000 个繁殖成 2000 个需要 2d 的时间，则该种微生物的世代时间就是 2d。如果某种微生物世代时间比活性污泥系统的泥龄长，则该类微生物在繁殖出下一代微生物之前，就被以剩余污泥的方式排走，该类微生物永远不会在系统中繁殖起来。反之，如果某种微生物的世代时间比活性污泥系统的泥龄短，则该微生物在被以剩余污泥的形式排走前可繁殖出下一代。因此这种微生物就能在系统中存活下来，并且呈增长趋势。

分解有机污染物的绝大部分微生物，其世代时间都小于 3d，因此只要控制污泥龄大于 3d，这些微生物就能在活性污泥系统生存下来并得以繁殖，用于处理污水。而硝化杆菌的世代期一般为 5d，因此要在活性污泥系统中培养出硝化杆菌，将 $NH_3\text{-}N$ 硝化成 $NO_3\text{-}N$，则必须控制 SRT 大于 5d。

另外，SRT 直接决定着活性污泥系统中微生物的年龄大小。SRT 较大时，年长的微生物也能在系统中存在，而 SRT 较小时，只有年轻的微生物存在，它们的祖辈、父辈早已被剩余污泥带走。一般来说，年轻的微生物活性高，分解代谢有机污染物的能力强，但凝聚沉降性能较差；而年长的微生物可能已老化，分解代谢能力较差，但凝聚沉降性能较好。通过调节 SRT，可以选择合理的微生物年龄，使活性污泥既有较强的分解代谢能力，又有良好的沉降性能。传统活性污泥工艺一般控制 SRT 在 3~5d。活性污泥泥龄按下式计算：

$$SRT = \frac{活性污泥系统内的总活性污泥量}{每天从系统内排出的活性污泥量}$$
$$= \frac{曝气池内的活性污泥量+二沉池内的污泥量+回流污泥量}{每天排放的剩余污泥量+二沉池出水每天带走的污泥量}$$

实际运行中可简单计算污泥龄：

$$SRT = \frac{曝气池活性污泥量}{每天排放的剩余污泥量}$$

3.20　在污水处理中调整泥龄会有什么变化？

答　对于一个正常运行的污水处理系统来说，污泥龄是相对固定的，即每天从系统中排出的污泥量是相对固定的。当因为种种原因，二沉池出水悬浮物含量突然增大后，就应该相应减少剩余污泥的排放量。

如果排放的剩余污泥量少，使系统的泥龄过长，会造成系统去除单位有机物的氧耗量增加，即能耗升高，二沉池出水的悬浮物含量升高，出水水质变差。如果过量排泥，使系统的泥龄过短，活性污泥吸附的有机物质来不及氧化，二沉池出水中有机物含量增大，出水水质也会变差。如果使泥龄小于临界值，即从系统中排出的泥量大于其增加量，系统的处理效果会急剧下降。

3.21　影响活性污泥法的因素有哪些？

答　影响活性污泥法的因素有：①溶解氧；②有机负荷；③营养物质；④pH 值；⑤水温；⑥有毒物质。

3.22　溶解氧对活性污泥的影响是什么？

答　活性污泥法工艺是利用好氧微生物的技术，因此曝气池混合液中必须有足够的溶解氧。如果溶解氧过低，好氧微生物正常的代谢活动就会下降，活性污泥会因此发黑发臭，进而使其处理污水的能力受到影响。而且溶解氧过低，易于丝状菌滋生，产生污泥膨胀，影响出水水质。如果溶解氧过高，导致有机污染物分解过快，从而使微生物缺乏营养，活性污泥易于老化，结构松散。活性污泥中的微生物会进入自身氧化阶段，还会增加动力消耗。

对混合液的游离细菌而言，溶解氧保持在 0.2~0.3mg/L 即可满足要求。但为了使溶解氧扩散到活性污泥絮体内部，保持活性污泥系统整体具有良好的净化功能，混合液必须保持较高的溶解氧水平。根据经验，曝气池出口混合液中溶解氧浓度一般保持在 2mg/L 左右，就能使活性污泥具有良好的净化功能。

3.23 有机负荷对活性污泥法的影响是什么？

答 每一种好氧活性污泥法都有其最佳有机负荷，在进水有机负荷接近和等于其最佳值时，才有最佳效果。进水有机负荷过高或过低，偏离最佳值，都会破坏活性污泥系统运行的效果。

3.24 温度对活性污泥法有什么影响？

答 温度对活性污泥法中的微生物的影响是非常广泛的。有的微生物喜欢生活在高温环境中（50～70℃），有的则喜欢生活在低温环境中（－5～10℃），但污水处理中的大部分微生物适宜生长在 15～35℃ 之间。

在适宜的温度范围内，温度越高，微生物的活性越强，处理效果也越好，反之温度越低，生物活性就越差。

3.25 温升或温降的速度对微生物有什么影响？

答 在一定的范围内（15～35℃），随着温度的升高，虽然不利于氧向水中的转移，却可以加快生化反应速率，但由于微生物细胞组织中的蛋白质、核酸等对温度变化速率很敏感，当温度突升的速率超过一定限度时，就会产生不可逆破坏，导致污水处理效果变差。相比之下，温度降低时，氧向水中转移逐渐增大，虽然生化反应速率减慢，对微生物组织中的蛋白质、核酸等影响要小一些，一般不会出现不可逆破坏。

如果水温的降低速率降低变化缓慢，活性污泥中的微生物可以逐步适应这种变化，而这时采取降低负荷，提高充氧浓度，延长曝气时间等措施，就能取得较好的处理效果。

3.26 pH 值对活性污泥法有什么影响？

答 活性污泥中的各种微生物都有它们适宜的 pH 值范围，一般适宜的 pH 值在 6～9 之间。pH 值在 4.5 以下，活性污泥中原生动物将全部消失，大多数微生物的活动受到抑制。只有真菌成为优势菌种，活性污泥絮体受到损坏，极易产生污泥膨胀。当 pH 值大于 9 后，微生物的代谢速率将受到不利的影响，菌胶团会解体，悬浮物增多，出水恶化。

3.27 活性污泥混合液对 pH 值变化有什么作用？

答 活性污泥混合液本身对 pH 值变化有一定的缓冲作用，原因如下。
① 污水本身具有的碱度对 pH 值有缓冲作用。
② 污水中的微生物代谢活动能改变其活动环境的 pH 值，如好氧微生物对含氮化合物利用，由于硝化作用而产生酸，降低环境的 pH 值；由于厌氧微生物脱羧作用而产生碱性氨，又可使 pH 值上升。

因此，经过驯化的活性污泥，也具有对 pH 值的缓冲作用，能适应一些 pH 值变化小的污水。但是污水的 pH 值发生突变，会对其中微生物造成冲击，甚至有可能破坏整个系统的正常运行。因此，酸碱废水是否进行中和处理，要根据实际情况而定，若是进入活性污泥系统的污水 pH 值变化不大，尤其是只有微酸性和微碱性水其中之一时，往往不需要中和处理，而 pH 值变化幅度较大时，应事先进行中和处理，调整 pH 值至中性，再进行处理。

3.28　在污水生物处理中如何调整营养物质？

答　流入城市污水处理厂的城市污水中的氮、磷等营养元素一般都能满足微生物的需要，且有过剩。如果工业废水所占比例较大时，应注意核算碳、氮、磷的比例是不是 100：5：1。如果污水中缺氮，可加无水氨或氨水，也可投加铵盐，或含氮高的工业废水。如果缺磷，可投加磷酸或磷酸盐。

3.29　有毒、有害物质对好氧活性污泥法有什么影响？

答　当污水中含有对微生物有毒、有害或有抑制作用的物质时，活性污泥的性能将会下降，直至完全失去作用。《污水排入城镇下水道水质标准》（GB/T 31962—2015）中列出了常见的有毒、有害物质对活性污泥产生抑制作用的最低浓度，进入活性污泥法处理系统的污水中的有毒有害物质的最低浓度含量应低于表中的限值。

有毒、有害物质的毒害作用还与处理过程中的水温、溶解氧、pH 值等多种因素有关，也与有毒、有害物质共存时，其毒性相加或相减有关，还与微生物经过驯化后抗毒性能有关。实践证明，经过专项、长期培训的特殊菌种，可以处理利用污水中的一定量的有毒、有害物质，有时甚至可以将有毒害物质变成微生物的营养成分，例如苯和酚等。

3.30　活性污泥处理系统工艺参数如何分类？

答　描述活性污泥处理系统工艺参数很多，大体可分为三大类。

（1）曝气池的工艺参数

主要包括曝气池内的水力停留时间、曝气池内的活性污泥浓度 MLVSS、活性污泥的有机负荷 F/M、水温、溶解氧、pH 值等。

（2）关于二沉池的工艺参数

主要包括活性污泥混合液在二沉池内的停留时间、二沉池的表面负荷、出水堰的堰板溢流负荷、二沉池内污泥层深度、固体表面负荷。

（3）关于整个工艺系统的参数

主要包括进水水质、水量、回流污泥排放量、回流污泥浓度、剩余污泥排放量、污泥龄等。

以上工艺参数相互之间联系紧密，任一参数的变化都会影响其他参数。

3.31　活性污泥法工艺应如何控制？

答　在活性污泥工艺系统中，污水处理主要由活性污泥完成的。因而，工艺控制的主要目标也就是活性污泥本身的数量和它的质量。如果采取正确的控制措施，将系统内的活性污泥保持稳定而合理的数量，以及稳定而高效质量，则必然得到稳定而高效的处理效果。

活性污泥的数量指标有混合液污泥浓度 MLVSS、MLSS 和有机负荷 F/M，通过 F/M

可确定需要多少 MLVSS 等，以及反映质量的指标污泥老化程度的污泥龄，反映沉降性能的质量指标 SV、SVI 等。

影响以上数量和质量的指标很多，主要包括水质、水量的变化，温度等外界因素的变化。污水处理厂的主要任务就是采取控制措施，克服这些因素对活性污泥的影响，持续稳定地发挥处理作用。常用的控制措施从曝气系统的控制、污泥回流系统的控制和剩余污泥排放系统的控制三方面来实施。

3.32　曝气系统应如何控制？

答　鼓风曝气系统的日常控制参数是曝气池污泥混合液的溶解氧 DO 值，控制变量是鼓入曝气池内的空气量 Q_a。而控制混合液的溶解氧一般是定值，控制在 $1.5\sim3.0$ mg/L 之间，当进水量 Q 变化时，鼓风量 Q_a 就得根据进水量和水质变化而变化。大型污水处理厂一般都采用计算机自动控制，在曝气池保持设定的溶解氧值。在风量变化超过 1 台鼓风机的变化时还要改变鼓风机的投运台数来实现自控调整鼓风量。小型污水处理厂和不设自控鼓风的污水处理厂一般采用人工调节。可用下式计算实际需要鼓风量。

$$Q_a = \frac{f_o(\mathrm{BOD_r} - \mathrm{BOD_e})Q}{300E_a}$$

式中　Q_a——实际需要鼓风量，$\mathrm{m^3/d}$；

f_o——耗氧系数，指单位 $\mathrm{BOD_5}$ 被去除所消耗的氧量与 F/M 有关，当 F/M 在 $0.2\sim0.5$kg BOD/(kg MLVSS·d) 时 f_o 可取 1.0；当 $F/M<0.15$kg BOD/(kg MLVSS·d) 时 f_o 可取 $1.1\sim1.2$；

Q——进水量，$\mathrm{m^3/d}$；

$\mathrm{BOD_r}$——曝气池进水 $\mathrm{BOD_5}$，mg/L；

$\mathrm{BOD_e}$——曝气池出水 $\mathrm{BOD_5}$，mg/L；

E_a——曝气头微孔扩散系数，一般取 $7\%\sim15\%$ 之间的数。

运行人员应根据本厂的实际状况，逐渐确定 f_o 值和 E_a 值，以方便控制曝气系统。

曝气池前段曝气量主要供给微生物分解有机物需要，只要满足这部分需氧，一般也能满足后段污泥保持悬浮状态的需要。但有时在曝气池后段的末端，虽然能保持溶解氧值在设定范围内，但不能满足污泥混合悬浮的要求，产生污泥沉积在下面的现象。为满足污泥保持混合悬浮状态，还应保持曝气池面曝气量，一般大于 $2.2\mathrm{m^3/(m^2 \cdot h)}$。在实际运行中注意核算。

3.33　回流污泥系统应如何控制？

答　控制回流系统有三种方式：保持回流 Q_r 恒定；保持回流比 R 恒定；定期或随时调节回流量 Q_r 及回流比 R，使系统处于相应最佳状态。这三种方式适合不同的情况。

（1）保持回流 Q_r 恒定

这是相当多污水处理厂的运行控制方法。这种控制方法适应进水流量 Q 相对稳定，水质波动不大的情况。

（2）保持回流比 R 恒定

当进水量、水质变化时相应调整回流量 Q_r。在剩余污泥排放量基本不变的情况下，可保持 MLSS、F/M 以及二沉池内泥位基本恒定。回流比 R 不随进水量 Q 的变化而变化，从而保持相对稳定的处理效果。

（3）定期或随时调节回流量及回流比

这样能保持系统始终处于最佳状态。这种操作复杂一些，但这是稳定运行所必需的。一般有 4 种方法调整回流量和回流比。

① 按照二沉池的泥位调节回流比。首先根据具体情况选择一个合适的泥位（水面到泥面距离），即选一个合适的泥层厚度（泥面到池底的距离），一般应控制在 $0.3\sim0.9$m。且不超过泥位的 1/3。然后调节回流污泥量，使泥位稳定在所选定的合理值，一般情况下，增大回流量 Q_r，可降低泥位，减少泥层厚度；反之，降低回流量 Q_r，可增大泥层厚度。应注意调节幅度每次不要太大，使回流比变化不超过 5%，回流量变化不超过 10%，具体每次调多少，多长时间后再调下一次，则应根据情况决定。

② 按照沉降比调节回流量或回流比。以 1000mL 量筒量取进入二沉池之前的曝气池混合液，模拟二沉池的沉降试验。则由测得的 SV_{30} 值可以计算回流比，用于指导回流比的调节。回流比 R 与沉降比 SV_{30} 之间存在以下关系：

$$R = \frac{SV_{30}}{1 - SV_{30}}$$

③ 按照回流污泥及混合液的浓度调节回流比。此法可用回流污泥浓度 RSS，和混合液浓度 MLSS 指导回流比 R 的调节。回流比 R 与回流污泥浓度 RSS 和混合液浓度 MLSS 的关系如下：

$$R = \frac{MLSS}{RSS - MLSS}$$

此公式只适合低负荷工艺，即进水的悬浮物不高的情况下，否则会造成误差。

【例题 1】某厂二沉池内泥层厚度一般控制在 $0.6\sim0.9$m 之间为宜。运行人员发现当回流比控制在 40% 时，泥位在上升，且泥层厚度已超过 1.0m，试分析用回流比调节的方法控制泥位上升的方案。

解：先将回流比 R 调至 45%，观察泥位是否下降，如果 5h 后，泥位仍在上升，则将回流比 R 调至 50%，继续观察泥位的变化情况，直至泥位稳定在合适的深度下，如果回流比调至最大，泥位仍在上升，则可能是剩余污泥排放量不足所致，应考虑增大剩余污泥排放量。

一般情况下，进水水量一天内总有变化，泥位也在波动，为稳妥起见，应在每天的流量高峰时，即泥位最高时，测量泥位，并以此作为调节回流比的依据。

【例题 2】某污水处理厂曝气池混合液的沉降比 SV 值为 30%，回流比 R 为 50%，试分析该厂回流比控制是否合理及如何调节？

解：将 $SV_{30} = 30\%$ 带入公式

$$R = \frac{30\%}{1 - 30\%} = 43\%$$

因此，该厂回流比偏高，二沉池泥位偏低，应将回流比 R 为 50% 逐步调至 43%。

【例题 3】某污水处理厂曝气池混合液的沉降比 SV 值为 35%，回流比为 50%，试分析该厂回流比控制是否合适？应如何调节？

解：将 $SV_{30} = 35\%$ 带入公式

$$R = \frac{35\%}{1-35\%} = 54\%$$

因此，该厂回流比偏低，二沉池泥位偏高，应将回流 R 由 50% 调至 54%。

【例题4】某污水处理厂测得曝气池混合液浓度 MLSS＝2000mg/L，回流污泥浓度 RSS＝5000mg/L。运行人员将回流比 R 调至 50%，试分析回流比调节是否正确？应如何调节？

解：将 MLSS＝2000mg/L，RSS＝5000mg/L 代入公式

$$R = \frac{2000}{5000-2000} = 67\%$$

因此，将回流比调至 50% 是不正确的，应将回流比调至 67%，否则污泥将随水在二沉池流失。

④ 依据污泥沉降曲线调节回流比。沉降性能不同的污泥具有不同的沉降曲线，如图 3-2 所示。

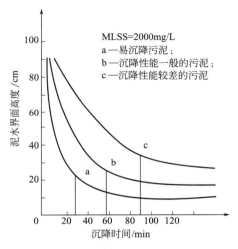

图 3-2 不同沉降污泥的沉降曲线

易沉污泥达到最大浓度所需时间短，沉降性能差的污泥达到最大浓度所需时间较长。回流比的大小，直接决定污泥在二沉池内的沉降浓缩时间。对于某种特定的污泥，如果调节回流比使污泥在二沉池内的停留时间恰好等于该种污泥通过沉降达到最大浓度所需时间，则此时回流污泥浓度最高，且回流比最小。沉降曲线的拐点处对应的沉降比，即为该种污泥的最小沉降比，用 SV_m 表示，根据 SV_m 确定的回流比 R 运行，可使污泥在池内停留时间较短，同时污泥浓度较高。

$$R = \frac{SV_m}{1-SV_m}$$

3.34 调节回流比的方法有什么优缺点？

答 4 种调节回流比的方法各有优缺点。

① 根据泥位调节回流比，不易造成泥位升高而使污泥流失，出水 SS 稳定，但回流污泥浓度 RSS 不稳定，使回流比 R 比实际需要值偏大。

② 因沉降比检测简单快捷，按沉降比调节回流比响应较快，但影响沉降比的因素太多，

如污泥膨胀、菌胶团活性、VSS 比率等，误差较大。

③ 按照 RSS 和 MLSS 调节回流比，由于要分析 RSS 和 MLSS 比较麻烦，一般可作为回流比的一种校核方法。

④ 用沉降曲线调节回流比，简单易行，可获得高 RSS，同时使污泥在二沉池内停留时间最短，该法比较适合于硝化工艺及除磷工艺。

在运行管理中，上述 4 种方法可综合并用。例如，按照沉降曲线确定回流比，并经常用 MLSS 和 RSS 校验调整，另外还要经常观测泥位，防止泥位太高，造成污泥流失，影响出水水质。

3.35 剩余污泥排放系统应如何控制？

答 活性污泥生物处理系统每天都要进入污水产生一部分活性污泥，使系统内总的污泥量增多。要使总的污泥量保持基本平衡，就必须定期排放一部分剩余活性污泥。剩余污泥排放是活性污泥工艺控制中最重要的一项操作，比其他任何操作对系统的影响都大。通过排泥量的调节，可以改变活性污泥中微生物种类和增长速度，改变需氧量，改善污泥的沉降性能，因而改变系统的功能。通常有 MLSS、F/M、SRK、SV_{30} 等方法控制剩余污泥排放系统。

3.36 怎样用 MLSS 控制排泥？

答 用 MLSS 控制排泥是指在维持曝气池混合液污泥浓度恒定的情况下，确定排泥量。首先根据实际工艺状况确定一个合适的 MLSS 浓度值。常规活性污泥工艺的 MLSS 一般在 $1500 \sim 3000 \mathrm{mg/L}$ 之间。当实际 MLSS 比要控制的 MLSS 值高时，应通过排除剩余污泥降低 MLSS 值。排泥量可用下式计算：

$$V_{\mathrm{W}} = \frac{(\mathrm{MLSS} - \mathrm{MLSS_o})V}{\mathrm{RSS}}$$

式中　V_{W}——此时应排污泥量，m^3；

　　MLSS——实测值，$\mathrm{mg/L}$；

　　$\mathrm{MLSS_o}$——根据实际工艺确定的浓度值，$\mathrm{mg/L}$；

　　　V——曝气池容积，m^3；

　　RSS——回流污泥浓度，$\mathrm{mg/L}$。

【例题 5】 某厂根据经验将污泥浓度 MLSS 控制在 $2000 \mathrm{mg/L}$。曝气池容积为 $5000 \mathrm{m}^3$。某日实测曝气池污泥浓度 MLSS 为 $3000 \mathrm{mg/L}$，回流污泥浓度 RSS 为 $4000 \mathrm{mg/L}$，试计算此时应排放的污泥量。

解： 将上述数据代入公式

$$V_{\mathrm{W}} = \frac{(\mathrm{MLSS} - \mathrm{MLSS_o})V}{\mathrm{RSS}} = \frac{(3000 - 2000) \times 5000}{4000} = 1250 (\mathrm{m}^3)$$

此时应排放 $1250 \mathrm{m}^3$ 污泥。

上例仅是说明计算过程，实际上不可能一次排放 $1250 \mathrm{m}^3$ 污泥。一般来说，活性污泥工艺是一个渐进的过程，在控制总排泥量的前提下，应连续多排几次。

用 MLSS 法控制排泥量尽量连续排放，或平均排放，该法适合进水水质变化不大的情况。

3.37　怎样用 F/M 控制排泥？

答　F/M 中的 F 是进水中的有机污染物负荷，无法人为控制进水中有机污染物负荷波动，而只能控制 M，即曝气池中的微生物量。如果不改变曝气池投运数量，则问题就变成控制曝气池中的污泥浓度，但这种方法不是单纯将污泥浓度保持恒定，而是通过改变污泥浓度，使 F/M 基本保持恒定。排泥量可用下式计算：

$$V_W = \frac{MLVSS \times V_a - BOD_i \times Q \div (F/M)}{RSS}$$

式中　V_W——要排放的剩余污泥体积，m^3；

　MLVSS——曝气池内的污泥浓度，mg/L；

　　　V_a——曝气池容积，m^3；

　BOD_i——进曝气池污水的 BOD_5，mg/L；

　　　Q——进水污水量，m^3/d；

　F/M——要控制的有机负荷，$kg\ BOD/(kg\ MLVSS \cdot d)$；

　　RSS——回流污泥浓度，mg/L。

【例题 6】某污水处理厂有机负荷 F/M 控制在 $0.3kg\ BOD_5/(kg\ MLVSS \cdot d)$。某日进水量为 $20000m^3/d$、$BOD_i = 150mg/L$、$MLVSS = 2500mg/L$、$RSS = 4000mg/L$，该厂曝气池有效容积 $V_a = 5000m^3$，试计算剩余污泥排放量。

解：该厂每日应排泥量

$$V_W = \frac{2500 \times 5000 - 150 \times 20000 \div 0.3}{4000} = 625(m^3)$$

该法适用进水水质波动较大的情况或进水中含有较大量工业废水的情况。该方法使用的关键是根据污水处理厂的特点，确定合适的 F/M 值。F/M 值可根据污水的温度做适当的调整，当水温高时，F/M 值可高些，反之可低些。当进水的难降解物质较多时，F/M 应低些，反之可高些。在实际运行控制时，一般是控制在一段时间内的平均 F/M 值基本恒定，如一周或一月的平均值。计算 F/M 时，要用到进水的 BOD_5，需要 5d 才能测出。为尽快能测得入水的有机负荷采用 COD 估算法。算出 BOD_i 值代入公式。另外计算 MLVSS 值时可利用 MLSS 估算 MLVSS。

3.38　怎样用泥龄 SRT 控制排泥？

答　用 SRT 控制法控制排泥被认为是一种准确可靠的排泥方法，但这种方法的关键是正确选择泥龄 SRT 和准确地计算系统内的污泥总量 M_T。一般来说，处理效率要求越高，水质越严格，SRT 应控制大一些，反之可小一些。在满足要求的处理效果下温度高时，SRT 可小些，反之则应大一些。当污泥的可沉性能较差时，有可能是由于泥龄 SRT 太小。

应该说系统中总的污泥量 M_T 应包括曝气池内的污泥量 M_a，二沉池内的污泥量 M_c 和回流系统内的污泥量 M_R，即：

$$M_T = M_a + M_c + M_R$$

$$\text{SRT} = \frac{M_a + M_c + M_R}{M_W + M_e}$$

$$M_e = \text{SS}_e \times Q$$

式中　　M_W——每天排放的干剩余污泥量，m^3/d；

$\quad\quad\quad M_e$——二沉池出水每天带走的干污泥量，m^3/d；

$\quad\quad\quad \text{SS}_e$——二沉池出水的悬浮物，$mg/L$；

$\quad\quad\quad Q$——入流污水量，m^3/d。

当污水处理厂用 SRT 控制排泥时，可仅考虑曝气池内的污泥量，即 $M_T = M_a$。则

$$\text{SRT} = \frac{M_a}{M_W + M_e}$$

式中　　Q_W——每天排放的污泥体积量，m^3/d；

$\quad\quad$ RSS——回流污泥的浓度，mg/L。

如果从回流系统排泥，则 $M_W = \text{RSS} \times Q_W$。

综合上式，每天的排污泥量

$$Q_W = \frac{\text{MLSS}}{\text{RSS}} \times \frac{V_a}{\text{RSS}} - \frac{\text{SS}_e}{\text{RSS}} Q$$

有人不考虑二沉池出水带走的污泥量 M_e。实际上，这部分污泥量占排泥量的比例不容忽视，尤其当出水 SS 超标时，更不能忽略 M_e。

【例题 7】某污水处理厂将 SRT 控制在 5d 左右，该厂曝气池容积 V_a 为 $5000m^3$，试计算当天回流污泥浓度 RSS 为 $4000mg/L$，混合液浓度为 $2500mg/L$，出水 SS_e 为 $30mg/L$，入流污水量 Q 为 $20000m^3/d$ 时，该厂每天应排放的剩余污泥量。

解：将 $Q = 20000m^3/d$，$V_a = 5000m^3$，$\text{MLSS} = 2500mg/L$，$\text{RSS} = 4000mg/L$，$\text{SRT} = 5d$ 代入式中，则每天应排剩余污泥量

$$Q = \frac{2500}{4000} \times \frac{5000}{5} - \frac{30}{4000} \times 20000 = 625 - 150 = 475 \ (m^3/d)$$

这种计算简单，使用方便。适应进水流量波动不大的情况。当进水流量发生变动时，如果回流比保持恒定，则污泥量将在曝气池和二沉池中随水量的波动处于动态分配，此时的 M_T 计算应考虑二沉池内的污泥量，即：

$$M_T = M_a + M_c$$

泥龄 SRT 的计算公式为：

$$\text{SRT} = \frac{M_a + M_c}{M_W + M_e}$$

M_c 可用下式计算：

$$M_c = \frac{\text{MLSS} + \text{RSS}}{2} \times A H_s$$

式中　　A——二沉池的表面积，m^2；

$\quad\quad H_s$——二沉池内污泥层厚度，m。

则每日排放剩余污泥量为

$$Q_{\text{W}} = \frac{\text{MLSS}}{\text{RSS}} \times \frac{V_{\text{a}}}{\text{SRT}} + \frac{\text{MLSS} + \text{RSS}}{2\text{RSS}} \times \frac{AH}{\text{SRT}} - \frac{\text{SS}_{\text{e}}}{\text{RSS}} Q$$

【例题8】某厂曝气池有效容积 $V_{\text{a}} = 5000\text{m}^3$，二沉池表面积为 625m^2，泥龄 $\text{SRT} = 5\text{d}$，试计算当 $\text{MLSS} = 2500\text{mg/L}$，$\text{RSS} = 4000\text{mg/L}$，二沉池内污泥层厚度 $H_{\text{s}} = 0.9\text{m}$，进水流量 $Q = 20000\text{m}^3/\text{d}$，出水 $\text{SS} = 30\text{mg/L}$ 时，该厂每天应排放的排泥量。

解：将上述数据代入公式

$$Q_{\text{W}} = \frac{2500}{4000} \times \frac{5000}{5} + \frac{2500 + 4000}{2 \times 4000} \times \frac{0.9 \times 625}{5} - \frac{30}{4000} \times 20000$$

$$= 625 + 91 - 150 = 566\,(\text{m}^3/\text{d})$$

3.39 怎样用 SV_{30} 污泥沉降比控制排泥？

答 SV_{30} 在一定程度上既反映污泥的沉降浓缩性能，又反映污泥浓度的大小，当沉降性能较好时，SV_{30} 较小，反之较高。当污泥浓度较高时，SV_{30} 较大，反之则较小。当测得污泥 SV_{30} 较高时，可能是污泥浓度增大，也可能是沉降性能恶化，不管是哪种原因，都应及时排泥，降低 SV_{30} 值，采用该法排泥时，应逐渐缓慢地进行，一天内排泥不能太多。例如通过排泥要将 SV_{30} 由 50% 降至 30% 时，可利用 $3\sim5\text{d}$ 逐渐实现每天排出的污泥均匀地增加，切不可忽大忽小，避免造成整个活性污泥系统被破坏或者能力下降。

上述几个剩余污泥排放系统的控制方法是常用的几个，它们各有利弊，都有其特殊的适应条件。实际运行中，可根据污水处理厂的实际状况选择以一种方法为主其他方法辅助核算。例如，采用泥龄 SRT 控制排泥时，应经常核算 F/M 值，经常测定 SV_{30} 值。当采用 F/M 控制排泥时，也应经常核算 SRT 值，同时测定 SV_{30} 来核对。

3.40 如何通过观察曝气池中的生物相来判断运行状况？

答 在生物处理污水工艺中，需要用显微镜每天观察曝气池中的生物相，作为监控工艺运行的辅助方法，定性地判断活性污泥的状况。其优点是监控活性污泥方便、及时，随时可判断污泥状况，供调整运行工艺参考。

在活性污泥工艺运行中，由于进水水质以及环境因素变化等原因，造成生物相发生变化，会导致污泥出现质量问题。一般会有生物相异常，污泥上浮，污泥膨胀，生物泡沫等现象发生。运行人员要及时观察生物相，提出解决的对策。因此需运行控制人员熟练掌握活性污泥中最常见及普遍存在的微型指示生物及其变化规律，即一般生物相。据此对曝气池中运行异常的微生物相做出判断，以便及时采取措施，调整工艺运行。正常的活性污泥中，一般有变形虫、鞭毛虫、草履虫、钟虫、轮虫、线虫等几种微型指示生物。通过观察这些微生物的某一种或几种是否占优势以及比例的多少，来定性评判工艺运行状态。

3.41 什么是正常生物相？

答 正常生物相指在污泥混合液中溶解氧正常（$1.5\sim3\text{mg/L}$），净化功能较强时，活性污泥以菌胶团细菌为主并含有固着型的纤毛虫等，如钟虫属、累枝虫属、盖虫属、聚缩虫属等，一般以钟虫属居多，这类纤毛虫以体柄分泌的黏液固着在污泥絮体上，它们的出现说明污泥凝聚沉淀性能较好。

在低负荷延时曝气活性污泥系统中（如氧化沟工艺），轮虫和线虫占优势，此时出水中可能挟带大量的针状絮凝体。对于氧化沟等类型的延时曝气工艺来说，轮虫和线虫的大量出现表明活性污泥正常，而对传统活性污泥工艺来说，则指示应及时排泥。

3.42 常见的异常生物相及出现的原因是什么？

答 ① 在曝气池启动阶段，即活性污泥培养初期，活性污泥的菌胶团性能和状态尚未良好形成的时候，有机负荷率相对较高而 DO 含量较低，此时混合液中存在大量游离细菌，也就会出现大量的游泳型的纤毛虫类原生动物，比如豆形虫、肾形虫、草履虫等。

② 当混合液中溶解氧不足时，钟虫头部顶端会突出一个空泡，俗称"头顶气泡"，此时应立即检测溶解氧值并予以调整。当溶解氧太低时，钟虫将大量死亡，数量锐减，需要及时采取降低进水负荷和增大曝气量等有效措施。

③ 当活性污泥分散解体时，出水变得很浑浊，这时候出现的原生动物主要是小变形虫，如辐射变形虫等。这些原生动物体形微小，构造简单，以细菌为食，行动迟缓。如果发现这种大量的原生动物出现，就应当立即减少回流污泥量和增大曝气量。

④ 当进水的 pH 值发生突变，超过正常范围（pH＝6～9），可观察到钟虫呈不活跃状态，纤毛停止摆动，这时应立刻检测进水的 pH 值，并采取必要措施，调整 pH 值。

⑤ 原生动物对周围环境的变化影响的敏感性高于细菌，当冲击负荷和有毒物质进入时，原生动物的数量会急剧减少。

⑥ 活性污泥性能不好时，会出现鞭毛虫类原生动物，当活性污泥状态极端恶化时，原生动物和后生动物都会消失。

3.43 什么是污泥膨胀？污泥膨胀可分为几种？

答 污泥膨胀是活性污泥工艺中常见的一种异常现象，是指活性污泥由于某种因素的改变，沉降性能恶化，污泥随二沉池出水流失。发生污泥膨胀以后，流失的污泥会使出水 SS 超标，如不采取控制措施，污泥继续流失会使曝气池的微生物量锐减，不能满足氧化分解污染物质的需要。活性污泥的 SVI 值在 100 左右时，其沉降性能最佳。当 SVI 值超过 150 时，预示着活性污泥即将或已经为膨胀状态，应立即采取控制措施。

污泥膨胀总体上可以分为丝状菌膨胀和非丝状菌膨胀两大类。丝状菌膨胀是活性污泥絮体中的丝状菌过度繁殖而导致的污泥膨胀，非丝状菌膨胀是指菌胶团的细菌本身生理活动异常而导致的污泥膨胀。

3.44 导致丝状菌膨胀的条件及成因有哪些？

答 正常的活性污泥中都含有一定量的丝状菌，它是形成活性污泥絮体的骨架材料。如果活性污泥中丝状菌数量太少，则形不成大的絮状体，沉降性能不好；如果丝状菌过度繁殖，则形成丝状菌污泥膨胀。在正常的环境中，菌胶团的生长率远大于丝状菌，不会出现丝状菌过度繁殖的现象。但如果活性污泥环境条件发生不利变化，丝状菌因其表面积较大，抵抗环境变化能力较强，丝状菌的数量就有可能异常增多，从而导致丝状菌污泥膨胀。引起活性污泥中丝状菌膨胀的环境条件如下。

① 进水中有机物质太少，曝气池内 F/M 低，导致微生物食料不足。

② 进水中氮、磷等营养物质不足。

③ pH 值偏低，不利于微生物生长。

④ 曝气池混合液内溶解氧太低，不能满足微生物需要。

⑤ 进水水质或水量波动太大，对微生物造成冲击。

⑥ 进入曝气池的污水因腐化产生出较多的 H_2S（超过 $1\sim2mg/L$）时，还会导致丝状硫黄菌的过量繁殖，使丝硫黄菌污泥膨胀。

⑦ 丝状菌大量繁殖的适宜温度在 $25\sim30℃$，因而夏季容易发生丝状菌污泥膨胀。

3.45 导致非丝状菌膨胀的条件和成因有哪些？

答 非丝状菌膨胀是由于菌胶团细菌本身生理活动异常，导致活性污泥沉降性能恶化，可分为两种。

① 由于进水中含有大量的溶解性有机物，使污泥负荷 F/M 太高，而进水中缺乏足够的氮、磷等营养物质，或者混合液内溶解氧不足。高 F/M 时，细菌会把大量的有机物质吸入体内，而由于缺乏氮、磷或溶解氧不足，又不能在体内进行正常的分解代谢。此时细菌会向体外分泌出过量的多聚糖类物质。这些物质由于分子式中含很多羟基而具有较强的亲水性，使活性污泥的结合水高达 400%（正常污泥结合水为 100% 左右）以上。呈黏性的凝胶状，使活性污泥在二沉池内无法进行有效的泥水分离及浓缩。这种污泥膨胀称为黏性膨胀。

② 非丝状菌膨胀是由于进水中含有大量的有毒物质，导致污泥中毒。使细菌不能分泌出足够的黏性物质，形不成絮体，因此也无法在二沉池进行有效的泥水分离及浓缩。这种污泥膨胀有时又称为非黏性膨胀或离散性膨胀。

3.46 控制曝气池污泥膨胀的措施有哪些？

答 控制曝气池污泥膨胀措施大体可分成三类。第一类是临时控制措施；第二类是工艺运行控制措施；第三类是永久性控制措施。

3.47 控制曝气池污泥膨胀的临时控制措施有哪些？

答 临时控制措施主要用于控制由于临时原因造成的污泥膨胀，防止污泥流失，导致出水 SS 超标或污泥的大量流失。临时控制措施包括絮凝剂助沉法和杀菌剂杀菌法两种。絮凝剂助沉法一般用于非丝状菌引起的污泥膨胀，而杀菌法适用丝状菌引起的污泥膨胀。

（1）絮凝剂助沉法

絮凝剂助沉法是指向发生污泥膨胀的曝气池中投加絮凝剂，增强活性污泥的凝聚性能，使之容易在二沉池实现泥水分离。混凝处理中的絮凝剂一般都可以在此时应用，常用的絮凝剂有聚合氯化铝、聚合氯化铁等无机絮凝剂和聚丙烯酰胺等有机高分子絮凝剂。絮凝剂可加在曝气池的进口，也可投在曝气池的出口，但投加量不可太多，否则有可能破坏细菌的生物活性降低处理效果。使用絮凝剂时，药剂投加量折合三氧化二铝为 $10mg/L$ 左右即可。

（2）杀菌法

杀菌法是指向发生膨胀的曝气池中投加化学药剂，杀死或抑制丝状菌的繁殖。从而达到控制丝状菌污泥膨胀的目的。常用的杀菌剂如液氯、二氧化氯、次氯酸钠、漂白粉、过氧化氢等都可以使用。实际加氯过程中，应由小剂量到大剂量逐渐进行，并随时观察生物相和测定 SVI 值，一般加氯是为污泥干固体重的 $0.3\% \sim 0.6\%$，当发现 SVI 值低于最大允许值或镜检观察到丝状菌菌丝溶解，应当立即停止加药。投加过氧化氢对丝状菌有持续的抑制作用，过低不起作用，过高会导致污泥氧化解体。

3.48 控制污泥膨胀的调节运行工艺措施有哪些？

答 调节运行工艺控制措施对工艺条件控制不当产生的污泥膨胀非常有效。具体方法如下。

① 在曝气池的进口加黏土、消石灰、生污泥或消化污泥等，以提高活性污泥的沉降性能和密实性。

② 使进入曝气池的污水处于新鲜状态，如采取预曝气措施，使污水尽早处于好氧状态，避免形成厌氧状态，同时吹脱硫化氢等有害气体。

③ 加强曝气强度，提高混合液溶解氧浓度，防止混合液局部缺氧或厌氧。

④ 补充氮、磷等营养盐，保持混合液中碳、氮、磷等营养物质的平衡。在不降低污水处理功能的前提下，适当提高 F/M。

⑤ 提高污泥回流比，降低污泥在二沉池的停留时间，避免在二沉池出现厌氧状态。

⑥ 当 pH 值低时应加碱性物质调节，提高曝气池进水的 pH 值。

⑦ 利用在线仪表的手段加强和提高水质分析的时效性，发挥预处理系统的作用，保证曝气池的污泥负荷相对稳定。

3.49 控制污泥膨胀的永久性控制措施有哪些？

答 永久性控制措施是指对现有设施进行改造或设计扩建、新建工程时予以充分考虑使污泥膨胀不发生，或发生污泥膨胀时有预防性设施。常用的永久性措施是在曝气池前设生物选择器。通过选择器对微生物进行选择性培养，即在系统内只利于菌胶团细菌的增长繁殖，不利于丝状菌的大量繁殖增长。从而避免生物处理系统丝状菌污泥膨胀的发生。选择器有好氧选择器、厌氧选择器和缺氧选择器三种。

(1) 好氧选择器控制污泥膨胀的原理

提供一个溶解氧充足、食料充足的高负荷区，让菌胶团细菌率先抢占有机物，不给丝状菌过度增长的机会。例如在活性污泥法工艺的选择器就是在回流污泥进入曝气池前进行再生性曝气，减少回流污泥中高黏结性物质的含量，使其中微生物进入内源呼吸段，提高菌胶团细菌摄取有机物的能力和与丝状菌生物的竞争能力，从而使丝状菌膨胀和非丝状菌膨胀均能得到抑制。为加强微生物选择器的效果，可以在曝气过程中投加足量的氮、磷等营养物质，提高污泥的活性。

(2) 缺氧选择器控制污泥膨胀的原理

大部分菌胶团细菌能利用选择器内硝酸盐中化合态氧做氧源，进行生物繁殖，而丝状菌（球衣菌）没有这种功能，因而在选择器内受到抑制，增殖落后于菌胶团菌种，大大降低了丝状菌膨胀发生的可能。

(3) 厌氧选择器控制污泥膨胀的原理

大部分种类的丝状菌（球衣菌）都是好氧的，在厌氧条件下将受到抑制。而菌胶团细菌有一大部分为兼性菌，在厌氧状态下短时间内进行厌氧代谢，继续增殖。但是厌氧选择器的设置，会导致产生丝状菌中丝硫菌污泥膨胀的可能性，因为菌胶团的厌氧代谢会产生硫化氢，从而为丝状菌的繁殖提供条件。因此，厌氧选择器的水力停留时间不宜过长。

3.50 曝气池产生泡沫的种类有哪些？其原因是什么？

答 泡沫是活性污泥法处理厂中常见的运行现象。曝气池中产生的泡沫可分为两种：一种是化学泡沫，另一种是生物泡沫。

（1）化学泡沫

化学泡沫是由污水中的洗涤剂以及一些工业用表面活性物质在曝气的搅拌和吹脱作用下形成的。在活性污泥培养时期，化学泡沫较多，有时在曝气池表面形成高达几米的泡沫山，稍有一点风就吹得满天飞。化学泡沫处理较容易，可以用水冲消泡，也可加消泡剂。

（2）生物泡沫

生物泡沫是由诺卡氏菌属的一类丝状菌形成的，呈褐色。这种丝状菌为树枝状丝体，其细胞中脂质的类脂化合物含量可达11%左右，细胞质和细胞壁中都含有大量类脂物质，具有极强的疏水性，密度较小。这类微生物比水的相对密度小，易漂浮到水面，而且与泡沫有关的微生物大部分呈丝状或枝状，易形成"网"，能捕扫微粒和小气泡等，并浮到水面，形成泡沫。被丝网包围的气泡，增加了其表面的张力，使气泡不易破碎，泡沫更稳定。另外，无论是微孔曝气还是机械曝气，都会产生气泡，而曝气气泡自然会对水中微小、质轻和具有疏水性的物质产生气浮作用。所以当水中存在油、脂类物质和含脂微生物时，则易产生表面泡沫现象，即曝气常常是泡沫形成的主要动力。

3.51 生物泡沫有什么危害？

答 ① 生物泡沫一般具有黏滞性，会将大量活性污泥等固体物质卷入曝气池的漂浮泡沫层。泡沫层在曝气池表面翻腾，阻碍氧气进入曝气池混合液，降低充氧效率，尤其对机械表曝方式影响最大。

② 当混有泡沫的曝气池混合液进入二沉池后，在二沉池表面形成大量浮渣，增加出水悬浮物含量，会影响出水水质，同时在冬季气温较低时会因结冰影响二沉池吸（刮）泥桥（机）的正常运转。

③ 生物泡沫蔓延到走道板上，会影响巡检和设备维修。夏季生物泡沫随风飘荡，产生一系列环境卫生问题，会影响周围人的卫生健康。冬季结冰后，清理困难，还可能滑倒巡检和维修人员。

④ 回流污泥中含有泡沫会引起类似的浮选现象，会影响污泥正常性能，生物泡沫随排泥进入泥区，干扰污泥浓缩和污泥消化的顺利进行。

3.52 如何控制和消除曝气池产生的生物泡沫？

答 控制和消除污水处理厂曝气池生物泡沫的办法如下。

（1）喷洒水扑扫

污水处理厂常用再生水喷洒打碎在水面的气泡，同时稀释表面发泡源的浓度的办法，可以有效减少曝气池或二沉池表面的泡沫。打散的污泥颗粒有一小部分重新恢复沉降性能，但大量丝状菌不能被抑制仍然存在混合液中，所以此法不能根本消除泡沫的发生。

（2）投杀菌剂或消泡剂

对于较长时间发生的生物泡沫，应考虑采用具有强氧化性的杀菌剂，如次氯酸钠、臭氧和过氧化物等，还有利用聚乙二醇、硅酮生产的市售药剂以及钢铁和铜材、铝材酸洗废液的混合剂等，稀释后喷洒在曝气池或二沉池的表面。既消除泡沫，又可杀死液体表面上的发泡菌种。但使用杀菌剂普遍存在副作用。因为投加过量或投加位置不当，会大量降低曝气池中生物总量，污水处理的有效菌种也被大量杀死，影响出水水质。

（3）降低污泥龄

采用降低曝气池中污泥龄的停留时间，可以抑制生长周期较长的发泡细菌的生长。

（4）回流厌氧消化池上清液

厌氧消化池上清液能抑制丝状菌的生长，采用将其回流到曝气池的方法，能控制曝气池表面气泡形成。但由于厌氧消化池上清液中有浓度很高的 COD_{Cr}、氨氮和 SS，有可能影响最终的出水水质，应慎重采用。

（5）向曝气池中增加固定填料或浮动填料

使一些易产生污泥膨胀和泡沫的微生物固着在填料上生长，这种方法可增加曝气池内的生物量，提高处理效果，又能减少或控制泡沫的产生。

（6）投加絮凝剂

向曝气池中投加有机絮凝剂（聚丙烯酰胺）或无机絮凝剂（聚铝、聚铁）等，可使混合液表面的稳定泡沫失去稳定性，进而使丝状菌分散，重新进入投加药剂的絮体中，随絮体沉降，达到消除表面泡沫的目的。

以上几种消除曝气池上泡沫方法各有不同，需针对实际情况具体分析和试验，选取一种或几种混合使用方法。

3.53 运行管理人员巡视曝气池时有哪些感观指标？

答 巡视人员在巡视曝气池时首先可得到的是感观指标，通过观测一些表观现象及时调整工艺运行状态或紧急处理发生的事故等。如水的颜色、气味、泡沫、絮体流态等。

① 正常的活性污泥颜色为黄褐色，正常的污水经二级处理后气味为土腥味。微生物分解能力越强，即生物活性越高，土腥味越浓。但黄褐色和土腥味只是活性污泥正常的指标之一，而不是唯一指标。还需通过其他理化指标加以确定，如果颜色发黑或闻到腐败性气味，则说明供氧不足或污泥发生腐败，需增大曝气量或减少进水量。

② 巡视人员应在巡视中观察曝气池内气泡翻腾的均匀性和气泡尺寸大小均匀性，如果局部气泡变少，则说明曝气器有问题，可能局部堵塞，需清洗曝气头或曝气器具。如果局部有集中上冒水柱、水圈，说明曝气头或曝气膜破碎，需更换新曝气头、曝气膜。

③ 巡视中应观察曝气池中有无泡沫产生，如发现其有异常现象，则按上述曝气池内发生泡沫时对策及经验，具体实施消泡的办法。

3.54 曝气池如何运行？应注意什么？

答 要经常检查与调整曝气池配水系统和回流污泥的分配系统，确保进入各池之间的污水和回流污泥均匀。

定期维护曝气扩散器，如酸洗曝气头等，经常观察曝气池的曝气是否均匀。如有问题应及时维护，更换曝气设施，保证曝气均匀。

定期排放空气管线内的积水，避免增大空气管道的阻力，减少能耗。特别在湿度较大的季节和温差较大的季节，应增加排放冷凝水的次数。最好在进气系统增加去湿设备。对于排出的冷凝水应观察是否带有油花和浑浊，如发现冷凝水中有油花，应立即检查鼓风机是否漏油。冷凝水有浑浊现象应立即检查池内空气管线是否破裂导致污水进入管路系统。

经常观察曝气池池面有无浮渣，一般在边角处容易积渣，应及时清除。如果有泡沫产生应立即根据分析原因采取相应措施，及时恢复正常曝气。

大型污水厂和有条件的污水厂要做前面所述 14 条曝气池混合液常规检测项目。小污水厂或暂时不具备条件的污水厂必须做其中 6 项：①温度；②pH 值；③溶解氧（DO）；④曝气时间（曝气水力停留时间）；⑤污泥浓度（MLSS）；⑥污泥沉降比（SV）。

曝气池都比较深，且因为曝气作用水的浮力减少，在曝气池周边巡视、处理故障、捞渣等时应穿救生服，并需两人，一人操作，一人监护。还要注意及时修复、更换损坏的栏杆，避免出现安全问题。

曝气池一般有一部分在地下，如果地下水位较高，在维修或大修需放空水时应先降周边地下水，再放空池内水，以免漂池。还要注意池子构造情况，整体进水、放水，避免构筑物自身的不平衡造成断裂。曝气池每年应在合适的季节（如夏、秋季）放空一次，检查曝气扩散装置和池内土建情况。

3.55　二沉池如何运行和管理？

答　① 巡检二沉池时应仔细观察出水的感官指标，如污泥界面的高低变化，进入二沉池泥水能否迅速分离，出水中是否含悬浮物的絮状体，出水的透明度是清澈透明、还是浑浊不清，是否有污泥上浮现象等。发现异常后应及时采取针对性措施，以免影响水质。

② 经常检查并调整二沉池的进水配水设备，确保进入各二沉池的混合液流量均匀。

③ 经常检查并调整出水堰口、出水齿形堰的平整度和均匀性，防止出水不均和短流的现象发生。及时清除挂在堰板上的浮渣和挂在水槽上的浮渣。

④ 巡检时注意辨听刮泥（吸泥）、刮渣、排泥设备是否有异常声音，同时检查是否有部件松动，并及时调整或修复。

⑤ 经常检查浮渣斗的积渣情况，还要经常冲洗浮渣斗。同时注意浮渣斗与浮渣斗挡板配合是否适当并及时调整修复。

⑥ 定期（一般每年一次）将二沉池放空检修，重点检查池底土建设施、管道、吸泥泵底座、池底刮泥设备、吸泥设备等是否出现损坏并根据具体情况进行修复。

⑦ 当二沉池需放空时，为防止出现漂池现象，一定要事先确定地下水位的具体情况，必要时应先降水位再行放空。

3.56　什么是 A-A-O 生物脱氮除磷工艺？

答　A-A-O 工艺是厌氧/缺氧/好氧（anaerobic/anoxie/oxic）工艺的简称，其实是在缺氧/好氧（A/O）工艺基础上增加了前面的厌氧段，具有脱氮除磷的功能，A-A-O 工艺流程如图 3-3 所示。

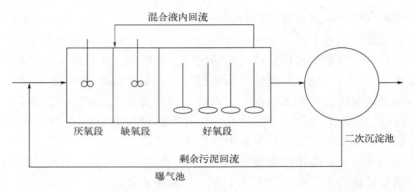

图 3-3 A-A-O 工艺流程

A-A-O 工艺的活性污泥中，菌群主要有硝化菌、反硝化菌和聚磷菌组成，其他菌群成为弱势。在好氧段，硝化细菌将入流中的氨氮及由有机物转化成的胺氮，通过生物硝化作用，转化成硝酸盐；在缺氧段，反硝化菌将内回流带入的硝酸盐通过生物反硝化作用，转化成氮气逸入大气中，从而达到脱氮的目的。在厌氧段，聚磷菌释放磷，并吸收低级脂肪酸等易降解的有机物；在好氧段，聚磷菌超量吸收磷，并通过剩余污泥的排放，将磷去除。

3.57 A-A-O 工艺运行如何控制和管理？

答 A-A-O 生物脱氮除磷的功能是去除有机物、脱氮、除磷三种功能的综合，因而其工艺参数应同时满足各种功能的要求，如能有效地脱氮除磷，一般也能同时高效地去除 BOD_5。但除磷和脱氮往往是相互矛盾的，具体表现在某些参数上，这些参数只能局限在某一狭窄范围内。这是 A-A-O 系统工艺控制较复杂的主要原因。A-A-O 工艺控制参数如下。

① 水力停留时间与工艺段有关，厌氧段水力停留时间一般在 1～2h 之间。缺氧段水力停留时间一般在 1.5～2h 之间。好氧段水力停留时间一般在 6h 以上。

② A-A-O 生物脱氮除磷是运行灵活的一种工艺，可以以脱氮为重点，也可以以除磷为重点，当然也可以二者兼顾。如果要求有一定的脱氮效果，又有一定的除磷效果，F/M（有机负荷）一般应控制在 0.1～0.18kg BOD_5/(kg MLVSS·d)，SRT（泥龄）一般应控制在 8～15d。

③ 对于以生物脱氮为主运行时，BOD_5/TKN 值至少应大于 4，而以生物除磷为主运行时 BOD_5/TP 值应大于 20。如果不能满足该要求，则应向污水中投加有机物（碳源）。为了提高 BOD_5/TKN 值，宜投加甲醇做补充碳源。为了提高 BOD_5/TP 值，则宜投加乙酸等低脂肪酸。

④ 内回流比 r 一般在 200%～500% 之间，具体取决于进 TKN 浓度，以及所要求的脱氮效率。外回流比 R 一般在 50%～100% 范围内，在保证二沉池不发生反硝化及二次放磷的前提下，应使外回流比 R 降至最低，以免将太多的 NO_3^--N 带回厌氧池，干扰磷的释放降低除磷效果。

⑤ 厌氧段溶解氧应控制在 0.2mg/L 以下，缺氧段溶解氧应控制在 0.5mg/L 以下，而好氧段应控制在 2～3mg/L 之内。

⑥ A-A-O 生物脱氮除磷系统中，污泥混合液的 pH 应控制在 7.0 之上，如果 pH<6.5

应外加碱，补充碱度不足。

3.58　什么是 SBR 工艺？如何控制运行？

答　SBR 工艺也称间歇曝气活性污泥法或序批式活性污泥工艺（sequencing batch reactor），简称 SBR 工艺。其主要特征是反应池一批一批地处理污水，采用间歇式运行方式，每一个反应池都兼有曝气池和二沉池作用，因此不再设置二沉池和污泥回流段，而且一般也可以不建水质或水量调节池。

SBR 污水处理工艺的整个处理过程实际上是在一个反应器内控制运行的。污水进入该反应池后按顺序进行不同的处理，一般来说，SBR 工艺反应池的一个控制运行周期包括 5 个阶段。

① 第 1 阶段为进水期。污水在该阶段内连续进入反应池内，直到达到最高运行液位。

② 第 2 阶段为曝气充氧期。在该阶段内不进水也不排水，但开启曝气系统为反应池曝气，使池内污染物质进行生化分解。

③ 第 3 阶段为沉淀期。在该阶段内不进水也不排水，反应池进入静沉淀状态，进行高效泥水分离。

④ 第 4 阶段为排水期。在该阶段内将分离出的上清液排出。

⑤ 第 5 阶段为空载排泥期。在该阶段内反应池不进水，只有沉淀分离出的活性污泥其中一部分按要求作为剩余污泥排放，另一部分作为菌种留在池内，做好进入第 1 阶段工作的准备。SBR 工艺典型运行程序见图 3-4。

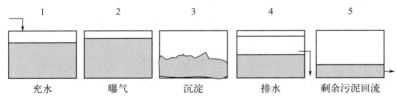

图 3-4　SBR 工艺典型运行程序

SBR 工艺运行时，5 个阶段的运行时间、反应器内混合液的体积、浓度及运行状态等都可根据污水性质、出水质量与运行功能要求灵活掌握。曝气方式可采用鼓风曝气或机械曝气。

3.59　SBR 工艺有什么特点？

答　**(1) 抗冲击负荷能力强**

因为进水流量可以调节，适应进水水质的变化，也可控制处理水的时间，保证处理水合格后排放。特别适应于水质、水量变化较大的含有有毒物质或者有机浓度较高的污水和工业废水。

(2) 可实现脱氮除磷运行工艺

对污泥膨胀抑制效果好。因为该工艺处理某一批次时，通过调节运行方式，实现好氧、缺氧或厌氧状态交替出现，泥龄短且活性高，充分发挥各类微生物降解污染物的能力，取得单池脱氮除磷的效果。

（3）出水水质水量有保证

因为运行方式灵活，可根据进水水质水量的现状，组合多个反应池运行。安排每个反应池运行 5 个阶段的运行时间、运行状态（如溶解氧的浓度大小）实现好氧、缺氧或厌氧交替出现，使各种微生物发挥作用。尤其当其中一个反应池不能运转时，不会影响其他反应池的运转，对于处理水量还是有保证的。

（4）沉淀效果好

因为在沉淀阶段，不进水，也不曝气，还可保证沉淀所需的时间，实现了理想的静态沉淀状态。

（5）SBR 工艺构筑物（设施）简单

投资省、占地少、维护量小、运行成本低。因为 SBR 工艺将曝气池与沉淀池两个工艺过程合并在一个构筑物内进行，不需要二沉池和污泥回流系统。泥龄还可控制很长，使污泥处理稳定化，不设消化池。占地面积比普通活性污泥法可减少 1/3～1/2，基建投资可节约 20%～40%，运行中可根据进水水质调节曝气量，运行成本低。

（6）自动化程度高，操作管理简单

因为 SBR 工艺的反应池内的电动阀、水泵、风机、流量计、液位传感器等设备仪表都是用计算机控制，简化管理，运行人员少，甚至可实现无人操作。

3.60 什么是 MSBR 工艺？其工作原理是什么？

答 MSBR（modified sequencing batch reactor）是改良型序批反应器，是根据 SBR 技术特点，结合传统活性污泥技术，发展出来的较为理想的废水处理工艺。MSBR 工艺的核心可归结为 A^2O 工艺和 SBR 工艺串联而具有很好的除磷和脱氮作用，由预缺氧、泥水分离、厌氧、缺氧、好氧、SBR 等 7 个处理单元组成。运行过程中，SBR 单元可根据实际需要来调整厌氧、缺氧、好氧、沉淀等过程所需时间，实现多种运行模式。

A^2O 中的好氧曝气单元在整个运行周期过程中保持连续曝气，而 2 个序批池（SBR）处理单元交替分别作为曝气（或厌氧缺氧）预沉和澄清池周期、恒水位下连续运行。

MSBR 的流程的实质与传统 A^2O 工艺一样，MSBR 工艺原理如图 3-5 所示。

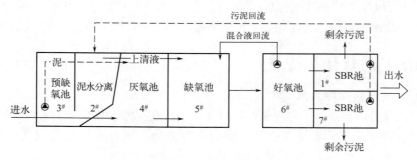

图 3-5　MSBR 工艺原理

进厂污水经预处理工序后直接进入 MSBR 反应池的厌氧池，与预缺氧池的回流污泥混合，富含磷污泥在厌氧池进行释磷反应后进入缺氧池，缺氧池主要用于强化整个系统的反硝化效果，由主曝气池至缺氧池的回流系统提供硝态氮。缺氧池出水进入主曝气池经有机物降解、硝化、磷吸收反应后再进入 SBR1$^\#$ 或 SBR7$^\#$。如果 SBR1$^\#$ 作为沉淀池出水，则

SBR7[#]首先进行缺氧反应，再进行好氧反应，或交替进行缺氧、好氧反应。在缺氧、好氧反应阶段，SBR池的混合液通过回流泵回流到泥水分离池，分离池上清液进入缺氧池，沉淀污泥进入预缺氧池，经内源缺氧反硝化脱氮后提升进入厌氧池与进厂污水混合释磷，依次循环。

3.61　MSBR 工艺有什么特点？如何控制和管理？

答　MSBR 作为一种新型的污水处理工艺，具有许多特点。

① MSBR 可根据原水的特性和出水的要求随时调整运行周期时间，系统能进行不同配置的设计和运行，以达到不同的处理目的。

② MSBR 系统可以维持较高的污泥浓度，同时排除出的剩余污泥含水率也相对较低，有利于污泥的后续处理。

③ 污水生化处理的反应速率与反应物的浓度成正比，MSBR 系统在序批池反应过程中进行混合液回流，污泥进入厌氧池之前有一个浓缩和预反硝化过程，浓缩过程保证了在较小的污泥回流量下厌氧池内有足够的污泥浓度，增加了厌氧池的实际水力停留时间，同时减少了对进水的稀释，相当于提高了反应物的浓度，从而增加了反应速率。

④ 在 SBR 池中间底部设置约 1/3 高挡板。当 SBR 池处在沉淀阶段，挡板前污泥层作为一个污泥过滤器，截流过滤污水中的悬浮颗粒对改善出水质量和缺氧内源呼吸进行的反硝化有重要作用。

⑤ 连续进水极大地改善了系统承受水力冲击负荷和有机物冲击负荷的能力。

⑥ 前置污泥浓缩池减少了硝酸盐进入厌氧区的机会，增加了厌氧区的实际停留时间，从而大大提高了除磷效率。

⑦ 传统 SBR 及其变形工艺采用滗水器排水，系统有相当一部分时间不在高水位运行，其反应池的体积使用率降低，而 MSBR 系统始终保持满水位、恒水位运行，反应池容积得到充分利用。

● 生物膜法工艺运行和管理

3.62　什么是生物膜法？其原理是什么？

答　生物膜法又称生物固定膜法。与活性污泥法相似，都是利用细菌氧化分解有机污染物达到水处理标准，根据供氧情况，生物膜法也有好氧法和厌氧法之分。生物膜法与活性污泥法的主要区别在于生物膜固定生长或附着生长于固体填料（或称载体）的表面，而活性污泥则以絮体方式悬浮生长于处理构筑物中。

由于大多数细菌可分泌胞外糖类多聚物，使之具有"生物胶水"的作用而黏附生长于载体填料，其附着生长于填料上的能力与下列因素有关。

（1）与微生物的活性有关

一般细菌处于对数生长期时分泌黏液多，此时细菌易于固定或附着生长于填料表面。

（2）与填料（载体）的电荷有关

细菌易于在带有正电荷的填料如沸石、活性炭、陶料上附着生长。

（3）与载体的比表面积、孔隙率有关

在载体填料的比表面面积大，孔隙率大的情况下细菌附着的量可增大，一般填料的孔径为微生物长度的 4～5 倍时最佳，选择填料时就按其孔隙率和比表面积等指标来选。

生物膜随着时间的增长，微生物数量不断增加，生物膜逐渐加厚，膜外介质中的 C、N、P 等营养物质可被生物膜所吸附，并进一步被氧化分解，最后变成 H_2O、CO_2 等无机物并返回膜外介质中，随出水外排。介质（水、气）中的 O_2 可渗入生物膜中，供作氧化分解有机污染物之用。随着生物膜的增厚，渗入的 O_2 被膜外层的微生物消耗殆尽，造成靠近填料处出现厌氧层，并随时间不断加厚，最后整个生物膜可在下述作用下脱落。

① 微生物本身的衰老、死亡、微生物的内源呼吸代谢活动。

② 底层生物膜的厌氧代谢，产生 CO_2、H_2S、CH_4、NH_3 等气体，使生物膜的黏附力减小。

③ 不断增厚的生物膜本身的重量。

④ 曝气或水力冲刷剪切作用下，使膜成片脱落，但这种脱落仅是在局部填料上发生，并且裸露的填料上会出现新的生物膜迅速生长，在整体构筑物内填料上就形成了不断的脱落和成长，维持了水处理达标排放。

属于生物膜法的有生物滤池、生物转盘、生物接触氧化法、生物流化床和曝气生物滤池等工艺。

3.63 什么是生物滤池？有多少种类？

答 生物滤池是以土壤自净原理为依据发展起来的，滤池内设固定填料，污水流过时与滤料相接触，微生物在滤料表面形成生物膜，净化污水。装置由提供微生物生长栖息的滤床、使污水均匀分布的布水设备及排水系统组成。生物膜成熟后，栖息在生物膜上的微生物即摄取污水中的有机污染物作为营养，对污水中的有机污染物产生吸附氧化分解作用，因而污水在通过生物滤池时能得到净化。

常见的生物滤池有普通生物滤池、高负荷生物滤池和塔式生物滤池等。生物滤池操作简单，运行费用低，适合于小城镇和边远地区。

3.64 生物滤池有几种负荷？

答 生物滤池有两种负荷，即水力负荷和有机负荷。

（1）水力负荷

水力负荷是指在保证处理水达标的前提下，单位体积滤料或单位面积滤池每天可以处理污水的水量。前者称为水力容积负荷，单位是 $m^3/(m^3 \cdot d)$。后者称为水力表面负荷，单位是 $m^3/(m^2 \cdot d)$。水力表面负荷又称为滤率。在计算水力负荷时，应注意包括回流量。

（2）有机负荷

生物滤池的有机负荷是指进入单位体积滤料的有机物的量或单位体积滤料每天可以去除的有机物的量，也称为有机容积负荷，单位是 $kgBOD_5/(m^3 \cdot d)$。后者是指生物滤池的氧化分解能力，而前者则必须说明去除率才能真正反映生物滤池的效率。生物滤池的有机负荷从本质上反映了生物滤池的处理能力。

3.65 什么是生物流化床法?

答 生物流化床法是生物膜法的一种。其原理是通过生物膜发挥有机物的作用,具有耐冲击负荷的特点,但反应器又不同于生物转盘、生物滤池等生物膜法。在流化床中,生物膜随同载体颗料一起在混合液中呈悬浮状态,因此同时又具有悬浮生长活性污泥均匀接触有机污染物所形成的高效率特点。生物流化床在微生物浓度、传质条件和生化反应速率等方面具有明显的优势。

生物流化床内生物固体浓度可达 $40 \sim 50 g/L$,床内水力停留时间短,泥龄较长,剩余污泥量较少,可承受的有机容积负荷在 $7 \sim 8 kgBOD_5/(m^3 \cdot d)$ 以上,该工艺占地面积少,基建费用低,流化床反应器内填料呈悬浮状,避免了活性污泥中的污泥膨胀问题和其他工艺中经常发生的污泥堵塞现象,并能抵抗较高的冲击负荷。

3.66 什么是曝气生物滤池?

答 曝气生物滤池(biological aerated filter,简称 BAF)是在 20 世纪 70 年代末 80 年代初出现于欧洲的一种生物膜法处理工艺,充分运用了给水处理中过滤技术,将生物接触氧化法与给水滤池工艺相结合在一体构筑物里。不设沉淀池,通过反冲洗再生实现生物滤池的周期更替。在污水处理中曝气生物滤池既体现出处理负荷高,出水水质好,占地面积小等特点,还具有产生臭气少,可模块化结构集成和便于自控等优点。

3.67 曝气生物滤池的工作原理是什么?

答 曝气生物滤池分为上向流和下向流式。下向流指污水从滤池的上部向下过滤的处理方式,因负荷不够高,且大量被截流的 SS 集中在滤池上端几十厘米处,此处水头损失占了整个滤池水头损失的绝大部分,容易堵塞,滤池纳污率不高,运行周期短等缺点而使得其现在很少被采用。

上向流是指污水从滤底部向上过滤的处理方式,典型的上向流式 BAF,称为 BIOFOR 滤池。其底部为气水混合室,之上为长柄滤头、滤板、曝气管、垫层、滤料。所用滤料密度大于水,自然堆积,滤层厚度一般为 $2 \sim 4m$。污水从底部进入气水混合室,经长柄滤头配水后通过垫层进入滤料,由滤料外面的生物膜和滤料之间的活性污泥共同去除 BOD_5、COD_{Cr}、氨氮、SS。当运行一定时间后,水头损失增加,需对滤池反冲洗,以释放填料截流的悬浮物和脱落的生物膜。反冲洗时,停止进水,气、水同时进入气水混合室,经长柄滤头进入滤料,反冲洗的混合液上部流入初沉池与原水合并处理。当该池用于硝化和除磷时,向曝气管内通入压缩空气。当该池用于反硝化时,向曝气管输送含有碳源的水,同时调整水力负荷等其他运行条件。

3.68 曝气生物滤池特点是什么?

答 曝气生物滤池的优点如下。

① 曝气生物滤池工艺可以节省占地面积和建设投资。该工艺集生物降解和固液分离于一体,不设二沉池。此外,由于采用的滤料粒径较小,比表面积大,附着生物量高(可达

10～20g/L）再加上反冲洗可有效更新生物膜，保持生物膜的高活性，这样就可在短时间内对污水进行快速净化。曝气生物滤池水力负荷、容积负荷大大高于传统污水处理工艺，停留时间短，因此所需生物处理面积和体积都很小。主要构筑物通常为常规污水厂占地面积的1/10～1/5，厂区布置紧凑。

② 曝气生物滤池出水水质高，抗冲击负荷能力较强，耐低温，不易发生污泥膨胀。由于滤料本身截留及表面生物膜的生物絮凝作用，滤池出水的 SS 可以低于 10～15mg/L。与其他生物膜法相比曝气生物滤池的生物膜较薄（一般为 110μm 左右），活性很高，并具有脱氮除磷的效果。由于滤池的生物量大，生物膜更换快，受气候、水量、水质变化影响小，有运行厂家称滤池一旦挂膜成功运行，可在 6～10℃水温下运行，并有良好的效果。

③ 曝气生物滤池易挂膜，启动快，一般在 10～15℃时 2～3 周即可完成挂膜过程。该工艺还适应继续污水处理。在暂时停止运行时，滤料表面的生物膜不会立即死亡。随着停运时间的延长，生物会以孢子的形式存在，一旦通水曝气，可在很短时间内恢复正常。

④ 曝气生物滤池使用穿孔曝气管，维护保养比微孔曝气头方便，使用寿命长。氧的传输效率高，曝气量小，供氧动力消耗低，处理单位污水电耗低。这是因为滤料的粒径小，比表面积大，对气泡起到切割和阻挡作用，加大了气液接触面积，提高了氧气的利用率，其动力效率在 3kg O_2/（kW·h）以上，比无填料时提高 30%。

⑤ 曝气生物滤池连续进水，可实现供氧、反冲洗、排泥、阀门切换等自动调节，自动化程度高，运行管理方便。曝气池与二沉池的功能于一体，具有模块化结构，便于后期的改建和扩建。

曝气生物虽然有以上优点，但也存在以下问题。

① 对进水的悬浮物 SS 要求高。为使之在较短的水力停留时间内处理较高的有机负荷并具有截留悬浮物的功能，曝气生物滤池采用的填料粒径一般都比较小，如果进水的 SS 较高，会使滤池在很短的时间内达到设计的水头损失发生堵塞。这样就会导致频繁的反冲洗，增加运行费用，造成管理的不便。一般要求进水的悬浮物 SS 不超过 100mg/L，最好控制在 60mg/L 以下。这样对曝气生物滤池的预处理提出了较高的要求。

对初沉池而言，解决的方法是：减小表面负荷，延长停留时间；或者采用斜板（管）沉淀池；或者增加预曝气以改善固体颗粒的沉降性能。另外，因滤池的反冲洗水中的污泥具有比较高的生物活性，将其回流到初沉池，利用生物的吸附、絮凝能力，将生物污泥作为一种生物絮凝剂，提高 SS 的去除率；或者采用投加化学药剂方法将初沉池建成为混凝沉淀池。

② 进水提升高度较大。由于曝气生物滤池的水头损失较大，一般为 1～2m，加上滤池大部分建于地面以上，其高度在 6～8m 之间，污水的总输送扬程 7～10m。

③ 反冲洗水力负荷较大。曝气生物滤池在反冲洗操作中，短时间内水力负荷较大，反冲击水直接回流到初沉池并对该池造成较大的冲击负荷。因此该工艺虽节约了二沉池，但需要另设两池：反冲洗水池和污泥缓冲池。反冲洗水一般先流入污泥缓冲池，然后缓慢回流到初沉池，以减轻对初沉池的冲击负荷。此外，因设计或运行管理不当还会造成滤料随水流失等问题。

④ 曝气生物滤池的产泥量相对于活性污泥法稍大，污泥稳定性不好，造成污泥处理的难度较高。如果采用消化池处理污泥，处理污泥量比传统活性污泥法要大。

3.69 什么是 BIOSTYR 曝气生物滤池？

答 1992 年法国 OTV 公司开发了具有脱氮功能的上向流式曝气生物滤池 BTOSTYR，是具有硝化/反硝化作用的生物过滤系统，此系统用好氧固定床反应器，内填附着生物膜的滤（填）料层，生物膜的外层为用于硝化的自养菌群，当水流经生物床时，氨氮被细菌氧化为硝酸盐，生物膜的内层为用于反硝化的异养菌，当水流经生物床时，硝酸盐成为氮气，散逸出系统。下游不需设置二沉池。生物滤池可以截流水中悬浮物和去除水中碳污染物及部分磷。其显著特点如下。

① 采用了新型等粒径轻质悬浮滤（填）料——Biostyrene（主要成分是聚苯乙烯），密度小于水，反洗结束后，在水浮力作用下滤（填）料回落均匀，保证整个滤床平整，从而有效避免穿透滤床的情况发生。

② BIOSTYR 曝气生物滤池结构如图 3-6 所示。滤池底部设有布水管和反冲洗废水管，中上部是填料层，厚度一般为 2.5～3.5m，填料顶部装有滤板，其上均匀安装有滤头。滤板以上空间为反冲洗水的储水区，其高度根据反冲洗水水头而定，因而省去反冲洗水池及水泵，大大降低了反冲洗能耗。

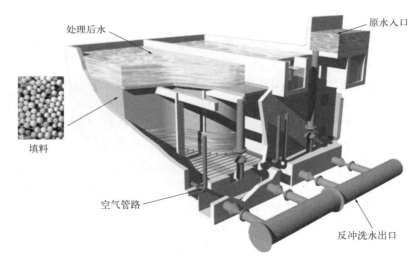

图 3-6　BIOSTYR 曝气生物滤池结构

③ 滤池有效水深可达 8～10m，曝气系统采用穿孔管，省去曝气器的采购费用，由于气泡经过滤床时被滤（填）料切割，大大提高了氧转移效率，可达 30% 以上。

④ 曝气生物滤池工艺有多个单元组成，有利于污水处理厂的分期建设或后期扩容。

BIOSTYRR 曝气生物滤池配套鼓风机房、反冲洗废水池、空压机房、服务水泵房及循环水池。

3.70 怎样控制和管理 BIOSTYR 曝气生物滤池的运行？

答 BIOSTYRR 生物滤池通过在线分析仪控制溶解氧的范围，根据滤池的出水氨氮浓度和溶解氧来确定最佳曝气量，一般在 5～8mg/L 之间。

微生物在降解有机物的同时生物膜相应增长，加上截流的 SS，滤池会逐渐堵塞，因此，滤池需要定期反冲洗。当某个滤池滤层水头损失达到设定值时，由 PLC 控制自动反冲洗。通常设计每个滤池单元每天只进行一次反冲洗。若出现 2 个滤池反冲洗时间冲突，可人为加以调节，达到轮流反洗的目的。整厂规模若在 12 池以下，可以轮流反洗；若在 12 池以上，则需有时 2 池同时反洗。

正常的反冲洗步骤如下。反冲洗滤池单元的进水阀门和曝气管阀门关闭。

（1）步骤 1：水冲洗

正常服务的滤池单元出水经公共出水渠回流至需反洗的滤池单元，并由 3 个安装在管廊中的反冲洗排水气动阀控制，阀门的开度在调试的时候设定好，以保证在反冲洗的水流强度。几分钟之后，反冲洗出水阀门关闭。

（2）步骤 2：气冲洗

打开曝气管阀门，反冲洗空气进入滤池。空气的冲洗强度为 $12m^3/(m^2 \cdot h)$，几分钟之后曝气管阀门关闭。

（3）步骤 3：水、气交替冲洗

同步骤 1 和步骤 2，气、水交替冲洗并重复几次。

（4）步骤 4：漂洗

反冲洗的最后一步是用水漂洗，漂洗与水洗类似，时间较长。

反冲洗结束后，关闭反冲洗排水阀门，打开滤池进水阀门和曝气管阀门，滤池恢复正常运行。

所有滤池单元的反冲洗废水排至废水池，反冲洗废水池安装潜水搅拌器，并安装反冲洗排水泵将废水提升至反冲洗沉淀池进行沉淀处理，上清液返回生物滤池，污泥排至污泥处理线。潜水搅拌器和废水提升泵根据反冲洗废水池液位计的液位反馈实现自动运行控制。

每个滤池单元的出水通过出水口进入总的出水渠道，每个出水口都预备有叠梁闸门，以便在对滤池维修时能够与出水渠道隔离。出水渠道的尺寸和水位的设计是考虑到 BIOSTYR 滤池反冲洗时对水量和水头的要求。总出水通过出水渠道上的溢流堰排出，这个堰的高度始终要保证能够有足够的满足 2 个滤池反冲洗用的水量保留在渠道中。

BIOSTYRR 曝气生物滤池工艺为了提高滤池反硝化程度，减少曝气量，在总出水渠道的末端设置回流水池，部分滤池的出水通过内回流泵（3 用 1 备）被输送回生物滤池。回流水量经过巴氏计量槽计量后与生物滤池进水混合。回流量根据相关工艺数据进行调整。

• 污泥处理和处置运行管理

3.71 污泥处理和处置有什么原则？采用什么工艺？

答 在污泥处理和处置中主要实现"四化"原则：减量化、稳定化、无害化、资源化。

（1）减量化

由于污泥含水量很高，体积大，且呈流动性，经减量化以后，可使污泥体积减至原来的十几分之一，且由液态转变成固态，便于运输和消纳。

（2）稳定化

污泥中的有机污染物含量高，极易腐败产生恶臭，经稳定消化后，易腐败的部分有机污染物被分解转化，不易腐败的部分恶臭味也大大降低，方便后续处理、处置。

（3）无害化

污泥中，尤其是初沉污泥中含有大量病原菌、寄生虫卵及病毒，易造成传染病传播。经过无害化处理后，如消化后，可杀死污泥中大部分的蛔虫卵、病原菌和病毒，大大提高污泥的卫生指标。

（4）资源化

污泥因含有大量有机物质，其热值在 10000～15000kJ/kg（干泥）之间，可在焚烧中获取热量用于生产；污泥中含有丰富的氮、磷、钾和有机物质，可用于加工有机肥料；厌氧消化可将有机物转化为沼气，供沼气锅炉、沼气发动机用作燃料，节省运转成本。

污泥处理所采用的工艺主要有以下几种。

（1）污泥浓缩

重力浓缩、离心浓缩、气浮浓缩和加药机械浓缩等工艺。

（2）污泥消化

好氧消化、厌氧消化，厌氧消化又分常温消化、中温消化、高温消化。

（3）污泥脱水

自然干化脱水、机械脱水、冷冻和加热脱水等工艺。常用的机械脱水又分带式压滤脱水、离心脱水、板框压滤机脱水等。

污泥处置的工艺主要有：农、林业用作肥料或改良土壤，也可送焚烧炉焚烧和烘干，送垃圾场填埋和生产建筑材料。

3.72 污泥有什么性质？怎样描述这些性质？

答 城市污泥的来源和形成过程十分复杂，不同的工艺和来源使污泥的物理、化学、微生物等的性质存在差异。人们从污泥的化学、物理、生物的性质上分析，选择合适的污泥处理、处置工艺以及在运行中考核和验证污泥处理、处置的效果。

描述污泥物理性质的指标有含水率、含固率、污泥密度、污泥比阻。描述污泥化学性质的指标有挥发性固体、灰分、氨氮、磷、钾、重金属等。

3.73 什么是污泥浓缩？采用什么工艺？

答 污泥浓缩是污泥脱水过程的初步过程，污水处理过程中产生的污泥含水率都很高，尤其是二级生物处理过程中的剩余污泥，含水率一般为 99.2%～99.8%，纯氧曝气法的剩余污泥含水率较低，也在 98.5% 以上。由于污水处理产污泥量大，对污泥的处理、利用及输送都造成了一定困难，因此必须对其进行浓缩。浓缩后的污泥近似糊状，含水率一般可降为 95%～97%。

污泥浓缩的对象主要是空隙水，当污泥的含水率由 99% 下降为 96% 时，体积可以减为原来的 1/4，但仍可保持其流动性，可以用泵输送，方便后续处理。

污泥浓缩常用的工艺有重力浓缩、气浮浓缩和离心浓缩。其他还有带式浓缩、转鼓机械浓缩、生物浓缩等。

3.74 什么是污泥的重力浓缩法?

答 重力浓缩本质上是一种沉淀工艺,属于压缩沉淀,利用自然的重力作用,使污泥中的间隙水得以分离。在实际应用中,一般通过建成圆形浓缩池进行浓缩,浓缩装置的运行分为连续式和间歇式两种,大型污泥浓缩装置一般是连续运行,而小型污泥厂的污泥浓缩装置一般是间歇式运行的。

3.75 重力浓缩工艺运行如何管理?

答 ① 浓缩池的浮渣应及时清除。由浮渣刮板刮至浮渣槽内清除。无浮渣刮板时,可用水冲洗方法,将浮渣冲至池边,然后清除。

② 初沉池污泥与活性污泥混合浓缩时,应保证两种污泥混合均匀。防止进入浓缩池会因密度流扰动污泥层,冲坏浓缩效果。

③ 浓缩池较长时间没排泥时,应先排空,不能直接开启污泥浓缩池。

④ 有的污水处理厂的浓缩池容积小,在北方寒冷冬季容易出现结冰现象,此时应先破冰再开启设备。最好保持刮泥桥运转,可避免结冰。

⑤ 应定期检查上清液溢流堰的出水是否均匀,如不均匀应及时调整,防止浓缩池内流态产生短流现象。

⑥ 浓缩池是恶臭很严重的处理设施,其池面总是弥漫臭气和腐蚀性气体,应经常检查设备的腐蚀情况,如电控柜、接线盒等容易被腐蚀的地方。避免因腐蚀引起的设备故障。还应每日巡视浓缩池,定期对池壁、浮渣槽、出水堰、汇水管道入口等定期清刷。

⑦ 应定期(至少一年)彻底排空,全面检查池底是否积砂、泥,刮泥桥的水下部件是否挂上棉纱、塑料绳等影响桥运转的情况,予以全面保养和维护。

3.76 重力浓缩池的日常化验项目有哪些?

答 (1) 含水率(或含固率)

取样地点在浓缩池的进泥管线和出泥管线上,每日取 3 次瞬时样,混合后做平均样。注意应取在管道中流动的泥样。

(2) SS、TP、NH_4^+-N

取样地点在浓缩池上清液,每日 3 次瞬时样混合后做平均样。注意应取在出水堰上流动的上清液。

(3) 仪表记录

进泥量、排泥量。

(4) 计算并记录

固体表面负荷 [$kg/(m^2 \cdot d)$]、停留时间(h)、浓缩比 f、分离率 F、固体回收率 η。

一般浓缩初沉池污泥时,浓缩比 f 应大于 2,固体回收率 $\eta > 90\%$;浓缩初沉污泥与活性污泥的混合污泥时,浓缩比 f 应大于 2,回收率 $\eta > 85\%$。如果某一项指标低于上述值,都说明浓缩效果下降,应检查浓缩池的进泥量、固体浓度(含固量)、进泥温度等是否发生了变化,并予以适当调整。

3.77　重力浓缩池污泥上浮的原因有哪些？

答　① 进泥量太少，造成污泥在池内停留时间过长，厌氧发酵，导致污泥大块上浮，浓缩池液面上有小气泡逸出。解决方法可投加氧化剂，同时增加进泥量，使停留时间缩短，接近设计停留时间。

② 排泥量太小或排泥不及时所造成，解决方法是增大排泥量或及时排泥。

③ 可能由于初沉池排泥不及时，污泥在初沉池已经厌氧腐败，解决方法应及时将初沉池污泥排到浓缩池，还可加杀菌剂清除厌氧发酵的影响。

④ 进泥量过大，使固体表面负荷增大，超过浓缩池的浓缩能力后，导致溢流上清液的悬浮物升高即污泥流失。但此现象不会有大量小气泡发生（与进泥量少的区别）。

3.78　污泥气浮浓缩法的原理是什么？适用处理什么污染物？

答　气浮浓缩工艺是固-液分离或液-液分离的一种技术，它是通过某种方法产生大量的微气泡，使其与废水中密度接近于水的固体、液体或液体污染物微粒黏附，形成密度小于水的气浮体，在浮力的作用下，上浮至水面形成浮渣，由刮浮渣机收集处置。

该工艺适合从污水中去除相对密度接近或小于1的悬浮物、油类和脂肪等。

3.79　气浮浓缩法有几种形式？与其他浓缩工艺相比的特点是什么？

答　气浮浓缩法按微气泡产生方式来划分，可分为加压溶气法、真空气浮法、电解气浮法和分散空气气浮法4种形式。在污泥处理中压力溶气法应用比较多，其他方法在污泥浓缩中不多见到。

气浮法与重力浓缩法、离心法相比有以下特点。

① 气浮浓缩污泥的含固率高于重力浓缩法，低于离心浓缩法。

② 气浮浓缩法的固体负荷和水力负荷较高，因此其水力停留时间比重力浓缩法短，构筑物体积比重力浓缩法小。

③ 对水力冲击负荷缓冲能力强，能获得稳定的浮泥浓度及澄清水质，能有效地浓缩膨胀的活性污泥。

④ 气浮法能防止污泥在浓缩中腐化，避免了气味问题。

⑤ 气浮法浓缩电耗比重力浓缩法高，比离心法要低。

3.80　气浮浓缩法工艺运行如何控制？

答　气浮浓缩法需控制的因素很多，主要有进泥量、空气压力、加压水量、流入污泥浓度、停留时间、气固比、水力表面负荷、污泥种类和性质、絮凝剂的使用。

（1）进泥量的控制

在气浮浓缩污泥的运行中首先要控制进泥量，如果进泥量过大，超过气浮浓缩设施的能力，则达不到浓缩污泥的效果。进泥量太小，则造成浓缩设施的浪费。进泥量可用下式计算：

$$Q_i = \frac{q_s A}{C_i}$$

式中　Q_i——进泥量，m^3/d；

$\qquad q_s$——气浮池的固体表面负荷，$kg/(m^2 \cdot d)$；

$\qquad A$——气浮池表面积，m^2；

$\qquad C_i$——入流污泥浓度，kg/m^3。

当浓缩活性污泥时，q_s 一般取 $50 \sim 170 kg/(m^2 \cdot d)$ 范围内，其值与活性污泥的 SVI 值等性质有关。

（2）空气压力的控制

空气压力决定空气的饱和状态和形成微气泡的大小，也是影响浮渣浓度和分离固液的重要因素。一般空气压力提高，浮渣的固液浓度提高，分离液中固体浓度减小。但压力过高，会破坏絮凝体，所以大部分设备控制在 $0.3 \sim 0.5 MPa$ 内运行。另外气浮罐释放出气泡的大小与空气压力有关。在 $0.3 \sim 0.5 MPa$ 范围产生的气泡大小一般在 $100 \mu m$ 以内，超出 $0.6 MPa$ 后，气泡会互相合并变大，降低絮凝效果。

（3）加压水量的控制

气浮装置中的加压水量应按设备说明控制。水量太少，释放出的空气量也少，达不到气浮的效果。水量增多，释放的空气量多，可将流入的污泥稀释，有利于气浮浓缩。但水量过大，能耗升高，也能影响微气泡的形成。加压水量可用下式计算：

$$Q_W = \frac{Q_i C_i}{C_S(\eta P - 1)} \times \frac{A}{S}$$

式中　Q_W——加压水量，m^3/d；

$\qquad Q_i$——入流污泥量，m^3/d；

$\qquad C_i$——入流污泥的浓度，kg/m^3；

$\qquad C_S$——1 个大气压下空气在水中的饱和度，kg/m^3；

$\qquad P$——溶气罐的压力，Pa；

$\qquad \eta$——溶气效率，即加压水的饱和度（一般在 $50\% \sim 80\%$ 之间）；

$\qquad A/S$——气浮浓缩的气固比。

（4）气固比

气固比是指气浮池中析出的空气量 A 与流入的固体量 S 之比，可用下式计算：

$$\frac{A}{S} = \frac{S_a(FP - 1)}{Q_i C_o} \times 1000$$

式中　A——析出空气量，kg/h；

$\qquad S$——流入固体量，kg/h；

$\qquad S_a$——标准状态下空气在水中的溶解度，kg/m^3；

$\qquad F$——回流加压水的空气饱和度，$\%$，一般为 $50\% \sim 80\%$；

$\qquad P$——溶气罐中的绝对压力，Pa；

$\qquad Q_i$——回流水流量，m^3/h；

$\qquad C_o$——污泥浓度，mg/L。

气固比的大小主要根据污泥的性质确定，活性污泥浓缩时的 A/S 适宜范围为 $0.01 \sim 0.05$。一般为 0.02。

（5）水力表面负荷的控制

确定了进泥量、加压水量、空气压力、气固比和设定的固体表面负荷后，还应对气浮设施进行水力表面负荷的核算。水力表面负荷可用下式计算：

$$q_h = \frac{Q_i + Q_w}{A}$$

式中　Q_i——入流污泥量，m^3/h；

　　　Q_w——加压水量，m^3/h；

　　　A——气浮池的表面积，m^2；

　　　q_h——水力表面负荷，对活性污泥一般控制在 $120 m^3/(m^2 \cdot d)$ 以内。

（6）对浓缩池停留时间的控制

污泥在气浮池内的停留时间影响浓缩效果。其停留时间可用下式计算：

$$T = \frac{AH}{Q_i + Q_w} = \frac{H}{q_h}$$

式中　H——气浮池有效深度，m。其他参数同上。

对活性污泥要得到较好的气浮浓缩效果，一般应控制 $T \geqslant 20min$，另外为提高气浮的浓缩效果，从而提高浮渣浓度，降低上清液的含固率，可根据污泥的性质投加高分子絮凝剂还是相当有效的。

3.81　气浮浓缩工艺运行应注意什么？

答　在气浮浓缩工艺运行管理中应注意下列问题。

（1）是否投加絮凝剂的问题

活性污泥是絮凝体，在絮凝时能捕获与吸附气泡，达到气浮的目的。在溶气比、固体负荷、水力负荷、停留时间相同的条件下，投加与不投加絮凝剂，对浓缩污泥的固体浓缩、固体回收率并无明显影响。因此气浮浓缩不一定要投加絮凝剂，最好做性价比后确定是否投加絮凝剂。

（2）污泥指数 SVI 的影响问题

气浮浓度活性污泥时，同样也存在污泥膨胀的问题。运行时应经常测定 SVI 值以指导气浮池的运行。污泥膨胀无助于气浮浓缩，因此当发现 SVI 值不在正常的范围内，应采用物理法、化学法或生物法来控制。

（3）刮泥周期的影响

一般情况下，刮泥周期越长，上浮污泥固体浓度越大。上浮后的浓缩污泥是非常稳定的污泥层，即使停止进入溶气水或者受机械力（如刮风下雨）的作用下，也不会破碎或下沉。气浮浓缩污泥应及时刮除，但每次刮泥不宜太多，太多则易使污泥层底部的污泥带着水分上翻到表面，影响浓缩效果。

3.82　什么是污泥的离心浓缩？有什么特点？

答　重力浓缩的动力是污泥颗粒的重力，气浮浓缩的动力是气泡强制施加到污泥颗粒上的浮力，而离心浓缩的动力是离心力。由于离心力是重力的 300～3000 倍，因而在很大的重力浓缩池内要经过十几小时才能达到的浓缩效果，在很小的离心机内几分钟就可以完成。但离心浓缩机的运行费和机械维修费用高，在同样浓缩效果的条件下，电耗约为气浮浓缩法的10倍。因此主要用于处理难以浓缩的剩余污泥。

其优点可使活性污泥的含固率在0.5%左右时，经离心浓缩增至6%。离心浓缩机占地面积小，产生气味比其他方法小，一般不需要另加絮凝剂。

3.83　什么是污泥的厌氧消化？有什么特点？

答　厌氧消化是利用兼性菌和厌氧菌，经过水解、酸化、产甲烷等过程，分解污泥中有机物的一种污泥处理工艺。厌氧消化是使污泥实现"四化"的主要途径之一。

① 有机物被厌氧消化分解趋于稳定化，使之不易腐败，产生臭气。

② 通过厌氧消化，大部分病原菌或蛔虫卵被杀灭或作为有机物被分解，使污泥无害化。

③ 随着污泥被厌氧消化，产生大量高热值的沼气，作为能源利用，使污泥资源化。另外污泥经厌氧消化以后其中部分有机氮转化成了氨氮，提高了污泥的肥效可用于园林绿化等。

④ 污泥在厌氧处理过程中被浓缩和脱水使污泥减量化。而被厌氧消化，转化成沼气也是一种减量过程。

3.84　影响污泥厌氧消化的因素有哪些？

答　影响污泥厌氧消化的因素有：①pH酸碱度；②温度；③有机物的成分与产气量；④污泥的浓度；⑤搅拌与混合；⑥营养与C/N值；⑦污泥龄与投配率；⑧有毒物质和有益的微量元素。

3.85　污泥厌氧消化为什么要搅拌？搅拌方式各有什么特点？

答　厌氧污泥消化的搅拌是消化池稳定运行的关键因素之一。搅拌能使投入的生污泥与池内的熟污泥均匀接触，加速热传导，均匀地供给细菌以养料，打碎消化池内液面上的浮渣层，使整个消化池的污泥处于上下翻滚、消化活跃状态。长期消化运行经验证明有搅拌设备比没有搅拌设备的消化产沼气量约增加30%。

污泥厌氧消化采用的搅拌方式主要有机械搅拌、沼气搅拌、污泥循环泵搅拌等。

① 机械搅拌的特点是通过机械搅拌消化池内污泥液体流动，使液体中沼气尽可能排向池内液体上面，池内的生、熟污泥均匀混合。相对于沼气搅拌其耗能要低一些。

② 沼气搅拌的特点是利用沼气提升泵将消化池内顶部的沼气抽出，从池底部冲入，沼气带动污泥波动翻滚，又回到消化池内污泥液面上。沼气与污泥充分接触、摩擦，反复循环形成沼气搅拌污泥状态。沼气搅拌有利于使沼气中的 H_2 和 CO_2 作为产甲烷的底物被产甲烷细菌利用合成为 CH_4，增加产气量。但沼气搅拌相对于机械搅拌耗费功率大一些。

③ 污泥循环泵搅拌的特点是利用污泥循环泵，将生污泥与消化池底部熟污泥混合加热后再送入消化池的中上部，加热污泥通过自流从下到消化池底部形成污泥循环，同时将加热混合污泥充分均匀地混合到整个消化池中，污泥循环泵通常是24h连续运转，即使不进新鲜污泥，也要对池内污泥加热和循环。因此大多数消化池都要以污泥循环泵为连续搅拌，而把机械搅拌或沼气搅拌等作为间歇式搅拌来相互配套设计、安装，使污泥厌氧消化更充分、稳定。

3.86 怎样控制厌氧消化污泥的浓度？污泥浓度与搅拌功率有什么关系？

答 有污泥消化工艺的污水处理厂，投入消化池的污泥浓度一般为2%～6%，多数在4%左右。

在其他条件具备，消化天数一定时，只要提高投入污泥的浓度，在消化池内种泥充分存在的条件下，气体发生量有明显的增加。为此有些污水处理厂采用浓缩池浓缩后再进消化池或直接加药机械脱水后，再加入消化池的方法来降低含水率，提高消化池内含固率，增加沼气产量。

提高进入消化池污泥浓度有以下优点。

① 消化天数一定，其他条件具备，投入的污泥浓度提高后，减少了原污泥中的水量，使消化池体积可缩小，一次性投资费用降低。

② 提高了污泥浓度等于减少了污泥含水量。在加热消化池内同体积污泥时等于减少了单位加热量。例如，浓度低的污泥加温所需热量为：

$$E = E_1 + E_2 = 0.8E + 0.2E = 1.0E$$

式中 E——总需热量；

E_1——投入污泥加热到消化温度时所需热量；

E_2——消化池、配管、热交换器表面的热损失。

若污泥浓度增加1倍，则加温所需热量为 $E' = 0.4E + 0.2E = 0.6E$，由此可见，加温热量节约40%。不过污泥浓度提高后需注意下限问题。一般不超过6%，否则就得重新选择更强的搅拌装置和特殊的消化池形状。

③ 污泥浓度提高，污泥黏度也增加。消化池内变得不容易充分混合，需提高搅拌强度和循环泵的功率。当污泥浓度从5%增加时其黏度陡升。

④ 当污泥浓度在4%～5%时，有突跃点存在，在5%以上时搅拌功率急剧增加，原有的搅拌功率和送泥泵、循环泵的功率需及时增大。池壁也需改造或重新选择。

3.87 为什么要脱去沼气中的 H_2S？有几种脱硫的方法？

答 在污泥厌氧消化过程中，产生大量沼气，可以收集利用，替代能源。但其中的 H_2S 有毒，并具有强烈的腐蚀性。因此在收集利用之前应脱去大部分 H_2S，保证设施设备的安全。去除 H_2S 的另一个目的是控制 SO_2 的排放。沼气中的 H_2S 是燃烧空气中 SO_2 的主要来源。

脱硫的方法主要有两种：湿式脱硫和干式脱硫。

(1) 湿式脱硫

湿式脱硫一般在脱硫塔中进行，利用碱性液体吸收 H_2S，常用 NaOH、Na_2CO_3 等溶液从塔顶向下喷淋。沼气自塔底向塔顶排出。碱液与沼气逆向行下走，不断将 H_2S 去除，满足安全和生产需求。其 H_2S 去除率能达到50%～90%。

湿式脱硫的优点是脱硫快速，量大，防回火，防燃烧彻底。缺点是除硫不彻底，湿度大。废液回流，增加水处理难度。

(2) 干式脱硫

干式脱硫在塔内装填有 Fe_2O_3 填料，有条状和片状，俗称海绵铁。沼气自塔下部进，上部出。大部分 H_2S 被海绵铁吸附并逐渐饱和。如果要保证生产连续性，就要及时更换填料。干式脱硫可以做到去除 H_2S 达99％，关键要及时更换填料。

干式脱硫的优点是脱硫彻底、干燥，脱硫剂可再生使用，防回火。缺点是量小，更换填料脏、累，操作复杂，且有一定的危险性。

城市污泥厌氧消化产沼气中的 H_2S 浓度范围一般在 $200\sim3000mg/m^3$，高的能达到 $10000mg/m^3$ 左右，对于含 H_2S 在 $3000mg/m^3$ 以下的沼气用干式或者湿式都可以脱硫。对于 $3000mg/m^3$ 以上 H_2S 含量的沼气，最好采用湿式、干式脱硫串联使用，二级脱硫效果能有把握。干式脱硫一般放在第二级脱硫，对于要求脱硫达到 $100mg/m^3$ 以下能起到保证作用。

3.88 污泥厌氧消化的监测化验项目有哪些？

答 **(1) 污泥厌氧消化的在线仪表显示、监测的项目**

①进泥量；②排泥量（自排式排泥不需要）；③pH 值；④消化池内泥位；⑤消化池内温度，热交换器进出温度；⑥沼气产量；⑦各种自动阀门的开关及开关的比例；⑧各种泥泵、循环泵、沼气搅拌泵等工作情况；⑨可燃气体报警显示；⑩脱硫系统工作情况；⑪消化池内压力，沼气柜内压力，污泥泵、循环泵进出口压力等。

(2) 每日化验项目

①进泥、出泥的含水率（或含固率）、有机分、灰分、总氮、氨氮；②消化池内污泥的挥发性脂肪酸（VFA）、碱度（ALK）、含水率（或含固率）；③后浓缩池上清液的 COD_{Cr}、BOD_r、SS、总氮、氨氮、总磷；④沼气中的 CH_4、CO_2、H_2S、H_2 等气体组分的含量。

3.89 污泥厌氧消化系统的日常运行管理应注意哪些事项？

答 ① 消化池的管理。厌氧消化过程是在密闭厌氧条件下进行，微生物在这种条件下生存不能像好氧污泥那样，依靠镜检来判断污泥的活性。只能采用反映微生物代谢影响的指标间接判断微生物活性，与活性污泥好氧处理系统相比，污泥厌氧消化系统对工艺条件及环境因素的变化，反应更敏感。为了消化池的运转正常，应当及时掌握温度、pH 值、沼气产量、泥位、压力、含水率、沼气中的组分等指标，及时做出调整。

② 对于日常运行状况、处理措施、设备运行状况都要求做出书面记录，为下一班次提供运行数据，并做好报表向上一级管理层报告，提供工艺调整数据。

③ 经常检测、巡视污泥管道、沼气管道和各种阀门，防止其堵塞、漏气或失效。阀门除应按时上润滑油脂外，还应对常闭闸门、常开闸门定时活动，检验其是否能正常工作。

④ 定期由技术监督部门检验压力、保险阀、仪表、报警装置。

⑤ 定期检查并维护搅拌系统。沼气搅拌主管常有被污泥及其他污物堵塞的现象，可以将其余主管关闭，使用大气量冲吹被堵塞管道。机械搅拌桨缠绕棉纱和其他长条杂物的问题可采取反转机械搅拌器甩掉缠绕杂物方式解决。另外，要定期检查搅拌轴与楼板相交处的气密性。

⑥ 在北方寒冷地区消化池及其管道、阀门在冬季必须注意防冻，进入冬季结冰之前必须检查和维修好保温设施，如消化池顶上的沼气管道，水封阀（罐）。沼气提升泵房内的门窗必须完整无损坏，最好门上加棉帘子，湿式脱硫装置要保证在 10℃ 以上工作。特别是室

外的沼气管道、热水管道、蒸汽管道和阀门都必须做好保温、防晒、防雨等工作。

⑦ 定期检查并维护加热系统，蒸汽加热管道、热水加热管道、热交换器内的泥管道等都有可能出现堵塞现象、锈蚀现象，一般用大流量冲洗。套管式管道要注意冲洗热水管道时要保证泥管中的压力防止将内管道压瘪。冲洗不开或堵塞严重时应拆开清洗。

⑧ 消化池除平时加强巡检外，还要对池内进行检查和维修，一般5年左右进行一次，彻底清砂和除浮渣，并进行全面的防腐、防渗检查与处理。主要对金属管道、部件进行防腐，如损坏严重应更换，有些易损坏件最好换不锈钢材料。维修后投入运行前必须进行满水试验和气密性试验。对于消化池内的积砂和浮渣状况要进行评估，如果严重说明预处理不好。要对预处理改进，防止沉砂和浮渣进入。另外放空消化池以后，应检查池体结构变化，是否有裂缝，是否为通缝，请专业人员处理。借此时机也应将仪表大修或更换。

⑨ 沼气柜尤其是湿式沼气柜更容易受 H_2S 腐蚀，通常3年一小修，5年一大修。要对柜体防腐，腐蚀严重的钢板要及时更换，阴极保护的锌块此时也应更换，各种阀门，特别是平常不易维修和更换的闸门也应维修或更换，确保5年内不出问题。

⑩ 整个消化系统要防火、防毒。所有电气设备应采用防爆型，并做好接地、防雷，严禁在防火、防爆区域内吸烟，进入该区域内的汽车应戴防火帽，进入的人应留下火种。不允许穿带钉鞋和易产生静电服装的人员进入。另外报警探头应正常维护保养，按时由权威部门鉴定、标定，确保能正常工作。还要备好消防器材、防毒呼吸器、干电池手电筒等以备急用。

3.90　为什么要对污泥进行调质？

答　有机污泥包括初沉池污泥、剩余活性污泥及消化污泥，其中的固体物主要由亲水性带负电荷的胶体颗粒组成，含水率很高（一般为94%～99%），颗粒细小而不均匀，比阻大，脱水性能较差。为了改善污泥脱水性能，提高机械脱水效果与机械脱水设备的生产能力，需要调质来改变污泥的理化性质，减小胶体颗粒与水的亲和力。污泥脱水的目的是进一步减少污泥的体积，主要是将污泥颗粒间的毛细水和颗粒表面的吸附水分离出来，这部分水占污泥中总含水量的15%～25%，但经过脱水以后，污泥可呈固体状态，体积减小为原来的1/10以下，这样就便于后续处理、处置和利用。

多数消化污泥如不经过化学或物理调质将不利于脱水。污泥调质的方法包括：投加有机或无机化学药剂；投加复合（有机、无机等组合）药剂、淘洗法、热调质法（可升高压力）、冷冻融化调质、生物絮凝调质。调质的费用占污泥处理处置费用很大一部分，因此要特别重视调质药剂的性价比，首先要保证达到规定的含水率以下，价格最便宜的就是好的药剂。

3.91　污泥化学调质的方法有哪些？影响其效果的因素有哪些？

答　化学调质是应用最多的污泥调质法。其基本原理是通过向污泥中投加可起到电性中和或吸附架桥作用的调质剂（混凝剂、絮凝剂和助凝剂等），来破坏污泥胶体颗粒的稳定，使分散的小颗粒之间相互聚集形成大颗粒，从而改善污泥的脱水性能。

化学调质过程中投加的化学调质剂包括无机调质剂（如石灰、铁盐、铝盐及聚铁、聚铝等无机化合物）和有机高分子调质剂。其中石灰、铁盐、铝盐等无机调质剂主要起电中和作用，称为混凝剂，而聚铁、聚铝等无机高分子化合物和有机高分子调质剂主要起吸附架桥作用（阳离子有机高分子聚合电解质同时具有电性中和与吸附架桥的作用），可称为絮凝剂。其形成的污泥絮体抗剪切性强，不易被打碎，尤其适合于后续的离心或带式压滤脱水等方法。

污泥化学调质后过程中投加的助凝剂主要有硅藻土、酸性白土、木屑、粉煤灰、石灰、贝壳粉等。助凝剂的主要作用是调解污泥的 pH 值，供给污泥多孔网状的骨架，改变污泥颗粒结构，破坏胶体的稳定性，提高混凝剂的混凝效果，增加絮体强度等。

目前，很多污水处理厂为保证污泥脱水效果，降低污泥调质的综合费用，采取各种各样调质剂复混的方法，对污泥脱水效果明显。有两种或两种以上的复混方法。

① 三氯化铁与阴离子丙烯酰胺组合。先加三氯化铁，再加后者，其原理是三氯化铁的电中和作用可先使污泥胶体颗粒脱稳，再通过阴离子丙烯酰胺的吸附架桥作用，形成较大的污泥絮体。两种药剂的共同作用，使总的药剂费用降低。

② 三氯化铁与阳离子或弱阳离子丙烯酰胺组合。前者可弥补后者阳离子不足和增加沉降速度等不足。这要对污泥进行现场试验后确定。

③ 石灰与阴离子（阳离子、弱阳离子）聚丙烯酰胺组合。同样也是选择复混药剂的方法之一。

④ 聚合氯化铝与三氯化铁或硫酸铝的组合复混。

⑤ 阳离子聚丙烯酰胺与一些助凝剂，如粉煤灰、木屑等合用。可降低价格较贵的有机絮凝剂使用量，达到综合降低的目的。

⑥ 阳离子型与阴离子型聚丙烯酰胺共同复混。

⑦ 据有的厂家试验，可在阳离子聚丙烯酰胺加入污泥之前，加入少量的高锰酸钾，可降低药耗 25%～30%，同时还具有降低恶臭的作用。

许多污水处理厂的运行经验表明，污泥调质剂的组合复混使用往往比使用一种调质药剂效果要好，综合费用会降低，但具体采用哪种组合复混方式，要因各地的污泥性质而定，结合本地污泥的特点选出最佳组合复混方案。影响化学调质剂效果的因素有：药剂种类、投加量、药剂复混的组合及投加顺序、污泥的性质、污泥的温度和 pH 值、碱度等。

3.92　为什么要对浓缩、消化污泥进行脱水？脱水有哪几种方法？

答　污水处理过程中的污泥（初沉污泥、活性污泥等）经浓缩、消化后，其含水率在95%左右，呈流动状态，体积大，有异味，对后续处置带来困难（如运输、填埋、烘干、焚烧等），因此需要脱水，主要将污泥中的表面吸附和毛细水分离出来，这部分水占污泥中总含量的 15%～25%，经脱水以后，污泥的体积减小为原来的 1/10 以下，呈固体状态，为后续处置污泥创造了条件。

污泥脱水的方法有自然干化和机械脱水两种，习惯上称自然干化法为污泥干化，机械脱水法称为污泥脱水。机械脱水法又分为真空脱水、离心脱水、带式压滤脱水、旋转挤压和电渗透脱水等。

3.93　带式压滤机脱水后的质量标准有哪些？

答　控制带式压滤机运转的因素较多，带式压滤机脱水的污泥质量变化较大。为保证带式脱水机的工作质量应采取以下几项质量标准。

（1）含水率

带式脱水机的运行与进泥的含水率有关，进泥含水率低，处理的成本比较经济，相反，进泥含水率高，污泥处理的成本高，一般进泥含水率应控制在 $95\%\sim96\%$ 之间比较经济。

脱水后污泥的含水率是衡量整个脱水过程好坏的重要指标。脱水后的污泥含水率达到《城镇污水处理厂污染物排放标准》（GB 18918—2002）$<80\%$，则认为整个脱水过程比较好。但过低的含水率会增加整个脱水成本，也是不经济的。

（2）回收率

回收率即脱水后污泥的固体总量与脱水前污泥的固体总量之比的百分数。

$$回收率 = \frac{脱水后污泥固体总量}{脱水前污泥固体总量} \times 100\%$$

（3）成饼率

在带式压滤脱水机运行中，往往因没有调好脱水过程中的各项指标，使脱水后的出泥不能形成泥饼，或所形成的泥饼不均匀。有的沾在滤布的上带，有的沾在滤带的下带，还有的从滤布孔隙中穿过进入了冲洗水中，从而影响了脱水的回收率。所以控制脱水后污泥的成饼率也是考核脱水效果的一项表观指标。成饼率是指在整个出泥滤带上，泥饼面积占整个出泥滤带面积的百分数。一般要求成饼率经估算应达到 90% 以上。

（4）污泥处理能力

一般以厂家给定的额定状态下的脱水后的干污泥量为准，用出泥含水率换算后的出泥量。

3.94 带式压滤机的日常维护和管理应注意什么？

答 ① 带式压滤机开启前和停运后都要冲洗滤带，以免污泥在机器上硬缩，影响滤带使用效果。做清洗时，切忌水流直射电器部分，避免触电事故。

② 每班至少一次将压缩机内的冷凝水放尽，并经常打开气路底阀，放掉气路管内的冷凝水。

③ 对空气压缩机的油杯、变速箱上的油杯经常检查，发现油面过低应补充润滑油。对辊压筒、滚子等慢速转动轴应定期加油脂，防止因进水锈蚀、干磨等发生。

④ 为了运行安全，切记接好零线或地线，确保在设备漏电时能起到保护的作用。对接地电阻应至少每年检测一次。

配电箱应经常检查绝缘情况，每月应清扫、测试一次。箱内的各种保护调整每年试验一次。

⑤ 脱水机房内的恶臭气体，除影响身体健康外，因冲洗水喷出的雾滴与其混合，腐蚀设备，应及时开启通风设备，将湿、臭气排出室外高空。有条件的还应对臭气进行处理。在保证设备的冲洗要求和卫生健康需要的条件下，尽可能少将水洒落在地面和设备周围，减少腐蚀。

⑥ 冬季运行时，脱水机房内温度应保持不低于 $10\,^{\circ}\mathrm{C}$。在脱水机房外的水管、供热管道都要保温，避免因天气寒冷而冻裂管道。管道阀门尽量安装在室内，便于在冬季时操作（放冷凝水等）。

⑦ 有机絮凝剂（PAM）通常应存贮在阴凉干燥处，因为 PAM 遇热或潮湿易失效。有机液体絮凝剂一般也应放在阴凉干燥处。还必须注意液体絮凝剂存放时间不能超过厂家说明书规定的标准。

3.95　怎样控制离心脱水机的运行？

答　要保证离心脱水机正常工作，必须根据污泥的泥质和泥量的变化，随时调整离心脱水机的工作状态，控制离心脱水机的分离因数、转速差、液体层厚度、调质的效果和进泥量等。

衡量离心脱水效果好坏有两个主要指标：一个是泥饼含固量；另一个是固体回收率。需要同时评价两个指标都达到规定的标准，才能说明离心机脱水的效果。固体回收率是泥饼中的固体量占脱水污泥中总固体量的百分比。

$$
固体回收率(\eta) = \frac{泥饼含固率 \times (进泥含固率 - 滤液含固率)}{进泥含固率 \times (泥饼含固率 - 滤液含固率)}
$$
$$
= \frac{泥饼量 \times 泥饼含固率}{进泥量 \times 进泥含固率}
$$

3.96　离心脱水机的日常运行和管理应注意什么？

答　离心脱水机的日常运行和管理应注意以下事项。

① 离心机在进污泥时，一般不允许大于 0.5cm 的浮渣进入，也不允许 65 目以上的砂粒进入，因此应加强前级预处理系统对浮渣和砂粒的去除。

② 离心脱水机的脱水效果受温度影响很大，北方地区冬季泥饼含固率一般可比夏季低 2%～3%，因此在冬季寒冷季节一定要注意保持药液温度，室内温度大于 10℃。

③ 在脱水机运行过程中，要按时检查和观测的项目有：油箱的油位、轴承的润滑状况、电流、电压表的读数、设备的震动情况、噪声情况，发现问题及时停机解决。

④ 对药液计量泵、进泥泵、变速箱或变频箱应定期维修。保养按照操作说明书或成熟的经验进行保养。

⑤ 对于离心脱水机的计量仪表（如泥量、药量等）每年应到标准计量权威部门鉴定。

⑥ 离心脱水机停车时，应先停止进泥，然后注入清水，最好是热水，以便溶解沾在机器内的泥水混合液，约 10min 再停车，保证再次启动开机时，机器内壁干净，不生锈。

⑦ 应定期检查离心脱水机的磨损情况，及时更换磨损件。

⑧ 离心脱水机应每班进行化验的项目有：进泥含固率、泥饼含固率、滤液的 SS、氨氮和总磷。每班应计算的项目有：总进泥固体量、固体回收率、干泥投药量、处理 1000kg 干污泥的电耗。

● MBR 膜系统工艺运行与管理

3.97　MBR 膜系统运行有哪些注意事项？

答　① 无论何时 MBR 膜必须保持湿润。

② MBR 膜首次投入运行时应严格遵循设备安装手册要求。

③ 膜池吹扫系统应保持持续运行状态，当吹扫风机故障或风量不足时，应立即退出 MBR 膜池运行。

④ 膜池回流系统应保持持续运行状态，当膜池回流泵流量不足或故障无法启动时，应降低处理水量或立即退出 MBR 膜池运行。

⑤ 维护或修理膜期间，应保证没有异物碎屑落到膜池中。例如，来自塑料管钻屑的颗粒会损坏膜。

⑥ MBR 膜池系统的各组膜池液位应保持均衡，否则会导致膜池曝气不均造成膜池堵塞。

⑦ 运行人员日常巡检时应及时关注膜池曝气情况，对于曝气异常的膜池、应立即提吊检修膜架曝气装置。

3.98 化学清洗时需注意的问题有哪些?

答 膜清洗包括维持性清洗和恢复性清洗，有些还设置反冲洗。清洗的频率取决于特定的工作条件（工作时间、进料流量、渗透流量）以及被处理流体的具体化学性质。无机盐（$CaCO_3$、$CaSO_4$、$MgSO_4$）、铁（Fe）、不溶有机物（油）、生物物质（细菌或细菌作用产物）会在正常运行过程中弄脏膜片。工作过程中沉淀物聚集在膜片表面上并导致透过液量降低。应该注意的是，如果进水温度降低，则产水流量会随之降低。这是正常的，并不表示膜片堵塞。

次氯酸钠和柠檬酸用于清洗 MBR 膜。这些化学品的安全数据表应由化学品供应商提供。

① 次氯酸钠用于维护性清洗，膜池排空后充满滤后水并同时通过加药泵注入次氯酸钠药剂，如果膜池积泥较多，可用重复使用滤后水将池内污泥置换，再进行加药清洗。

② 恢复性清洗是当维护性清洗对于定期清除膜表面无机物污染、通量恢复效果不明显或者跨膜压差持续升高时进行。一般在进行完维护性清洗后，使用柠檬酸进行恢复性清洗，如果膜污染严重，则在进行酸洗前先用高浓度 NaClO 溶液进行清洗。

③ 反冲洗使用的是 MBR 的产水——渗透液。渗透液是通过膜片在低压和高流速下反冲的。反冲过程中，渗透液被泵抽到膜片膜丝内，并逆向穿过膜丝纤维和膜片以清除可能黏附在膜片表面上的颗粒物。

在系统正常生产周期中，反冲清洗会在操作员设定的频率和时间段自动出现。频率和时间段由操作员根据工作条件和供应给系统的原水方面的变化不断进行优化。

运行人员还可以通过按下模式屏幕上的启动反冲按钮来启动反冲。反冲发生在操作员事先设定的时间段内，反冲计时器必须重置以便此后的反冲能按照预定的频率出现。同时，启动反冲将会调节生产周期，使得能够在机组之间保持交错反冲。对一个机组启动反冲，会将该机组变为引导机组并立即开始反冲。此按钮只能在运行状态下激活。如果有任何其他机组正在反冲，则此按钮禁用。

有效的反冲可以延长化学剂清洗的周期。在调试过程中，设定好反冲频率和持续时间。对这些参数的优化需要定期评估反冲前后的最大跨膜压差（TMP）和渗透流速。

永远不要使膜片截面上的反冲压力大于 69kPa。膜片可能会出现分层，导致对膜片形成不可挽回的损害。

反冲流速与压力成正比。清洗过程中，压力越高，则渗透流速越高。

④ 运行人员应关注加药泵运行时间，判断清洗药剂投加是否足量，药剂投加量可以根据膜丝污堵状况进行10％左右调整。

3.99　膜系统有哪些参数？如何计算？

答　【例题】以$12×10^4 t/d$污水处理厂为例。

（1）膜面积计算（表3-1）

表3-1　膜面积与处理量的匹配计算

系统名称	单位	数据
日平均流量	m^3/d	120000
峰值流量	m^3/d	156000
膜池列数	列	10
每个膜列膜箱空间数	个	10
每个膜列全装满的膜箱数	个	10
系统总膜箱数	个	100
每个膜箱最多安装膜片数	片	52
每个膜列安装膜片数	片	520
系统膜元件总数	片	5200
单片膜元件面积	m^2	40
单列膜池膜面积	m^2	20800.0
系统总膜面积	m^2	208000.0

（2）通量计算（表3-2）

表3-2　膜通量、膜面积与处理量的匹配计算

项目	单位	运行工况		
		日平均流量	峰值流量	日平均流量下,每个系列1列膜池在化学清洗或检修
基本参数				
运行流量	m^3/d	120000	156000	120000
运行膜列数	列	10	10	8
单列膜池安装膜片数	片	520	520	520
单列膜池膜面积	m^2	20800.0	20800.0	20800.0
运行膜面积	m^2	208000.0	208000.0	166400.0
通量计算				
系统平均通量	L/h	24.04	31.25	30.05
系统瞬时通量	L/h	28.65	36.62	35.29

（3）总体计算（表 3-3）

表 3-3　膜通量、膜面积、处理量与附属设备总体匹配计算

序号	项目	单位	参数	备注
1	设计条件			
1.1	日平均产水量	m^3/d	120000	日平均产水量
1.2	日峰值流量	m^3/d	156000	峰值系数 1.3 倍
1.3	进水温度	℃	12～30	
1.4	设计温度	℃	12	
1.5	设计膜列数	列	10	
2	膜元件和膜箱			
2.1	膜元件型号			
2.2	单片膜面积	m^2	40.0	
2.3	膜箱型号			
2.4	每个膜箱最大安装膜片数	片	52	
3	膜系统配置			
3.1	每列安装膜箱空间数	个	10	
3.2	每列膜池安装膜箱数	个	10	
3.3	每列全装满的膜箱数	个	10	
3.4	系统安装膜箱数	个	100	
3.5	每列安装膜片数	片	520	
3.6	系统安装膜片数	片	5200	
3.7	系统安装总膜面积	m^2	208000.0	
4	运行模式		产水/停歇/反冲洗	
4.1	系统每天运行时间	min	1440	
4.2	一个产水周期内产水时间	min	11	
4.3	一个产水周期内不产水时间	min	0.9	
4.4	一个产水周期持续时间	min	11.9	
4.5	每次维护性清洗时间	min	50.23	
4.6	每天产水周期数	次	129.0	
4.7	每天不产水的时间	min	137.6	
4.8	每天实际过滤时间	min	1302.4	
5	通量			
5.1	平均通量	L/h	24.04	见表 3-2
5.2	运行通量	L/h	28.65	见表 3-2
6	产水泵设计			
6.1	运行数量	台	10	每列 1 台
6.2	备用数量	台	1	冷备

序号	项目	单位	参数	备注
6.3	产水泵流量	m^3/h	596	平均产水量
6.4	产水泵最大流量	m^3/h	762	
7	反洗泵设计			
7.1	每个系列运行数量	台	1	
7.2	每个系列运行数量	台	1	
7.3	反洗泵流量	m^3/h	761	反洗模式
7.4	反洗泵流量（全装满）	m^3/h	761	
8	污泥回流泵设计			
8.1	运行数量	台	4	
8.2	备用数量	台	1	库备
8.3	污泥回流泵流量	m^3/h	3750	按3倍回流比计
9	膜池排放泵设计			若需要
9.1	每个系列运行数量	台	2	
9.2	每个系列备用数量	台	0	
9.3	膜池在清洗液位的储水量	m^3	183.4	
9.4	排水时间	min	27	排水时间作改动
9.5	CIP泵流量	m^3/h	204	
10	膜池擦洗风机设计			
10.1	单个膜箱擦洗风量	m^3/h	293.76	全装满膜箱
10.2	单个膜池擦洗风量	m^3/h	2937.6	
10.3	运行数量	台	4	
10.4	备用数量	台	1	
10.5	单台风机能力	m^3/h	7344	输送风量

3.100 膜如何检查和更换？

答 作为日常维护的一部分，更换、检查膜，或者需要从膜池上拆卸时按以下程序操作，过程要保持膜湿润。

① 降低膜池中的液位。实施整个系统的全面停机。设法隔离膜箱与渗透母管和气总管的连接。注意单个膜元件不能与膜箱的其余部分隔离。

② 断开膜箱接头，每个膜箱1个产水接头、1个空气接头。

③ 把提升架附加到膜箱上。

④ 把膜箱上的钢提升架附上链条或提升带。

⑤ 小心提升膜箱，使用手动提升机和单轨（臂式起重机或起重机），直到吊拉带紧固。用起重机继续把膜箱提出支架，小心不要损坏膜，尤其是吊拉区域里有任何锐边暴露在外的物品。

⑥ 把膜箱移到一个安全、最好是平坦的地方，有利于移动并把更换部件安装到新的膜箱上。如果需要，检查膜不需要再次搬运。

⑦ 检查膜的时候，检查膜元件纤维或元件之间是否有异常现象或是否有明显损坏。寻找松动的硬件或者紧固件，并检查没有膜丝破损。也应检查顶部和底部集水管和管道是否有明显的损坏或裂纹。

3.101　膜箱的提升应注意什么？

答　长期运行的膜箱可能聚集滤饼杂质，会增加整个膜箱的重量。随时间推移，杂质积聚的程度取决于废水的性质，废水预过滤的有效性以及其他因素。如果很重的膜箱完全从膜池上拆卸进行检查和清洗，这会导致膜架和膜箱提升机构承受过量负荷。在有些情况下，产生的负荷可能侵害膜架和提升机构以及膜箱支承梁和膜池顶部格栅的盖板设计安全因素。超重膜箱的不正确搬运会导致伤害危险或财产损失。

如果怀疑膜箱超重，通过用称直接测量，或通过其他方法。为安全原因，每次拆卸膜箱时假定它们过负荷。以下程序将协助在从膜池中提升膜箱，将膜箱上的碎屑清除。

① 把膜箱与集水管出水隔离同时曝气 12～24h。膜箱可以通过就地手动阀或者通过人机界面停机隔离。待机曝气，从膜箱上清除聚集的杂质是一种有效的消除超重的方法。

② 停止曝气并把膜箱部分提升出膜池。用清水冲洗暴露的部分（用工艺出水足够）。一次提升膜箱大约 500～750mm 并重复这个过程。通过逐步提升膜箱，浸在水中的部分由于水的浮力作用而减少起重机的负荷。如果膜池太深，那么应保证在提升膜箱高于格栅盖板之前洗掉杂质。

③ 当膜箱正下方或邻近有员工时，不要进行提升工作。应总是使用导绳的安全操作惯例来控制提升，并尽量避免直接接触膜箱。

④ 为了保持设备的最佳性能和延长使用寿命，所有区域必须保持清洁。立即清除任何漏洒的化学药剂并经常擦净维护设备。

3.102　系统停机时膜如何保存？

答　如果膜箱因为任何原因需改装或改造，则需要进行如下维护保修工作。

① 进行膜浸泡化学清洗。

② 保证膜上没有淤泥或者固形物。

③ 配制重量百分比为 50% 甘油和 1% 亚硫酸氢钠的溶液。带保护剂溶液的物体表面非常滑，搬运溶液时必须特别小心。为了把滑倒的风险降到最小，应随时清除任何溢出物并且适当处置。

④ 使用以下方法之一浸湿膜元件。

膜元件。在以上溶液中浸泡膜元件并加 0.34bar（1bar＝10^5Pa）真空（0.66bar 绝对值）30min。把元件从溶液中取出，放在地面上 30min 排出过量溶液，然后立即按照以下步骤所述装袋密封。

膜箱。膜箱浸在水中时，应通过在负压抽滤使膜腔中充满水（过滤）。关闭出水隔离阀。把装有保护液（300L）的储罐连接到膜箱取样口上或者连接到膜箱和隔离阀之间的管道上。使储罐液位至少高于膜箱顶部 36～72mm。进行上述工序时不要打开甘油供给阀。

膜池排水直到液位低于膜箱底部。打开甘油供给阀，甘油将流进膜的出水侧，置换出膜丝腔中的水。随着膜丝腔中的含水不断渗出和保护剂不断进入膜元件，保护剂贮存器中的液面应下降，继续反向置换直到膜箱（2.9L/膜片）中每个膜片有足够体积的保护剂。在注入保护剂时应加上膜箱集水母管和支管的容积（共计120L）以确定需要的保护液总量。

⑤ 使用0.15mm厚塑料袋把膜片装袋。使用手持式密封器或者胶带充分密封使膜保存不会变干。对于胶带密封，尽可能除去袋中的空气。用胶带密封膜袋并留2in（1in＝0.0254m）间隙。利用车间真空泵除去多余空气并且完成袋的密封。

⑥ 储存在凉爽干燥的地方，不受阳光直射，防止损坏元件或包装袋。建议膜用双层袋装或者封闭在适当的纸板箱中。

⑦ 一旦膜正确保存在甘油里，系统可以完全停机。把系统设置为关，并把所有设备设置为关。关闭所有自动阀。

⑧ 膜系统机组停机。工艺出水泵、真空泵上有些线路可能必须打开以便排水。应拆掉到停用膜箱的软管。膜箱集水母管以及到停用机组的所有专用管道必须排水、冲洗、干燥并关闭隔离阀。应从膜池拆卸膜池液位变送器并储存。所有设备，尤其是所有泵和鼓风机应遵循正常的维护时间表。

3.103　膜组件的保护注意事项有哪些？膜片清洗用的化学药剂有哪些？

答　在将膜片包装袋拆开后，需进行如下保护。

① 所有膜组件的膜片包装袋拆装后24h内需浸入水中用清水保护，膜池进水时不能将进水口正对膜组件，以免高速水流造成膜丝的损坏，因此需完成进水挡板安装后再进行膜集成单元安装。

② 在不具备进水条件时，需采用临时措施保持膜丝处于湿润状态，避免膜片风干、晒干、冻结或人为损坏。

③ 膜装置停止运行的时候，请务必将膜组件浸泡在澄清水中，以免造成膜丝的风干导致过滤功能的丧失。

④ 膜组件如果长期停止使用时，为避免滋生细菌，请用50mg/L次氯酸钠溶液浸泡，并且定期（如每两周）更换一次次氯酸钠溶液。

清洗所需的化学药剂功能如表3-4所示，清洗所需的化学药剂用途及参数如表3-5所示。

表3-4　清洗所需的化学药剂功能

化学药剂	功能
次氯酸钠	氧化剂,用于除去膜片上的有机物积垢
柠檬酸	柠檬酸清洁剂,用于除去膜片上的无机物积垢

表3-5　清洗所需的化学药剂用途及参数

溶液浓度	用途	设计清洗浓度	清洗设计的pH值范围
10.3%次氯酸钠(维护清洗)	有机清洁剂	200mg/L	无限值
10.3%次氯酸钠(恢复清洗)	有机清洁剂	1000mg/L	最大10.5
50%柠檬酸(恢复清洗)	无机清洁剂	2000mg/L	2.5～3.5

清洗化学药剂清除具体污染物的效果只能由该系统的使用经验来确定。有时候在连续循环清洗以清除污染混合物或确定清洗用的最佳化学制剂过程中，可能必须使用不同类型的清洁药剂，例如草酸。

处理清洗化学药剂时要特别小心。处理化学制剂时要戴上面具、穿上橡胶围裙并戴上橡胶手套。如果将酸（柠檬酸）和次氯酸钠相互混合，则会产生有毒的氯气。在利用另一种化学剂之前应该始终确保化学剂被彻底从膜池和管线中清洗掉。利用清水反冲所有受污染的管线，直到残余氯低于 10mg/L 为止。如果探测到氯气，操作员应该立即对该区域抽空排气并通知车间安全员及其相应的直接领导。

如果利用次氯酸钠清洁液清洗并没有清除污染物，应该使用柠檬酸清洗化学药剂来清洗。建议利用次氯酸钠彻底清洗膜片。如果经验表明有必要，再利用柠檬酸清洗。在停机之前利用甘油溶液保护。

3.104 为什么进行恢复性清洗？如何进行恢复性清洗？

答 如果系统的自动反冲没有使膜片的性能保持高于指定的水平，则需要采用化学清洗。当透水率降低到不能够在所要求的流量下且不超过最大跨膜压差（TMP）情况下运行机组时，则需要更彻底的清洗。恢复性清洗有两种：次氯酸钠清洗和酸清洗。次氯酸钠清洗除去有机物，酸清洗除去无机物。通常是在次氯酸钠清洗之后进行酸清洗，如果铁为主要污染物，可调整为先酸清洗（如草酸）。在减小后的平均运行负载量下，可能会发现清洗之间的平均时间被延长。

恢复性清洗是在膜片保持在原位置不动的情况下进行的，整个过程中每一种化学制剂对膜片的清洗过程通常大约需要 6h，连续使用两种清洗化学剂则需要 12h。

(1) 恢复性清洗准备工作

① 确保化学药剂罐中有足够的溶液。

② 当机组在生产时，操作员记录下当前温度、流量以及透水率。

③ 有关恢复性清洗过程，参看工作顺序图表。

(2) 在线化学清洗准备工作

① 操作员将机组模式切换到关闭状态然后再切换到清洗状态。此时机组处于清洗待用状态。

② 操作员选择"启动氯洗"或"启动酸洗"按钮以开始洗涤周期。开始时，排出泵启动并将膜池中的物质导向排出膜池中。

③ 当膜池液位触发器被触发时，工艺阀门被按照操作步序控制器上所示开启，并且工艺出水泵启动。人机界面将提示操作员打开反冲膜池手动注入阀。同时，PLC 会自动启动次氯酸泵或 MC-1 泵，取决于所选中的清洗类型。

④ 当膜池液面上升超过清洗液位时，PLC 将启动浸泡持续时间计时器并停止添加化学剂以及工艺过程用泵。膜片浸泡约 5h（可调节设定值），其中每 30min 曝气约 3min，然后混合到膜池中。

⑤ 在浸泡结束时，PLC 通过反冲洗泵从产水池中汲取 MBR 出水 1.5～2min 来冲洗反冲管线。

⑥ 恢复性清洗结束后系统进入 OFF 状态，等待运行人员的下一步操作。

⑦ 一旦机组返回到生产状态之后，操作员应该立即记录流量和出水率，并将记录值与

清洗之前记录的值进行对比。如果清洗不成功，则可利用另一种清洗化学剂重复清洗步骤。

清洗（化学清洗）过程中用来重新注入膜池中的 MBR 出水是通过生产中的系统（通过反冲膜池）来供给。在一台系统处于冲洗状态时，另一台系统必须处于生产状态。

(3) 通风

如果膜片设备位于建筑物内，则必须为膜池提供通风设备。包括膜池上方方格上的强制通风孔，以及建筑物的标准通风装置（例如，换气 3～5 次/h）。通风孔的设计是为了在膜池上方提供较小的负压力。通风装置在整个清洗过程中应该保持打开。

次氯酸钠清洁液会产生涉及健康和安全并且有腐蚀性的蒸气。必须提供充分的通风。不要将化学制剂直接倾倒在膜片上。

3.105 膜系统性能检测的指标有哪些？

答 膜系统性能检测的指标有：

① 水温；

② 进水流量；

③ 出水流量；

④ 污泥浓度 MLSS；

⑤ 碱度；

⑥ 硬度（每月或 TDS 异常时）；

⑦ pH 值；

⑧ 胶体 TOC(C-TOC) 或胶体性 COD（C-COD）；

⑨ 膜池混合液可过滤时间（TTF）；

⑩ 筛滤测试膜池混合液中大于 1mm 的杂质含量（要求≤1mg/L）；

⑪ 溶解氧 DO；

⑫ COD；

⑬ BOD；

⑭ $NH_3\text{-}N$；

⑮ 油脂；

⑯ Fe；

⑰ 氯化物（每月或 TDS 异常时）；

⑱ 硫酸盐（每月或 TDS 异常时）；

⑲ TDS 或电导率；

⑳ 总悬浮性固体物（TSS）。

(1) 污泥浓度 MLSS

膜池浓度正常运行时要求控制 MLSS≤10g/L，最大允许 MLSS 浓度为 12.5g/L 且不超过 7d。

(2) 胶体 TOC（C-TOC）或胶体性 COD（C-COD）

指用精度为 $1.5\mu m$ 滤纸过滤液中测得的 TOC（或 COD）与膜过滤液 TOC（或 COD）的差值，要求控制 C-TOC≤10mg/L 或 C-COD≤30mg/L。

(3) 膜池混合液可过滤时间（TTF）

指用精度为 $1.5\mu m$ 的直径 9cm 滤纸从 200mL 活性污泥样品中过滤出 100mL 液体的所

需时间，要求控制 TTF≤150s。

除了在线仪表的监测结果之外，还应通过将采样送交实验室以获得试验数据报告，获得分析结果。如果双方对水质结果有异议，可参考第三方实验数据。

每日的实验室监测项目包括但不限于：TSS，污泥浓度 MLSS，水温，pH 值，溶解氧，COD，BOD，NH_3-N，Fe，操作方式（包括风机风量及擦洗方式），进水和出水流量。

每周的实验室监测项目包括但不限于：TDS 或电导率，Fe，油脂，TTF，C-TOC（或 C-COD），以及膜池中大于 1mm 当量直径的颗粒物质。

3.106　膜丝堵塞的原因有哪些？

答　(1)　膜片

膜片孔在水和杂质之间形成一个机械障栅。在水处理中，水从膜片截面吸过，而将杂质留在纤维外面。膜丝结构如图 3-7 所示。

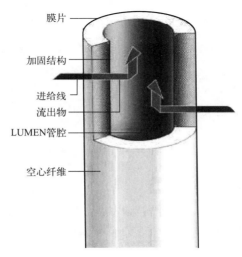

膜片

加固结构

进给线

流出物

LUMEN管腔

空心纤维

图 3-7　膜丝结构

(2)　堵塞和污染物

堵塞被定义为有害沉淀物在膜片表面上的聚集。这些沉淀物减小了膜片的有效表面积，减少了净化水的流量。

污染物是可能会聚集在膜片表面上并降低膜片性能的物质。污染物被分成下列 4 种主要类型：①生物污染物；②沉淀物；③被吸附物；④形成的滤饼（污泥）。

3.107　膜片堵塞会产生哪些问题？

答　膜片堵塞导致膜丝跨膜压差增加、能源成本增加并降低膜寿命。污染物对渗透产生了增大的阻力，使得为了处理同样数量的水需要更多的真空（或工作压差）。当跨膜压差增大时，工艺过程水泵需要更多的能量来抽吸增大的真空度已符合设定的流量。膜片堵塞还会降低膜寿命。不恰当的或过度的清洗频率可能会缩短膜寿命。

(1)　生物污垢

需氧和厌氧生活的物质，如细菌、真菌以及藻类被分类为生物污染物。这些有机物会移植于膜片表面上并且数量不断增长，会堵塞流体流过膜片表面。生物堵塞膜片的横截面如图 3-8 所示。

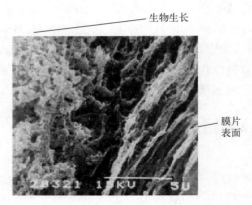

图 3-8　生物堵塞膜片的横截面

（2）沉淀物积垢

沉淀物堵塞通常以垢物的形式出现，这种沉淀物通常是在补给水中的化合物被浓缩超过溶解度极限时形成。常见的沉淀污染物包括碳酸钙和硫酸镁。

无机污染物在膜片表面上形成阻碍膜片性能的硬垢。当较高的 pH 值与极端条件下的硬给水结合在一起时即产生结垢。这类堵塞会出现在系统，因为过滤不能从水中清除已溶解的离子。

（3）被吸附污染物

粘到膜片表面上的化合物，如油、聚合物、阳离子表面活性剂以及碳氢化合物等被分类为被吸附的污染物。

（4）形成的滤饼或污泥

在高含固量的补给水应用中，如污水或强化凝结水，有可能在膜片纤维之间积聚固体颗粒。膜片纤维之间积聚的物质可能会：①增加膜片对渗透的阻力；②导致膜片的永久物理损坏。

纤维之间的固体颗粒积聚如图 3-9 所示。

图 3-9　纤维之间的固体颗粒积聚

3.108 如何预防膜堵塞？如何处理？

答 （1）对原水进行前处理

原水中含有较多的夹杂物或粗粒的悬浮物质（SS），以及油脂成分较多时，必须进行适当的前处理，消除漂浮物、毛发、棉绒及其他纤维状材料的聚集，并降低固体颗粒积聚的危险。膜池进水必须经过完整的生化过程，使水质稳定。否则易造成膜的不可逆污染。

（2）微生物造成的污堵

用 NaClO，$200\sim1000$mg/L（有效氯）进行吹扫 $30\sim60$min 后清洗。

（3）无机结垢物（氧化物，氢氧化物，不溶盐，胶体，蛋白质）造成的污堵

1%柠檬酸，pH$1\sim2$，浸泡与吹扫结合 $60\sim300$min。如果清洗效果不佳，用 1%草酸、$0.3\%\sim0.5\%$盐酸或硫酸替代柠檬酸进行清洗。

（4）酸不溶氧化物造成的污堵

草酸、亚硫酸氢钠浸泡与吹扫，结合 $60\sim300$min 清洗。

（5）油脂造成的污堵

需用专用功能性试剂浸泡与吹扫，结合 $60\sim300$min 清洗。

3.109 膜系统常见故障有哪些？如何排除？

答 膜组件的故障一般有：吹扫气异常、膜间压差上升以及透过水流量减少、滤过液水质恶化。表3-6所示为针对各种情况而产生的常见故障、原因和应对措施。

表 3-6　常见故障、原因和应对措施

常见故障	原因	应对措施
流量减少	流量计故障	检查校准流量计
	进水流量减少	保证足够的进水流量
	集水管漏气	检查集水管接口密封
	污泥性状异常导致污泥过滤性能恶化	改善污泥性状 调整污泥排放量 阻止异常成分的流入（油分等） BOD 负荷的调整
TMP 升高到报警值以上	膜被污堵	反冲洗/恢复性清洗
	泵故障	检查相关的泵
	曝气量不足	检查鼓风机和低流量开关
浊度升高	浊度计故障	检查校准浊度计
	膜组件损坏	进行膜丝缺陷检测，对存在缺陷膜丝进行修补
	集水管管线泄漏	检查修补集水管漏水点

3.110 膜系统日常巡检应注意什么？

答 （1）膜系统压差

检查膜系统压差的稳定性。跨膜压差的突然上升表明膜堵塞的发生，这可能是不正常的

曝气状态或污泥性质的恶化导致的。建议膜系统正常使用的运行与停止过滤时的工作压差≤0.03MPa，过大的 TMP 会引起膜不可逆污染。

（2）吹扫气状态

检查吹扫空气量是否为标准量，以及布气是否均匀。发现吹扫空气量异常、有明显的布气不均时，可进行必要的措施：如检查安装情况，检查鼓风机以及调整气阀等。

（3）活性污泥的颜色及气味

正常的活性污泥的颜色及气味为茶褐色有凝集性、无令人不快的气味。如果外观及气味不是这种状态时，可适当地对生化过程的参数和水质情况进行检测和调整。

（4）污泥浓度（MLSS）

正常的 MLSS 为 4000～8000mg/L。MLSS 过高时可采取增加污泥排放量等措施。

（5）污泥黏度

正常的污泥黏度应在 250mPa·s 以下。没有满足该条件的场合可能无法达到既定性能，因此需调整到正常的黏度范围。污泥黏度过高时，可采取更新污泥、增加污泥排放量等措施。

（6）pH 值

正常的 pH 值为 6.5～8。没有满足该条件的场合可能会发生无法达到既定性能的情况，可添加酸或碱来调整 pH 值。

（7）水温

正常的水温为 10～40℃。没有满足该条件的场合可能会发生无法达到既定性能的情况，因此如有可能请采取冷却、保温等必要措施。

（8）水位

检查膜生物反应器的水位是否在正常范围内。液位以超过膜组件 200～400mm 为佳，不得低于膜组件，否则会导致膜的损坏。

● 磁介质高效沉淀池系统工艺运行与管理

3.111　什么是磁介质高效沉淀池系统？主要在哪个工艺段配置？

答　磁介质高效沉淀池系统（图 3-10）利用了载体絮凝，固态接触及磁介质分离作用以去除水和废水中的磷及其他悬浮物。

磁介质高效沉淀池系统在常规混凝沉淀工艺中增加了磁介质，并使得混凝絮体与磁介质有效结合，因此大大增加了混凝絮体的相对密度，从而大大加快了絮体的沉降速度。与普通沉淀池相比，占地面小、降低了总磷出水浓度。通常配置在初沉池或后续深度处理段。

污水计量后进入反应池，在反应池中分别投加混凝剂、磁介质和絮凝剂。磁介质与混凝剂共同形成混凝絮体，因此沉淀速度快。磁介质随混凝絮体沉淀于澄清池底部，底部污泥经污泥回流泵再进入絮凝池循环使用，也有助于混凝剂的进一步利用。沉淀产生的剩余污泥进入磁介质回收系统，回收后的磁介质直接返回磁介质投加反应池。磁介质回收后的剩余污泥流入集泥区，短暂储存后进入污泥处理段处理。

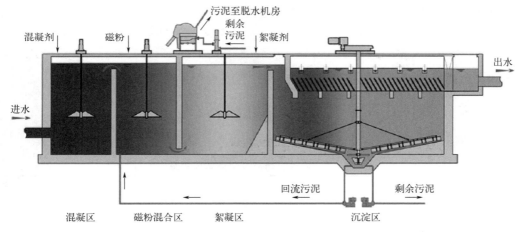

图 3-10　磁介质高效沉淀池系统

图中标注：
混凝剂　磁粉　污泥至脱水机房　剩余污泥　絮凝剂　出水　进水　回流污泥　剩余污泥
混凝区　磁粉混合区　絮凝区　沉淀区

3.112　磁介质高效沉淀池系统是如何除磷的？

答　磷的去除依靠将可溶解的磷酸盐或者磷的化合物转化为沉淀物，然后将形成的沉淀物及其他固体形式的磷化物脱水分离。此工艺可以采用不同的金属盐类比如硫酸铁（$FeSO_4$）和聚合氯化物（PAC）来沉淀析出磷酸盐。金属盐离子与磷酸盐在一般情况下的反应式如下。沉淀析出的固态物质与金属盐离子及磷酸盐达到物料平衡。

$$Al^{3+} + PO_4^{3-} \longrightarrow AlPO_4 \downarrow$$

在一定范围内，过量的金属盐离子可以导致此反应式向右进行反应，有助于析出更多的磷酸盐。其中部分原因是金属盐离子与废水中其他成分的物质反应，该反应在水中形成了金属氢氧化物的污泥。一定含量的金属氢氧化物是凝结细微的磷酸盐沉淀物的必要条件，然而过量的金属盐离子耗费混凝剂并产生过量的氢氧化物污泥。

如果在处理工艺中采用多点投加混凝剂的方式（例如二沉池），则会在投加较少量的混凝剂的情况下达到同样的处理效果。多点投加的方式是更加有效的使用混凝剂，因为当金属盐与磷酸盐反应并形成沉淀物时，其反应保持物料平衡。如果去除上游形成的析出物质，多余的混凝剂会使反应式向右进行，并导致最终的出水磷浓度较低。

图 3-11 所示为一个典型的金属盐（混凝剂）的除磷药剂剂量响应曲线。

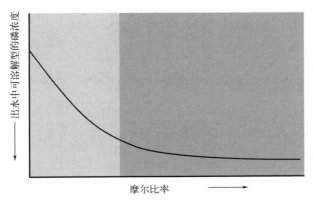

图中坐标：出水中可溶解型的磷浓度（纵轴）　摩尔比率（横轴）

图 3-11　除磷药剂剂量响应曲线

在较低的药剂投加情况下，磷的去除一般遵循线形关系，即 1mol 的金属离子与 1mol 的磷酸盐反应。金属盐的投加量必须远远大于理论摩尔比数才能达到较低的磷浓度（例如 0.1mg/L）。经过对许多工程测试，发现最佳混凝剂投加量每天都在变化，并且与进水磷的浓度基本没有关联性，最佳药剂投加量依靠经验判定。

3.113　磁介质高效沉淀池系统启动前需做哪些准备？

答　表 3-7 列出了系统启动前必须完成的事项。

表 3-7　系统启动前须完成事项清单

步骤	内容描述
1	阀门
1.1	在进水渠道开启阀门
1.2	将阀门调整到正常运行状态
2	进水泵
2.1	将所有外接电源仪表板上的开关拨至 OFF 状态，直到系统启动准备就绪
2.2	在控制系统界面输入进水量设定值
3	混凝剂加药系统
3.1	首先确认加药配置准备系统内有充足的混凝剂
3.2	制定存储混凝剂药剂浓度
3.3	根据处理效果及初步试验结果选择混凝剂加药量
3.4	确保所有加药泵连接正确，同时管道系统内真空
3.5	设定加药泵冲程长度并在控制系统界面输入该值
3.6	将加药泵开关拨至 OFF 状态
4	絮凝剂加药系统
4.1	首先确认加药配置准备系统内有充足的絮凝剂
4.2	制定存储絮凝剂药剂浓度
4.3	根据处理效果及初步试验结果选择絮凝剂加药量
4.4	确保所有加药泵连接正确，同时管道系统内真空
4.5	设定加药泵冲程长度并在控制系统界面输入该值
4.6	将加药泵开关拨至 OFF 状态
5	反应池及搅拌机
5.1	检查池体内是否有碎物
5.2	确保齿轮盒内有机油
5.3	检查搅拌机搅动方向
5.4	向池内注水同时启动搅拌机。检查震动及噪声情况
5.5	将搅拌机开关拨至 OFF 状态
6	澄清池
6.1	检查池体内是否有碎物

步骤	内容描述
6.2	保持池体清空,同时将澄清池开关设置到手动状态
7	污泥处理
7.1	在控制系统界面输入初始污泥回流及排放率以及其他设定值
7.2	在澄清池满水的情况下,运行污泥泵,同时将开关设置为手动
7.3	将污泥泵转为自动
8	磁分离机
8.1	检查磁分离机转速,调整电机使磁分离机转速为 6～7r/min
8.2	磁分离机的启动先于剩余污泥阀的开启
8.3	将磁分离机开关转为自动
9	磁泥剪切机
9.1	检查磁泥剪切机口径及是否堵塞
9.2	检查轴承腔体是否充满冲洗水

注: 每次启动系统时,一定确保先启动磁分离机,之后才能启动污泥泵。

3.114 磁介质高效沉淀池系统启动时有哪些注意事项?

答 表 3-8 列出了系统启动时必须完成的工作清单。

表 3-8 系统启动时须完成工作清单

步骤	内容描述
1	完成磁介质高效沉淀池系统启动前注意事项清单所有内容
2	进行小试以制定加药量,在控制系统界面输入加药量
3	仅以原污水,一定回流及剩余污泥比运行系统几个小时,不要加入磁介质及化学药剂,测试水泵及其他设备。观察整个工艺系统过程
4	上述所有步骤完成并检查无误后,将混凝剂加药泵及絮凝剂加药泵泵设为自动。确保所有水泵准备就绪并可以正常工作。检查化学加药泵是否有渗漏及其他问题
5	将剩余污泥率设为 0%,并将污泥回流率设为 5%
6	观察混凝池内絮状物的形成
7	调整絮凝剂反应池内混合器速度为 30～40 Hz。磁介质投加后的这些速度都要做精细的调校
8	在絮凝剂投加正常运转后,将絮凝剂加药系统设为自动同时检查系统是否有渗漏情况
9	调节絮凝剂加药量使得絮体的大小在直径 2～3mm。如果絮体过大,则减少絮凝剂投加量,如果反之则增加投药量
10	调整磁混池内搅拌机速度以确保池内混合效果的同时,絮体颗粒不会沉淀。避免搅拌速度过快,进而导致的过大剪切力
11	测量磁介质浓度同时每天补充磁介质以维持最佳浓度。运行初期需要较多的磁介质,以保证盲区内有充足的磁介质,同时一些极细微的颗粒被清洗出去

步骤	内容描述
12	在向系统内投加磁介质后的一周到两周内,部分磁介质会沉积在角落或是其他的盲区内。此后,测试澄清池出水以及磁介质回收系统流出的剩余污泥的磁介质浓度。记录平均出水及剩余污泥流量,并计算出每天损失的磁介质重量。每天根据此损失重量补充磁介质
13	系统启动后6h内要监测澄清池内的污泥层厚度。此后开始以小试的结果外排剩余污泥。如果污泥层厚度持续升高,可以以1%的额度提高剩余污泥率直至污泥层高度稳定下来。如果没有可观测到的污泥层,则以1%的额度递减剩余污泥率直至污泥层开始升高,然后以1%的额度回调
14	监测污泥层深度直至系统工艺趋于平衡稳定,一般这个过程需要几个小时的调试。在必要的情况下,需要调整剩余污泥率及回流污泥率

慢慢地将系统转为联动运行。操作人员在最初阶段不要完全依赖控制系统屏幕确定水泵与设备的运行状况。操作人员必须现场巡视每一台设备以确保控制系统如实反映设备运行情况。系统启动后,将化学药剂加药量及剩余污泥率进行小的调整($+/-10\%$),并运行3～4h。因为水力停留时间短,一般1h内就可以观测变化,同时系统在接下来几个小时内就会稳定下来。出水浊度是判定工艺性能的最佳参数。

3.115 磁介质高效沉淀池系统常见故障有哪些?如何排除?

答 在工艺设备故障的紧急情况下,可以采用的相应措施,根据紧急情况的高、中、低不同等级做出描述。

(1)高级

需要人为介入,如果不尽快纠正则极有可能减弱系统的工艺性能。

(2)中级

处理效果可能不会很快降低或处理效果可能会恶化,但是控制系统可自动应急。

(3)低级

控制系统能够自动应急,处理工艺性能不会受到较大的影响。

表3-9列出了针对工艺设备故障的应急反应。

表3-9 针对工艺设备故障的应急反应

工艺单元	故障	等级	应急方法
进水流量计	流量计失效	高	人工控制污泥回流与剩余污泥比,以及混凝剂和絮凝剂投加
反应池搅拌机	反应池的一个搅拌机不工作	高	尽快更换损坏部件
澄清池	刮泥机不工作	中	继续运行处理系统,水量大时处理效果会受影响
污泥泵	污泥泵不工作	高	尽快更换损坏部件
剩余污泥系统	剩余污泥控制阀在自动模式下不工作	高	手动调节阀门开关量。仔细观察剩余污泥量,因为污泥会淤积在阀门内,进而停止过水
	磁分离机不转	高	停止该级工艺,冲洗磁分离机淤积的鼓面。如果磁分离机不转动,不要将污泥泵入
	剩余污泥流量计不工作	中	将流量控制改为人工控制,尽快修理流量计

工艺单元	故障	等级	应急方法
污泥回流	回流控制阀门在自动模式下不工作	高	人工超越该控制阀并调整开关量。仔细观察剩余污泥量,因为污泥会淤积在阀门内,进而停止过水
	回流污泥流量计不工作	中	将流量控制改为人工控制。尽快修理流量计

加药单元	故障	等级	应急方法
混凝剂加药系统	计量泵隔膜不工作	高	转到备用泵并尽快修理隔膜
	计量泵不工作	中	转到备用泵并尽快修理
	泵出口阀关闭	低	泄压阀会开启,并将药剂排回
PAM 加药系统	PAM 系统不输送稀释的 PAM	高	检查 PAM 配药系统
	PAM 加药系统机械部分故障	中	系统配备两台泵。可以手动切换到备用系统
控制面板	控制面板通信信号损失	高	控制系统需要将信息传输到几个控制面板上。一个面板需要其他面板上的信息来控制设备。超越磁介质高效沉淀池系统直至通信信息可以被存储

3.116 如何运行和管理磁介质高效沉淀池?

答 注意:不要完全依赖控制系统屏幕检查系统。控制系统所反应的系统运行状况有可能与实际情况不符。例如,一台泵可能显示为运行,但淤堵的管路会阻断水流。

操作人员应该每天 3 次巡视磁介质高效沉淀池系统运行。每次巡视应该持续 30～60min。每次巡视内容如下。

① 现场检查所有化学加药系统,确保计量泵工作正常。

② 仔细听泵及搅拌机运行声音,例如齿轮震动。

③ 目测反应池内絮体的质量,注意大小和外观。

取 1L 絮凝反应池磁介质絮体水样注入干净烧杯中,观察沉降特性,例如沉降率,浊度以细磁介质颗粒是否与絮体结合。

④ 注意澄清池液面与出水堰的情况。

⑤ 检查磁分离机表面以确保适当的水流分布以及污泥流动。

⑥ 检查磁分离机出料槽以确保回收磁介质可以顺利流回磁介质投加池。

⑦ 取 1L 磁介质被回收后的污泥注入干净烧杯中,观察沉降特性,例如沉降率、浊度,同时用小手柄磁铁贴近烧杯观察是否污泥中仍有过量的磁介质。

⑧ 检测出水 SS 或浊度。

⑨ 研究控制系统界面数据曲线,尤其是出水浊度。

⑩ 研究澄清池电机电流强度曲线,判定是其变化是否需要进一步观察。

⑪ 记录化学药剂存储量。

3.117 磁介质高效沉淀池需做哪些系统监测?

答 磁介质高效沉淀池系统监测包括对表 3-10 所列现场仪表进行第三方计量检定,出具证书;按表 3-11 所列内容用国家标准方法化验检测,对仪表进行比对校准;按表 3-12 所列内容对系统调试运行跟踪监测监控。

表 3-10　现场仪表所在位置和显示单位

参数	仪表所在位置	显示单位
进水流量	进水管道	m^3/h
污泥流量	污泥管道	m^3/h

表 3-11　系统控制的试验内容

取样位置	水样	分析内容	取样方式	频率
排污口	废水原水	总磷	手动取样	5 次/周
絮凝反应池	含有磁介质与 PAM 的废水	悬浮固体	手动取样	5 次/周
剩余污泥	磁介质回收后的剩余污泥	悬浮固体,磁介质浓度	手动取样	1 次/周
澄清池	污泥	污泥层高度	手动取样	5 次/周
澄清池出水	出水	悬浮固体,总磷	手动取样	10 次/周
污泥泵出口	污泥	悬浮固体,磁介质浓度	手动取样	5 次/周

表 3-12　系统监控操作内容

频率	水样	试验与观察内容
每天	自 PAM 投加池取 1L 水样	①检查絮状体大小尺寸,以 2~3mm 直径为最佳,絮状体形状及污泥浓度 ②检查沉降 10min 后的沉降比以及压缩污泥的厚度 ③记录上清液的清澈度,颜色及浊度 ④注意观察上清液是否有无效的磁介质颗粒
	以光照射 PAM 投加池(絮凝池)水面	①观测絮状物。以 2~3mm 直径并有清水于颗粒之间为最佳。尺寸过大表明加药量过大 ②分散的小颗粒很有可能是 PAM 加药量不足造成的
	自磁介质回收后的污泥中取 1L 水样	①观测沉降 30min 后污泥浓度与深度 ②以手持磁铁至于取样烧杯一侧,观察污泥是否对磁铁有反应
	磁分离机	①观测磁分离机表面的污泥厚度以及特征 ②观测脱离磁分离机滑槽的磁介质的颜色及厚实度
每 2 天	澄清池污泥层深度	①污泥层厚度会随着絮凝剂加药量以及进水 SS 的提高增加 ②增加 PAM 加药量可以降低污泥层的厚度,反之,减少 PAM 投药量则会增加污泥层的厚度 ③维持较小的污泥层可以减少污泥空隙形成清水短流的风险,而该清水短流会稀释剩余污泥
	自快混池取 1L 水样	加入磁介质与 PAM 以确定大致的剩余污泥排放率
	自 PAM 投加池(絮凝池)取 1L 水样	①回流污泥率取决于系统内污泥总量 ②测量及记录 PAM 池内磁介质浓度,以 10 g/L 为最佳 ③在系统调试阶段,由于一些固体物质沉积于池内角落而且非常细小的颗粒会被从系统内冲走,所以此时的磁介质流失率较高
	自澄清池出水口取 1L 水样	①以手持磁铁至于取样烧杯一侧,观察是否水样中有磁介质 ②在实验室检测浊度

3.118　磁介质高效沉淀池如何进行磷的分析?

答　注意:针对磷的试验在较低值 (0.1 mg/L) 的情况下会有误差。

为了提高准确性与精度：

① 认真遵循磷形态分析流程步骤。

② 酸洗玻璃器皿。

③ 避免使用塑料取样瓶。

④ 使用标准校准曲线及基体加标。

⑤ 使用有 2cm 刻度的石英试管。

磷分析方法如表 3-13 所示。磷形态分析流程如图 3-12 所示。

表 3-13　磷分析方法

描述	作用	精度[①]（检测范围@谱带宽度）
过滤	通过 0.45μm 滤膜的过滤将可溶性磷与颗粒状磷分离	
酸水解	弱酸水解将多磷酸盐及一些有机磷转化为正磷酸盐，可以由 SM 4500-PC 测出	
高氯酸消化	强消化过程将多磷酸盐及有机磷转化为正磷酸盐	
磷钼酸比色法	通过形成钼蓝化合物检测正磷酸盐。由于较低的检测值需要较大的试管并注意用酸液清洗干净	0.3～2.0mg/L @ 0.5cm 0.15～1.3mg/L @ 1cm 0.01～0.25mg/L @ 5cm

①精度取决于谱带宽度。

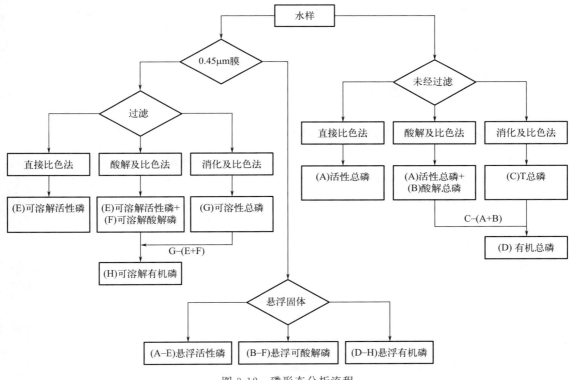

图 3-12　磷形态分析流程

3.119　磁介质高效沉淀池如何计算剩余污泥量?

答　利用从快混池中取出的污水水样做烧杯试验,可以大致估算出污泥剩余排出量。

自快混池液面下300mm左右处取1000mL水样。此时应保证搅拌机正常运转。此水样中仅含有来自系统中剩余排出的固体物质,而不含有回流物质。

加入5g磁介质并搅拌2min,进行烧杯试验。然后模拟按表3-8及表3-12进行的调试结论,加PAM搅拌1min。将混合物移至1L量筒内并沉降10min。测量沉降污泥容积。利用下列公式计算大致剩余污泥量。

$$剩余污泥(\%)=V_{沉淀体积}/1000×100$$

式中　剩余污泥——估算剩余污泥率,%;

$V_{沉淀体积}$——沉降污泥容积,mL;

3.120　磁介质高效沉淀池如何计算回流污泥量?

答　利用从磁混池中取出的污水水样做烧杯试验,可以大致估算出污泥回流量。此方法实际测量的是回流污泥量与剩余污泥量总和,但当剩余污泥小于进水2%时,可以忽略不计。

试验如下。

自磁混池液面下300mm左右处取1000mL水样。此时应保证搅拌机正常运转。将水样直接收集到1L量筒内或用烧杯收集并及时移至量筒内。

将混合物沉降15min,测量沉降污泥容积。利用下列公式计算大致回流污泥量。

$$回流污泥(\%)=V_{沉淀体积}/1000×100-剩余污泥(\%)$$

式中　回流污泥——估算污泥回流率,%;

$V_{沉淀体积}$——沉降污泥容积,mL;

剩余污泥——估算剩余污泥率,%。

3.121　磁介质高效沉淀池计量设备如何校准?

答　化学液体计量泵的调校会直接影响后续药剂加药量的校准。校准的过程确定并记录计量泵在一定的速度与冲程条件下的流量。请参考下列步骤校准计量泵。校准计量泵同时需要一块秒表。应当在系统调试阶段进行校准,并在每年或者每次计量泵管道尺寸有变化的时候进行一次。

(1)液体隔膜计量泵校准

仔细阅读每台泵的操作手册。检查所有泵的进出口管路系统上的阀门是否处于校准状态下的正确开启位置。当校准计量柱充满后,隔断储罐与泵进口的管路,使得计量泵仅由计量柱内吸入。

设计校准表(表3-14),分别以泵转速为行,冲程为列。在控制系统界面,在厂家建议范围内调整泵转速及冲程,在给定的设定条件下进行校准。

注意校准计量柱槽的起始容积。交替地启动和停止计量泵。至少在3L药剂被泵出后,记录下确切的泵出容积和时间。计算在选定的泵转速与冲程的情况下的流量,并将结果计录在表格内。例如,假设泵在25%的速度及50%的冲程条件下,有3L药剂在3s内被泵出。

流量用以下公式算出：

$$流量＝3L/30s×60s/min＝6L/min×60min/h＝360L/h$$

以新的设定值重复上述步骤，调整速度或冲程或调整两者。停泵，并注满校准计量柱槽。重复，并以新的设定值进行试验，直至完成表格内容。

表 3-14　计量泵校准表——隔膜泵

冲程	泵转速			
	25%	50%	75%	100%
25%				
50%				
75%				
100%				

（2）流量计校准

应每年对流量计进行校准。

3.122　磁介质高效沉淀池工艺常见故障有哪些？如何排除？

答　磁介质高效沉淀池系统故障排除指南如表 3-15 所示，有助于操作人员快速诊断系统故障并采取相应措施。操作人员还应参考设备运行维护手册。

表 3-15　磁介质高效沉淀池系统故障排除指南

问题	可能的原因	评估步骤	控制与预防
进水泵出水量低	①进水井水位低 ②水泵吸入空气	①检测进水泵出口压力 ②检查进水井水位	维护校准进水井水位控制
化学药剂投加量不准确	①计量泵设定（例如冲程）与控制系统输入不符 ②计量泵原件磨损 ③阀门部分或全部关闭 ④药剂储罐过低 ⑤药剂浓度与系统输入不符	①检查计量泵与阀门工作情况 ②检测安全泄压阀是否工作正常 ③参考以往记录校准计量泵 ④检查计量泵于控制系统的设定值（例如冲程） ⑤内部闭锁控制系统以确保药剂投加量准确 ⑥检测计量泵每次行程的泵出容积	①每次接收药剂检查并记录浓度，取保与控制系统一致 ②每年校准计量泵 ③按照厂家要求进行定期维护并及时更换磨损部件 ④检查控制系统化学药剂投加系统的输入值
药剂液位低	①药剂储罐空了 ②液位计损坏	观察药液储罐	药液储罐液位计应设低液位报警功能并接入厂区中控室
混凝池内絮状体不佳	①混凝剂加药量过高或过低 ②搅拌速度高,切碎絮体 ③混合速度过低,搅拌不够 ④pH 值不适当	①取样于干净烧杯内观察絮体特征 ②检查絮凝剂加药系统确保以正确的频率工作或系统没有堵塞 ③使用校准管检查加药泵的工作频率 ④确保搅拌机速度不要过快或过慢 ⑤检查 pH 值趋势,确保适当的pH 值	①有必要的情况下,调整搅拌机速度,调整絮凝剂投加率 ②清理冲洗絮凝加药系统 ③每天自混凝池取样至干净烧杯内,观察絮体形成 ④每天测量记录絮凝剂消耗率 ⑤每天仔细观察絮凝剂加药泵的工作,确保工作正常

问题	可能的原因	评估步骤	控制与预防
固体物质于磁介质投加池内沉积	①搅拌速度过慢 ②混凝剂加药量过高或过低 ③磁介质投加量过大	①取样于干净烧杯内观察絮体特征 ②确保桨叶的安装满足低速,高效的搅拌要求 ③确保搅拌速度不要过低 ④测量磁介质浓度	①每天自磁介质投加池内取样于干净烧杯内观察絮体特征 ②如有必要,提高搅拌速度
絮状物于PAM反应池内沉积	①加药量不正确 ②混凝剂加药量过高或过低 ③磁介质投加量过大	①检查PAM加药量并以校准软管核准 ②取样于干净烧杯内观察絮体特征 ③确保搅拌速度不要过低 ④测量磁介质浓度	①如有必要,提高搅拌速度 ②在确保出水浊度不受影响的条件下,降低PAM加药量 ③如有必要,调整絮凝剂加药泵工作频率 ④每天自PAM池内取样于干净烧杯内观察絮体特征
PAM反应池内絮体形状不佳	①PAM加药量过高或过低 ②搅拌速度过快 ③pH值不佳 ④混凝剂加药量过高或过低 ⑤磁介质投加量过大	①做监测试验 ②自池内取水样后,加入2滴PAM并缓慢搅拌。如果絮状物有所改善,说明PAM加药量过低 ③取样于干净烧杯内观察絮体特征 ④检查絮凝剂加药泵系统确保以正确的频率工作或系统没有堵塞 ⑤仔细观察搅拌速度,确保搅拌机速度不要过快或过慢	①如有必要,调整PAM投加频率 ②如有必要,调整搅拌速度 ③如有必要,调整混凝剂加药量 ④清理并冲洗混凝剂加药系统 ⑤每天测量记录絮凝剂消耗率 ⑥每天仔细观察PAM加药泵的工作,确保工作正常
澄清池出水SS或浊度过高	①PAM加药量过高或过低 ②混凝剂加药量过低 ③磁介质投加量过低 ④反应池搅拌速度太快并切削絮状物 ⑤污泥层深度过高 ⑥有藻类等物质裹住感应器 ⑦pH值不佳	①检查PAM加药泵及加药量过低及过高都会导致絮体形成不佳 ②提高PAM加药量10%～15% ③检查污泥层不要过高 ④自PAM池内取样于干净烧杯内观察絮体特征及沉降特性和浊度 ⑤检查反应池搅拌速度不要过高 ⑥测量PAM池内的磁介质浓度 ⑦检查探头并清洗 ⑧检查pH值曲线以确保适合的pH值	①如果浊度升高,提高PAM加药量10%～15%,如果没有升高,回复原加药量同时提高絮凝剂加药量10%～15% ②如有必要,调整PAM投加频率 ③每天自PAM池内取样于干净烧杯内观察絮体特征
澄清池出水堰有大量磁介质颗粒流失	①不适当的PAM类型 ②PAM加药量过低 ③混凝剂加药量过低 ④磁介质投加量过大 ⑤污泥层深度过高 ⑥磁介质颗粒尺寸过细 ⑦pH值不佳	①检查药剂投加计量泵及相应加药量 ②烧杯试验选择适当的PAM药剂类型 ③测量PAM池内的磁介质浓度 ④检查污泥层不要过高 ⑤检查磁介质供货信息是否有变 ⑥检查pH值曲线以确保适合的pH值	①如果浊度升高,提高PAM加药量10%～15%,如果没有升高,回复原加药量同时提高絮凝剂加药量10%～15%,并观察结果 ②提高澄清池搅拌机的动力设置 ③提高剩余污泥排放率 ④每天测量污泥层厚度

问题	可能的原因	评估步骤	控制与预防
澄清池出水堰有大量絮状物流失,而没有磁介质颗粒流失	①磁介质浓度过低 ②PAM加药量过低 ③污泥层深度过高 ④投加池的搅拌机速度过高 ⑤出口扰动过大,切碎絮体	①测量磁介质浓度 ②加入2滴PAM并缓慢搅拌,如果絮状有所改善,说明PAM加药量过低 ③检查污泥层高度 ④检查搅拌机速度 ⑤检查澄清池是否正常工作	①每日检查所需磁介质投加量 ②每天检查污泥层深度 ③每天监测PAM消耗量
澄清池污泥层深度过高	①剩余污泥排放率过低 ②污泥回流率过低 ③PAM加药量过低 ④磁介质浓度过低 ⑤澄清池底部污泥短流 ⑥澄清池出水或污泥管道堵塞	①检查药剂投加计量泵及相应加药量 ②取剩余与回流污泥,以确保污泥浓度与颜色正常(如果有短流问题,污泥会细小并水分较多) ③每30min测量污泥层厚度直至恢复正常 ④测量PAM池内的磁介质浓度 ⑤检查磁分离机外壳及保护层	①测量污泥回流率。如果实际污泥回流率比估算值低,调整回流率 ②提高剩余污泥率10%~15%,同时仔细观察污泥层深度 ③如果污泥层厚度没有在30min后下来,提高PAM投加量10%~15% ④手动提高污泥回流率200% 30s,然后恢复以前设置 ⑤用自来水管反冲洗澄清池池底
污泥不流动	①管道内污泥流速过低(<0.5m/s) ②阀门部分关闭或堵塞 ③磁分离机内水位过高	①确定管道内流量并计算管道流速 ②手动提高污泥泵工作频率以提高流速 ③检查阀门,污泥管路上的阀门不应手动关闭 ④检查磁分离机水位	①手动提高污泥回流率200% 30s,然后维持满足流速为0.5m/s(1.6fps)的流量 ②清理导致磁分离机高液位报警的堵塞物
澄清池低污泥形成贯通式短流	①污泥停滞,污泥沉积于澄清池池壁 ②污泥剩余与回流率过低或过高 ③污泥层深浅不一	①污泥回流出水细小或者看起来像原水进水 ②在澄清池不同位置检测污泥层厚度 ③检查污泥回流率	①维持一定的污泥层以防止贯通式短流的形成 ②监测与调整污泥回流与剩余排放率
磁分离机停转	①流量过高导致磁分离机内水位上升并触发高水位保护开关 ②排到磁分离机内的污泥黏度太高,导致磁分离机与槽底堵塞 ③剩余污泥管路水流停止	①检查污泥回流率 ②取污泥样本并观察污泥浓度 ③仔细观察磁分离机配水水头与槽底,看是否有大颗粒污泥的迹象 ④检查系统是否以间歇式的剩余污泥排放方式运行 ⑤如果没有,检查是否管路堵塞	①当污泥流进磁分离机时,千万不要停止磁分离机的运行 ②以低进水流量,重新启动磁分离机与剩余污泥泵,如果磁分离机开始正常运转,则原来的磁分离机进水流量过高 ③如果磁分离机再次停转,则很可能是磁分离机与槽底之间的空隙堵塞;关闭磁分离机,并以高于水管冲洗磁分离机与槽底之间的空隙以去除其间的污泥。有可能需要取出磁分离机来清理上面堵塞的固体物质 ④在控制系统界面确认剩余污泥系统低流量报警 ⑤提高剩余污泥率冲洗管路

第4章

污水处理厂生产保障系统的运行和管理

● 变配电系统的运行和管理

4.1 什么是污水处理厂的供配电装置？

答 接受从电力系统送来的高压电能，并经过降压再分配到各用电车间、用电器具等的装置称为供配电装置。一般由变压器、配电柜、高压及低压配电线路依据一定次序相连接组成，也称为变配电站（所）。

4.2 什么是供电线路、高压线路？低压线路的接线方式有几种？

答 输送和分配电能的线路称为供电线路。污水处理厂来电线路一般为35kV、10kV、0.4kV等几种。1kV及其以下线路称为低压线路，10kV及其以上线路称为高压线路。380V/220V是最常采用的低压电源电压。低压供电线路的接线方式有放射式、树干式和环形式。

4.3 什么是变压器？有什么作用？

答 变压器是一种变换交流电压和电流的电气设备。其种类较多，按其用途分类如下。

（1）电力变压器

主要分为升压变压器、降压变压器、配电变压器、厂用变压器。这种变压器容量从几十千伏安到几十万千伏安，电压等级从几百伏到几百千伏。有远距离输送和接收电能的变压器，也有近距离给多台用电器供电的变压器。

（2）特种变压器

根据交通、化工、冶金、机械制造、自控系统等部门的不同要求，提供各种特殊电源或作其他用途，如冶金用的电炉变压器，电焊用的电焊变压器和化工用的整流变压器。

（3）控制用变压器

其容量较小。用于自动控制系统如电源变压器、输入变压器、输出变压器、脉冲变压器、调压变压器等。

（4）仪表用变压器

如电压互感器、电流互感器，用于测量仪表和继电保护装置。

4.4 变压器在日常运行中应注意什么？

答 ① 应注意变压器的噪声状况，声响是否正常，正常时，变压器应只有均匀的嗡嗡声。每半年应停电清扫一次，并全面检查。

② 应注意察看变压器安全气道的玻璃是否完整。检查气体继电器的油面高度，并注意储油柜和硅胶的色变情况。

③ 检查瓷套管是否清洁，有无裂纹、放电痕迹以及其他不正常现象。

④ 检查油温和储油面高度及油的颜色，各密封处有无漏油、渗油现象，油的颜色是否比从前加深或变黑。检查油箱的接地情况。

⑤ 值班电工应按时巡视系统电压情况，对于 10kV 系统电压允许偏差值为 ±7%；低压 380V 系统允许偏差值为 ±5%，如发现电压超过允许偏差值时应及时与配电调度室或电气负责人联系。

4.5 高压电器设备有哪些？

答 一般将 1kV 以上的电器设备称为高压电气设备，包括开关设备、测量设备、连接母线、保护设施及辅助设备，是电力系统中的一个重要组成部分。

4.6 什么是避雷器？有什么作用？

答 避雷器是保护电力系统和电气设备使其不受过电压侵袭的电器。避雷器应尽量靠近变压器安装，其接地线应与变压器低侧接地中性点及金属外壳连在一起接地。如果进线是具有一段引入电缆的架空线路，则阀式避雷器或排气式避雷器应装在架空线终端的电缆头处。

4.7 高压配电装置在运行中应注意什么？

答 ① 各元件声音正常，瓷件无闪烁放电现象。各连接点温度不超过 70℃。

② 高压开关柜应定期清扫灰尘（至少半年一次），保持各开关柜内清洁。一般设置空调保持室内干燥和防止开窗进灰尘。

③ 防止太阳直射开关柜上。如有此事发生应设置窗帘阻挡阳光直射，避免局部温度过高。

④ 运行中要特别注意柜中的电器开断元件等是否有温升过高或过烫、冒气、异常响声

及不应有的放电等现象，绝缘瓷瓶应定期用四氯化碳或用无水酒精清除表面油污及灰尘。若发现异常现象应及时停电维修排除故障，防止事故扩大。

⑤ 经常监视油断路器主、副油筒中油标油面，高于或低于界线都将降低油断路器的开断能力。在开断产生短路电流后，油色会变黑，须按规定进行检修。特别应注意油中有渗水、积水现象时，必须进行及时处理，防止发生重大事故。

⑥ 定期检查开关设备的动、静触头接触面有无烧伤、麻面现象，定期检查电缆进出线端子的松紧程度。对严重损坏的触头、进出线端子应及时更换。

⑦ 对二次回路继电保护等元件，应定期进行整定，平时不得开盖检修。

⑧ 所有开断元件的触点弹簧长期使用后，弹力可能减少，应定期检查和维护，调整其压缩量，保持其处于最佳工作状态。

⑨ 厂区电缆沟内集水井定期巡查排水。雨季、汛期随集随排，不得存水。

4.8 变配电所（站）的变配电运行管理制度主要有哪些？

答 污水处理厂的变配电所（站）以 35kV、10kV 为多。属中小型变配电所（站），在规程制度方面主要有以下管理制度。

① 电业安全工作规程（变配电所部分和线路部分）。

② 变压器运行规程。高压变配电装置运行规程。

③ 电力电缆运行规程。

④ 电气测量仪表运行规程。

⑤ 电气事故处理规程。

⑥ 电气设备交接和预防性试验标准。

⑦ 变配电所（站）交接班制度。

⑧ 变配电所（站）绝缘工具、防护服等使用和测试规程。

4.9 高压变配电所（站）应保存哪些技术图纸？

答 ① 一次系统接线图。

② 变电所（站）的建筑平面图、断面图。

③ 继电保护及自动装置的原理图、展开图。

④ 所（站）用电系统图。

⑤ 进出电缆敷设图。

⑥ 接地装置布置图。

⑦ 地下隐蔽工程图。

⑧ 电气设备安装图。

⑨ 高压变配电装置结构图。

⑩ 变配电所（站）的通风、采暖工程图，自来水、下水道工程图等有关工程图。

4.10 变配电所（站）应具备哪些指示图表和电气设备运行记录本？

答 ① 变电所（站）模拟结构图版。

② 变电所（站）电气设备平面布置图。

③ 变电所安全运行记录标示牌。

④ 设备专责分工表。

⑤ "四人名"：调度发令人、工作票签发人、检修工作负责人、有权单独巡视人签名。

⑥ 电气设备的主要运行参数。

⑦ 变电所（站）值班记录本。

⑧ 设备缺陷记录本。设备检修、试验记录本。

⑨ 断路器设备故障跳闸记录本。

⑩ 变电所（站）设备档案。

⑪ 安全活动记录本、运行分析记录本。

⑫ 运行人员个人培训档案记录本。

● 仪表及自控系统的运行和管理

4.11　仪表在污水处理中有什么作用？

答　测量仪表在现代化污水处理厂生产过程中起着重要作用。仪表是自控系统的"眼睛""触角"和"神经"，涉及了污水处理各个环节，与生产过程有着紧密的联系。

目前人们一般把污水处理过程中的监测仪表分两大类。一类是测量温度、压力、液位、流量等物理量的仪表，称为热工仪表。另一类是测量水质的 pH 值、溶氧值、浊度、COD 值等污水成分的仪表，称为水质分析仪表。

4.12　测量仪表是如何构成的？各部分有什么作用？

答　在污水处理厂生产过程中工艺参数的测量系统中，测量仪表各个组成部分常常可以信息流的传递过程来划分。

（1）信息的获取——传感器

其作用是将各种被测参数转换成电量信号传给变送器。

（2）信息的转换——变送器

其作用是将传感器送来的电量信号放大，变换成一个标准统一，可将远距离传输的信号传给显示器、调节器或经转换器传送给计算机系统。

（3）信息的显示——指示仪、记录仪

其作用是将变送器送来的信号重新变成被测量值的大小显示出来，供人们了解和研究。或者通过转换器将信息输给计算机系统作为监控的信息进行分析、判断、记录、显示，并发出指令等，或直接传给调节器来调节设备。

显示器目前有三类（模拟、数字和图像）显示。

4.13　测量仪表的性能指标有哪些？

答　测量仪表的性能指标可通过其准确度、重现性、灵敏度、响应时间、零点漂移和量程漂移等指标来反应。

（1）准确度

准确度也称精确度，即仪表的测量结果接近实值的准确程度。可以用绝对误差或相对误差来表示：

$$绝对误差＝测量值－真实值$$
$$相对误差＝绝对误差/真实值$$

任何仪表都不能绝对准确地测量到被测参数的真实值，只能力求使测量值接近真实值。在实际应用中，只能是利用准确度较高的标准仪表指示值来作为被测参数的真实值，而测量仪表的指示值与标准仪表的指示值之差就是测量误差。误差值越小，说明测量仪表的可靠性越高。

（2）重现性

重现性是指在测量条件不变的情况下，用同一仪表对某一参数进行多次重复测时，各测定值与平均值之差相对于最大刻度量程的百分比。这是仪器、仪表稳定性的重要指标，一般需要在投运时和日常校核时进行检验。

（3）灵敏度

灵敏度是指仪表测量的灵敏程度。常用仪表输出的变化量与引起变化的被测参数的变化量之比来表示。

（4）响应时间

当被测参数发生变化时，仪表指示的被测值总要经过一段时间才能准确地表示出来，这段和被测参数发生变化滞后的时间就是仪表的反应时间。有的用时间常数表示（如热电阻测温），有的用阻尼时间表示（如电流表测电阻）。

（5）零点漂移和量程漂移

零点漂移和量程漂移是指对仪表确认的相对零点和最大量程进行多次测量后，平均变化值相对于量程的百分比。

4.14 怎样根据工艺参数测量介质及测量部位选配在线测量仪表？

答 随着科学技术的发展和新工艺的要求，污水处理厂越来越需要大量的、可靠的仪表在线测量。根据一般污水处理工艺的要求选配的仪表如表 4-1 所示。

表 4-1 在线测量工艺参数的分类以及选配的测量仪表

工艺参数	测量介质	测量部位	选用仪表
流量	污水	进、出水管道	电磁流量计、超声波流量计、涡街流量计
		明渠	超声波明渠流量计
	污泥	回流污泥管道	电磁流量计、超声波流量计、涡街流量计
		剩余污泥管道	电磁流量计
		消化污泥管道	电磁流量计
	沼气	消化池沼气管路	孔板流量计、标准喷嘴型流量计、质量流量计
	空气	采用微孔曝气法压缩空气主管路	孔板流量计、标准喷嘴型流量计、质量流量计
温度	污水	进水	PT100 热电阻型温度仪
	中水	出水	PT100 热电阻型温度仪
	污泥	消化池	PT100 热电阻型温度仪

工艺参数	测量介质	测量部位	选用仪表
压力	污水	泵站出口管路上	弹簧管式压力表、压力变送器
	污泥	泵站出口管路上	弹簧管式压力表、压力变送器
	空气	鼓风机出口管路上	弹簧管式压力表、压力变送器
	沼气	消化池	压力变送器（微压）
		沼气柜	压力变送器（微压）
液位	污水	进水泵站集水池	超声波液位计、沉入式液位计
		格栅前、后液位差	超声波液位计、沉入式液位计
	污泥	回流泵站集水池	超声波液位计、沉入式液位计
		氧化沟工艺曝气池水池	超声波液位计、沉入式液位计
		消化池	超声波液位计、沉入式液位计
		浓缩池	超声波液位计
pH 值	污水	进、出水管路	pH 计
		曝气池内	pH 计
氧化还原电位	污水	厌氧池内	氧化还原电位计（ORP）
		氧化沟厌氧段后侧	氧化还原电位计（ORP）
浊度	污水	进水浊度	用穿透光浊度计
		出水浊度	用散射光浊度计
污泥浓度		曝气池、回流污泥管路、剩余污泥管路	污泥浓度计
溶解氧	污水	曝气池	溶解氧测定仪
污泥界面	污水污泥	二沉池	污泥界面计（超声波式）
COD	污水	进/出水	COD 在线测量仪
BOD	污水	进/出水	BOD 在线测量仪
氯	污水	接触池出水	余氯测量仪
水质水样	污水	进/出水管路	自动取样器（真空型）

4.15 流量测量仪表有什么作用？如何选定？

答 流量测量仪表是在污水处理工艺过程中应用最广、最多的仪表。对污水处理厂的进出水量、污泥回流量、污泥消化池的进出泥量、剩余污泥量、压缩空气流量、污泥消化所产沼气量、再生水量等流量都是必须测量的参数。另外，进出水流量还是污水处理成本核算的基本参数。因此，流量测量仪表在整个生产中起很重要作用。

一般常用的流量测量仪表有超声波流量计、电磁流量计、差压式流量计、涡街流量计、转子流量计等。选用何种流量计主要是根据测量的介质来确定。

4.16 什么是在线水质仪表？有哪些种类？

答 在线水质仪表是指仪表连续测量水质参数，并用数表和图像的形式记录下来，供人们时刻监视或监控整个工艺运行状况。

在线水质（成分）仪表是对污水、污泥的成分及性质进行测量和分析的仪表，它可分为两大类。一类是测量混合物中某一组分的含量或性质；另一类是测定混合物中多组分或全部组分的含量或性质。

污水处理厂常用的在线水质分析仪表有 pH 计、浊度计、电导率仪、污泥浓度仪、COD 仪、溶解氧测量仪、ORP 仪、氨氮、总氮等。

4.17 压力仪表如何应用？有哪些种类？

答 对于压力这个参数，污水处理厂工艺运行中经常要测量，为生产的控制、调整提供依据。在污水处理厂中，压力仪表主要用来测量水泵的出口，鼓风机的进、出口压力，消化池、沼气柜、锅炉等容器内的压力，再生水系统内的压力，污泥脱水机传动装置、气压装置等压力。保证安全生产、调节工艺参数。

压力仪表的品种很多，分类方法也不少，污水处理行业常按仪表的工作原理来分类，大致可分为三类。

① 用已知压力去平衡未知压力的方法测量压力的仪表，如液柱式和活塞式压力计。

② 用弹性元件的弹力与被测介质作用力相平衡的方法测量压力的仪表，如弹簧管式压力表、膜片式、膜盒式压力表等。

③ 用通过机械和电气元件把压力信号转换成电量（如电压、电流、频率等）的方法测量压力的仪表，如电容式、电感式、电阻式压力变送器等。

4.18 压力仪表的安装和运行应注意什么？

答 压力仪表的安装和运行正确与否，直接影响测量结果的准确性和仪表的使用寿命。主要有以下注意事项。

(1) 取压点的选择

为保证测量的是静压，取压点与容器壁要垂直，并要选在被测介质直线流动部分，不要选在管路拐弯、分叉、死角或其他容易形成漩涡的地方。取压管内端面与设备连接处的内壁保持平齐，不应有凸出物。测量液体压力时，取压点应在管道的下部，使导压管内不积存气体；测量气体压力时，取压点应在管道上方，使导压管内不积存液体。

(2) 导压管铺设

导压管粗细要合适，尽量短，减少压力指示的迟缓。安装应保证有一定倾斜度，利于积存于其中的液体排出。在北方寒冷季节应注意加设保温伴热管线。还应在取压点与压力仪表间装上隔离阀，利于日后检修。

(3) 压力仪表的安装

压力仪表要安装在易观察和检修的地方。应注意避开振动和高温影响。测量高压的压力仪表除选用有通气孔外，安装时表壳尽可能安装在人不经常走动处，以防意外。

(4) 压力仪表的使用

在使用过程中应注意每班应巡回检查，内容包括：

① 按要求的时间标准查看仪表指示是否正常并记录在表格上；

② 查看仪表表盘、连接管路、线路、阀门是否正常，有无泄漏、损坏、腐蚀等情况，

及时保养和修复；

③ 定期进行（不少于 1 周）仪表外部清洁工作，定期进行（不少于 1 月）压力仪表排污，防止异物堵塞导压管，定期（不少于 1 年）进行一次校验。

4.19 物（液）位仪表有哪些种类？常用在什么部位？

答 物（液）位仪表的种类很多，如超声波式、电容式、微波式、差压式等。污水处理厂主要用来测量液位。如通过测量格栅前后的液位差对格栅进行控制，根据泵房的集水井的液位对水泵启动、运行进行编组控制，测量浓缩池、消化池的泥位控制进泥泵、排泥泵的开停和运行。测量沼气柜的高低，确定储沼气量等。因此液位测量在污水处理工艺运行中有着重要意义。

污水处理厂中常用的液位仪表和安装的部位如表 4-2 所示。

表 4-2 常用的液位仪表和安装的部位

种类	工作原理	特点	常用部位
玻璃液位计（静压液位计）	连通器原理	结构简单，价格低。但容易损坏，读数不明显，不能远传	鼓内机房、锅炉房等
差压液位计	容器内液位改变时液位产生的静压变化	敞口和封闭容器都适用信号可变送远传	消化池、锅炉
沉入式液位计	利用半导体、扩散硅敏感元件	无机械械运行部件，测量准确，信号可远传	集水井、集泥井等开口容器
超声波液位计	利用测量超声池在空气中传播遇液位反射回来的时间测量液位变化	为非接触式，精度高，迅速，信号可远传，使用寿命长，维护量少	格栅间水位、集水井、集泥井、消化池等。油、气罐位高低，物料位的高低
液位开关	浮球开关原理	可开、关水泵和格栅	泵的干运行保护，格栅

4.20 温度测量仪表有哪些种类？如何应用？

答 温度测量仪表在污水处理工艺中也是应用比较多的仪表。如对进出水温度测量，对有曝气工艺的鼓风机压缩空气温度的测量，对有中、高温污泥消化工艺的污泥、热交换水的温度测量等。甚至水泵、电机都离不开对机器内部温度的测量。温度测量仪表按工作原理分为膨胀式、热电阻、热电偶和辐射式等种类。

(1) 膨胀式温度计

基于物体受热体积膨胀的性质制成的温度计，又分为液体膨胀式和固体膨胀式两类仪表。

① 液体膨胀式温度计是充填工作液为水银和酒精的玻璃体温度计，在污水处理厂常用来现场测量进出水中、空气中温度。其特点是结构简单，使用方便，测量准确，价格低，就地读数。但易碎，不能自动记录与远传。

② 固体膨胀式温度计又称金属温度计，其感温元件是使用两片膨胀系数不同的金属片叠焊在一起制成。双金属片受热后由于两片线膨胀长度不同而产生弯曲。双金属温度仪正是

用这一原理制成。在污水厂中常用在鼓风机、沼气压缩机等机械设备中的温度测量。其特点是结构简单，机械强度大，就地显示。但测量精度低，量程使用范围有限，不能远传。

（2）热电阻温度计

其测量原理是基于导体（半导体）的阻值随温度变化而变化的物性，将阻值的变化转化成相应的温度信号显示出来。在污水厂中应用较多。如消化池内泥温显示，热交换器温度显示，进、出水温度显示等。其特点是测温精度高，便于远传。热电阻的常见故障是断路或短路，用一般万用表即可检查出来。在显示仪表上也有明显故障现象。若断路在显示仪表上指示最大，若短路则在显示仪表上指示最小。

（3）热电隅温度计

其测量原理是以热电效应原理为基础的测温仪表，由热电隅、连接导线及显示仪表三部分组成。热电隅是由两种不同的导体（半导体）材料焊接或铰接而成，焊接的一端与被测介质充分接触，感受被测温度，称为热电隅的工作端或热端，另一端与导线连接，称为自由端或冷端。如果热端受热后，冷、热两端的温度不同，则在热电回路中产生热电势，通过对其反应就可实现对温度的测量。在污水处理厂中，一般用于高温情况下温度测量，如沼气发动机内的温度测量。其特点是测温精度高，便于远传，多点集中测量和便于自动控制。但在低温端测量精度低，需要在自由端补偿。

4.21　仪表的维护、保养和管理要做哪些工作？

答　（1）仪表档案、资料的管理

每台仪表的资料、档案对于日常维护、故障判断、大修、改造都有重要意义。需对每一台仪表建立一套完整的档案。档案中至少有以下方面的内容。

① 仪表的名称、型号、生产厂家、测量范围。

② 安装在何部位，投入运行的日期。

③ 校验、标定记录（标定日期、方法、精度）。

④ 日常维护、维修记录（检查、维护、大修等日期内容，故障现象及修理方法，更换部件记录，调零，量程调整，权威部门鉴定的记录）。

⑤ 仪表的原始资料（设计资料，安装验收资料，厂家提供的产品合格证，出厂检验证，设计参数，使用维护说明书等）。

（2）巡视检查内容

仪表维护人员在自己所负责的仪表维护保养责任区内，根据所辖责任区仪表分布情况，选定最佳巡回路线每周至少巡回检查三次。巡回检查时，仪表维护人员应向当班人员了解仪表运行状况和需要立刻解决的问题。检查内容包括以下内容。

① 检查仪表指示、记录是否正常，现场一次仪表（变送器）指示和控制显示仪表、调节仪表指示值是否一致，调节器输出指示和调节阀阀位是否一致。

② 查看仪表电源的电压是否在规定范围内。

③ 查看仪表本体和连接件是否有松动，是否有腐蚀等情况。接地保护是否起作用。

④ 检查仪表和工艺接口（管道或容器等）有无泄漏现象。

⑤ 寒冷季节还应检查仪表保温状况。

（3）定期润滑工作

定期润滑是仪表日常维护的一项内容，其周期应根据具体情况确定。需要定期润滑的仪表和部件如下。

① 仪表的转动部分。如转动臂轴处，保护箱、保温箱的门轴等。

② 固定仪表、调节阀等使用的螺栓、丝扣、外露部分等。

（4）定期排污工作

定期排污主要有两项工作，其一是排污清洗，其二是定期进行吹洗。这项工作应因地制宜，并不是所有过程检测仪表都要定期排污。

排污清洗主要是针对差压变送器、压力变送器、浮球液位计和溶解氧仪等，由于测量介质含有粉尘、油垢、微小颗粒和污物等在导压管内、测量膜上附着沉积（或在取压阀内沉积），直接或间接影响测量。排污清洗周期可由仪表维护人员根据实际经验自行确定。定期排污应注意以下事项。

① 排污清洗前，必须和工艺运行人员联系，取得工艺人员认可和配合才能进行。

② 流量或压力调节系统排污前，应先将自动切换到手动，保证调节阀门开度大小不变。

③ 排污阀下放置容器，慢慢打开正负导压管排污阀，使物料和污物进入容器，防止物料直接排入地沟，否则造成污染环境，堵塞下水道。

④ 对于差压变送器，排污前先将三阀组正负取压阀关死。

⑤ 由于阀门质量差，排污阀门开关几次以后会出现关不死的情况，应急措施是加装盲板，保证排污阀处不泄漏，以免影响测量精确度。

⑥ 开启三阀组正负取压阀，拧松差压变送器本体上排污（排气）螺丝进行排污，排污完成后拧紧螺丝。

⑦ 观察现场指示仪表，直至输出正常，若是调节系统，将手动切换成自动。

吹洗是利用吹气或冲液使被测介质与仪表部件或测量管件不直接接触，以保护测量仪表并实施测量的一种方法。吹气是通过测量管线向测量对象连续定量地吹入气体。冲液是通过测量管线向测量对象连续定量地冲入液体。对于腐蚀性、黏稠性、结晶性、熔融性、沉淀性介质进行测量，并采用隔离方式难以满足要求时，才采用吹洗。吹洗应注意以下事项。

① 吹洗气体或液体必须是被测工艺对象所允许的流动介质，通常它应满足下列要求：与被测工艺介质不发生化学反应；清洁、不含固体颗粒；通过节流减压后不发生相变；无腐蚀性；流动性好。

② 吹洗液体供应源充足可靠，不受工艺操作影响。

③ 吹洗流体的压力应高于工艺过程在测点可能达到的最高压力，保证吹洗液体按设计要求的流量连续稳定地吹洗，不发生倒灌现象。

④ 采用限流孔板或带可调阻力的转子流量计测量和控制吹洗液体或气体的流量。

⑤ 吹流流体入口点应尽可能靠近仪表取源部件（或靠近测量点），以使吹洗流体在测量管线中产生的压力降保持在最小值。

（5）保温伴热

检查仪表的保温伴热，是仪表维护人员日常维护工作的内容之一，它关系到节约能源，保护仪器仪表，防止冬天仪表冻坏，使仪表测量系统能正常运行。

① 这项工作的地区性、季节性比较强，特别是北方的冬季，仪表维修人员应及时巡视，检查仪表保温状况，检查安装在工艺设备与管线上的仪表，如电磁流量计、涡街流量计、法

兰式差压变送器、浮球液位开关和调节阀等保温状况。观察保温材料是否脱落，是否被雨水打湿造成保温材料不起作用。个别仪表需要保温伴热时，还要检查伴热情况，发现问题尽早处理。

② 检查差压变送器导压管线保温情况，检查保温箱保温情况。差压变送器导压管内，物料由于处在静止状态，有时除保温以外还需加装伴热装置。对于电伴热装置应检查电源电压是否稳定，有无漏电情况，接地体是否牢固有效。

4.22 仪表开停时，仪表维修人员应注意什么?

答 仪表开停时应注意以下事项。

① 仪表开车要和工艺密切配合，听从工艺调度的指挥。根据工艺设备、管道的要求，提前检查和落实仪表的准备工作。

② 仪表总电源没有事故一般不会停电，当在线仪表和控制室内仪表因故修好后，经检查无误后，分别开启电源箱自动开关以及每一台仪表电源开关。用 24V 直流电源时，要注意测试输入、输出电压，防止过高或偏低。

③ 检修后仪表开车前应进行联动调校，即现场一次仪表（变送器、检测元件等）和控制室二次仪表（盘装、架装、计算机接口等）指示一致（或与电动阀门定位器输入一致）。

④ 由于全厂大修，或某一工艺段大修，拆卸仪表数量很多或型号复杂时，安装前一定要注意仪表位号，对号入座。这需要在拆卸时就做好记录，免得出现仪表不对号安装，出现故障很难发现。

⑤ 热电偶补偿导线的接线要注意正负极性，不能接反。热电阻的 A、B、C 三线注意不能混淆。

⑥ 隔离液加以保护的差压变送器、压力变送器重新开车时，要注意在导压管内加满隔离液。

⑦ 调节阀安装时注意阀体箭头和流向一致。若物料比较脏，可以打开前后截止阀冲洗干净后再安装。前后截止阀开度应全开后再返回半圈。

⑧ 孔板等节流装置安装时要注意方向，不要把方向装反。要查看前后直管段内壁是否光滑、干净，有污物要及时清除。管内壁不光滑可用锉、砂布打光滑。环室的位置要在管道中心，孔板垫和环室垫要注意厚薄，材料要准确，尺寸要合适。节流装置安装完毕要及时打开取压阀，以防开车时没有取压信号。取压阀开度一般是全开后再返回半圈，不要满开。

⑨ 气源管排污要注意，因气源管道一般采用碳钢管，经过一段时间运行后会出现一些锈蚀，由于长时间使用会使锈蚀脱落，仪表空气处理装置用干燥的硅胶时间长了会出现粉末，也会带入气源管道内，另外一些其他杂质在仪表开车前也必须清除干净。排污时首先对气源总管进行排污，然后对气源分管进行排污。

⑩ 有连锁的仪表，在仪表运行正常后再切换到自动（联动）位置。

仪表停车时应注意以下事项。

① 仪表维修人员在仪表停车（指有计划停车，紧急停车除外）时应与工艺操作人员配合，听从调度指挥，了解工艺停车时间和设备检修计划。

② 根据设备检修进度计划，拆除安装在设备上的仪表或检测元件，如热电偶、热电阻、法兰差压变送器、液位计、压力表等，并认真做好记录，如设备仪表的编号、部位及配件的

需求情况等。拆卸时应认真仔细，有些螺栓、连接件可能锈蚀，应先润滑之后再卸。为防止在检修设备时损坏仪表，应先切断仪表的电源，拆除仪表后再检修设备。

③ 有些仪表拆除后可能要泄漏原料（污水、污泥），应提前准备好管道盲板，拆下仪表后及时装上盲板。

④ 拆卸热电偶、热电阻、电动变送器等仪表后，其电源电缆和信号电缆接头应分别用绝缘胶布、胶带包好，以备再安装时不致出现差错。

⑤ 拆卸压力表、压力变送器时，要注意取压口可能出现堵塞现象，形成局部有憋压现象，有可能物料冲出来伤害仪表维护人员。对这种事故隐患应采取的措施是先松动安装螺栓，排气与排残液，待气、液排完后，在压力很小的情况下再卸下仪表。

⑥ 拆卸环室孔板时，注意孔板方向，一是检查以前是否装反，二是为了再安装时正确安装。由于直管段的要求，工艺管道支架可能少，要防止工艺管道一端下沉，给安装孔板环室带来困难。

⑦ 带有连锁装置的仪表在维修时应先切换至手动后再拆卸修理。

4.23　污水处理自动控制的特点是什么？

答　污水处理厂的生产过程中，大量的阀门、泵、风机、除浮渣设备、除砂设备、刮渣刮吸泥设备、污泥的加热、污泥的搅拌、沼气加工利用等需要根据一定的程序、时间和逻辑关系调节开、停。还有大量的设施、设备需要有机组合按照预定的时间顺序运行。这就需要一个自动控制系统对全厂的工艺运行进行控制才会形成一套自动控制有秩序的现代化生产线。

污水处理工艺的自控系统具有环节多，系统庞大，接线复杂的特点，除具有一般控制系统所具有的共同特征外（如有模拟量和数字量，有顺序控制和实时控制，有开环控制和闭环控制），还有不同于一般控制系统的个性特征（如最终控制对象是 COD、BOD、SS、氨氮、总磷和 pH 值）。为使这些参数达标，必须对众多设备的运行状态、各池的进水量和出水量、进泥量和排泥量、加药量、各段处理时间等进行综合调整与控制。

4.24　污水处理自动控制系统有哪些功能？

答　污水处理厂的自动控制系统主要对污水处理过程进行自动控制和自动调节，使处理后的水质达到预期标准。污水处理自控系统通常应具有如下功能。

(1) 自动操作功能

自控制系统利用自动操作装置根据工艺条件和要求，自动地启动或停运某台设备，对被控设备进行在线实时控制，调节某些输出量大小，或进行交替循环动作，如在污水处理工艺过程中控制利用自动操作装置定时地对初沉池进行排泥，则需要定时自动启动排泥泵前阀门、排泥泵等设备。在线设置 PLC 的某些参数。

(2) 显示和存贮功能

用图形、数字实时地显示各现场被控设备的运行工况，以及各工艺段的现场状态参数，这些参数还可保留到一定的天数记录储存在 PLC 内，需要时调出供分析研究用。

(3) 打印功能

可以实现报表和图形打印及各种事件和报警实时打印。打印方式可分为定时打印（如图表等）、事件触发打印。

（4）自动保护，自动报警功能

当某一模拟量（如电流、水压、水位）的测量值超过给定范围或某一开关（如电机的停启、阀门开关）量发生变化，可根据不同的需要发出不同等级的报警。

当生产操作不正常，有可能发生事故时，自动保护装置能自动地采取措施（如连锁动作），防止事故的发生和扩大，保护职工人身和设备的安全。实际上自动保护装置和自动报警装置往往是配合使用、相互依靠的。

4.25 污水处理自动控制系统怎样分类？

答 污水处理自动控制系统的分类一般分为三类。

（1）定值控制系统

其控制的给定值是恒定值或允许变化量很小值。当被控量波动时，控制器动作，使被控量回复到给定值，污水处理工艺中的温度、压力、流量、液位等参数的控制及各种调速系统都是如此。

（2）随动控制系统（也称伺服系统）

其控制输入量是随机变化的，控制任务是使被控量快速、准确地跟随给定量的变化而变化。污水处理的污泥脱水工艺中污泥流量、浓度与絮凝剂给进量之间的关系就是一个典型的随动控制系统，在这个控制系统中絮凝剂给进量跟随污泥进入量和浓度的变化而变化。

（3）程序控制系统

其输入量按事先设定的规律变化，其控制过程由预见编制的程序载体按一定时间顺序发出指令，使被控量随给定的变化规律而变化。如污水处理厂的自动格栅，其栅耙按照事先确定的程序，按一定时间的间隔栅耙动作，每次动作几下，就是这种控制的类型之一。

4.26 在污水处理设备上变频器的作用是什么？

答 在污水处理过程中，大功率的水泵所配电机、其他设备所配的电机（如鼓风机、沼气提升泵等）在启动和停止时，要产生冲击电流。当成组的水泵、风机在并联运转中，可能水泵的能力与来水量不是正好相对应（如进水量是一台半泵的额定量，风量是一台半风机的额定量），造成频繁启动，浪费电能。

现在一般都采用调频的措施来解决。既防止启动、停止时的冲击电流，又在运行中对应需求量调频控制电机，节约电能的损耗，延长了设备的使用寿命。

4.27 变频器如何在鼓风机上应用？

答 鼓风机的工作是将压缩空气通过管道送入曝气池，让空气中的氧溶解在污水中供给活性污泥中的微生物。鼓风机在工频电源状态下启动或停止时，电流冲击较大，容易引起电网的电压波动和自身的损耗。而鼓风机的供风压一定，风量只能靠增减工作台数及出气控制阀来调节。实际生产运行中往往是通过调节出气阀门来控制，增加管道阻力，因而许多能量浪费在阀门阻力上。由于变频调速器的调速范围宽、机械特性好等特点，很多污水处理厂在鼓风机上已采用了变频控制技术。

变频器的软启动大大减小了电机启动和停止时对电网的冲击，在正常运行的时候，可将出气阀门开到最大，根据工艺和参数的要求，平衡适当地调节（通过变频器）电机的转速来调节管道中的风量，从而调节污水中的氧气含量，避免了启动电流的冲击，具有明显的节电效果。

4.28 变频器如何在潜水泵上应用？

答 潜水泵启动（停止）时的电流冲击及调节压力、流量的方式与鼓风机相似。潜水泵启动时的急扭和突然停机时的水锤现象往往容易造成泵底座的松动或管道接头松动，严重可能造成水泵的叶轮、密封，甚至电机的损坏。而且电机的启动、停止时需开启、关闭阀门来减小水锤的影响，如此操作工作强度大，难以及时调整阀门和满足工艺的需要。在潜水泵上安装变频调速器以后，可以根据工艺的需要，使电机软启、软停，从而使急扭和水锤现象得到了解决。在流量不大的情况下，还可以降低水泵的转速。这在组合式泵的运转中得到了明显效果，当进水量在不对应整台水泵运行时，就可通过调频方式根据进水量调节水泵的转速来解决。

变频器在水泵上的应用一方面可以避免水泵长期在满负荷状态下工作，造成电机过早的老化、损坏，另一方面变频器的软启、软停可以明显地减小水泵启动/停止时对机械设备的冲击，具有明显的节电效果。

4.29 什么是软启动？什么是软启动器？

答 在电机启动的全过程当中，电压由零慢慢提升到额定电压不存在冲击转矩，而是平滑的启动运行，这就是软启动。

软启动器是一种集电机软启动、软停车、轻载节能和多种保护功能于一体的新颖电机控制装置。软启动器采用三相反并联晶闸管作为调压器，将其接入电源和电动机定子之间。这种电路如三相全控桥式整流电路。使用软启动器启动电动机时，晶闸管的输出电压逐渐增加，电动机逐渐加速，直到晶闸管全导通，电动机工作在额定电压的机械特性上，实现平滑启动，降低启动电流，避免启动过流跳闸。待电机达到额定转数时，启动过程结束，软启动器自动用旁路接触器取代已完成任务的晶闸管，为电动机正常运转提供额定电压，以降低晶闸管的热损耗，延长软启动器的使用寿命，提高其工作效率，又使电网避免了谐波污染。软启动器同时还提供软停车功能，软停车与软启动过程相反，电压逐渐降低，转数逐渐下降到零，避免自由停车引起的转矩冲击。

4.30 软启动器与变频器有什么区别？

答 软启动器和变频器的区别在于：变频器是用于需要调速的地方，其输出不但改变电压而且同时改变频率；软启动器实际上是个调压器，用于电机启动时，输出只改变电压并没有改变频率。

变频器具备所有软启动器功能，但它的价格比软启动器贵得多，结构也复杂得多。电动机软启动器是运用串接于电源与被控电机之间的软启动器，控制其内部晶闸管的导通角，使电机输入电压从零以预设函数关系逐渐上升，直至启动结束，赋予电机全电压，即为软启动，在软启动过程中，电机启动转矩逐渐增加，转速也逐渐增加。

4.31　软启动器的启动方式有几种?

答　软启动器一般有下面几种启动方式。

(1) 斜坡升压软启动

这种启动方式最简单，不具备电流闭环控制，仅调整晶闸管导通角，使之与时间成一定函数关系增加。其缺点是，由于不限流，在电机启动过程中，有时要产生较大的冲击电流使晶闸管损坏，对电网影响较大。

(2) 斜坡恒流软启动

这种启动方式是在电动机启动的初始阶段启动电流逐渐增加，当电流达到预先所设定的值后保持恒定，直至启动完毕。启动过程中，电流上升变化的速率可以根据电动机负载调整设定。电流上升速率大，则启动转矩大，启动时间短。

(3) 阶跃启动

开机即以最短时间使启动电流迅速达到设定值，即为阶跃启动。通过调节启动电流设定值，可以达到快速启动效果。

(4) 脉冲冲击启动

在启动开始阶段，让晶闸管在极短时间内，以较大电流导通一段时间后回落，再按原设定值线性上升，连入恒流启动。该启动方法在一般负载中较少应用，适用于重载并需克服较大静摩擦的启动场合。

(5) 电压双斜坡启动

在启动过程中，电机的输出力矩随电压增加，在启动时提供一个初始的启动电压 (U_s)，U_s 根据负载可调，将 U_s 调到大于负载静摩擦力力矩，使负载能立即开始转动。这时输出电压从 U_s 开始按一定的斜率上升（斜率可调），电机不断加速。当输出电压达到达速电压 (U_r) 时，电机也基本达到额定转速。软启动器在启动过程中自动检测达速电压，当电机达到额定转速时，使输出电压达到额定电压。

(6) 限流启动

就是电机的启动过程中限制其启动电流不超过某一设定值 (I_m) 的软启动方式。其输出电压从零开始迅速增长，直到输出电流达到预先设定的电流限值 I_m，然后保持输出电流。这种启动方式的优点是启动电流小，且可按需要调整。对电网影响小，其缺点是在启动时难以知道启动压降，不能充分利用压降空间。

4.32　软启动器有哪些保护功能?

答　**(1) 过载保护功能**

软启动器引进了电流控制环，因而随时跟踪检测电机电流的变化状况。通过增加过载电流的设定和反时限控制模式，实现了过载保护功能，使电机过载时，关断晶闸管并发出报警信号。

(2) 缺相保护功能

工作时，软启动器随时检测三相线电流的变化，一旦发生断流，即可做出缺相保护反应。

（3）过热保护功能

通过软启动器内部热继电器检测晶闸管散热器的温度，一旦散热器温度超过允许值后自动关断晶闸管，并发出报警信号。

（4）其他功能

通过电子电路的组合，还可在系统中实现其他连锁保护。

● 计算机控制系统运行和管理

4.33　什么是计算机控制？在污水处理中有什么作用？

答　计算机控制是以自动控制理论和计算机技术为基础的控制技术。在污水处理过程中引入计算机自动控制技术，能够及时准确地调整工艺参数和设备的有序安全运行，能提高处理效率，减轻操作人员的工作负担，节约能耗，节约成本。

计算机控制系统组成如图 4-1 所示。

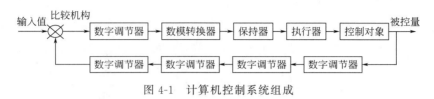

图 4-1　计算机控制系统组成

① 控制对象是指所要控制的装置和设备。

② 检测单元将被检测参数的非电量转换成电量。

③ 执行机构其功能是根据工艺设备要求由计算机输出的控制信号，改变被调参数（如流量或能量）。常用的执行机构有电动、液动和气动等控制形式。也有采用马达、步进电机及可控硅元件等进行控制。

④ 数字调节器与输入、输出通道，数字调节器以数字计算机为核心，它的控制规律是由编制的计算机程序来实现的。输入通道包括多路开关，采样保持器，模-数转换器。输出通常包括数-模转换器及保持器。

⑤ 多路开关和采样保持器用来对模拟信号采样，并保持一段时间。

⑥ 模-数转换器把离散的模拟信号转换成时间和幅值上均为离散的数字量。

⑦ 数-模转换器把数字量转化成离散模拟量。

⑧ 外部设备是实施计算机和外界进行信息交换的设备，简称外设。包括人机联系设备（操作台）、输入输出设备（磁盘驱动器、键盘、打印机、显示终端等）和外存储器（键盘）。

4.34　污水处理计算机控制系统怎样分类？

答　**（1）直接数字控制系统（DDC 系统）**

DDC（direct digital control）系统是通过检测元件对一个或多个被控参数进行巡回检测，经输入通道送给计算机 CPU，CPU 将检测结果与设定值进行比较，只要改变程序就可以实现，无须对硬件线路做任何改动。可以有效地实现较复杂的控制，改善控制质量，提高经济效益。当控制回路较多时，采用 DDC 系统比采用常规控制器控制系统要经济合算，因为一台微机可替代多个模拟调节器。

（2）计算机监督控制系统（SCC 系统）

SCC（supervisory computer control）系统比 DDC 系统更接近生产变化的实际情况，因为在 DDC 系统中计算机只是代替模拟调节器进行控制。系统不能运行在最佳状态，而 SCC 系统不仅可以进行给定值控制，并且可以进行顺序控制、最优控制以及自适应控制等，它是操作指导控制系统和 DDC 系统的综合与发展。就其结构来讲，SSC 系统有两种形式：

① SCC＋模拟调节器控制系统；

② SCC＋DDC 控制系统。

（3）分布式控制系统（DCS 系统）

DCS（distributed control system）系统是采用积木式结构，以一台主计算机和两台或两台以上计算机为基础的一种结构体系，所以也叫主从结构或树形结构，从机绝大部分时间都是并行工作的，只是必要时才与主机通信。该系统代替了原来的中小型计算机集中控制系统。

4.35 什么是可编程控制器？

答 可编程控制器（programmable logical controller，简称 PC 或 PLC）是面向用户的专门为在工业环境下应用而开发的一种数字电子装置，可以完成各种各样的复杂程序、不同的工业控制功能。

可编程控制器采用可以编制程序的存储器，在其内部存储执行逻辑运算、顺序运算、计时、计数和算术运算等操作指令，可以从工业现场接收开关量和模拟量信号，按照控制功能进行逻辑及算术运算并通过数字量或模拟量的输入和输出来控制各种类型的生产过程。

4.36 可编程控制器有什么特点？

答 可编程序控制器在各行业得到广泛应用，是因为它具有如下优点。

① 可靠性高。抗干扰能力强，保密性好，能在恶劣的工业环境下可靠工作。

② 可实现机电一体化。PLC 将电控（逻辑控制）、电仪（过程控制）、电子计算机集于一体，并可灵活方便地组合成各种不同规模和要求的控制系统，以适应各种工业控制需要。

③ 易于操作，编程方便，维修方便。可编程的梯形图语言容易被电气技术人员所理解和掌握。因具有自诊断功能，对维修人员维修技能的要求降低了。当系统发生故障时，通过软件或硬件的自诊断，维修人员可以很快找到故障所在的部位，为迅速排除故障和修复节省了时间。

④ 体积小、质量轻、功耗低。PLC 是专为工业控制而设计的。其结构紧密、坚固、体积小巧，易于装入机械设备内部，是实现机电一体化的理想控制设备。

4.37 可编程控制器有什么功能？

答 可编程控制器的功能主要有以下几个方面。

（1）开关逻辑和顺序逻辑控制功能

可编程控制器最广泛的应用就是在开关逻辑和顺序控制领域，主要功能是进行开关逻辑运算和顺序逻辑控制。

（2）模拟控制功能

在过程控制点数不多，开关量控制较多时，PLC可作为模拟量控制的控制装置。采用模拟输入输出模块可实现PID反馈或其他控制运算。

（3）信号联锁功能

信号联锁是安全生产的保证，高可靠性的可编程序控制器在信号联锁系统中发挥着重要作用。

（4）通信功能

可编程控制器可以作为下位机，与上位机或同级的可编程序控制器进行通信，完成数据的处理和信息的交换，实现对整个生产过程的信息控制和管理。

4.38 可编程控制器（PLC）从结构上分为几种？其基本构成是什么？

答 从结构上分，PLC分为固定式（整体式）和组合式（模块式）两种。固定式PLC包括CPU板、I/O板、显示面板、内存块、电源等，这些元素组合成一个不可拆卸的整体；模块式PLC各部件独立封装成模块，各模块通过总线连接，安装在机架或导轨上，可根据用户的不同需要进行配置和组合。

PLC实质是一种专用于工业控制的计算机，其硬件结构基本上与微型计算机相同，基本构成为：电源、中央处理器（CPU）、存储器、输入输出单元（I/O模块）、通信模块、编程器。

4.39 可编程控制器（PLC）各部分有什么功能？

答 可编程控制器（PLC）各部分功能如下。

（1）电源

PLC的电源用于为PLC各模块的集成电路提供工作电源，在整个系统中起着十分重要的作用。如果没有一个良好的、可靠的电源系统是无法正常工作的。电源输入类型有：交流电源（220VAC或110VAC）、直流电源（常用的为24VDC）。

（2）中央处理单元（CPU）

中央处理单元（CPU）是PLC的控制中枢，它按照PLC系统程序赋予的功能接收并存储从编程器键入的用户程序和数据；诊断电源、PLC内部的工作故障和编程中的语法错误；接收输入接口的状态和数据，执行用户程序，通过更新输出单元状态实现输出控制。

（3）存储器

PLC内的存储器主要用于存放系统程序、用户程序和数据等。

（4）输入输出单元（I/O模块）

该单元是PLC与工业生产现场之间的连接部件。PLC通过输入接口可以检测被控对象的各种数据，以这些数据作为PLC对被控制对象进行控制的依据；同时PLC又通过输出接口将处理结果输送给被控制对象，以实现控制的目的。

（5）通信接口

通信接口主要负责与上位机、其他PLC以及监视器、打印机等相关外围设备的通信连接，从而组成多机系统或连成网络，实现控制与管理相结合。

（6）编程器

编程器作用是将用户编写的程序下载至 PLC 的用户程序存储器，并利用编程器检查、修改和调试用户程序，监视用户程序的执行过程，显示 PLC 状态、内部器件及系统的参数等。

4.40　什么是集散控制系统？有什么特点？

答　集散控制系统融合了自动控制技术、计算机技术与通信技术于一体，具有技术先进、功能完备、应用灵活、运行可靠等特点，是实现工业自动化集中综合管理的过程控制系统。

集中控制系统具有"管理集中、控制分散、危险分散"的特点，以多台微处理机分散在生产现场，进行过程的测量和控制，实现了功能和地理上的分散，避免了测量控制高度集中带来的危险性和常规仪表控制功能的单一的局限性；数据通信技术和 CRT 显示技术以及其他外部设备的应用，能够方便地集中操作、显示和报警，克服了常规仪表控制过于分散和人机联系困难的缺点。

由于集散控制系统操作、管理集中，测量和控制的功能分散，因此系统还具有以下一系列特点。

① 系统具有极高的可靠性。由于系统的功能分散，一旦某个部分出现故障时，系统仍能维持正常的工作。

② 系统功能多效率高。该系统除了实现单回路 PID 控制外，还可以实现复杂的规律控制如串级、前馈、解耦、自适应、最优和非线性控制等功能，也可实现顺序控制如工厂的自动启动和停车，微型计算机能够预见处理要求记录的数据，减少了信息传输的总数；计算机的存储器能够作为缓冲器，缓和数据传输的紧张情况。

③ 集散型控制系统操作使用简单，维护方便。系统易开发，便于扩展。操作者也不需要编制计算机软件，可集中精力考虑利用已有的功能模块，组建出希望的控制方案。

④ 系统的软件和硬件采用模块化积木式结构。实施系统方便，可根据说明组建集散型控制系统。使用中无需编制软件，减少了软件的成本。

⑤ 采用 CRT 操作站有良好的人-机界面，数据的高速传输。监督计算机通过高速数据通道和基本调节器等连接，完成计划、管理、控制、决策的最优化，从而实现对过程最优化的控制和管理。

⑥ 设备、通信、配线的费用低廉，具有良好的性能、价格比，采用微型机或微处理机，其价格比完成同样功能的中小型计算机低得多。监督机与调节器之间采用串行通信，与集中控制并行连接传感器、执行器比较，成本低得多。

4.41　什么是上位机和下位机？它们之间有什么关系？

答　上位机一般是指集中控制系统中的 PC 机和现场的工控机，上位机（PC 机）主要用来发出操作指令和显示结果数据。下位机是直接控制设备获取设备状况的计算机，一般是 PLC、单片机之类的。

上位机和下位机是通过通信连接的"物理"层次不同的计算机，是相对而言的。一般下位机负责前端的"测量、控制"等处理；上位机负责"管理"处理。下位机是接收到主设备命令才执行的执行单元，而上位机不参与具体的控制，仅仅进行管理。常见的 DCS 系统

"集中-分散（集散）系统"是上位机集中、下位机分散的系统。在概念上控制者和提供服务者是上位机，而被控制者和被服务者是下位机，也可以理解为主机和从机的关系。

● 供热系统的运行和管理

4.42 污水处理厂哪些地方需要供热？有哪些供热方式？

答 污水处理厂工艺运行中污泥消化需要常年供热，湿式沼气柜冬季需要供热保温，北方污水处理厂冬季生产和办公需要供热，职工生活（食堂、澡堂等）也需要供热。

可采用锅炉供热、沼气发动机的余热供热。供热热质有的采用热水供热，有的采用蒸汽供热，有的两者兼用。采用燃料有沼气、煤、油。也可利用二级出水的低品位热源，采用热泵技术供热。

4.43 锅炉的作用是什么？主要由哪些设备组成？

答 锅炉的作用是将燃料内的潜能，经过燃烧释放热能或利用其他物质释放的能量，将水变成蒸汽或过热蒸汽，或将水加热变成一定温度的热水而输出的热能设备。

锅炉是由锅和炉两大主要部分组成，锅与炉结合起来通称为锅炉。锅是指锅炉中盛装锅水和蒸汽或其他介质的密封受压部件，是锅炉的吸热部分。主要包括锅筒（汽包）、水冷壁、对流管、集箱（联箱）、过热器和省煤器等吸热面。炉是指锅炉中释放热能的部分。主要包括燃烧设备、炉膛、烟道及空气预热器等。

锅炉的配套附属设备一般包括以下几种。

① 燃料的供给与制备系统。如上煤、供油、供气、电热元件等设备与部件。

② 通风系统。如鼓风机、引风机及烟道等。

③ 给水系统。如给水泵、循环泵和软化水处理等。

④ 自控系统。如给水自动调节装置，燃料自动调节装置，鼓风机、引风机连锁保护装置，超温保护装置，超压保护装置等。

4.44 锅炉在运行时主要有哪些参数？如何表示？

答 锅炉在运行时主要参数有蒸发量（热水锅炉是热功率或供热量）、压力和温度。

(1) 蒸发量

① 锅炉在安全运行的前提下长期连续运行，每小时所产生蒸汽的数量，称为蒸发量，蒸发量又称为出力或容量，用符号 D 表示，单位为 t/h。锅炉在额定压力、额定蒸汽温度、额定给水温度、使用设计要求的燃料并保证效率时的特定条件下所规定的每小时产生的蒸汽量，称为额定蒸发量。

② 对热水锅炉反映出力的是热功率或供热量。热水锅炉在确保安全的前提下长期连续运行，每小时出水有效带热量，称为额定热功率或额定供热量，用符号 Q 表示，单位为 MW，工程单位常用 10^4 kcal/h，换算关系为 0.7MW $\approx 60 \times 10^4$ kcal/h ≈ 1t 蒸汽/h。

(2) 压力

① 垂直均匀作用于物体单位面积上的力称为压强，用符号 P 表示，单位为 Pa。在锅炉

上习惯称为压力。由于单位 Pa 太小，在锅炉参数中常用 MPa 表示。工程上常用工程压力表示。换算关系如下：

$$1kgf/cm^2 = 0.098MPa = 0.98 \times 10^5 Pa$$

② 大气压力。因为空气包围着地球，对地球表面产生一定的压力，这个压力就称为地球上的大气压力，其数值为 0.10133MPa 或者 1.0133kgf/cm^2。

③ 表压力、绝对压力和负压力。表压力是指压力表显示的压力数值，就是指超过当地大气压力的部分。

绝对压力的数值等于表压力加上当地大气压力的数值。负压力是指低于空气大气压的压力。锅炉的燃烧大多数采用负压燃烧，在一般情况下，炉膛的出口负压力为 20~30Pa（2~3mmH$_2$O）。

（3）温度

锅炉铭牌上标出的温度是指锅炉输出介质的最高工作温度，又称为额定温度。对于无过热器的蒸汽锅炉，其额定温度是指对应于额定压力下的饱和蒸汽温度；对于有过热器的蒸汽锅炉，其额定温度是指过热器主汽阀出口处的过热蒸汽温度；对于热水锅炉，分别以锅炉的出口与进口处的水温来表示。

4.45 什么是最低安全水位、最高允许水位、正常运行水位？

答 ① 最低安全水位是指锅炉正常运行时的极限低水位。水管锅炉的最低安全水位应能保证对下降管可靠供水。锅壳锅炉的最低安全水位应高于最高火界 100mm。对于直径小于或等于 1500mm 的卧式锅壳锅炉的最低水位应高于最高火界 75mm。

② 锅炉最高允许水位是指正常运行时的极限高水位。超过最高允许水位则易过多产生蒸汽带水，从而影响锅炉的正常使用。

③ 正常运行水位是指锅炉正常运行的水位，它处于一个波动范围，一般情况下处于锅筒中心线上下 50mm 范围内。

4.46 锅炉有哪些形式？

答 锅炉是利用燃料放出的热能或其他热量加热给水和蒸汽，以获得一定温度和压力介质的热能设备。根据供热对象的不同有多种形式。

（1）工业锅炉
主要用于工业生产和采暖的锅炉。

（2）热水锅炉
用于产生热水的锅炉。出水温度≤120℃的热水锅炉称为低温热水锅炉；出水温度大于120℃的热水锅炉称为高温热水锅炉。

（3）快装锅炉
在锅炉制造厂完成总装整台发运出厂的锅炉。

（4）散装锅炉
安装工作主要在现场工地进行的锅炉。

（5）组装锅炉
在锅炉制造厂内将锅炉分成几个大件，运到现场工地再组装起来的锅炉。

（6）锅壳锅炉

蒸发受热面主要布置在锅壳内的锅炉，又称烟火管锅炉，有立式、卧式锅壳锅炉等。

（7）水管锅炉

烟气在受热面管子处流动，水或汽水混合物在管子内流动的锅炉。包括以下几种。

① 横锅筒锅炉。锅筒安置轴线与锅炉前后轴线相垂直的水管锅炉；

② 纵锅筒锅炉。锅炉安置轴线与锅炉前后轴线相平行的水管锅炉；

③ D型锅炉。半部为炉膛，半部为对流烟道的双锅筒D型结构的水管锅炉。

4.47 锅炉有哪几个工作过程？衡量工质升高或降低的单位是什么？

答 锅炉的工作一般有三个同时进行的过程，即：燃料燃烧的过程；火焰、烟气向炉水和蒸汽传热的过程；水被加热或汽化的过程。

（1）燃料燃烧的过程

燃料燃烧的过程是指燃料在炉膛内，在一定的温度下与空气中的氧气发生化学反应（燃烧）放出热量的过程。要保证良好的燃烧，必须有足够高温度的环境，必须保证适量的空气与燃料良好的混合，保证燃料有足够的燃烧时间。为了使锅炉的燃烧过程能持续、稳定地进行，还需要不断地供给燃料、空气和排除烟气与灰渣。

（2）火焰、烟气向炉水和蒸汽传热的过程

火焰、烟气向炉水和蒸汽的传热过程是燃料燃烧后放出的热量，并通过炉膛内布置的水冷壁等辐射受热面、烟道内布置的对流受热面，将热量传递给炉水和蒸汽的过程。传热过程在炉膛内主要以高温辐射的方式进行。在对流烟道内的烟温逐渐降低，烟气向受热面的放热主要以对流的方式进行；而受热面金属内部，主要以热传导的方式将热量由高温侧传到低温侧，再由炉水等工质的流动循环将热量吸收。

传热过程是否能很好运行，直接影响对锅炉运行的安全性和经济性。当在受热面烟气有积灰和烟焦或在受热面水侧面沉积水垢时，会导致受热面金属壁温升高很多而过热损坏，同时将导致锅炉热效率下降，造成燃料浪费。

（3）水被加热、汽化的过程

对于热水锅炉是指炉水从受热面金属吸收热量使水温提高到需要的程度，并从锅炉出口输出的过程。对于蒸汽锅炉是指炉水从受热面金属吸收热量变成饱和水进而变为汽水混合物，并在锅内进行汽水分离，以洁净的蒸汽从锅炉出口输出的过程，因此对于蒸汽锅炉，在锅筒内应装设汽水分离装置。

工质在加热过程中，单位质量的物质在升高或降低 1℃ 时所吸收或放出的热量称为该物质的比热容。其单位在工程上用 kcal/(kg·℃) 表示，国际单位用 J/(kg·℃) 或 kJ/(kg·℃) 表示。

两种计量单位的换算关系为：1kcal/(kg·℃)=4.1868kJ/(kg·℃)。

4.48 锅炉的燃料有几种？由什么成分组成？

答 锅炉的燃料是指锅炉燃烧时能放出大量热能，并可被有效利用的物质。按其物态不同可分为固体燃料、液体燃料和气体燃料三种。燃料的具体分类见表4-3。

表 4-3　燃料的分类

种　类	天　然　燃　料	人　工　燃　料
固体燃料	木材、煤、油页岩等	木炭、半焦炭、焦炭、煤砖、煤粉、煤浆等
液体燃料	石油	汽油、煤油、重油、煤焦油、汽油、酒精等
气体燃料	天然气	高炉煤气、发生炉煤气、炼焦炉煤气、水煤气、地下气化煤气、沼气

固体和液体燃料主要由碳（C）、氢（H）、氧（O）、氮（N）、硫（S）、灰分（A）和水分（M）七种成分组成。气体燃料天然气、沼气主要是碳氢化合物。而高炉煤气和焦炉煤气则是几种气体的混合物所组成。

①　碳是燃料中的主要可燃成分。1kg 碳完全燃料时能放出 33913kJ 的热量。煤中的碳是由固定碳和以氢、氧、氮、硫等组成气态化合物两部分所组成。煤中含碳量一般在 15%～80%。油中含碳量在 83%～86%。

②　氢是燃料中的另一种主要可燃成分，虽然含量少，但发热值较高。煤的含氢量在 2%～8%，油含氢量在 12%～13%。1kg 氢完全燃烧可以放出 119742kJ 的热量，因此，含氢量高的燃料易着火。

③　氧是煤中的杂质，不能燃烧放热。煤中的氧以游离状态和碳氧化合状态两种形式存在，前者能助燃，后者不能助燃。

④　氮的含量在固体中占 0.5%～2%，既不能燃烧，也不能起助燃作用。

⑤　硫虽然在燃烧中也可以放出一部分热量，但却是燃料中的有害成分。其燃烧产物为二氧化硫（SO_2）和三氧化硫（SO_3），与烟气中的蒸汽相遇生成亚硫酸和硫酸蒸气，在露点以下就会冷凝而造成低温腐蚀。因此，在沼气燃烧前需湿式或干式脱硫；在煤燃烧后的尾气需脱硫；在加工石油或天然气时也需要脱硫。

⑥　灰分是燃料中固态矿物杂质。它的存在使燃料燃烧困难，热损失增加，液体和气体燃料的含灰量很少，而固体燃料含灰量在 10%～40%。含灰量超过 40% 的煤称为劣质煤。

⑦　水分是燃料中的杂质，在燃烧过程中要吸收热量而汽化，并增加排烟损失。但是，适当的水分能减少飞灰，改善通风，有利于燃烧。

4.49　燃油有哪些主要特性?

答　燃油的主要特性有黏度、闪点、燃点、凝固点和机械杂质等。

（1）黏度

黏度反映燃油流动特性的指标。燃油的黏度越大，输送和雾化越困难。燃油黏度的大小，通常用恩氏黏度表示。所谓恩氏黏度，是指将 200mL 燃油从恩氏黏度计流出的时间与流出同体积的 20℃蒸馏水所需时间之比值。黏度是随油温升高而降低的。

（2）闪点和燃点

油被加热时，油表面蒸发的油蒸气与空气的混合物接触明火时，能发出短暂的闪光而又立即熄灭的最低温度称为闪点。闪点表示燃油的易燃程度，闪点越低油越易燃，闪点低于45℃的油称为易燃品。当燃油超过闪点温度继续加热，与明火接触时，不但出现闪光，而且能连续燃烧，此油温称为燃点。一般燃点比闪点高 20～30℃。

（3）凝固点

燃油丧失流动性而开始凝结时的温度称为凝固点，燃油的凝固点与油的含蜡量有关，含蜡量越高，凝固点越高。

（4）机械杂质

机械杂质是指燃油中所含的泥砂、炭粒等成分。机械杂质会堵塞输油管和燃烧器孔道，还会加剧它们的磨损。

以燃油作为锅炉燃料的主要优点是发热量高（35000～43000kJ/kg）、燃烧迅速、锅炉热效率高、易于调节和控制、便于输送和储存、燃料运输和燃烧设备简单。由于燃油含灰分极少，所以不用除渣设备，现场卫生易保持。

4.50 气体燃料有哪些特性？

答 气体燃料的主要成分为一氧化碳、氢、甲烷及其他碳氢化合物，此外还含有少量的硫化氢、惰性气体和杂质。

锅炉燃用气体燃料的主要优点是热值高（15000～40000kJ/m³）、杂质少、排烟比较洁净，属洁净燃料。更主要的优点是点火容易、燃烧迅速、易与空气混合达到完全燃烧；调节方便，便于管道输送。有利于实现机械化和自动化，从而改善劳动和卫生条件，但是一些气体燃料中含有毒性气体和爆炸危险，故在使用时必须严格采取安全措施和遵守安全操作规程。

锅炉燃用的气体燃料除天然气外，还有人工煤气、液化石油气等。污水处理厂的锅炉大多数是燃用厌氧消化过程中产生的沼气。

天然气的主要成分是甲烷，还有其他碳氢化合物、硫化氢以及少量的惰性气体、蒸汽和矿物质等。天然气的发热量很高，大约为 32000～53000kJ/m³。其甲烷含量极高，占 75%～98%。其含硫量和氮量一般很低。

沼气是污水处理厂在污泥厌氧消化中产生的气体。主要成分甲烷含量为 50%～75%，热值为 20000～26000kJ/m³，一般低于天然气，高于煤制气。沼气中含有 H_2S 气体，容易造成腐蚀，必须脱硫后方可使用（脱硫后，H_2S 在 50mg/m³ 以下）。

煤制气中主要可燃气体是一氧化碳。一般供城市居民生活和小型工业生产用。其热值为14000～16000kJ/m³。

4.51 为什么要对锅炉给水进行处理？

答 锅炉的运行需要供热介质即水来保证，而各地水质不同，如不加以处理和控制会对锅炉造成损坏。如有的水可造成锅炉内膛（管、箱）内腐蚀，有的水可造成锅炉内膛结垢。有的水质处理不当，导致锅炉的热效率降低，增加能耗。甚至影响了锅炉的使用寿命。

因此，需要加强锅炉给水的处理和炉水水质控制，防止锅炉结垢和腐蚀。这对锅炉安全、经济运行等方面具有重要的意义。

4.52 常见的锅炉水垢有哪些？有什么特点？

答 （1）碳酸盐水垢
以 $CaCO_3$ 为主要成分，含有少量 $MgCO_3$。此类水垢具有多孔性，清除比较容易。

（2）硫酸盐水垢
以 $CaSO_4$ 为主要成分。此类水垢质地坚硬致密，清除比较麻烦。

（3）硅酸盐水垢

主要成分是硅钙石（$5CaO \cdot 5SiO_2 \cdot H_2O$）或镁橄榄石（$MgO \cdot SiO_2$）。此类水垢非常坚硬，热导率极小，对中、高压锅炉危害最大。

（4）混合水垢

混合水垢是由钙、镁的碳酸盐、硫酸盐、硅酸盐以及铁、铝氧化物等组成。主要由于使用不同成分的水质造成的。

（5）含油水垢

含油水垢是由油脂性物质炭化而成的。此类水垢色黑，比较疏松，一般含油5％以上。

（6）水渣

水渣是锅炉水中富有流动性的固形物，组成比较复杂。水渣比较疏松，非黏结性，但很容易黏附锅炉受热面上，生成坚硬的、非流动性的二次水垢。

4.53 怎样鉴别水垢？

答 （1）碳酸盐水垢

其颜色为白色，鉴别方法是加入5％HCl后大部分溶解，生成大量气泡，所留残渣量极少。

（2）硫酸盐水垢

其颜色为白色或黄白色。鉴别方法是加入5％HCl后溶解很慢很少，向溶液中加入10％的 $BaCl_2$ 溶液，生成大量白色沉淀。

（3）硅酸盐水垢

其颜色为灰色或白色。鉴别方法是加入5％热HCl后也很难溶解，微溶下来的碎片有沙粒样物质，加入 Na_2CO_3 可在800℃时熔融。

（4）油垢

其颜色为黑色。鉴别方法是加入乙醚后，乙醚呈浅黄色。

（5）铁垢

其颜色为棕褐色。鉴别方法是加入5％HCl溶解后，HCl溶液呈黄色。

4.54 水垢对锅炉的危害有哪些？

答 水垢对锅炉的危害如下。

（1）浪费燃料

当受热面内壁黏结1mm水垢，就要多消耗燃料约4％；黏结2mm水垢，多消耗燃料约7.5％。

（2）降低锅炉出力

水垢的平均热导率只有锅炉钢材热导率 [$58W/(m \cdot ℃)$] 的几十分之一到几百分之一。锅炉内水垢形成后，将会影响传热效果，势必降低锅炉的出力。

（3）引发锅炉事故

锅炉受热面生成水垢后，要保持锅炉的正常出力，不得不增加燃料消耗量，同时金属受热面壁温度就会增高，进而会发生鼓包，弯曲变形，严重时将会发生爆管、爆炸事故。另外在锅炉水管内，由于水垢会堵塞水管，影响水循环，从而烧坏水管。

我国一般要求在低压锅炉的受热面上，每年黏结水垢厚度不超过 0.5mm；水火管锅炉的受热面上，每年黏结水垢厚度不超过 1.4mm。

4.55　锅炉常见的腐蚀有哪些？

答　锅炉常见的腐蚀有汽水腐蚀、气体腐蚀、垢下腐蚀、晶间腐蚀、腐蚀疲劳、磨损疲劳等几种。

（1）汽水腐蚀

汽水腐蚀是由水蒸气氧化金属表面而产生的一种化学腐蚀。多发生在蒸汽锅炉中，发生腐蚀的部位一般在受热面而沸腾管段及过热器上。

（2）气体腐蚀，也称氧腐蚀

气体腐蚀是由炉水中的溶解氧而引起的金属腐蚀，其性质属于电化学腐蚀。在热水锅炉中常见，当给水溶解氧和 pH 值偏离标准值时，会发生水管壁的腐蚀。在设备启动和停运时有空气漏入，水中的含氧量可能趋向饱和程序，这时会发生严重的局部腐蚀。

（3）垢下腐蚀，或称沉积物下的腐蚀

垢下腐蚀是在水垢（沉积物）下发生的金属表面腐蚀，多发生在锅筒底部及受热面管。

（4）晶间腐蚀（荷性脆化）

晶间腐蚀是由于局部机械应力和炉水高度浓缩含有大量游离荷性钠所引起的。

（5）腐蚀疲劳

腐蚀疲劳是金属在冷、热交变应力作用下而引起的。腐蚀疲劳不但与应力大小和介质有关，而且与应力的交变次数有关。直流锅炉的蒸发受热面或水平管发生汽水分层时，锅筒和给水管连接处宜发生腐蚀。

（6）磨损疲劳

磨损疲劳是由于液体湍流冲击或水击造成的金属表面保护膜破坏引起的。受热面蒸发管段及进水管线通道上常发生腐蚀。

（7）点蚀

点蚀是一种电化学腐蚀，点蚀发生在相对于周围未发生腐蚀的面积来说为阳极。这些阳极通常是由于保护膜局部破裂以及由于沉积物形成浓度差电池等原因造成的，也有的是由于化学清洗不当造成的。

4.56　如何防止金属的腐蚀？

答　**（1）正确选用金属材料**

这要从工作参数、工作介质、作用环境、抗蚀能力及技术经济等因素（又称性价比）综合考虑。

（2）阳极保护法

可使金属发生钝化，提高金属的电极电位。提高金属环境的 pH 值也可使金属处于钝化区。例如，在给水中加氨提高 pH 值，使钢材防止腐蚀或采用除去水中杂质及去极化剂的方法。

（3）阴极保护法

可利用外加电流使被保护金属变为阴极。即将被保护金属与外加电源负极相连，使金属不能呈离子状态溶解；还可在被保护的金属设备上连接一块比金属设备的电极电位更低的金属或合金，如用锌块和铅块等作为阳极，可使铁、铜等设备作为阴极而受到保护。

（4）覆盖金属表面保护法

如用涂料、环保树脂、玻璃钢、衬胶、衬铅、衬水泥、涂塑、电镀和喷镀等工艺在被保护金属表面上覆盖一层保护层，可使金属不受腐蚀。

（5）加入少量缓蚀剂

在溶液中，缓蚀剂能有效地减小金属的腐蚀速度。其缓蚀作用是由于它能被金属表面吸附，从而阻碍了金属阳极的溶解。

4.57 锅炉为什么要进行给水处理？有哪几种方法？

答 锅炉给水的质量不仅会直接影响蒸汽品质、热水品质，同时对锅炉的某些部位发生碱性或酸性腐蚀有一定影响。从多年的运行实践证明，即使采用锅炉补给水除盐等措施，炉内多少还会有速度不等的沉积物形成。但是，通过对锅炉给水中杂质含量的控制并加入适当的药剂进行辅助处理，有助于控制炉内沉积物的形成和各种腐蚀的发生。

锅炉给水如采用天然原水，需进行水的预处理，一般包括絮凝、软化、沉淀（澄清）、过滤等方法。对炉内水一般采用加药处理等方法。如果取自城镇自来水管网的水，一般能满足下一步的水处理要求。因此，在实际工作中可根据原水水质和下一步水处理要求，选择合适的工艺流程及相应设备。

4.58 什么是水的化学除盐处理？与水的离子交换软化方法有什么不同？

答 水的化学除盐法全称是阴阳离子交换化学除盐法，是用 H 型阳离子交换剂将水中各种阳离子交换成 H^+，用 OH 型阴离子交换剂将水中各种阴离子交换成 OH^-，这样当水经过这两种交换处理后，就可以将水中各种盐类除尽。

水的离子交换软化与阴阳离子交换化学除盐法有三个不同。

（1）要除去水中的离子不同

软化法仅要求除去水中的硬度离子，主要是 Ca^{2+} 和 Mg^{2+}，而化学除盐则必须把水中全部的成盐离子（阴阳离子）都除掉。

（2）在处理中使用的交换树脂有些不同

因为水的软化只要求除去水中的硬度离子，所以它可使用阳离子交换树脂，也可以使用磺化煤做交换剂。而水的化学除盐是要除去水中的全部成盐离子，所以它必须同时使用强酸性阳离子交换树脂和强碱性阴离子交换树脂，而且不能使用盐型树脂（在水处理中，有时将 RNa、RCl 一类的树脂称为盐型树脂）。

（3）在运行中树脂使用的再生剂不同

水的离子交换软化，其交换剂失效后可以用盐类再生。比如再生 Na^+ 型离子交换剂就可以用食盐做再生剂。

$$R_2Ca + 2NaCl = 2RNa + CaCl$$

化学除盐工艺交换剂失效后，其再生剂必须为强酸（HCl 或 H_2SO_4）和强碱，不能使用用盐类做再生剂。

4.59 什么是锅炉炉内水处理？其炉内加药处理的方法有哪些？

答 炉内水处理是向锅炉给水或锅炉炉内投加适量的药剂，与随给水带入锅炉内的结垢物质（主要是钙、镁盐等）发生物理化学作用，生成细小而松散的水渣、悬浮颗粒，呈分散状态，然后通过锅炉排污排出，或在炉内成为溶解状态存在于炉水中。不会沉积在锅炉管壁上结垢，从而达到减轻或防止锅炉结垢的目的。这种水处理的过程是在锅炉炉内进行的，所以叫炉内水处理。一般在中低压锅炉中采用。

炉内加药处理一般有以下几种处理方法：①纯碱处理法；②磷酸盐处理法；③全挥发性处理法；④中性水处理法（NWT）；⑤联合水处理法；⑥聚合物处理法；⑦螯合剂处理法；⑧平衡磷酸盐处理法。

4.60 为什么要对锅炉给水进行除氧处理？

答 氧在电化学腐蚀过程中起去极化作用，产生以下反应：

$$2H_2O+O_2+4e^-\longrightarrow 4OH^-$$

水中溶解氧推动电化学腐蚀反应，会使锅炉系统形成严重的氧腐蚀。因此，锅炉给水在进入锅炉之前需进行除氧处理。

除氧处理一般可采用物理方法，即热力除氧。将给水用蒸汽加热至沸腾，使溶解氧脱出。当水温加热到99℃时，水中溶解氧可降到0.1mg/L以下。

除氧还可采用化学方法。即在给水中加入化学药剂除氧，如加联氨（N_2H_4）或亚硫酸钠（Na_2SO_4）等。化学药剂除氧可单独使用，也可消除热力除氧后残余溶解氧或由于水泵及给水系统不严密而漏入水中的溶解氧。

4.61 锅炉炉内水中为什么要加亚硫酸钠？应注意什么？

答 锅炉水系统腐蚀的主要原因是水中的溶解氧。低压热水锅炉按国标 GB/T 1576—2018 中规定可直接炉内加药处理。一般向炉内水加亚硫酸钠（Na_2SO_3）与炉内水中的氧起化学反应并生成硫酸钠（Na_2SO_4）而除去。其反应如下：

$$2Na_2S_3+O_2\longrightarrow 2Na_2SO_4$$

亚硫酸钠虽然除氧，但会增加水中含盐量。通常只能用于热水低压锅炉，不能用于高压锅炉，因其在炉内分解，产生有害的 SO_2 气体，如下式：

$$Na_2SO_3+H_2O\Longrightarrow 2NaOH+SO_2$$

在使用时，必须严格控制给水中亚硫酸钠的含量，使之不超过 5～12mg/L，如果过量，会引起炉内产生二氧化硫和硫化氢等腐蚀性气体，使金属受到腐蚀。所以，监督给水中的亚硫酸钠是十分必要的。

4.62 锅炉给水或锅炉炉内水中为什么要加磷酸盐？应注意什么？

答 为了防止在锅炉中产生钙垢和碱性腐蚀，在锅炉给水中加入磷酸盐，使得随锅炉给水进入炉内的 Ca^{2+} 不会形成水垢，而是生成水渣，并通过锅炉排污予以排除。这种向锅炉给水中投加磷酸盐的处理方法称为锅炉给水的磷酸盐处理。在锅炉给水中加入磷酸盐溶液，控制好一定量的磷酸根（PO_4^{3-}），在碱性条件下产生如下反应：

$$10Ca^{2+}+6PO_4^{3-}+2OH^-\longrightarrow Ca_{10}(OH)_2(PO_4)_6$$

生成的 $Ca_{10}(OH)_2(PO_4)_6$ 称为碱式磷酸钙，是一种松软的水渣，很容易随锅炉排污而去。因此，只要控制好炉水中的 PO_4^{3-} 的量，就可以使炉水中的 Ca^{2+} 含量非常少。在实际生产中，通常用磷酸三钠（$Na_3PO_4 \cdot 12H_2O$）或磷酸氢钠（Na_2HPO_4）配制成 5%～8% 的液体，经过滤去渣，再用补给水配成 3% 的溶液，直接加入锅炉水中，或者加入锅炉给水中，加量的多少与锅炉给水中 Ca^{2+} 量有关，一般还得通过调试来确定。

锅炉水的磷酸盐处理是向锅炉水中添加不挥发的盐类物质，会使锅炉内水的含盐量增加，为保证锅炉水处理的效果，又不影响蒸汽和热水品质，必须注意以下几个问题。

① 为使锅炉给水的残余硬度小些，应在给水软化处理时多除掉 Ca^{2+}、Mg^{2+}，以免在锅炉内水中生成的水渣太多，增加锅炉的排污甚至影响蒸汽品质。

② 应使锅炉内水中维持规定的过剩磷酸盐量。另外，加药要均匀，速度不可太快，以免锅炉内水含盐量骤然增加，影响蒸汽品质。

③ 应及时排走生成的水渣，以免锅炉水中集聚很多水渣，影响蒸汽品质。

④ 对于结垢的锅炉，在进行磷酸盐加药处理时，必须先将水垢清除掉。因为磷酸根还能与原先生成的钙垢起作用，使水垢逐渐变成水渣脱落，从而使锅炉水中产生大量水渣而影响蒸汽品质，严重时脱落的水垢甚至会堵塞炉管，导致水循环发生故障。

⑤ 加入的药品应比较纯净，以免杂质混入锅内引起锅炉腐蚀和蒸汽品质变坏。药品质量一般应符合下述标准：$Na_3PO_4 \cdot 12H_2O$ 含量不小于 92%，不溶性残渣不大于 0.5%。

加药时，应先排污后再加药，以免新加入的药剂被排出锅炉。定期或连续加药并按规定进行定期和连续排污。定期化验锅炉水，按化验结果确定加药量。

4.63 锅炉运行时为什么要排污？有几种排污方式？

答 锅炉运行时，随给水带入锅内一些杂质如不及时排出锅炉外，会在锅炉内沉积、结垢，危害锅炉的安全运行。不仅会影响蒸汽质量、热水质量，而且还有可能造成炉管堵塞或腐蚀管道内壁等，危及锅炉的安全运行。因此，为了保持锅炉的各项指标控制在标准范围内，就需要从锅炉内不断地排除含盐量较高的锅炉水，以及浮在水表面的油脂、泡沫和沉积的泥垢，再补入软化和含盐量低的给水。这个过程称为锅炉的排污。

排污的方式有两种，分别是连续排污和定期排污。

（1）连续排污

连续排污又称表面排污，这种排污方式是连续不断地从锅炉汽包中排放锅炉水。这种排污的目的是防止锅炉水中的含盐量和含硅量过高。此外，它还是排除锅炉水中的含盐量和碱度以及排除锅炉水表面的油脂和泡沫的重要方式。连续排污之所以从汽包中引出，是因为锅炉运行时，这里的锅炉水含盐量较大。

（2）定期排污

定期排污又称间断排污。定期排污是在锅炉系统最低点间断进行的，它是排除锅炉内形成的泥垢以及其他沉淀物的有效方式。另外，定期排污还能迅速调节锅炉水浓度，以补偿连续排污的不足。小型锅炉只有定期排污装置。

4.64　锅炉排污操作时有哪些注意事项？

答　① 锅炉工操作排污阀时，若不能直接观察到水位表的水位时，应与另一能观察水位表的人共同协作进行排污。

② 操作排污阀时不能进行其他操作。若必须进行其他操作时，应先停止操作排污阀，关闭排污阀后再进行。

③ 排污操作结束后，关闭排污阀，检查排污管道出口，确认没有泄漏后才能结束。

④ 排污前要将锅炉水位调至稍高于正常水位线。排污时要严密监视水位，防止因排污造成锅炉缺水。排污后排污管（渠）内不能有水流动的声音。

⑤ 排污应本着"勤排、少排、均匀排"的原则，每班至少排污一次。在每台锅炉上同时有几根排污管时，必须对所有的排污管轮流进行排污。如果只排某一部分，而长期不排另一部分，就会降低锅水品质，或者将部分排污管堵塞，甚至引起水循环破坏和爆管事故。当多台锅炉同时使用一根排污管时，禁止同时排污，防止排污水倒流进相邻的压力较低的锅炉内。

⑥ 排污要在锅炉小火时，或者负荷较低时进行，因为此时锅炉水循环较慢，渣垢容易积聚，排污效果好。

⑦ 在供热洗澡和闭路使用的热水锅炉，考虑有氧化铁及水渣等沉淀，应定期停炉进行适当的排污。

4.65　锅炉安全阀的作用是什么？有哪些种类？

答　安全阀是锅炉上的重要安全附件，对锅炉内部压力极限值的控制以及对锅炉的安全保护均起到重要作用。当锅炉内的压力升高超过规定值时（即安全阀的开启压力），安全阀自动开启排放蒸汽或热水。当锅炉内的压力降低到规定压力值时（即安全阀的回座压力），安全阀自动关闭。安全阀配置不当或不符合锅炉使用要求，就容易发生锅炉的超压以致爆炸事故。因此正确认识和使用安全阀是锅炉安全管理的一个重要内容。

安全阀按结构主要分为四类：静重式安全阀、杠杆式安全阀、弹簧式安全阀和控制式安全阀。按开启高度分主要为微启式安全阀和全启式安全阀两类。

4.66　锅炉安全阀安装、使用有什么要求？

答　锅炉上的安全阀选用应满足使用要求。在选择和鉴别时，应先注意密封面材料、阀体材料和公称压力是否满足要求。因为以铜为阀体材料的安全阀往往不能满足工作温度或工作压力的要求。铜质安全阀座的安全阀存在密封面密封性差和粘连等问题。一般用于蒸汽的安全阀，其阀体材料为碳钢，阀座材料为不锈钢。

安全阀的公称压力是在基准温度下的最大允许工作压力。对于铜阀体的基准温度为120℃，对于钢阀体则为200℃。锅炉安全阀在介质温度超过200℃时最大允许工作压力要比公称压力低。因此，在饱和蒸汽压力超过1.4MPa以及有过热器的锅炉上选用安全阀时，应根据实际工作温度去选。另外，根据《蒸汽锅炉安全技术监察规程》（1996）和《热水锅炉安全技术监察规程》（1997）中规定，蒸汽锅炉和热水锅炉的安全阀应采用全启式安全阀。

对蒸汽锅炉，每台锅炉至少应装设 2 个安全阀（不包括省煤器安全阀）。符合下列规定之一的，可只装 1 个安全阀：

① 额定蒸发量小于或等于 0.5t/h 的锅炉；

② 额定蒸发量小于 4t/h 且装有可靠的超压联锁保护装置的锅炉；

③ 对于可分式省煤器出口处，蒸汽过热器出口处，再热器入口处和出口处以及直流锅炉的启动分离器都必须装设安全阀。

对热水锅炉，额定功率大于 1.4MW 的锅炉至少应装设 2 个安全阀。额定功率小于或等于 1.4MW 的锅炉至少应装设 1 个安全阀。

对于蒸汽锅炉上安全阀的排放能力要求：

① 锅筒（锅壳）上的安全阀和过热器上的安全阀的总排放量，必须大于锅炉额定蒸发量；

② 在锅筒（锅壳）和过热器上所有安全阀开启之后，锅筒（锅壳）内蒸汽压力不得超过设计时计算压力的 1.1 倍。

对于热水锅炉上安全阀的排放能力要求：

① 热水锅炉上所有安全阀开启后锅炉内的压力不超过设计压力的 1.1 倍；

② 对于额定出口热水温度低于 100℃ 的锅炉，当额定热功率小于或等于 1.4MW 时，安全阀流管直径不应小于 20mm；

③ 当额定功率大于 1.4MW 时，安全阀流管直径不应小于 32mm；

④ 对于额定出口热水温度大于或等于 100℃ 的锅炉，装在锅炉上的安全阀的数量及流道直径需重新计算，或按设备说明书要求办。

所有锅炉上的安全阀应垂直安装，并应安装在锅筒（锅壳）、集箱的最高位置。在安全阀和锅筒（锅壳）之间或安全阀与集箱之间，不得装有取用蒸汽的出气管（或取用热水的出水管）和阀门。

4.67　如何保障锅炉正常运转？

答　锅炉运行中发生变化是正常的，关键是在锅炉运行发生变化时能及时采取措施和调整手段维持运行相对稳定。因此，当外界负荷发生变化时，应随时进行调整，使水位、压力、温度保持在控制范围内，同时对燃烧进行调整，即对燃料的供应量、通风量、给水量进行及时调节，使锅炉的运行工况和外界的负荷相适应，保证锅炉安全、经济运行。

（1）水位调节

① 锅炉运行中应做到给水平稳、均匀。因为水位的变化会使气压、气温发生波动。锅炉的正常水位一般在水位表中间。在运行时应根据负荷大小进行调整，在低负荷时，应稍高于正常水位，以免负荷增加时造成低水位。在高负荷时，应稍低于正常水位，以免负荷减少时，造成高水位。

② 锅炉给水的时间和方法要适当，给水间隔时间长或一次给水量过多，则气压很难稳定。在燃烧减弱时给水，则会引起气压下降。

③ 锅炉一般保持两台水位表完整，指示正确，清晰易见，如发现问题，及时处理。

④ 当负荷变化较大时，可能会出现虚假水位。当负荷突然增加很多时蒸发量不能及时跟上，造成气压下降，水位会因锅炉内的汽、水压力不平衡，出现先上升再下降的现象。当负荷突然减少很多时，水位会出现先下降再上升的现象，因此在监视水位时，应正确判断，

避免误操作。

⑤ 监视水泵出口处的压力与锅炉的压力差，若其数值逐渐增大，应检查给水管路是否产生阻塞等，应及时给予处理。

（2）气压调节

① 锅炉运行时，必须经常监视压力表，保持气压不得超过设计工作压力，应经常高速燃烧，使蒸发量满足供气负荷要求，使蒸汽压力保持稳定。

② 当负荷增加时汽压下降，如果水位高时，应先减少水量或暂停给水，再增加给煤量和送风量，加强燃烧，提高蒸发量，满足负荷需要，使气压、水位稳定在额定范围内，然后再按正常情况调节燃烧和给水量。如果水位低时，应先增加给煤量和送风量，保持气压和水位正常。

③ 当负荷减少时气压升高，如果水位高时，应先减少给煤量和送风量，减弱燃烧，再适当减少给水量或暂停供水，使气压和水位稳定在额定范围内。然后再按正常情况调整燃烧和供水量。如果水位低时，应先加大给水量，待水位正常后，再根据气压和负荷情况，适当调整燃烧和供水量。

（3）蒸汽温度调节

① 有过热器的锅炉，要对过热蒸汽温度严格控制。过热蒸汽温度偏低时，不利于热能的利用；超过额定值时，过热器管子会发生过热而降低强度，影响安全运行。

② 影响蒸汽温度的变化因素如下。

a. 烟气放热。流经过热器的烟气温度升高，烟气量加大或烟气流速加快，都会使过热蒸汽温度上升。

b. 锅炉水位高时，蒸汽夹带水分多，过热蒸汽温度下降。水位低时，蒸汽夹带水分少，过热蒸汽温度上升。

c. 小型锅炉过热。蒸汽温度一般可通过调节给煤量和送风量，改变燃烧工况来调节。大型锅炉则通过减温器来调节过热蒸汽温度。

（4）热水锅炉运行时出水温度调节

① 热水锅炉出水温度应低于运行压力下相应饱和温度 20℃ 以下。

② 并列运行热水锅炉的出水温度也应随时调控。在供热负荷不大时，用减弱燃烧的方法使出水温度较高的锅炉降低水温，在供热负荷较大时，采取开大出水温度较高的锅炉回水阀的方法调整。

（5）燃烧调节的一般要求

① 燃烧量与燃烧所需空气量要相配合适，并使燃料与空气充分混合接触。

② 炉膛应尽量保持一定高温。

③ 应保持火焰在炉内合理均布，防止火焰对炉体及砖墙强烈冲刷。

④ 不能骤然增减燃料量。增加燃料时，应首先增加通风量；减弱通风量时，应首先减少燃料供应，绝不可以颠倒程序。

⑤ 防止不必要的空气侵入炉内，以保持炉内高温，减少热损失。

⑥ 防止出现燃烧不均匀和避免结焦。

⑦ 正在燃烧时，防止出现燃烧气体外漏，以免烧坏绝热材料及保温材料，在操作中应监视风压表，调整通风压力，使其保持稳定。

⑧ 根据排烟温度、氧及二氧化碳的质量百分含量及通风量等努力调整好燃烧。

4.68 锅炉为什么要进行化学清洗保养？如何清洗保养？

答 锅炉运行中，在其表面会生成水垢、泥渣，外表附着燃烧生成物会腐蚀锅炉本体，降低热效率，危及锅炉的安全运行，为确保锅炉运行中有良好的水汽质量和避免炉管的结垢与腐蚀，除要做好补给水的净化和锅炉机组内水质调整处理外，还应定期对锅炉进行化学清洗，就是用某些化学药品的水溶液来清除锅炉水汽系统中的各种沉淀物，并使金属表面上形成良好的防腐保护膜。目前常用的锅炉化学清洗的无机酸为盐酸和氢氟酸。有机酸为柠檬酸、羟基乙酸、甲酸、酒石酸等。

盐酸是一种较好的清洗剂。其主要优点是：

① 清洗能力强，添加适当的缓蚀剂就可以将它对锅炉金属的腐蚀控制到很小的程序；

② 价格便宜，容易解决货源，清洗操作容易掌握；

③ 用盐酸清洗时，所发生的反应不完全是它将附着物溶解的过程，还有使附着物从金属表面上脱落下来的作用。

盐酸作为清洗剂有其局限性：

① 不能用来清洗由奥氏钢制造的设备，因为氯离子能促使奥氏钢发生应力腐蚀；

② 对于以硅酸盐为主要成分的水垢，用盐酸清洗的效果也较差。此时，在清洗液中往往需要补加氟化物等添加剂。

用盐酸清洗时，其浓度一般为 $3\%\sim5\%$，常含有 $0.2\%\sim0.4\%$ 的若丁或 $0.2\%\sim0.3\%$ 乌洛托品缓蚀剂；清洗溶液温度一般为 $40\sim60℃$；流速应小于 $0.2m/s$，不大于 $1.0m/s$；清洗时间通常为 6h 左右，不超过 8h。

氢氟酸溶解铁的速度很快，溶解以硅化合物为主要成分的能力很强，即使在较低的浓度（如 1%）和较低的温度（如 $30℃$）下，它也有较好的溶解能力，是一种比较好的清洗剂。

① 用氢氟酸清洗时，通常是将清洗液一次流过清洗设备，不需要在清洗系统中反复循环流动，加上酸液的浓度小，温度较低，而且还可添加适当的缓冲剂，所以对金属的腐蚀较轻，也能清洗由奥氏体钢材制作的锅炉部件。

② 采用氢氟酸清洗锅炉时，消耗的水和药剂量小，清洗后的废液经过简单处理即变得无毒和无腐蚀性。具体办法是将清洗废液汇集起来，用石灰乳处理，然后排放。

③ 用氢氟酸清洗时，酸液浓度一般为 $1\%\sim2\%$，常含有 $0.2\%\sim0.4\%$ 的混合缓蚀剂；清洗温度为 $30\sim60℃$；最低流速为 $0.2\sim0.5m/s$；清洗时间为 $2\sim3h$。

用有机酸清洗锅炉有许多优点。

① 不会使清洗液中出现大量的沉渣或悬浮物以致堵塞管道。

② 能清洗奥氏体钢材或其他特种钢制成的锅炉设备。

③ 清洗后残留下的废液在高温下能分解成二氧化碳和水，所造成的污染小。

④ 柠檬酸是目前应用较广的清洗剂，它是一种白色结晶，分子式是 $H_3C_6O_7$，在水溶液中是一种三价酸。用来清洗锅炉时其浓度不能小于 1%，温度不能低于 $80℃$，pH 值不能大于 4.5，铁离子浓度不能大于 0.5%，否则容易产生柠檬酸铁沉淀。在清洗后的阶段不能将清洗液直接排放，只能用热水将其排掉。

⑤ 用柠檬酸清洗锅炉的具体指标为酸液浓度一般为 $2\%\sim3\%$，常用含有 $0.2\%\sim0.4\%$

的二邻甲苯硫作为缓蚀剂，加氨溶液将 pH 值调至 3.5～4.0，清洗液的温度为 90～100℃，清洗时流速为 0.3～2m/s，清洗时间为 3～5h。

4.69 锅炉使用期间如何保护炉体？

答 锅炉使用期间，如不采取保护措施，锅炉水、汽系统的金属内表面会遭到溶解氧的腐蚀。当停用锅炉的金属表面上还有沉积物或水渣时，停用时的腐蚀过程会比使用时进行得更快。停用腐蚀的危害不仅由于它在短期内会使大面积的金属发生严重的腐蚀，而且还会在锅炉全新投入运行后发生不良反应。所以在停炉期间，必须对锅炉的水、汽系统采取保护措施。采取的措施有：

① 防止空气进入停用锅炉的水、汽系统内；

② 保持停用锅炉的水、汽系统金属表面的干燥；

③ 在金属表面覆盖有防腐蚀作用的薄膜；

④ 使金属表面浸泡在含有除氧剂作用的水溶液中。

具体的防腐蚀方法有湿法保养、干法保养、充气保养等。

(1) 湿法保养

湿法保养一般适合停炉期限不超过一个月的锅炉。停炉后，将炉水放尽，清除水垢和烟灰，关闭所有人孔、手孔、阀门等，与运行锅炉完全隔绝。然后加入软化水至最低水位线，再用专用泵将制好的碱性溶液注入锅炉。溶液的成分是氢氧化钠或磷酸三钠，注入后，开启给水阀，将软化水灌满锅炉，直至水从空气阀冒出。然后关闭空气阀和给水阀，开启专用泵进行水循环，使溶液混合均匀。在保养期间，要定期生微火烘炉，以保持受热面外部干燥。要定期开泵进行水循环，使各处溶液浓度一致。要定期化验，如果碱度降低，应予以补加。冬季要采取防冻措施。

(2) 干法保养

干法保养适用停炉时间较长的锅炉。停炉后，将炉水放尽，清除水垢和烟灰，关闭蒸汽阀、给水阀、排污阀，接着打开人孔使锅炉自然干燥。如果锅炉内潮湿，用文火将锅炉炉体以及炉膛、烟道烘干。然后将干燥剂（生石灰或无水氯化钙）用敞口托盘放在炉排上，以及用布袋吊装在锅筒内，以吸收潮气。最后关闭所有人孔、手孔，防止潮湿空气进入锅炉内腐蚀受热面，以后每隔半月左右检查一次受热面有无腐蚀，并及时更换失效的干燥剂。

(3) 充气保养

充气保养适用于长期停用的锅炉。一般用氢气或氨气，从锅炉最高处充入并维持 0.05～0.1MPa 的压力，迫使空气从锅炉最低处排出，使金属不与氧气接触。氨气充入锅炉后，即可驱除氧气，又因其呈碱性反应，更有利于防止氧腐蚀长期停用的锅炉，受热面外部在清除烟灰后，应涂防锈漆；受热面内部在清除水垢后，应涂锅炉防腐漆。锅炉的附属设备也应全部清刷干净。鼓风机、引风机和炉排减速器等加以保养，所有活动部分每星期应转动一次，以防锈住。全部电动设备应按规定进行保养。

4.70 锅炉运行有哪些管理制度？应有哪些记录？

答 为提高锅炉的操作管理水平，确保安全、经济地运行，锅炉使用单位应根据国家有关条例、规程和规定建立健全各项规章制度。对于以水为介质的固定式蒸汽锅炉和热水锅炉，制订以下几项制度。如岗位责任制、交接班制度、锅炉及辅机的操作规章、巡回检查制度、设备维护保养制度、锅炉给水管理制度、安全卫生制度等。

同时要做好锅炉运行记录。如：

① 锅炉及附属设备运行记录；

② 交接班记录；

③ 水处理设备运行及水质化验记录；

④ 设备检修保养记录；

⑤ 事故记录；

⑥ 用煤（或用气、用油）、用水、用电、用药量记录；

⑦ 供热（供蒸汽、供热水）记录；

⑧ 压力表、温度表、流量表等定期检验记录；

⑨ 安全阀定期校验记录；

⑩ 水位报警器、低水位连锁保护装置定期校验记录；

⑪ 当班人员巡回检查记录。

4.71 如何加强锅炉的运行管理并提高设备完好率？

答 锅炉运行属于压力容器的操作，锅炉的内部承受介质的压力，还要受到汽、水及溶解氧的结垢、腐蚀，外部受到火焰的高温热力和辐射，存在因操作不当发生烧坏、爆炸等危险。因此需要加强对锅炉及附属设备的保养、维护和检查，提高设备的完好率才能保证锅炉的安全经济运行。提高设备完好率主要应做好以下几项工作。

(1) 加强和落实好计划检修

根据锅炉运行状况和生产特点，安排好锅炉的大修、中修、小修计划，绝不能存在不坏不修的错误想法，做到无"病"先防，有"病"早医，把事故消灭在萌芽状态。

(2) 加强设备的维修保养工作

制订开、停锅炉的操作步骤和要点，制订设备运行中巡回检查的路线、项目，做好锅炉运行期间和停炉后的维护和保养。对转动设备规定添加润滑剂的时间。

(3) 保证安全装置灵敏可靠

为使安全装置经常处于良好状态，必须定期对安全装置进行校验。压力表每半年校验一次；水位表每班按正常操作步骤冲洗 1～2 次；安全阀每周手动排汽试验一次，每月让其自动排汽试验一次。所有安全附件都应配备 2 套，以便定期拆换和保养。

(4) 管理好备用工件

加强对备品备件及专用工具的管理，特别是易损件备品和专用检修工具。应设有专柜，将它们分门别类地放在固定位置。

(5) 建立设备检修卡片（档案）

将检修内容、时间、检修工艺以及检修人员、检修后的验收人员等内容一一记入检修卡片（档案）内。

(6) 整理运行记录、设备维修卡片（档案）

根据不同设备的运行特点，规定每班巡视、巡回检查内容和次数，将每次检查的结果和检查时间记入运行日记，然后由专人将运行记录和设备维修卡片（档案）按时加以整理总结。为设备的大修、中修、小修提供参考。

● 污水源热泵系统的运行与管理

4.72 什么是低温位热源？

答 在自然界和工业生产中存在大量的低温位热源，储藏于空气、土壤、水等介质中以及废气、废水等工业介质中。利用热泵可以回收这些低温位热量，产生高温位热量来供应生产和生活的应用。热泵从这些热源吸收的热量属于可再生的能源，而且拥有较高的能量利用率。不同热量提供方式的能量利用率如表 4-4 所示。

表 4-4　不同热量提供方式的能量利用率

能量提供方式	燃油锅炉	燃气锅炉	电锅炉	热泵
性能系数	0.70～0.90	0.80～0.95	1.0	＞2.8

低温位热源的应用可以带来良好的环境效益。在提高能源利用率的同时，减少对电能的需求，进而为减少温室气体 CO_2 的排放发挥作用。

4.73 热源的种类有哪些？

答 **（1）空气源**

如常见的各种家用空调，对空气加热和放热，存在环境温度低时制热难以启动或环境温度高时制冷能耗过大的弊端。

（2）地源

土壤以及深层地下水对大气层温度变化不敏感，或本身自然发热，如温泉、地热井、火上热等。

（3）自然水源

江河、湖泊、海洋、水库对大气层温度变化不敏感。

（4）工业余热

工业系统的剩余热能，工业不能循环利用甚至需耗能冷却的热源。

（5）污水源

如污水处理厂的尾水，污水来自千家万户和工商企业，其冬夏温差更小，冬季制热与夏季制冷具有更强的节能降耗优势。

4.74 污水源热泵的优点是什么？

答 污水源热泵空调系统是利用污水、海水、湖水及其他地表水做冷热源，并通过热泵机组，加热热媒或冷却冷媒，最终为建筑提供热量或冷量的系统。污水源热泵空调系也是可再生能源的一种利用方式，是一种具有节能和环保意义的绿色供热空调系统。

（1）环保效益显著

污水源热泵是利用污水处理厂尾水作为冷热源，污水经过换热设备后留下冷量或热量返回原系统，污水与其他设备或系统不接触，污水密闭循环，不污染环境与其他设备。供热时省去了燃煤、燃气、燃油等锅炉房系统，没有燃烧过程，避免了排烟污染；供冷时省去了冷却水塔，避免了冷却塔的噪声及霉菌污染，环境效益显著。

（2）高效节能

冬季，污水体温度比环境空气温度高，所以热泵循环的蒸发温度提高，能效比也提高。夏季水体温度比环境空气温度低，所以制冷的冷凝温度降低，使得冷却效果好于风冷式和冷却塔式，机组效率提高，能源利用效率远高于其他形式的中央空调系统。

（3）运行稳定可靠

水体的温度一年四季波动的范围远远小于空气的变动，是很好的热泵热源和空调冷源。水体温度较恒定的特性，使得污水源热泵机组运行平稳。

4.75 污水源热泵的缺点是什么？

答 ① 污水源热泵设备及末端投资约为锅炉的 1.3～1.5 倍（经验值）。

② 污水源热泵冬季供热温度普遍只有 55～65℃，极端天气下供热效果不及锅炉。

③ 污水源热泵受水源的制约很大，如果地下水量萎缩或水温变化，整个系统就无法正常运行。

4.76 污水源热泵机组的工作原理是什么？

答 （1）满液螺杆机

压缩机通过排气口将高温、高压的气态制冷剂排到冷凝器中，在冷凝器中，气态制冷剂在管外流动，管内流动的是冷却水。高温、高压的气态制冷剂将热量传递给管内的冷却水，变成液态，积聚在冷凝器低部，然后依靠压差作用从出液管经蝶阀、孔板节流成低温低压的氟利昂液体进入蒸发器。制冷机的蒸发器仍为管壳式结构，管内流动的是用户需要的冷水，管外流动的制冷剂是 R22/R134a。低温低压的氟利昂液体进入蒸发器蒸发、吸热，制取空调用冷水，同时产生低压的氟利昂蒸汽流入压缩机吸气端被压缩机吸入、压缩、再变成高温、高压气态 R22/R134a 进入冷凝器进行下一次循环。

（2）干式螺杆机

压缩机通过排气口将高温、高压的气态制冷剂排到冷凝器中，在冷凝器中气态制冷剂在管外流动，管内流动的是冷却水。高温、高压气态将热量传递给管内的冷却水，变成液态，积聚在冷凝器底部，然后依靠压差作用从出液管经干燥过滤器、电磁阀，在热力膨胀阀的节流下进入蒸发器。制冷机的蒸发器仍为管壳式结构，管内流动的是制冷剂，管外流动的是用户需要的冷水。蒸发器内的液态冷却剂吸热蒸发为气态，液态气化的过程中从管外流动的冷水中吸取大量的热量，将冷水冷却，制取空调用冷水，其低压的气态冷却剂被压缩机吸入、压缩、再变成高温、高压的气态冷却剂进入冷凝器进行下一次循环。

4.77 污水源热泵的运行工况分哪几类？

答 （1）夏季工况

主要承担该区域的冷负荷。水源侧采用污水，污水源热泵制取 7℃ 的冷水供到末端，满足区域内的冷负荷需求。

（2）冬季工况

主要承担该区域的热负荷。利用污水源热泵制取 45℃ 的热水，满足末端负荷的要求；过渡季节如若有空调负荷，可采用新风处理机送新风到空调房间，来满足末端空调需求。

4.78　如何计算污水源热的取水量？

答　（1）夏季最大小时取水量

夏季水源水供回水温差按 5℃ 计算，最大小时取水流量计算如下：

$$Q_夏 = \frac{W_夏 \times 0.859 \times (1 + 1/COP_夏)}{\Delta t}$$

$$= \frac{560 \times 0.859 \times (1 + 1/5.5)}{5}$$

$$= 114 (m^3/h)$$

式中　$Q_夏$——夏季水源侧水流量，m^3/h；

$W_夏$——近期夏季总冷负荷，kW；

$COP_夏$——夏季主机 COP 为 5.5；

Δt——水源水供回水温差为 5℃。

（2）冬季最大小时取水量

冬季水源水供回水温差按 5℃ 计算，最大小时取水流量计算如下：

$$Q_冬 = \frac{W_冬 \times 0.859 \times (1 - 1/COP_冬)}{\Delta t}$$

$$= \frac{420 \times 0.859 \times (1 - 1/4)}{5}$$

$$= 54 (m^3/h)$$

式中　$Q_冬$——冬季水源侧水流量，m^3/h；

$W_冬$——近期冬季总热负荷，kW；

$COP_冬$——冬季主机 COP 为 4.0。

4.79　污水源热泵机组有哪些维护工作？

答　① 机房应避免高温，保持干燥，通风良好，并留有排水沟，及时将积水排出。

② 定期清除机组表面和各暴露管道上的灰尘，发现泄漏及时进行修理。必须特别注意容易锈蚀的部件，必要时涂上防锈漆防止锈蚀。

③ 经常检查机组的紧固件是否松动，若有松动应及时加固，以消除机组的振动和由振动影响而引起的管道泄漏。

④ 经常检查设备电源的线电压和各相电压的不平衡是否在规定的范围之内。

⑤ 定期检查机组电气柜中的各紧固件是否有松动，若有松动，应及时加固。特别是机组电气柜运行一段时间后，电线或电缆的一冷一热会引起紧固件的松动，由此可能会影响机组的电气性能，损坏器件。加固电气接头紧固件时必须切断电源。

⑥ 保持机组的热，交换器、低压管道的保温隔热完整，若发现保温层损坏、脱落应及时修补，以减少机组的不必要的能量损耗。

⑦ 定期在设备各阀的阀杆上涂少许黄油，在机组的控制柜的开门转轴及门锁上滴 1～2 滴机油，避免活动部件锈蚀咬住。

⑧ 周期性查看机组的主要的温度及压力值，检查机组运行是否正常。并对蒸发压力、冷凝压力、吸排气温度、冷却水进出口温度、冷冻水进出口温度、每台压缩机的电流、实际工作电压等进行定时记录。

⑨ 如机组放置在温度零度以下，或在长期停机时，蒸发器及冷凝器内的存水必须清掉，以免冻坏铜管。

4.80 污水源热泵机组的故障排查有哪些？

答 必须掌握污水源热泵机组常见故障、故障原因及排除方法（表 4-5），以保障其长期稳定、低能耗运行。

表 4-5 污水源热泵机组常见故障、原因及排除方法

现象	原因	排除方法
排气压力过高	①系统内有空气或不凝性气体 ②冷却水入水温度过高或通过冷凝器水流不足 ③冷凝器铜管内覆盖鳞状物、石灰、腐蚀等 ④水泵故障 ⑤制冷剂充注过量，冷凝器铜管浸没于制冷剂液体中 ⑥冷凝器上的气体入口阀未完全打开 ⑦吸入压力高于正常值	①由冷凝器排出 ②调节水系统,检查水塔工作情况,检查管路内的过滤器 ③清洗铜管 ④检查冷却水泵 ⑤排出过量的制冷剂 ⑥打开阀门 ⑦参考"吸气压力过高"排除方法
排气压力过低	①流过冷凝器的水太多,或水温太低 ②液体制冷剂从蒸发器流入压缩机引起油泡 ③冷凝器液体出口阀泄漏 ④吸气压力低于正常值 ⑤制冷剂不足,气体制剂进入液体管路	①调节水阀或控制闸阀;检查冷却塔运行情况 ②检查和调整膨胀阀;确定感温包是否紧固于吸气管上并已隔热;冷却水入口温度高于限定温度 ③检查机组运行电流;如需要,更换出口阀 ④参考"吸气压力过低"排除方法 ⑤补充足够制冷剂
吸气压力过高	①排气压力过高 ②制冷剂充注过量 ③液体制冷剂从蒸发器流入压缩机 ④冷水管隔热不良	①参考"排气压力过高"排除方法 ②排出过量制冷剂 ③检查和调整膨胀阀,确定感温包是否紧固于吸气管上,已隔热;冷水入口温度高于限定温度 ④检查管路隔热
吸气压力过低	①未完全打开冷凝器制冷剂液体出口阀 ②液体管或吸气管堵塞 ③膨胀阀调整不当或故障 ④系统制冷剂不足 ⑤在系统内有过量润滑油参与循环 ⑥冷水入口温度低于标准温度 ⑦通过蒸发器的冷水量不足 ⑧排气压力过低	①打开阀门 ②检查制冷剂过滤器 ③正确调整过热度,检查感温包是否泄漏 ④检查制冷剂泄漏 ⑤检查润滑油量 ⑥调整温度设定值 ⑦检查冷水管路压力损失 ⑧调节水系统阀门
压缩机高压开关动作	①冷却水不足 ②冷凝器堵塞;入水口阀门关闭 ③高压保护设定值不正确 ④制冷剂充注过量	①检查水系统阀门 ②检查冷凝器铜管和水阀门 ③检查设定值 ④检查制冷剂充注量

现象	原因	排除方法
压缩机 电机过载	①电压过高或过低 ②排气压力过高 ③回水温度过高 ④过载元件故障 ⑤电动机或接线短路	①检查电压与机组额定值是否一致,必要时要更正相位不平衡 ②检查排气压力和确定排气压力过高原因,并排除 ③检查回水温度过高原因,并排除 ④检查压缩机电流,对比资料表上的全载电流 ⑤检查电动机接线座与地线之间绝缘电阻
压缩机电机 绕组高温	①电压过高或过低 ②排气压力过高 ③冷水回水温度过高 ④电动机绕组感温器元件故障 ⑤系统制冷剂不足	①检查电压与机组额定值是否一致,必要时更正相位不平衡 ②检查排气压力和确定排气压力过高原因,并排除 ③检查原因,并排除 ④检查压缩机感温器接线座上的元件触点,检查应在已冷却的状况下进行(压缩机已经停止运行10min以上) ⑤检查制冷剂泄漏原因
压缩机低压 开关动作压 缩机有噪声	①制冷剂液体管过滤器堵塞 ②膨胀阀故障 ③制冷剂充注不足 ④冷凝器液体出口阀未完全打开液体制冷剂由蒸发器吸入压缩机	①检查和修理过滤网或更换过滤器 ②检查膨胀阀 ③添加制冷剂 ④打开阀门节流制冷剂液体直至没有液体制冷剂由蒸发器排出,然后检查膨胀阀和过热度
压缩机 不能运转	①压缩机保护动作或控制线路熔丝烧掉 ②控制线路接触不良 ③断电 ④压缩机继电器线圈烧掉 ⑤相位错误	①检查其动作原因并修理后,再重新启动机组 ②检查控制线路并修理 ③检查电源 ④更换继电器线圈 ⑤任意两相互调
卸载系统 不能工作	①冷水出口温度设定错误或温度传感器故障 ②卸载电磁阀故障 ③压缩机损坏	①调节温度设定或更换温度传感器 ②检查电磁阀线圈,检查油路是否堵塞 ③检查卸载机械结构部件

4.81　长期停机需要注意的工作有哪些?

答　① 机组泵集方式停机（将冷剂全部抽入冷凝器中）；
② 关闭供液管上的截止阀；
③ 断开机组电源；
④ 关闭压缩机吸、排气阀门；
⑤ 在所有关闭的阀门上注明"再次开机前需打开"字样；
⑥ 切断水路,并排掉蒸发器、冷凝器及有关管道的存水。

4.82　开机前主要的准备工作有哪些?

答　（1）不带电和送电后检查
以下各项在不带电情况下检查。
① 电控柜的电源总开关置"关"位置。
② 检查电线切面大小是否合乎所需负荷。

③ 检查电气已适当接地。

④ 检查并拧紧所有的电气接头，应保证接头紧固不松动（运输途中的震荡可能引致螺栓松脱）。

检查以上情况后，可送电到机组。

① 将电控柜的电源总开关置"开"位置。

② 用电压表检查输入电压。允许电压不平衡率为 2%。

③检查水侧系统之安全装置及线路是否符合电气图指示。

④ 检查压缩机油加热器电压，确定油箱为加热状态，并留意油箱是否已升温（用手即可感觉）。

（2）辅助设备检查

检查所有的辅助设备与末端装置，其中包括冷却水泵及循环系统、冷水泵及循环系统、空气处理设备（变风量空调机、盘管等）。

（3）水系统检查

启动冷却水泵、冷却塔风机、冷水泵，打开各水系统的水路阀门，同时检查冷却水是否正常循环，排尽水系统中的空气。

（4）冷媒循环系统的检查

① 检查制冷系统管路、接头及法兰有无泄漏，应保证系统无泄漏。

② 查看显示屏的温度设定值（冷水出口温度）是否满足要求。

③ 检查压缩机油槽加热器是否发热，并已通电 8h 以上。

● 沼气利用系统的运行和管理

4.83 沼气有哪些性质？怎样利用？

答 ① 沼气主要是指各种有机物质通过厌氧分解而产生的混合气体。在农村粪池中能产出沼气，在沼泽地也能产生沼气，在污水处理厂中，污泥厌氧处理过程中产生的是沼气（也有称污泥气）。

② 沼气是一种可燃气体，其主要化学成分为甲烷 CH_4（含量一般在 50%～75%）、二氧化碳（含量一般为 20%～30%），另外还含有少量的氢气（H_2）、氮气（N_2）、氨气（NH_3）和硫化氢（H_2S）气体。

③ 沼气的热值在 21～25MJ/m³（5000～6500kcal/m³）之间，发热值的大小取决于沼气中 CH_4 的含量，沼气一般热值要高于城市煤气（约 3500kcal/m³）而低于天然气（约 9000kcal/m³）。

④ 沼气中的 H_2S 气体不仅能溶于水中产生氢硫酸腐蚀管道或设备，更值得警惕的 H_2S 是一种有毒气体，同时又是易燃易爆气体，因此在利用沼气时必须按照"安全运行规定"严格执行。沼气中的 H_2S 气体取决于污水中有机物的成分，有两个主要来源：一是蛋白质水解后发生脱巯基反应，生成 H_2S；二是污泥中的硫酸盐（SO_4^{2-}）发生还原反应生成 H_2S，特别是生活水平有很大提高，食谱中肉、奶等蛋白性食物比例增加，污泥中的 H_2S 也会大幅增加。

⑤ 沼气的综合利用途径很广泛。其中的 CH_4 可作为生产四氯化碳或有机玻璃树脂原材料，也可用于制造甲醛；其中 CO_2 可以用于生产纯碱，这些化工利用途径在国内外都有一定程度的实践。有的大型污水处理厂还将产生沼气直接与城市煤气并网，或适当去除 CO_2，提高 CH_4 的纯度，送入城市人工煤气管线并网以提高煤气的热值。在污水处理厂内综合利用主要用在沼气锅炉供热（给污泥消化供热或冬季取暖）、沼气机驱动发电机发电、沼气机驱动鼓风机供气，还可供炉灶做饭，烧洗澡热水等。

4.84 沼气利用的主要途径和供气附属设备有哪些？

答 沼气利用的途径在污水处理厂内主要是作为燃料通过沼气发动机、沼气锅炉和沼气炉灶等设备加以利用。因消化池产沼气是波动变化的，还需要对沼气脱硫处理送至贮气柜贮存，保证供沼气的平衡性。为避免沼气产量大时，沼气柜贮存不能满足要求，还需设置沼气火炬（又称废气燃烧器）将剩余沼气烧掉。

4.85 如何保证沼气输、配系统的安全运行？

答 要保证沼气输、配系统的安全运行需要控制系统的压力与阻火两个方面。

（1）压力控制

① 要使沼气输、配系统正常稳定运行，压力是一个重要参数。而沼气柜在输、配系统中除起到贮存沼气的作用外，还有一个重要作用就是保持系统压力恒定，隔离消化池产沼气与使用沼气设备相互影响，使压力不随沼气生产量的变化而波动。干式沼气柜、湿式沼气柜都是由其配重块确定其压力，增、减配重块，可将沼气系统的工作压力控制在合适的范围内，一般为 $200 \sim 500 mmH_2O$。

② 在沼气系统中，无论是出现超压或者出现负压，都会影响系统安全运行，甚至对系统和设备造成破坏和产生危险。为此，在系统内的某些重点部位设压力安全阀和防止负压阀。如在消化池顶部、沼气柜的浮动盖顶部，都设有压力安全阀和防止负压阀。在实际运行中应定期巡视检查，有条件最好备用该阀。如果是水封阀则应经常检查并填满水。在该设施停止运行时应将其送质量监督部门标定后再安装使用。

③ 在沼气输配系统中，因沼气管道的管径、管道阻力等影响，沼气流量的大小不同，使消化池内的沼气压力与沼气柜内压力以及沼气使用设备内的压力是不同的，一般来说，消化池的压力要高于沼气柜的压力，而沼气柜的压力要高于设备取沼气前的压力。使用沼气设备如果有提高压力和流量要求时，可配套沼气提升泵来达到。

（2）沼气管道阻火控制

沼气在输配系统中必须保持正压力。而沼气在燃烧设备中有一个燃烧速度，通常管道中沼气的正常流速要大于燃烧速度，如果因为某种原因，如管道中产生负压，混入空气使管道内产生回火（这时燃烧速度大于沼气流速），引起沼气爆炸和泄漏。为防止危险，在消化池之后、沼气柜之后、锅炉、沼气发动机和燃沼气设备之前的管路上设置阻火装置。常用的阻火器有三种：铝网阻火器、水封阻火罐、砾石阻火罐。

① 铝网阻火器。又称消焰器，即在沼气管道上串接一个铝网阻火器。在内部装设一个可拆卸铝网，其阻火原理是铝丝网能迅速吸收和消耗热量，使正在燃烧的气体温度低于其燃点，将火焰阻断，从而达到阻止火焰向气源燃烧的目的。当沼气内混入空气量较少时，在阻

火器与燃烧点之间的管道内会很快将空气耗尽，火焰自动熄灭。但当沼气管道内混入的空气较多时，火焰会将阻火器内的多层铝网熔化，形成一个封堵，封住火焰。又因为阻火器在管道中运行，会拦截沼气中的杂质，结成污垢，增大阻力，需定时清理，防止铝网的吸热效率下降，影响其阻火功能。另外阻火器应尽量靠近燃烧点安装，一般要求离燃烧点不应超过5m。

② 水封阻火罐。水封阻火罐的原理是利用罐内一定高度的水层达到阻止回火的目的，优点是容易制造，适应较大的沼气管径阻火（如 $\phi200mm$ 以上管径），水封阻火罐如图4-2所示。

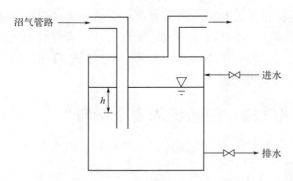

沼气管路　　　进水　　　排水　　　h

图 4-2　水封阻火罐示意

缺点是因为罐内水位增大了管路的阻力，并有可能增加沼气的水分。在运行管理中，应经常检查水封罐的水位，随时补充蒸发掉或被沼气挟走的水分。或因沼气水分太多，水封罐内水位上涨，需随时放低水位在规定的范围内。图中的水位 h 不可太大，否则将增大管路沼气的阻力，也不可太小，太小会使补水次数增加，并可能因为补水不及时，导致水位下降，失去阻火功能。h 值一般应保持在 $50\sim100mm$ 范围内。在安全上要注意补水管道与水罐连接处要有明显断开处（如用软管连接。当补水时临时连接上，当不用时拔下，断开连接处）。防止因密闭连接造成沼气串通到补水管泄漏，发生危险。

③ 砾石阻火罐。砾石阻火罐一般能起到过滤、冷凝、防回火三重作用，通常安装在消化池出沼气管后，脱硫装置前。其作用如下。

a. 过滤作用。从消化池出来的沼气常携带一些杂质，尤其在消化池运行初期或消化状态不稳定，有可能污泥从沼气管道走出时，通过砾石拦截一些大的杂质，而细小的污泥或杂质通过砾石底部虹吸管排出。

b. 防回火作用。当管道出现回火时，层层砾石会吸收热量，将火焰分散熄灭，达到阻断火焰的目的。

c. 冷凝作用。砾石阻火罐一般放在常温室内，罐壁用不锈钢制作，且大于管径5～8倍，能够起到对沼气降温冷凝作用，冷凝水落在罐底部，随虹吸管排出。

4.86　沼气发动机利用形式有哪些？利用效率如何？

答　沼气发动机主要有两种利用沼气具体形式，一种是驱动发电机发电，向厂内供电或送入市电网，供电器用电；另一种是直接驱动鼓风机，节省电能。而沼气发动机本身的热量可向污泥厌氧中温消化供余热。

① 这两种利用沼气的形式各有优势。前一种（发电机）的优点较后一种（直接驱动鼓风机）运行灵活，可随时发电供厂内电器使用。

② 两种形式的机械效率不同。沼气发动机的机械效率一般在20%～30%之间，当采用沼气发电形式时，沼气中的能量只有15%～23%转化成了有效的机械能。当采用发动机直接驱动鼓风机时，其有效机械能为沼气能量的20%～30%，相对沼气发电机效率要高一些。

③ 对于沼气发动机来说，沼气中的能量除20%～30%转化成了机械能外，还有约30%以热量的形式转化到冷却水中，30%以热量的形式随烟气带走，还剩10%为机体本身热损耗和震动损耗，也就是说沼气能量中约60%转化成了热量。

④ 在实际生产中，通过有效的热交换，30%的沼气能量以90%的转化率转换到冷却水中。另外30%的沼气能量以65%的转化率被回收用于加热污泥，两项共计利用率达47%～56%，即沼气中能量的47%～56%被回收用于污泥加热。综合沼气发动机所耗能量，沼气能量的实际总利用率为67%～86%。

4.87　沼气锅炉的利用形式有哪些？利用效率如何？

答　沼气锅炉的利用形式有热水锅炉和蒸汽锅炉两种，主要用途是为消化池污泥加热。沼气锅炉的热效率高，一般在90%以上，即能把沼气中能量的90%转化为热水或蒸汽中的热能对污泥进行加热。

4.88　沼气发动机如何巡视和记录？

答　沼气发动机在运行时要注意巡视并记录。

① 观察并记录发动机正常运行读数。如油压、油温、水压、水温、沼气压力。读数偏离正常数值，表明发生了故障。如果油压低或波动，发动机应立即停机。

② 检查空气进气阻力，如果显示阻力过大，应清洗或更换预过滤器或空气滤芯。

③ 检查滤油器压力降，滤芯是否脏或堵塞，如有必须予以更换。

④ 检查沼气过滤器和防回火装置（铝网阻火器）的沼气压力降，如果压力降大大超过平常压力降，应清洗或更换滤芯、滤网。

⑤ 检查全部螺栓、螺母的紧度。垫片收缩和运行时振动可能使螺栓、螺母松动。

⑥ 检查所有温度表、压力表是否正常。

⑦ 测试冷却水的硬度和溶解氧是否超标，如超标应立即重新按规定制取软化水。

⑧ 每天检查油位，按需要加油到油位线上。

⑨ 检查气、油、水管路是否有渗漏、损坏或锈蚀等现象，如有问题立即处理。

⑩ 听检发动机。某些部件问题如某个气缸不点火，涡轮增压器轴承坏或水泵有问题，都可以从发动机的声音中觉察到。

在对发动机的检查中或检查后应做好检查记录，准确的记录可以避免不必要的维修，确定需要的维修，因而有助于控制维修费，还可以提供发动机总体情况的趋势说明。建议按下列各项做好记录：①运行小时数；②发动机转速；③燃料消耗量（沼气或油料）；④发动机油压、沼气压力、总管压力、曲柄箱压力；⑤发动机油温、冷却液温度、中冷器温度；⑥润滑油更换时间；⑦漏油、漏沼气、漏水、不正常振动等现象；⑧部件维修或更换；⑨夏季运行环境条件（温度、湿度）、降温措施；⑩冬季运行环境条件（温度、湿度）、保温措施。

4.89　沼气发电系统的主要组成及其作用是什么?

答　沼气发电系统主要由沼气系统、冷却水系统、发动机系统、发电系统等组成。

(1) 沼气系统

污水厂沼气经由消化池、沼气柜及传输系统至沼气发动机驱动交流发电机。

(2) 冷却水系统

发动机内部产生的热力和发动机尾气产生的热力通过热交换器送至余热利用装置。而余热利用装置中的冷却塔产生冷却水经由冷凝器的冷却水回到冷却塔冷却,以保证发动机系统的正常运行温度范围。

(3) 发动机系统

污水厂生产的沼气用作燃料,驱动沼气发动机连续工作,用以带动匹配的三相交流发电机运转产生交流电源。

(4) 发电系统

交流发电机主要由三相交流发电机和硅二极管整流器两大部分组成。接于沼气发动机上的三相交流发电机产生电力,经由变压器提升电压后进入电力系统。

三相交流发电机主要由转子和定子以及前后端盖、风扇、皮带轮等组成。

① 转子的作用是产生磁场。转子主要由两块爪形磁极、励磁绕组和滑环等组成。2块形状相同的爪极交叉对压在轴上,其内空间装有钢质的磁轭和励磁绕组,励磁绕组的两端分别焊在彼此绝缘的滑环上,2个电刷引出分别与发电机后端盖上的"搭铁"接柱和"磁场"接柱相接。当励磁电流通过时,便形成相互交错的6对磁极。

② 定子又叫电枢,主要作用是产生三相交流电。定子由铁芯和三相绕组组成。定子铁芯由五相绝缘的内圆带槽的环状硅钢片叠成,定子槽内绕有三相对称绕组,作星形连接。

③ 发电机的前后端盖是铝合金压铸件,后端盖内有电刷架。硅二极管整流器作用是将发电机产生的三相交流电整流为直流电。它由6个二极管组成,分别压在铝合金元件板和后端盖上,构成三相桥式整流电路。

对负极搭铁的发电机,装在后端盖上的3个二极管为负极管,其外壳为正极,3个二极管外壳接在一起成为发电机的负极,其中心引线为管子的负极;装在元件板上的3个二极管为正极管,其外壳为负极,3个二极管外壳接在一起成为发电机的正极,其中心引线为管子的正极。

4.90　发电机励磁系统作用是什么? 应满足什么要求?

答　励磁系统是同步发电机的重要组成部分,一般由两部分组成。一部分用于向发电机的磁场绕组提供直流电流,以建立直流磁场,通常称作励磁功率输出部分(或称励磁功率单元)。另一部分用于在正常运行或发生故障时调节励磁电流,以满足安全运行的需要,通常称作励磁控制部分(或称励磁控制单元或励磁调节器)。在电力系统的运行中,同步发电机的励磁控制系统起着重要的作用,它不仅控制发电机的端电压,而且还控制发电机无功功率、功率因数和电流等参数。在电力系统正常运行的情况下,维持发电机或系统的电压水平;合理分配发电机间的无功负荷;提高电力系统的静态稳定性和动态稳定性。

励磁系统必须满足以下要求。

① 正常运行时，能按负荷电流和电压的变化调节（自动或手动）励磁电流，以维持电压在稳定值水平，并能稳定地分配机组间的无功负荷。

② 应有足够的功率输出，在电力系统发生故障，电压降低时，能迅速地将发电机励磁电流加大至最大值（即顶值），以实现发动机安全、稳定运行。

③ 励磁装置本身应无失灵区，以利于提高系统静态稳定，并且动作应迅速，工作要可靠，调节过程要稳定。

4.91 沼气发电机主要有哪些保护？各有什么作用？

答 根据发电机容量大小，主要采用以下保护。

① 差动保护。定子绕组的相间短路保护。

② 单相接地保护。发电机定子绕组的单相接地保护。

③ 励磁回路接地保护。为励磁回路的接地故障提供保护。

④ 过负荷保护。发电机长时间超负荷运行作用于信号的保护。

⑤ 定子绕组过电流保护。当发电机纵差保护范围外发生短路，而断路器失灵时，作为纵差保护的后备保护。

⑥ 负序电流保护。当电力系统发生不对称短路或三相负荷不对称，使转子端部等部位过热时，预防转子局部灼伤而装设的保护。

⑦ 逆功率保护。当发动机故障或误停，而发电机出口断路器未跳闸时，用以避免电能逆流，造成发动机严重事故。

4.92 沼气发电站的运行和管理应注意什么？

答 ① 电站运行人员应接受机组操作和运行安全技术培训，经考核合格后方可上岗工作。

② 运行人员应配备符合安全标准的劳保防护用品，工作时要穿戴齐全。

③ 机房工作人员应树立牢固的防火安全意识和责任心，不准带火种进入机房，电站内不准动用明火。

④ 电站内配备灭火器材，安放在危险区附近，且放取方便。工作人员应学会消防器材的使用操作方法。

⑤ 电站工作人员应了解和掌握不同类型的失火（如电、沼气、油失火）应采取的方法和使用的灭火器材。

⑥ 电站内不准放置易燃、易爆物品。

⑦ 机组所配置的运行安全装置：油压低自动停机装置、超速停机装置、燃气防爆装置、电压电流超载保护器等安全保护装置应保持良好的性能状态。

⑧ 机组使用前检查防护罩等安全装置，应齐全完好。

⑨ 天然气供应管道及连接部位硬密封可靠，不准有泄漏或渗漏。

⑩ 发电机及控制屏所用电缆、电线的绝缘性能应可靠，并按产品说明书规定定期检测及时更换不合格的电缆。

⑪ 沼气供应管线（特别是弯管处）、控制阀的壁厚定期检测并及时更换壁厚差的管阀。

⑫ 发电机组操作应根据上级主管部门负责人的命令，发电站负责人负责组织实施。操

作必须有两个人进行。

⑬ 机组启动和工作过程中回转两侧不准站人。

⑭ 启动前人工盘车检查，机组应转动灵活，无卡阻现象。

⑮ 高压送电后，启动机组空车运行，检查相序，经确认合格后并网发电运行。

⑯ a. 在机组运行期间，值班人员必须按时巡视机组的运转状况，定期检查填写机组的各种技术参数（水温、油温、排温、机油压力、电流功率、频率等）。b. 在机组运行期间，不得拆卸或擦拭运动部分的任何部件，要加强巡回检查，注意各个部件的运转情况，发现异常应立即停车检查，并及时汇报和组织排除，在确认故障排除后，方可开车。c. 在机组停机期间，定期检查水路、气路有无泄漏情况，并及时汇报检修状况。

⑰ 机房内工作使用的电器、照明设施应防爆，公用普通工具应注意不准碰击产生火星。

⑱ 搞好电站的文明生产，保证机组及机组周围环境卫生清洁，无死角，维护好企业的良好形象。每天对机组非运转部件彻底擦洗一遍，保证机组外观的清洁，无油污、灰尘，确保机组露原色。

⑲ 机组运行人员在值班期间不得擅自离开工作岗位，不得出现抽烟、喝酒、睡岗等现象。如确有急事，应先和站长请假，站长同意后由站长协调执行。

⑳ 施工和检修需要停电时，值班人员应该按照工作要求做好安全措施，包括停电、检电、装设临时接地线、装设遮拦和悬挂警示牌，会同工作负责人现场检查确认无电，并交代附近带电设备位置和注意事项，然后双方办理许可开工签证，方可开始工作。

㉑ 工作结束时，工作人员撤离，工作负责人向值班人员交代清楚，并共同检查，然后双方办理工作终结签证后，值班人员方可拆除安全设施，恢复送电。在未办理工作终结手续前，值班人员不准将施工设备合闸送电。

㉒ 值班人员每天汇报一次机组的运行情况、机组有无异常、需要准备的维修配件，机组出现问题及派出情况等，并且每天下午四点前汇报每台机组的电量。

㉓ 严格交接班制度，交接内容包括交接班记录、机组有关数据记录、机组外观及内在质量、油水的添加、工作场地的文明生产规格化及值班室的卫生等都要符合要求，否则不予接班。如果不按要求接班，当班所发生的一切问题，由当班者负责。

㉔ 服从指挥，听从安排，杜绝一切不安全的操作，避免一切事故的发生。

㉕ 严格贯彻执行电站操作规程和电站维护保养规范，确保电站的高效运行。

4.93 沼气发电站的技术管理有哪些？

答 技术管理是电站管理的一个重要方面。通过技术管理使运行人员有章可循，并便于积累资料和运行事故分析，保证设备安全运行。技术管理应做好以下几项工作。

（1）收集和建立设备档案

① 原始资料，如沼气发电机站设计书（包括电气和土建设施）、设计产品说明书、验收记录、启动方案和存在问题。

② 二次接线及专业资料（包括工艺图、展开图、平面布置图、机械图、接线图、继电保护装置整定书等）。

③ 设备台账，包括设备规范和性能等。

④ 设备检修报告、实验报告、继电保护检验报告。

⑤ 机油简化试验报告、色谱分析报告。

⑥ 负荷材料。

⑦ 设备缺陷记录及分析资料。

⑧ 安全记录（包括事故和异常情况记载）。

⑨ 运行分析记录。

⑩ 运行工作计划及月报。

⑪ 设备定期评级资料。

（2）应建立和保存的规程

应保存部颁的《电业安全工作规程》《发电机运行规程》《电力电缆运行规程》《设备交接试验规程》和本单位的事故处理规程。

（3）应具备的技术图纸

防雷保护图、接地装置图、土建图、铁件加工图和设备绝缘监督图。

4.94 污水处理厂采用沼气利用装置有什么利弊？

答 污水处理厂采用沼气发动机和沼气锅炉这两种沼气利用装置各有利弊。最好根据污水处理厂的工艺或现场需求有机组合使用。北方地区的污水处理厂一般采用沼气锅炉为主，另加1~2台沼气发动机。这样能满足一年三季春夏秋供污泥消化加热用，还有少量沼气供发动机用。冬季则不能满足加热要求，需另外加热源，如煤锅炉、燃油锅炉等。在南方地区可只设沼气发动机。既可发电，又可驱动风机，同时给污泥消化加热。

沼气发动机具体是带动发电机发电还是直接驱动风机合算，也各有利弊。一般说沼气发电供的范围可大些，又不受沼气波动的影响。而沼气发动机驱动风机或机器设备，有可能比发电来得直接些，也就是中间环节少了发、送电。相对沼气发电，一次性投资要少些。缺点是当沼气波动时会影响沼气发动机带动鼓风机的连续运转。

4.95 怎样使沼气利用系统安全运行？

答 沼气利用系统运行时，最首要的问题是安全，因为沼气中有可燃气体、有毒气体，如不加严格操作和安全检查，就有可能发生爆炸、中毒事故发生，在过去污水处理厂运行中，不止一次地发生过爆炸和中毒事件，甚至出现过伤亡事故，这些惨痛教训使我们在运行过程中不敢有片刻怠懈，必须严格遵守沼气利用系统的有关规定。应注意以下几个方面。

① 沼气的性质。

a. 沼气中的甲烷（CH_4）是一种易燃易爆气体（含量40%~70%），当空气中的甲烷含量在5%~15%范围（体积含量）内时，遇明火或700℃以上的热源即发生爆炸；当甲烷（CH_4）与两倍以上的氧气混合时，遇明火或其燃点之上的热源时，即开始燃烧，并引发火灾，因为甲烷是无色无味的可燃气体，相对密度为0.55（空气的相对密度为1），比空气轻，所以甲烷气体的最高浓度位置一般在建筑物内的顶层，其排气扇应安装在建筑物内上方。

b. 沼气中的硫化氢是一种有毒气体，其致毒剂量为2000μL/L时立即致人死亡；600~1000μL/L时30min会致人死亡；500~700μL/L暴露30~60min会致人重疾；50~100μL/L暴露60min以上会致人残疾。城市污水处理厂的沼气中 H_2S 的含量一般在500~3000μL/L，随着人们生活水平提高，污水中的蛋白质也逐年增多，使沼气中的 H_2S 含量从3000~

$10000\mu L/L$ 之间不等，所以，在利用沼气之前必须脱硫。硫化氧气体分子量为 34，大于空气的平均分子量 29，相对密度为 1.19（空气相对密度为 1），因此硫化氢气体泄漏时一般在建筑物地面或在污水水面附近，其排气设施和鼓风设施都应安装在建筑物内靠近地面或水面附近。

② 定期检查沼气管路系统及设备的严密性，如发现泄漏，应迅速停气修复。检修完毕的管路或贮存设备，重新使用时必须进行气密性试验，合格后方可使用。沼气主管路上部不应设建筑物或堆放障碍物，不能通行重型卡车，预防沼气泄漏是运行安全的根本措施。

③ 沼气贮存设备因故障需放空时，应间断将贮存的沼气放净。严禁将贮存的沼气一次性排入大气，放空时应严格选择天气，在可能产生雷雨或闪电的天气严禁放空。另外，放空沼气时应注意下风向有无明火或热源（如烟囱）。

④ 沼气系统内的所有可能泄漏点，均应设置在线报警装置，并定期检查其可靠性，防止误报或不报。

⑤ 沼气系统区域内一律禁止明火。严禁吸烟，严禁铁器工具撞击或电气焊操作。所有电气装置应采用防爆型，操作间内均应铺设橡胶地板，人入内必须穿绝缘鞋。

⑥ 沼气系统内应按规定设置消防器材，并保证随时可用状态，操作间内需配置防毒面具。在沼气利用系统周围一般应设防护栏，建立出入检查制度，严禁打火机等火种物品的带入。

⑦ 沼气系统区域内的厂房，应符合国家规定的甲级防爆要求，例如为防止沼气泄漏着火或爆炸，建筑物的天窗、门窗应为外敞型，非承重墙与承重墙的比例等均应符合防爆要求。否则应予以改造。

⑧ 在有沼气利用系统的地方，应设置 2 套以上空气呼吸器和消防器材，以备沼气泄漏时抢修用。

4.96　沼气利用系统应如何运行调度？

答　沼气利用系统的运行调度的内容为根据实际产生的沼气量，确定多少沼气用于锅炉，多少沼气用于沼气发动机和其带动的发电机或风机。并由此而确定沼气锅炉的台数和沼气发动机的台数，一般上述设备应在 2 台以上，便于运行中相互替补备用。

编制调度方案时，应根据设计的沼气产量，污泥所需的加热量、热水、蒸汽的需要量，沼气锅炉的热效率、发动机的机械效率及热效率等要素进行综合编制，合理调度。运行调度的原则是在保证满足消化池加热要求的前提下，尽量多开沼气发动机发电或带动鼓风机运转，使沼气得以充分利用。当用沼气发动机的余热可满足消化池加热的要求时，则应将沼气全都用于沼气发动机发电或带动鼓风机运转。具体运行调度方案要根据实际运行情况加以修正，以最经济、最安全的方式调度运行。

● 恶臭气体处理系统的运行和管理

4.97　恶臭气体有哪些特点？

答　恶臭气体是世界环境公害之一，在大气污染中单独列出，有以下特点。

(1) 易挥发性

恶臭物质随着温度的提高而更容易挥发，人们通过嗅觉器官会感觉到臭味物质的存在，这是因为气味分子或微粒运行而使人们嗅觉器官闻到了气味。

(2) 易溶解性

一般气味的物质是溶于水和脂肪的。这样的物质能够渗透嗅觉器官绒毛周围的水性黏液，穿过多脂的绒毛本身而使嗅觉嗅到恶臭味，同时也使嗅觉器官被污染或毒害。

(3) 吸收红外线能力强

有气味的物质能强烈地吸收红外线。其原理与物质对可见光谱的吸收波段决定该物质的颜色类似。物质对某波段光的吸收是由于物质分子振动与光振动之间相互干扰的结果，气味物质对某红外线波段的吸收，也说明了该物质具有相同频率分子内部振动。

4.98 恶臭气体有哪些种类？危害是什么？

答 约有4000多种恶臭物质仅凭人的嗅觉即能感觉到。其中对人体健康危害较大的有氨、硫化氢、硫醇类、二甲基硫、三甲胺、甲醛、苯乙烯、正丁酸（酪酸）和酚类等有机污染物。

恶臭物质能与环境中的其他化合物结合造成严重的二次污染。恶臭物质分布广，成分复杂，影响范围大，除刺激人的嗅觉器官使人觉得恶心、不愉快外，还对人的呼吸道系统、消化系统、内分泌系统、神经系统和精神产生不利影响，高浓度情况下会导致急性中毒甚至死亡。恶臭物质具体危害如下。

① 危害呼吸系统。人们遇到恶臭，对呼吸产生反射性抑制，甚至憋气，妨碍人们的正常呼吸。

② 危害循环系统。人们嗅到恶臭，随呼吸变化，会出现脉搏和血压变化，如氨会使血压出现先下降后上升现象。

③ 危害消化系统。人们接触到恶臭，会使人产生厌食、恶心，甚至呕吐，进而发展到消化功能减退。

④ 危害内分泌系统。经常受恶臭刺激，会使人的内分泌功能紊乱，影响机体代谢。

⑤ 危害神经系统。恶臭的刺激，会使嗅觉疲劳甚至丧失，最后会导致大脑皮层兴奋和抑制的调节功能失调。

⑥ 影响精神状态。恶臭使人烦躁不安，思想不集中，工作效率降低，判断力和记忆力下降，影响大脑的思维活动。

⑦ 有机恶臭物质还容易引起各类中毒。大多数中毒症状表现为呼吸道疾病，在高浓度污染物的作用下，有时可能造成急性中毒，甚至死亡。有些恶臭污染物接触皮肤后，可引起皮肤病，还有些有机污染物具有致癌性，如二噁英、聚氯乙烯，尤其是一些稠环化合物，如苯并芘等。

4.99 污水处理厂为什么要进行除臭处理？

答 污水处理厂在污水、污泥处理过程中会产生大量不同种类的臭气，对大气造成严重的污染，不仅影响厂区周围的企事业单位及人员的空气环境卫生，更主要的是对厂内与其近距离接触的工作人员的身心健康带来了危害，同时臭气中的腐蚀性气体还会严重腐蚀厂内的设施和设备，缩短其使用寿命，造成一些安全隐患。

因此，随着社会、环境的发展，要求对污水处理厂的臭气进行处理，成为现代污水处理厂的一项标准。解决好臭气问题对保护环境，保障人员身心健康，延长设备使用期，消除生产安全隐患，都有很重要的意义。

4.100 国家对污水处理厂的废气排放有什么要求？

答 原国家环境保护总局颁布的《城镇污水处理厂污染物排放标准》（GB 18918—2002）中，对污水处理厂大气污染物的排放做出了限制标准，该标准列出了污水处理厂厂界废气排放最高允许浓度（表4-6）。

表4-6 厂界废气排放最高允许浓度

控 制 项 目	一级标准	二级标准	三级标准
氨/(mg/m³)	1.00	1.50	4.00
硫化氢/(mg/m³)	0.03	0.06	0.32
臭气浓度(无量纲稀释倍数)	10	20	60
甲烷(厂区最高体积分数)	0.5	1	1

该标准规定位于 GB 3095 一类区的所有污水处理厂均执行一级标准，二、三级标准相应类推。同时规定，污水处理厂四周应建设有一定距离的绿化带，必须对臭气采取综合治理措施，控制排放浓度，确保环境质量。

4.101 城市污水处理厂产生臭气的来源和原因是什么？

答 城市污水处理厂产生臭气的主要来源为格栅间、进水泵房、曝气沉砂池、初沉池、生物曝气池、污泥浓缩池、贮泥池、污泥脱水机房及地下污水、污泥处理设施、构筑物等，臭气被感觉到是因为它从液体中转移到空气中，故污水中的臭味物质和促进物质转移的条件是否存在是臭气形成两个不可缺少的重要原因。从广义上讲，污水处理厂的臭气可分为两类，一类是直接从污水中挥发出来的，如直接或间接地来自排入下水道的工业废水及其他废水中含有的溶剂，石油衍生物及其他可挥发的有机成分直接造成了臭气，另一类是由于微生物的生物化学反应而新形成的，尤其是与厌氧菌活动有很大的关系。

城市污水处理厂的臭气产生原因主要有以下几个方面。

① 进水泵站与格栅间。由于污水在进入格栅或进水泵前，经过很多地下管线送入厂内，在污水管道内因处于厌氧状态，而产生臭气。格栅间内另一些臭气是由于栅渣的积累和栅渣机的运行造成的。

② 污水的预处理装置，如曝气沉砂池，进水的污染物浓度较高，会造成缺氧或兼氧过程，产生臭气。

③ 初沉池。因进水水流的湍动，出水的辐流方式，都会使恶臭气体散发出来。

④ 污水生化处理装置。如曝气池的前部分在曝气量不足的情况下也会产生臭气。

⑤ 污泥回流装置。在污泥回到预处理或生化处理装置时，会因为 pH 值变化和水流湍动引起恶臭气体释放。另外由于在敞开式渠道或封闭式渠道内都会产生恶臭气体，并不断地散发。

⑥ 污泥的浓缩与脱水装置。如污泥的浓缩过程、停留期间和污泥脱水过程都会引起恶

臭气体的释放。

⑦ 污泥堆放场或堆肥处理装置、污泥干化装置。这几种场地会因为污泥堆放和干化过程中厌氧发酵而产生的硫化氢、有机硫、甲硫醇、吲哚、氨等恶臭气体，该处理过程多为间歇操作，在处理装置停工再开放时产生的臭气尤为严重。

4.102　恶臭气体有几种测量方法？

答　目前，测量臭气有两种测量方法，一种是利用人的嗅觉对臭气进行测量的方法，另一种是用仪器对臭气进行测量分析的方法。

(1) 嗅觉测定方法

所谓嗅觉测量方法是利用人的鼻子作为臭气探测器进行测量，它被分为主观分析测量法（用嗅觉感觉到的臭气强度与强度分级表比较而得出的结果）和客观分析测量法（用嗅觉与一些稀释设备联合使用）。目前，对恶臭气的评价标准有 6 级恶臭强度分类法（表 4-7）和 9 级厌恶度分类法（表 4-8）两种。

表 4-7　6 级恶臭强度分类法

恶臭强度级别	嗅觉对臭气的反应
0	未闻到任何气味,无任何反应
1	勉强闻到有气味,不易辨别臭气性质,感到无所谓
2	能闻到有较弱的气味,能辨别气味性质
3	很容易闻到气味,有所不快,但不反感
4	有很强的气味,很反感,想离开
5	有极强的气味,无法忍受,想立即离开

表 4-8　9 级厌恶度分类法

级　数	愉快/厌恶	级　数	愉快/厌恶
+4	极愉快	−1	稍感不快
+3	非常愉快	−2	不快
+2	愉快	−3	非常不快
+1	稍感愉快	−4	极端不快
0	一般		

嗅觉测量一般用于复合恶臭的强度、恶性、公害原因等的检测和评价。该法灵敏，通常百万分之一级，甚至十亿分之一（体积化）的臭气即可被人感知，而且检测时间短，操作容易，所以在各国的臭气测量中普遍采用。

(2) 仪器分析法

仪器分析法是对恶臭气体的单一组分做出定性和定量分析的恶臭测定及评价方法，或对复杂的臭气混合物通过测定一种或几种代表性强的物质浓度来评价恶臭强度的分析方法。它包括一般实验室仪器分析法、自动监测仪器法、大型仪表法（如色谱-质谱联用法）、检知管法及其他分析方法。其特点是：

① 测定精度高，数据客观；

② 可连续测量，实现自动监测；

③ 可定性、定量了解气体组分。

4.103　恶臭气体的污染评价标准有哪些？

答　恶臭气体的评价标准目前尚不统一，目前主要有恶臭强度、臭气浓度、臭气指数、恶臭散发率及恶臭厌恶度几种评价方法。

(1) 恶臭强度

即人的嗅觉测定法中的直接法，就是将人的嗅觉感觉到的恶臭气体强度与恶臭强度分类法对照而得出的臭气强度等级的方法。

(2) 臭气浓度

即人的嗅觉测定法中的三点式比较式臭袋法或注射器稀释法（用嗅觉与一些稀释设备联合使用）的测定结果。其实质是样品稀释到阈值浓度的稀释倍数。注意：臭气浓度与臭气物质浓度是两个不同的概念，前者是稀释倍数（无量纲），而后者的单位是 mg/L。表 4-9 列出了城市污水处理厂中产生的臭气物质阈值。

表 4-9　城市污水处理厂中产生的臭气物质阈值

物 质 名 称	分 子 式	分子量	臭味阈值(体积比)/10^{-6}	臭气味描述
乙醛	CH_3CHO	44	0.067	果料味
乙酸	CH_3COH	60	1.0	酸味的
烯丙基硫醇	CH_2CHCH_2SH	74	0.0001	大蒜味
氨	NH_3	17	47	刺激的
成基硫醇	$CH_3(CH_2)SH$	104	0.0003	腐烂的
苯甲基硫醇	$C_6H_5CH_2SH$	124	0.0002	讨厌的气味
丁胺	$CH_3(CH_2)NH_2$	73	0.080	氨味
2-丁烯硫醇	$CH_3CHCHCH_2SH$	88	0.00003	臭鼬味
二丁基胺	$(C_4H_9)_2NH$	129	0.016	鱼腥味
二异丙基胺	$(C_3H_7)_2NH$	101	0.13	鱼腥味
二甲胺	$(CH_3)_2NH$	45	0.34	腐烂的鱼腥味
二硫二甲烷	$(CH_3)_2S_2$	94	0.0001	腐败的蔬菜味
二甲基硫	$(CH_3)_2S$	62	0.001	腐败的卷心菜味
硫化二苯	$(C_6H_5)_2S$	186	0.0001	令人不愉快的
乙胺	$C_2H_5NH_2$	45	0.27	类似氨味
乙硫醇	C_2H_5SH	62	0.0003	腐败的卷心菜味
硫化氢	H_2S	34	0.0005	臭鸡蛋味
吲哚	$C_6H_4(CH)_2NH$	117	0.0001	令人作呕的
甲胺	CH_3NH_2	31	4.7	腐烂的鱼腥味
甲硫醇	CH_3SH	48	0.0005	臭鸡蛋味
苯硫醇	C_6H_5SH	110	0.0003	大蒜味
丙硫醇	C_3H_7SH	76	0.0005	令人不愉快的

物 质 名 称	分 子 式	分子量	臭味阈值(体积比)/10^{-6}	臭气味描述
嘧啶	C_5H_5N	79	0.66	辛辣的
粪臭素	C_9H_9N	131	0.001	令人作呕的
硫甲酚	$CH_3C_6H_4SH$	124	0.0001	臭鼬味
苯硫粉	C_6H_5OHSH	127	0.00006	类似大蒜味
三甲胺	$(CH_3)_3N$	59	0.0004	刺激的鱼腥味

（3）恶臭指数

恶臭指数是为使臭气浓度数据容易标准化等原因而制定的。恶臭指数表达的公式为：恶臭指数＝10lg（恶臭浓度）。式中，恶臭浓度为臭气物质浓度（mg/L）。

（4）恶臭散发率

恶臭散发率是嗅觉测定臭气浓度和臭气排放量（m^3/min）乘积，是污染源排放强度评价的合理尺度。

（5）恶臭厌恶度

6级恶臭强度分类法见表4-7，愉快-厌恶9级厌恶度分类法见表4-8。

4.104　恶臭气体的治理方法有哪些？

答　恶臭气体作为一种大气污染物，是以空气为传播介质，通过人们的呼吸系统对人体产生影响，但其又具有自身的特殊性。它以臭味值为主要污染特征，即恶臭气体的臭阈浓度较低，处理后气体中要求的恶臭物质浓度更低甚至为零，这就使得恶臭污染的治理区别于一般空气污染的治理。目前，治理恶臭的主要方法有物理法、化学法和生物法三大类。

（1）物理法

物理法不改变恶臭物质的化学性质，只是用一种物质将臭味掩蔽和稀释，或者将恶臭物质由气相转移至液相或固相。常用的方法有掩蔽法、稀释法、冷凝法和过滤吸附法等。

（2）化学法

化学法是使用另外一种物质与恶臭物质进行化学反应，改变恶臭物质的化学结构，使之转变为无臭物质或臭味较低的物质。常用的方法有燃烧法、氧化法和化学吸收法（酸碱中和法）等。

（3）生物法

生物法是利用微生物的代谢活动降解恶臭物质，使之氧化为最终产物，从而达到无臭化、无害化的目的。常用的方法有生物过滤法、生物吸收法（悬浮生长系统）、生物滴滤法和生物制剂法等。

以上除臭方法各有利弊，当除臭要求高且被处理的恶臭气体成分复杂难以用单一方法去除时，可采用复合脱臭法，将各种方法组合成有效的除臭装置。

4.105　什么是生物除臭？其最终产物是什么？

答　生物除臭就是利用微生物的代谢活动降解恶臭物质，使之氧化、分解成最终产物：

CO_2、H_2O、氮氧化物、硫氧化物等无害或少害的物质。

恶臭气体成分不同，其分解产物不同，不同种类的微生物，分解代谢也不一样。对于不含氮的有机物质如苯酚、羧酸、甲醛等，其最终产物为二氧化碳和水；对于硫类恶臭成分气体，在好氧条件下被氧化分解为硫酸根离子和硫；对于胺类的恶臭气体经氨化作用放出 NH_3，NH_3 可被亚硝化细菌氧化为亚硝酸根离子，再进一步被硝化细菌氧化为硝酸根离子，还有一部分亚硝酸根离子被反硝化为氮气。

4.106 生物除臭的微生物主要有哪些？

答 恶臭气体的处理大多数是在开放的环境下进行的，因此反应器中的微生物种类繁多，如细菌、真菌、酵母菌等，一般占主导作用的是细菌。在恶臭气体中含量最多的为硫系化合物，因此在恶臭气体处理中，自养硫杆菌属细菌占细菌的多数。要取得较好的除臭效果必须获得足够的可以降解恶臭污染物菌种的生物量。

4.107 生物除臭的理论是什么？

答 目前生物除臭的理论是荷兰学者 1986 年提出的双膜——生物膜理论，能够较好地说明生物膜法净化臭气的机理。该理论认为，生物膜法交换气体可分为 3 个步骤：

① 恶臭气体的溶解过程，即由气相转移到液相，此过程遵循亨利定律；

② 水溶液中恶臭成分被微生物吸附、吸收，恶臭成分从水中转移至微生物体内；

③ 进入微生物细胞的恶臭成分作为营养物质被微生物所分解、利用，从而使污染物得以去除。

4.108 生物除臭法有什么特点？

答 生物除臭法同传统的物理、化学法相比有以下特点。

① 生物脱臭一般可将硫系、碳系、氮系等各种恶臭成分及苯酚、氰等有毒成分氧化和分解成 CO_2、H_2O、硫酸根、硫等物质，通过过滤、曝气氧化、洗涤等人工创造的环境，进行人为的控制和管理，因而可减少或避免二次污染。

② 生物脱臭法是以恶臭成分作为生物体内的能源，只要使微生物与恶臭成分相接触，就可以完成氧化和分解过程。该法的微生物生长适宜的温度波动比较宽，在 15～30℃ 之间，比较节省能源和成本。

③ 该法只要控制适当的负荷条件，气液接触转化的条件，保持一定的湿度、温度，就能达到较高的脱臭效率。

④ 该法只需设置诸如生物过滤器、曝气槽、捕集器等简单装置就可维持生产。

4.109 生物除臭法主要有哪些？

答 在恶臭气体的生物处理中，微生物的存在形式可分为悬浮生长系统和附着生长系统两种。

(1) 悬浮生长系统

悬浮生长系统即微生物及其营养配料存于液体中，气体中的污染物通过悬浮液接触后转移到液体中从而被微生物所降解，其典型的方式有喷淋塔、鼓泡塔及穿孔板塔等洗涤器。

（2）附着生长系统

附着生长系统中微生物附着在固体介质上生长，恶臭气体通过由介质构成的固定床时被吸附、吸收、氧化分解从而被微生物所降解，其典型的方式有土壤、树皮、污泥（堆肥）等材料构成的生物滤池（床）。

生物滴滤法则同时具有悬浮生长系统和附着生长系统的混合方式的特性。因此生物除臭法按微生物在除臭装置中的存在形式可分为生物吸收法（悬浮生长系统）、生物过滤法（附着生长系统）、生物滴滤法（填料塔式生物降臭法）三种除臭方式。

4.110 生物过滤法有哪些？

答 生物过滤除臭是目前研究得最多，技术也较成熟，在实际应用中也最常用的方法。其优点是运行管理方便、成本低，效果好。该法处理流程是含恶臭物质的气体经过去尘、增湿等预处理后从滤床底部由下往上穿过滤层，通过滤层时恶臭物质从气相转移至液相被填料上的微生物分解掉。其除臭效率受滤料中的含水率、pH值、湿度、布气均匀性等因素影响。

为防止恶臭气体在装置里形成短流，需在装置内均匀供气。臭气由装置内配置的导气管，经大小鹅卵石级配层扩散进入滤料层。滤料层是整个生物过滤除臭法的核心部分，滤料应为微生物的附着、生长繁殖提供一个良好的环境，这要求滤料有良好的通气性，适度的持水性，并含有丰富的营养物质，且应具有适当的粒径分布和孔隙度，以降低气体通过滤料层的压力损失和为微生物生长提供大的比表面积。最初的生物过滤法采用的过滤介质为土壤、树皮、干草等。随后有采用含微生物量较好的堆肥污泥等为介质。近来又开始采用工程材料如活性炭、沸石、陶粒等为滤料进行除臭研究和试验。因此，根据滤料的不同，生物过滤除臭法又可分为土壤生物除臭法、堆肥生物除臭法和生物滤池除臭法等。

4.111 什么是生物滤池除臭法？如何运行管理？

答 ① 生物滤池法是使收集到的臭气在适宜的条件下通过长满微生物的固体载体（填料），气味物质首先被填料吸收，然后被填料上的微生物氧化分解，完成恶臭气体被处理的过程，填料上生长的微生物承担了物质转换的任务，所以固体载体必须为之创造一个良好的生存条件，比如适宜的湿度、pH值、含氧量、温度和营养成分等。环境条件变化也会影响微生物的生长繁殖，因此在试运行时或改变工况时要考虑生物滤池需要一个适应期。

② 生物滤池的最主要部分是填料。该填料应满足：容易生长的微生物种类多；供微生物生长的表面积大；营养成分合理；吸水性好；吸附性好；结构均匀孔隙大；腐烂慢（运行时间长，养护周期长）。常用的填料有：干树皮、干草、纤维性泥炭、少量污泥（含水率在75%以下）、少量铁屑、木粉、稻谷壳或麦麸等。由于填料本身上有机养分，运行时起到骨架和供养分两重作用，当滤池暂停运行时，微生物可以利用填料的有机成分继续维持生命活动。

③ 生物过滤池填料的堆放高度取决于所要求的停留时间和表面负荷。工程上填料高度一般为$1.0\sim1.2m$，如果选择的填料合适，工艺上能做到布气均匀，不产生短流现象，最低高度可以在$0.5m$以上。填料运行寿命为$2\sim4$年，最终高度约为初始堆放高度的60%时应该重新更换。滤池的表面负荷能力可达$200m^3/(m^2\cdot h)$，一般选用$100m^3/(m^2\cdot d)$。

④ 生物过滤池处理恶臭气体工艺包括收集和处理两部分，该工艺的收集部分为了避免

气味源扩散，要求封闭气味源，并使它处于负压状态。吸气量的大小可根据室内是否进人，按 2～8 次/h 乘臭气充满量计算。对于有人进入，但工作时间不长的空间，空气交换次数为 2～3.5 次/h，对于有人长时间工作的空间，空气交换次数为 4～8 次/h。在寒冷地区空气的交换量比较大时，要考虑防止冬天室内结冰问题。从气味源收集到的气体被送到生物过滤池处理，进过滤池的空气要求湿润，相对湿度为 80%～95%，否则填料会干化，微生物将失去活力。另外，为防止过滤池被堵塞，在臭气进入滤池前要进行水淋洗以提高湿度，并除去灰尘和分离油分。运行中要调节喷水量，维持过滤池中臭气达到所要求的湿度。用于喷淋的水首选回用水，其次选井水、雨水等替代自来水。

4.112 什么是土壤生物除臭法？如何运行管理？

答 ① 土壤生物除臭法是将恶臭气体收集后送入人工配制的土壤中，使其在通过土壤层时恶臭成分被土壤颗粒吸附，通过土壤中微生物的吸收、降解达到处理的目的。它对低浓度的工业废气来说是一种简单、稳定、经济的处理方法。

② 土壤中的土壤胶粒和种类繁多的细菌、放线菌、霉菌、原生动物等微生物是土壤降解臭气成分的原动力。还可根据臭气的性质加入某种改良剂，制成专门的处理土壤。如加少量鸡粪和珍珠岩后，可提高对恶臭气体甲基硫醇、二甲基硫、二甲基二硫的去除率；加少量污水处理后污泥可提高土壤中菌种的含量，可加快启动土壤除臭装置运行进入正常。

③ 土壤种类以腐殖土为好，其他土质需进行改良。土壤的有效厚度不小于 50cm，水分保持在 40%～70%，过多会增加土壤的通气阻力，过少会减少处理效果。臭气通过土壤的速度以 2～17mm/s 为宜。土壤过滤装置通常采用床形过滤。

④ 气体由风机 [风量 0.1～1m³/(m²·min)] 送入。先通过扩散层均匀分布通过，扩散层上部由黄沙等组成，下部由粗、细石子组成，厚度为 40～50cm。臭气由扩散层进入土壤层。土壤中微生物的降解速度与有机物浓度成正比，但超过一定浓度范围后降解速率与浓度无关。土壤中的环境因子、温度、含水率、pH 值应控制适当，一般温度为 5～30℃；pH值为 7～8。土壤处理系统使用一年会发生酸化或碱化，应及时加入碱性或酸性营养物质调整 pH 值。

⑤ 土壤生物除臭法工艺操作简单，维护管理费用低，除臭效果好，不足之处是占地面积相对大，2.5～3.3m²/m³ 气体，不适于多暴雨、多雪地区，对于高温、高湿或过干气体需要进行预处理。

4.113 什么是堆肥生物除臭法？如何运行管理？

答 堆肥发酵除臭法是以污水处理厂的污泥、城市垃圾、动物粪便等有机固废物为原料，经好氧发酵得到的熟化堆肥中生长着许多微生物，可以像土壤那样用作脱臭的滤料。堆肥法一般分为两种类型：

① 堆肥覆盖在臭气发生源或出口处，自然生化脱臭；

② 臭气发生源较多时，将其汇总到一处，集中送到除臭装置中脱臭。

可利用泥炭、堆肥、木屑、小麦壳或大米壳、植物枝杈、树叶等为滤料，彼此相互混合形成一种有利于气体通过的疏松结构即堆肥过滤层。

堆肥滤池一般在地面挖浅坑或筑台池，池底设排水管，在池的一侧或池内设输气总管，总管上接出直径约 125mm 的多孔配气支管，并覆盖沙石等材料，形成厚 50～100mm 的气体分配层，在分配层上再摊放厚 500～600mm 的堆肥过滤层。过滤气速度通常在 0.01～0.1m/s 范围内。

堆肥这种形式是微生物繁殖最适宜的场所，好氧细菌的繁殖密度高，整个设施紧凑，去除率比土壤法高，气固接触时间只需 30s，而土壤法则需要 50s 以上。因而与土壤法相比，其占地面积大大缩小。另外，为保证净化效果，必须保证滤层温度稳定，不能波动太大，阻力均匀稳定。在运行过程中要经常观测。滤层表面受损或材料腐蚀，可能造成滤层板结，温度波动大或气体过分干燥，滤层可能开成裂缝。出现上述情况，必须用机械将滤层扒松、平整。如经上述处理后，滤层阻力仍过大，则必须更换滤料。如果臭气含尘过大则最好经过预除尘处理。由于堆肥是由可生物降解的物质的构成，因而寿命有限。运行一年后，系统也会酸化或碱化，应及时调整 pH 值，同时要定期补充微生物生长所需的养料。

其他方法有利用酵母菌和霉菌作为微生物菌剂，在温度 25℃ 条件下与动物粪便等含短纤维粪便混合通气培养 3d，过滤层可除去粪便中 85%～99% 的恶臭味。还有一种方法称为有效微生物群法（effective micro-organisms，简称 EM），是一种治理环境臭气污染的生物产品，它由乳酸菌、酵母菌、放线菌及光合菌等 10 个种属 80 多种微生物复合培养而成。对鸡舍、鸡粪进行除臭试验，结果表明，EM 对粪便中氨氮产生硝化、反硝化和微生物固氮作用，从而减少氨的发挥，达到除臭的目的。

● 噪声处理系统的运行和管理

4.114　什么是噪声？

答　物体的振动能产生声音，声音通过媒质传播开来，人的耳膜通过声波的振动，感觉到了声音。声音在人类的生产和生活活动中有着十分重要的作用。但有些声音却不是人们所需要的，会影响人们的正常生活和工作，甚至危及人类的身心健康，我们把这一类声音称为噪声。

4.115　噪声的危害是什么？

答　噪声的危害是多方面的，噪声不仅对人们正常生活和工作造成极大干扰，影响人们交谈、思考，影响人们的休息睡眠，使人产生烦躁、反应迟钝、工作效率降低，分散注意力，引起工作事故。更严重的情况是噪声可使人的听力和身心健康受到损害。

① 噪声的强度越大、频率越高、作用时间越长、个人耐力越小，则危害越严重。据统计资料证明，80dB（分贝）以下的噪声不会引起噪声性耳聋；80～85dB（分贝）的噪声会造成轻微的听力损伤；85～100dB（分贝）的噪声会造成相当大数量的噪声性耳聋。人在没有准备的情况下，强度极高的爆震性噪声（如突然放炮、爆炸）可使听力在一瞬间永久丧失，即产生爆震性耳聋，这时人的听觉器官将遭受严重创伤。

② 噪声对人体健康的影响是多方面的。

a. 噪声作用于人的中枢神经系统，使人的大脑皮层的兴奋与抑制失去平衡，导致条件反射异常，使脑血管张力遭到损害。这些生理上的变化在早期能够恢复原状，但时间一久，就会导致病理上的变化，使人产生头痛、脑涨、耳鸣、失眠、心慌、记忆力衰退和全身疲乏无力等症状。

b. 噪声作用于中枢神经系统还会影响胎儿发育，造成胎儿畸形，并妨碍儿童的智力发育。

c. 噪声对人的消化系统、心血管系统也有严重不良影响。会造成消化不良、食欲不振、恶心呕吐，从而导致胃病及胃溃疡的发病率提高，使高血压动脉硬化和冠心病的发病率比正常情况高出 2～3 倍。

d. 噪声对人的视觉器官也能造成不良影响。据调查，在高噪声环境下工作的人常有眼痛、视力减退、眼花等症状。

③ 噪声对仪器设备的使用也会有严重影响。强噪声会使机械结构因声疲劳而断裂酿成事故，使建筑物遭受破坏，如墙壁开裂、屋顶掀起、玻璃震碎、烟囱倒塌等。

4.116 什么是噪声的物理量度？

答 噪声的物理量度有声强和声强极、声压和声压级、声功率和声功率级。

(1) 声强、声压和声功率

① 声强是指单位时间内声音通过垂直于声音传播方向单位面积的声能量，常用符号 I 表示，单位为瓦每平方米（W/m^2）。

② 声压是指声波传播时，在垂直于传播方向上的单位面积上引起的大气压强变化，通常用符号 P 表示，单位是帕（Pa）。

③ 声功率是指单位时间内声源辐射出来的总声能量，用符号 W 表示，单位是瓦（W）。

(2) 声强级、声压级和声功率级

对于人耳所能听到的声音，若以声强、声压、声功率来表示，则数值变动范围很大，例如，若以声压值表示，从人耳听阈压（2×10^{-5}Pa）到痛阈压（20Pa），即最弱和最强的可听声压相差 100 万倍。若用如此巨大范围的绝对值来表示或比较声音的强弱，显然是很不方便的。为此，引入"级"的概念来度量声音的相对强弱。

所谓"级"是指某一物理量 A 与该物理量的某一基准 A_0 之比的常用对数值。

① 声强级（L_1）

$$L_1 = 10\lg \frac{I}{I_0}(dB)$$

式中　I——被测声强，W/m^2；

　　　I_0——频率为 1000Hz 的基准声强，W/m^2，取 $10^{-12}W/m^2$；

　　　B——声强的单位，称为"贝尔"，实用时常用其值 1/10 来表示声强大小，以符号"dB"表示，称为"分贝"。

② 声压级（L_P）

$$L_P = 10\lg \frac{P^2}{P_0^2} = 20\lg \frac{P}{P_0}(dB)$$

式中　P——被测声压，Pa；

　　　P_0——基准声压，Pa，取 2×10^{-5}Pa。

③ 声功率级(L_W)

$$L_W = 10\lg \frac{W}{W_0}(dB)$$

式中　W——被测声功率，W/m^2；

　　　W_0——基准声功率，W/m^2，取 $10^{-12}\,W/m^2$。

引用级的概念优点在于大大缩小了表示声音强弱的物理量的范围，尽管最强和最弱的可听声压相差 100 万倍，使用了级的概念后可压缩在 $0\sim120dB$ 的范围内，方便了声音的测量和计算。由于声压比较容易测定，所以在噪声控制中，常用声压级来衡量声音的强弱。

一般噪声的强弱可以用声级计来直接进行测量。

4.117　噪声的污染特征是什么？

答　噪声的污染与大气污染、水污染、固废污染有很大的不同，有以下几个特征。

① 噪声是人们不需要的声音的总称，它是一种感觉公害，对噪声的判断取决于判断者心理上和生理上的因素。所以，任何声音都可能成为噪声，噪声的标准也要依据不同的时间、地点和人的行为状态分别制定。

② 噪声具有局部性和多发性，在某些情况下它的污染面积比较大，例如发电厂高压排气放空时所产生的噪声可能会对周围几十公里内的居民生活产生影响。

③ 噪声没有具体的污染物，也不会长期残存和积累，一旦噪声源停止发声，噪声污染立即消失，不会对环境产生持久的危害。

④ 噪声对人类的危害是慢性的和间接的，一般不会直接致命或致病。

4.118　噪声控制治理的途径有哪些？

答　噪声由声源发生，经过一定的传播介质达到接受者，才会产生干扰和危害，因此控制治理噪声必须从声源、传播介质、接受者这三个方面考虑控制治理，既要对其进行分别研究，又要将它作为一个综合系统考虑。其控制治理的途径就是在噪声到达接受者之前，首先对噪声声源进行技术、工艺、材料等改造，减小或降低噪声的源强。其次就是在噪声传播的途中采用阻尼、隔声、个人防护和建筑布局等控制治理措施，尽可能降低传播介质的传播能量，或通过传播介质将噪声的能量吸收转换成热量消耗掉或者设置传播途径上的障碍，将噪声大部分或部分反射出去。

总之，要根据噪声污染的现状和现有的技术和规定要求，制定出技术成熟、经济上合理的治理方案，达到控制治理噪声的目的。

4.119　怎样控制治理噪声源？

答　要从声源上根治噪声是比较困难的，但是对噪声源进行技术改造还是可行的，例如应用新材料替换原设备部件，改造设备的结构，改进操作方法，提高零部件的加工精度，提高装置质量等。

(1) 应用新材料、改进设备的结构

近些年来，随着新材料科技的发展，用一些内摩擦较大、高阻尼合金、高强度塑料生产机器零部件已变成现实，常用于汽车零部件上，可降低噪声。又如将纺织厂织机的铸铁传动齿轮改为尼龙齿轮，可降低噪声 5～10dB。改变设备结构来降低噪声也有明显的效果。例如，风机叶片的形状对风机产生噪声的大小有很大影响，若将风机叶片由直片型改为后弯型，则可降低噪声约 10dB。又如将齿轮传动装置改为皮带轮传动，也可使噪声降低 16dB。

（2）改革生产工艺和操作方法

改革生产工艺和操作方法，也是一种从声源上降低噪声的一种途径。例如，用液压加工代替冲压锻打，能降低噪声 20～40dB。纺织厂用喷水织布代替普通梭织布，降低噪声源。在建筑施工中用压力打桩机替代柴油打桩机可降低 20～50dB。用化学爆破替代炸药爆破工艺更是降噪效果显著，还提高了安全系数。

（3）提高零部件加工精度和装配质量

零部件加工精度提高和装配精度提高使机件间的摩擦减少，从而使噪声降低，例如，若将轴承滚子加工精度提高一级，可使轴承噪声降低 10dB。

4.120 怎样在传播途径上降低噪声？

答 如果在控制治理噪声源时效果不佳或是由于经济、技术上的原因而无法降低声源噪声时，就必须设法在噪声的传播途径上采取适当的措施。

（1）利用"闹静分开"的方法降低噪声

如居民住宅区、医院、学校、宾馆等需要较安静环境，应与商业区、娱乐区、工业区分开布置。在工厂内应合理布置生产车间与办公室的位置，应考虑将噪声大的车间集中起来，安置在下风头，办公室、实验室等需要安静的场所与车间分开，安置在上风头。噪声源尽量不要露天放置。

（2）利用地形和声源的指向性降低噪声

如果噪声源与需要安静的区域之间有山坡、深沟等地形地物时，可利用这些自然屏障减少噪声的干扰。另外，声源具有指向性，可利用其指向性使噪声指向有障碍物或对安静要求不高的区域。而医院、学校、居民住宅区、办公场所等需要安静的地区应尽量避开声源的指向，减少噪声的干扰。

（3）利用绿化降低环境噪声

采用植树、矮灌木、草坪，在光滑的墙壁上种植绿色植物等绿化手段，可减少噪声源对周边工厂企业、学校等噪声干扰，试验表明，绿色植物减弱噪声的效果与林带的宽度、高度、位置、配置方式及树木种类有密切关系。多条窄林带的隔声效果比只有一条宽林带好。林带的位置尽量靠近声源，这样降噪效果更好。林带应以乔木、灌木和草地结合，形成一个连续、密集的隔声带。树种一般选择树冠矮的乔木，阔叶树的吸声效果比针叶好，灌木丛的吸声效果更为显著。

对于工业噪声而言，最有效的办法还是在噪声的传播途径上采用声学控制措施，包括吸声、隔声、隔振、消声等常用的噪声控制治理技术。

4.121 怎样吸声降噪？

答 吸声降噪的原理是利用一定的吸声材料或吸声结构来吸收声能，从而达到降低噪声强度的目的。

吸声材料降噪是利用本身松软多孔的特性来吸收一部分声波，当声波进入多孔材料的孔隙之后，能引起孔隙中的空气和材料的细小纤维发生振动，由于空气与孔壁的摩擦阻力，空气的黏滞阻力和热传导等作用，相当一部分声能就会转变成热能而耗散掉，从而起到了吸声降噪的作用。

吸声材料多为多孔材料，目前常用的吸声材料主要有：①无机纤维材料，如玻璃丝、岩棉等；②泡沫塑料；③有机纤维材料，如棉麻、稻草等；④建筑吸声材料，如膨胀珍珠岩、加气混凝土等。

多孔吸声材料对于中、高频声波有较大的吸声作用，但对于低频声波的吸收效果差，为弥补这一不足，通常采用共振吸收结构来加以处理。

共振吸声结构是利用共振原理制作成的各种吸声结构，用于对低频声波的吸收，常用的有薄板共振吸声结构、薄膜吸声结构、穿孔板、微穿孔板和空间吸声体等。

吸声降噪是一种简单易行的噪声控制治理技术，但只能降低反射声的影响，对直达声无能为力。因此要根据噪声源的实际情况和降噪的要求来选择降噪的方法。

4.122　怎样隔声降噪？

答　隔声降噪的原理是应用隔声构件将噪声源与接收者分开，隔离的噪声在隔离构件介质内传播，不能顺利通透，达到降低噪声的目的。采用适当的隔声构件如隔声屏障、隔声罩、隔声间，一般能降低噪声级 20～40dB。

隔声罩是控制机器噪声传播较好的装置，可将噪声源封闭在一个相对小的空间内，降低噪声源向周围辐射噪声。罩壁由罩板、阻尼层和吸声层组成。根据噪声源设备的操作、安装、维修、冷却、通风等具体要求，可采用适当的隔声罩结构形式。隔声罩有活动密封型、固定密封型、局部开敞型等。

隔声罩通常用于车间内的风机、空压机、柴油机、鼓风机、球磨机等强噪声机械设备的降噪，其降噪量一般在 10～40dB 之间。其中，固定密封型为 30～40dB，活动密封型为 15～30dB，局部开敞型为 10～20dB，带有通风散热消声器的隔声罩为 15～25dB。

当一个车间内有很多噪声源时，采用隔声罩则很不经济，这时可建立一个小空间使之与声源隔离开来，即隔声间。它可以作为操作控制室或休息室。隔声间的隔声原理与隔声罩是相同的，只是交换了声源和接受点的相对位置。隔声间可用金属板或土木结构建造，并要考虑通风、照明和温度的要求，特别是要采用特制的隔声门和窗。

隔声屏是放在噪声源和受声点之间的用隔声结构所制成的一种"声屏障"，它可以阻挡噪声直接传播到屏障后的区域，使该区域的噪声降低。隔声屏兼有隔声、吸声的双重功能，是简单有效的降噪设施，具有灵活、方便可拆装的优点，可作为不易安装隔声罩时的补救降噪措施。在使用隔声屏时应注意以下几点。

① 隔声屏应尽量靠近声源，活动隔声屏与地面间的缝隙应减到最小。多块隔声屏并排使用时，应尽量减少各块之间接头处的缝隙。

② 隔声屏应有足够的高度，有效高度越高，减噪效果越好。隔声屏的宽度也是影响其减噪效果的重要参量，通常取宽度大于高度，一般来说宽度为高度的 4～5 倍。

③ 为了形成有效的"声影区"，隔声屏的表面尺寸要远远大于噪声源的波长，同时隔声屏本身的隔声量要比声影区所需的声级衰减量至少大 10dB，才能排除透射声的影响。

④ 设置隔声屏应同时考虑吸声处理，以避免由于壁面和屋顶的反射形成混响声场，削

弱了隔声屏的作用。

⑤ 隔声屏上可开设观察窗，以便于观看设备运行情况。

4.123　怎样在接受点防护减小噪声危害？

答　在噪声接受点进行个人防护是控制治理噪声的最后一个环节，在其他措施无法实现或只有少数人在强噪声环境中工作时，加强个人防护也是一种经济有效的方法。个人防护主要是利用隔声原理来阻挡噪声进入人耳，从而保护了人的听力和身心健康。目前常用的防护用具有耳塞、防声棉、耳罩、防声头盔等。

(1) 耳塞

耳塞是插入外耳道的护耳器，按其制作方法和使用材料可分成预模式耳塞、泡沫塑料耳塞和人耳模耳塞等。预模式耳塞用软塑料或软橡胶作为材质，用模具制造，具有一定的几何形状；泡沫塑料耳塞由特殊泡沫塑料制成，使用前用手捏细，放入耳道中可自行膨胀，将耳道充满；人耳模耳塞把在常温下能固化的硅橡胶之类的物质注入外耳道，凝固后成型。良好的耳塞应具有隔声性能好，使用方便舒适、无毒、不影响通话，经济耐用等特点，又以隔声性和舒适性最为重要。

(2) 防声棉

防声棉是用直径 $1\sim3\mu m$ 的超细玻璃棉经过软化处理后制成的。使用时撕下一小块用手卷成锥状，塞入耳内即可。防声棉的隔声比普通棉花好，且隔声值随着噪声频率的增加而提高，它对隔绝高频噪声更为有效。在强烈的高频噪声车间使用这种防声棉，对语言联系不但无妨碍，而且对语言清晰度有所提高。

(3) 耳罩

耳罩就是将耳郭封闭起来的护耳装置，类似于音响设备中的耳机，好的耳罩可隔声 30dB。还有一种音乐耳罩，这种耳罩既隔绝了外部强噪声对人的刺激，又能使人听到美妙的音乐。

(4) 防声头盔

防声头盔将整个头部罩起，与摩托车的头盔相似，头盔的优点是隔声量大，不但能隔绝噪声，而且可以减弱骨传导对内耳的损伤。其缺点是体积大、不方便，尤其在夏天或者高温车间会感到闷热。

4.124　怎样消声降噪？

答　消声降噪是用于消除空气动力性噪声的主要技术措施，通过消声器具体实施消声降噪。消声器是一类阻止或减弱声音传播而允许气流通过的一种器件，一般安装在空气设备（如鼓风机、空压机）气流通道上或进排气系统中。消声器种类繁多，根据其消声原理不同，可大致分为阻性消声器、抗性消声器、阻抗复合式消声器。

① 阻性消声器的消声原理是利用装置在管道（或气流通道）的内壁或中部的阻性材料（吸声材料）的吸声作用使噪声衰减，从而达到消音的目的。

阻性消声器结构简单，对中高频噪声的消声效果好，但对低频噪声的消声性能较差，不适合在高温、高湿的环境中使用。多用于鼓风机、空气压缩机的消声处理。阻性消声器的结构形式很多，常见的主要形式有管式、片式、蜂窝式、列管式、折板式、声流式、小室式、圆盘式、弯头式等。

② 抗性消声器不能直接吸收声能，而是通过流管截面的突变或旁接共振腔的方法，利用声波的反射干扰来达到消声的目的。常见的抗性消声器有扩张室式和共振腔式两种。适用于消除低中频噪声，可以在高温、高速、脉动气流下工作，其缺点是消声频率带窄，对高频噪声消声效果较差，常用于内燃机的进、排气消声处理。

③ 阻抗性消声器把阻性结构和抗性按照一定方式组合起来，构成了阻抗复合式消声器。阻抗复合式消声器具有宽频带、高吸收的消声效果，主要用于消除各种风机和空压机的噪声，由于阻性段有吸声材料，不适合在高温、高湿和含有灰尘等环境使用，严格说来是属加强型阻性消声器。

4.125　怎样隔振、阻尼减弱固体噪声？

答　振动是一种周期性的往复运动，任何一种机械都会产生振动，而引起机械振动产生的原因主要是旋转式往复运动部件的不平衡、磁力不平衡和部件的互相碰撞等。

振动和噪声有着十分密切的联系，声波就是由发声物体的振动而产生的，当振动的频率在 20～2000Hz 的声频范围内时，振动源同时也就是噪声源。振动能量常以两种方式向外传播而产生噪声，一部分由振动的机器直接向空中辐射，称为空气声；另一部分振动能量则通过承载机器的基础，向地层或建筑结构传递。在固体表面，振动以弯曲波的形式传播，因而能激发建筑物的地板、墙面、门窗等结构振动，再次向空中辐射噪声，这种通过固体传导的声叫作固体声。

振动不仅能激发噪声，而且还能通过固体直接作用于人体，危害身体健康，降低工作效率，干扰人们正常生活。振动还会影响精密仪器的正常工作，强烈、持续的振动甚至能损害设备结构和建筑结构。因此振动也是环境物理污染之一。对振动的控制治理不仅是防治噪声的重要方法，也是减少振动的不利影响和危害的必不可少的措施。

控制治理振动大致有以下几种方法：减小扰动、防止共振采取隔振措施、阻尼减振。

(1) 减小扰动

减小扰动可以通过改造振动源来解决，以减小和消除振动源的激励。例如：改造机械的结构或工艺过程来降低振动级；提高设备制造精度，减少振动结构的装配公差；使用新材料，改善机械的平衡性能等。改造振源，降低乃至消除振动的发生，这是控制治理振动的根本途径，但实施上有较大难度，因此，一般在先采取隔振和阻尼减振措施不见效的情况下再采取减小扰动的措施。

(2) 隔振

隔振就是利用波动在物体间的传播规律，在振源和需要防振的设备之间设置隔振装置，使振源产生的大部分振动被隔振装置所吸收，减少了振源对设备的干扰，从而达到减振的目的。

隔振装置可分为两大类，即隔振器和隔振垫。隔振器包括金属弹簧隔振器、橡胶隔振器等。隔振垫主要有软木、毛毡、石棉、橡胶、泡沫塑料、玻璃纤维等。

还有在设备的进出口管道上安装柔性接管，防止振动从管道传递出去的隔振措施，柔性接管主要在风机、空压机、水泵、内燃机上都有应用。按材料不同可把管道柔性接管分成两种：橡胶柔性接管和不锈钢波纹管。

橡胶柔性接管一般可用于温度在 100℃ 以下，压力在 2.0MPa 以下液体或气体传输管道中，可大幅度降低振动在管道中的传递，有效地隔离、降低管道噪声。水泵的进出口管道、罗茨风机的进出口管道、空压机、真空泵等的进气管道中均可装置橡胶柔性接管，有效地隔离振动。

不锈钢波纹管一般可用在－70～300℃的环境温度，承受压力更高，管径越小耐压越大、耐腐蚀、寿命长。通过介质为水、油、气、弱酸、碱等都可以。

还有一些减振元件如：弹性管道支撑，用于管道下部的支撑；高弹性橡胶联轴器，用于水泵与电机连接等；油阻力器，与隔振器并联以增加系统的支撑阻力；动力吸振器，吸收单一频率的振动能量，以降低隔振系统中的机器或设备的振动；吊式振动器，用于管道及隔声结构悬吊的场合。

（3）阻尼减振

阻尼减振主要通过减弱金属板弯曲振动的强度来实现的。当金属板发生弯曲振动时，振动能量就迅速传给涂贴在薄板上的阻尼材料，并引起薄板和阻尼材料之间以及阻尼材料内部的摩擦。由于阻尼材料内损耗、内摩擦大，使得相当一部分的金属振动能量被损耗而变成热能削弱了薄板的弯曲振动，并能缩短薄板被激振后的能量，达到了减振降噪的目的。常用的阻尼材料除沥青、软橡胶外，还有应用较广和效果较好的阻尼浆。阻尼浆是用多种高分子材料配合而成的，主要有基料、填料和溶剂三部分组成。其中，起阻尼作用的主要材料称为基料，如橡胶、沥青等。填料有膨胀珍珠岩、软木粉、石棉纤维等。溶剂有矿物质油和植物油等。

4.126　污水处理厂的脱水机房怎样控制治理噪声?

答　污水处理厂的脱水机房一般分两种形式：一种是离心式脱水机房，相对噪声要大些，约80dB；另一种是带式压滤机，相对噪声要小些，约75dB。

离心式脱水机的防噪声方法有：

① 在脱水机房内的墙壁上设置吸声材料；

② 给单台脱水机设置隔声罩；

③ 进隔声罩内工作应戴耳塞或耳罩或防声棉；

④ 脱水机房的地面最好建成毛面，以吸声、消声，阻断噪声继续传播。

带式脱水机的噪声较小，可设置隔间罩与除臭收集结合起来，将臭气收集后排入高空或送至除臭装置除臭，将空压机设在隔声罩内。

4.127　污水处理厂的鼓风机房怎样控制治理噪声?

答　污水处理厂的鼓风机房内墙及顶棚最好采用吸声材料装饰，吸掉一部分直接传在墙壁上的声能，同时防止反射声的来回混响，吸声材料的选择见前面的叙述。还可在不妨碍天车等机械装置运行情况下，悬挂一些噪声吸声体，进一步吸收直达声和反射声，常用的吸声体有平板形、球形、圆锥形、圆柱形等。其表面粘有吸声材料，悬挂位置尽可能靠近声源，并注意不影响采光、照明、检修和巡视等。此法简单、易行，价格便宜。

在风机的进气口或出气口同时加消声器。消声器是一种阻止声音传播而允许气流通过的装置，可以大大减弱进出口辐射出来的噪声。因此，装设消声器是治理风机噪声的主要措施之一。

在风机进出口风管加设了消声器后，其风机壳体的辐射噪声仍对周围环境有较大干扰，在条件允许的情况下，可对每台风机采取隔声措施，设置隔声罩（造价高），把周边噪声降到 75dB 以下。

防止两种振动产生的噪声：一种是喘振引起的噪声；另一种是风机自身振动产生的低频噪声。

① 减轻风机自身振动是控制治理低频噪声的治本办法，一般从制造风机的外壳材料入手，宜选用铸铁，以增加自重和外壳厚度减小自振；在风机的进、出风管接头处设置柔性波纹管减振接头，降低风机振动传递到空气管道上产生的辐射噪声；中小型风机一般都在基座上加设减振器，效果明显。

② 喘振是风机运行中不太容易防止的事故。气温过高，空气湿度过大，或负荷过大等都能引发喘振。其现象是风机出口压力突然大幅下降，而管网中压力并不马上减低，或是风机负荷加大，管网中阻力加大，都能导致管网中的气体压力大于风机出口处的压力，管网中的气体瞬间倒流向风机，直到管网中压力下降到低于鼓风机出口压力才停止。接着鼓风机又开始向管网供气，将倒流的气体压回去，这又使风机内空气流量减少，压力再次突然下降，管网中的气体重新倒流至风机内，如此周而复始，在整个系统中产生周期性的低频高振幅的压力脉动及气流振荡现象，并发出低沉、响声很大的噪声，风机产生剧烈振动，以至无法工作被迫停机。

③ 防止喘振的方法有手动和自动两种，都是在风机的出风口设置一旁通管。在启动风机时就要先打开，当启动完成时逐渐关闭。当出现喘振的先兆时，自动放气阀会根据事先设定的程序，自动打开放气，造成风机进口流量增加，风机工况点可由喘振区移至稳定区工作。从而逐渐增大出口压力，使压缩空气逐渐送入管网。在保证出口压力大于管网压力的情况下，该放气阀门逐渐关闭或停留在一个合适的位置上。手动操作阀门需按照自动阀门的程序由熟知详情的工人操作。

④ 判断风机是否进入喘振工况，从理论上还不能准确计算。一般是根据经验和观察到的风机运行现象来判断。一是观测风机出气管道的气流噪声。接近喘振工况时出气管道中发出的噪声时高时低，产生周期性变化。当进入喘振工况时，噪声立即剧增，甚至有爆声出现。二是观测风机机体的振动情况。进入喘振区，机体和轴承都会强烈地振动。三是观测风机出口压力和进口流量变化。正常工作时其出口压力和进口流量变化不大，当进入喘振区时，二者的变化都很大。

因为鼓风机是产生噪声最大的设备，无论有无其他防噪声设施，当工人要走近风机工作时，都应佩戴防噪声耳塞、耳罩或防声棉等个人防护用具，尽最大可能减小噪声对人体的伤害。这种防护用具价格便宜、适用，效果有效，最容易实现。

当在鼓风机房内有多台风机时，采用隔声罩可能很不经济。这时应建立一个小的与噪声源隔离间，这个小隔离间应包括操作控制室、休息室。其材料可用金属或土木结构，并要考虑通风、采暖、照明等要求。特别是要采用特制的隔声门窗。门缝窗缝都要处理好，免得传进噪声。

● 消毒加药系统的运行和管理

4.128　为什么要对污水处理厂的出水进行消毒？

答　城市污水处理厂在接收各种市政污水时，同时也接收了污水中各种细菌、病菌，如伤寒杆菌、痢疾杆菌以及其他各种混在污水中的病原菌。另外，蛔虫、血吸虫等寄生虫以及肝类病毒、流感病毒等也在污水中传播。因此，城市污水经过生物处理后，含有大量病菌、病毒的处理水直接排入下游江河、湖、海中，或经深度处理后作为城市景观、环境用水及工业冷却水、杂用水等，会造成一定的危害，这就要求必须对这些处理后的水进行消毒。

4.129　对污水处理厂的出水消毒有哪些方法？

答　对污水处理厂的出水消毒的方法一般可分为两类：物理法和化学法。物理方法主要有利用加热、冷冻、辐射（主要是紫外线法）等方法来对微生物的遗传物质核酸进行破坏，从而达到消毒的目的。化学方法主要是利用消毒剂的强氧化性来破坏微生物的结构，从而达到消毒的目的，常见的方法有氯消毒、二氧化氯消毒、臭氧消毒、紫外消毒，以及电化学消毒等。

4.130　氯消毒的特点有哪些？

答　氯消毒主要指向水中投加氯而产生次氯酸、次氯酸钠、次氯酸钙等有效氯成分杀灭微生物。产生有效氯成分的药剂有氯气、漂白粉、次氯酸溶液等。

目前大、中型污水处理厂出水消毒大都采用氯气消毒，因为这种消毒方式来源广、运输相对容易（用液氯瓶专门运输）、加氯系统工艺成熟、可靠、成本低。加药后一般都设置接触池，使水中的余氯继续发挥杀菌作用，如果用管道供再生水其杀菌、杀藻作用更重要。其不利的因素是因污水处理后的出水中有机质较多，而氯与水中的有机质产生反应，消毒效果受到干扰后降低。同时产生多种副产物，如卤代烃、氯仿、三氯甲烷、余氯联苯等，其中多种物质对人、畜有害，产生致癌物质。

4.131　加氯气消毒系统有哪些组成部分？其安全防护设施、安全防护措施有哪些？

答　① 加氯气消毒系统有加氯机、液氯瓶、混合设备、接触池等部分。接触池的作用是使氯与水有较充足的接触时间，保证消毒作用的发挥，一般接触池停留时间是 0.5h 以上。

② 加氯间的值班室应与操作室严格分开，并在加氯间安装监测及报警装置，随时对氯的浓度跟踪监测。在设有漏氯自动回收装置的加氯间，加氯系统工作时，因氯瓶内装有氯气，自动漏氯吸收装置都应处在备用状态，一旦漏氯量达到设定值时，漏氯吸收装置自动投入运行。维护人员要定期对漏氯吸收装置进行维护，对碱液定期进行化验，若碱液浓度不足，应随时补充。

③ 加氯间建筑要具备防火、保温性能，通风设施良好。由于氯气的相对密度大于空气的相对密度，当氯气泄漏后，氯气沿地面扩散，然后向上挤压空气，所以加氯间要在比地面稍高一点的地方设置鼓风扇和排气扇。强制将新鲜空气鼓吹进加氯间地面，而排气扇将混合气体排出加氯间。设有自动漏氯回收装置的加氯间，当发生氯气泄漏时，轻微的漏氯可开启风机换气排风，漏氯较大时自动漏氯回收装置启动，此时应关闭排风，以便于氯气回收，同时防止大量氯气向大气扩散，污染环境。

④ 加氯间外侧要有检修工具、防毒面具、抢救器具。照明和风机的开关要设在加氯间外，并在加氯间与外侧间设置大玻璃观察窗，以便在加氯间有事故关闭门窗时可从外面观察

到加氯间的情况，采取抢救措施。通常，在进入加氯间前，先行通风，加氯间的压力水要保证不间断，保持压力稳定。如果加氯间未设置漏氯自动回收装置，则应设置碱液池、喷淋水幕，供发生漏氯时临时抢救。氯瓶发生严重泄漏时，运行人员戴好防毒面具（带空气呼吸器）及时将氯瓶推入碱液池，进行中和反应，减少泄漏发生的损失。

⑤ 加氯间除配备必要的工具外，还应备有氧瓶安全帽，大小木塞等用于氯瓶堵漏时用，还应备有细铁丝用于管道清通。当加氯停止，长时间停置不用时，应将装满液氯的氯瓶退回厂家。

4.132　加氯消毒应注意的事项是什么？

答　① 氯瓶内压一般为 0.6～0.8MPa。不能在太阳下暴晒或接近热源，夏季运输应盖遮阳布，防止汽化发生爆炸。液氯和干燥的氯气对金属没有腐蚀，但通水或受潮腐蚀性能增强，所以氯瓶不能用尽用光，应保持 0.05～0.1MPa 的空瓶气压。

② 开启氯瓶前，要检查氯瓶放置的位置是否正确，保证出口朝上，即放出的是氯气而不是液氯；开瓶时要缓慢开半圈，随后用 10％氨水检查接口是否漏气，一切正常时逐渐打开，如果阀门难以开启，绝不能用锤子敲打，也不能用长柄扳手使劲扳，以防将阀杆拧断。如果不能开启应将氯瓶退回生产厂家。尽可能避免氯瓶泄漏的危险。

③ 液氯变成氯气时要吸收热量，在气温较低时，液氯气化受到限制，因此冬季应对加氯间送暖保温。其室内温度宜保持在 15～25℃。如果因气温太低影响气化，绝不能用火烤。需要加热气化时用热水缓慢加热，不能快速升温或升温太高，一般用温水连续喷淋加热。

④ 要经常用 10％的氨水检查加氯机、汇流排与氯瓶连接处是否漏气，若漏气则尽快修复，修复前应做好安全防护措施。若氯气管有堵塞现象，严禁用水冲洗，在切断气源后用钢丝疏通，再用压缩空气吹扫。

⑤ 污水处理厂污水处理出水加氯消毒，一般要求在出水中保持余氯，继续杀菌。一般以保持余氯的量控制加氯量，加氯量一般控制在 10～15mg/L。不需要保持余氯量时，其加氯量一般控制在 5～10mg/L。

4.133　二氧化氯消毒有什么特点？

答　① 二氧化氯的分子式为 ClO_2，是一种随浓度升高颜色由黄绿色到橙色的气体，具有与氯气相似的刺激性气味。

② ClO_2 的有效氯为 Cl_2 的 263％，是一种高效氧化剂，它的氧化能力是氯气的 3 倍。

③ 水中的温度越高，ClO_2 的杀菌效力越大，这非常适合于工业循环再生水以及水温偏高领域的杀菌消毒。

④ ClO_2 在很宽的 pH 值范围内保持对多数细菌的灭活能力，通常情况下，pH 值在 6～10 范围内，杀菌效果受影响较小，这是氯气消毒不能相比的。

⑤ ClO_2 在含有氨氮的水中不与氨及化合物反应。而是以游离态二氧化氯分子的形式存在，保持较高的杀菌效率。ClO_2 在水中与腐殖质及有机物的反应几乎不产生挥发性的有机卤代烃，从而不会产生致癌物、三卤甲烷、氯仿等。

⑥ ClO_2 是一种易于爆炸的气体，当空气中 ClO_2 含量大于 10％或在水溶液中含量在大于 30％时都易于发生爆炸。而 ClO_2 受热或受光时也容易分解。这些特点造成无法将 ClO_2

压缩成液体在容器中贮存和运输。只能将原料运到现场，在使用时现场制备，现用现制，不允许保存成品，以免发生危险。

4.134 投加 ClO_2 的要点是什么？

答 ① ClO_2 的化学性质活泼、易分解，生产后不便贮存，必须在使用点就地制取。因此制取及投加设备往往是连续工作的。

② 在水处理中投加 ClO_2 的地点视投加目的而异。如果为了杀菌则应在滤池后投加；如果要求配水系统中保持杀灭微生物的余氯量，在配水系统中补充投加也是必要的；如果主要为去除三卤甲烷，则应在滤前投加；如果要求去锰，则在投加后应有足够时间使二氯化锰沉淀；如果为了控制嗅和味，则在若干点分散投加。

③ 在设备的建设和运转过程中，本身须要有特殊的防护，因为盐酸和亚硝酸钠等药剂如果使用不当，或当二氧化氯水溶液浓度超过规定值时，会引起爆炸。因而其水溶液的质量应不大于 $6\sim8mg/L$，并避免与空气接触。

④ ClO_2 的投加量与原水水质及使用目的有关，一般投加量在 $0.1\sim1.5mg/L$ 范围内，具体多少为佳，需通过试验而定。在制备 ClO_2 的过程中，除了可以调节浓度以外，还可以改变投加量，以适应水质水量的变化。

4.135 臭氧消毒有什么特点？

答 ① 臭氧既是一种强氧化剂，又是一种非常有效的消毒剂。臭氧作为消毒剂，能杀菌和灭病毒，反应快，投量少，适应性强，在 pH5.6～9.8 内，水温 0～37℃ 范围内变化时，对消毒效果影响很少。臭氧作为氧化剂能去除水中色、嗅、味和氧化水中可溶性亚铁、二价锰盐类、氰化物、硫化物、亚硝酸盐等。另外臭氧可分解水中溶解性有机物，有助于水絮凝作用，强化水的澄清、沉淀和过滤效果，提高了处理后的出水水质。

② 臭氧（O_3）是一种不稳定的具有特殊"新鲜"气味的气体，它是氧的同素异体，每个分子中含有 3 个氧原子，常温常压下是一种不稳定的淡蓝色气体，并能自行分解为氧气。因此可提高水中的含氧量。

③ 臭氧消毒投资大，运行费用高，管理维护水平要求较高。臭氧不具备长时间的杀菌作用，当用臭氧消毒后，还需要在管道中增加余氯保持长时间的消毒、杀菌作用。

4.136 臭氧消毒运行应注意什么？

答 ① 臭氧发生器的开启和关闭应滞后于臭氧系统的其他设备。在自动控制模式下，系统程序会自动控制系统内各设备的开启和关闭；在手动控制模式下，操作人员必须严格按照系统的启动和停机顺序启动和停止对系统的运行。如果在现场发现系统有异常情况或设备发生突发性故障，可以启动紧急停机程序即启动紧急停机按钮。

② 臭氧发生间内应设置臭氧浓度探测报警装置。如发生臭氧泄漏事故，应立即打开门窗，启动排风扇。

③ 应保证空气压缩机运行中吸入纯净的空气，严禁易燃易爆气体或有毒气体进入空气压缩机。机组运行时，箱体应关闭，只有在检查时可短时间打开，但应注意运动件和高温件

对人体的伤害。

④ 冬季或臭氧发生器长时间不工作，应把发生器、后冷却器、预冷机内的水排放掉。

4.137　什么是紫外消毒？

答　紫外线是光谱中介于可见光的紫色光和 X 射线之间波段范围内的光波，其波长范围在 400～100nm 之间，其中又可分为长波紫外、中波紫外、短波紫外和真空紫外 4 个波段。也可分为 A、B、C、D 4 个波紫外线。

紫外消毒杀菌的原理是生物细胞内含有脱氧核糖核酸（DNA）能吸收 240～280nm 范围内的光波，而对 260nm 波长的光波吸收达到最大值，使 DNA 受到破坏导致细菌死亡。

4.138　紫外消毒的特点是什么？

答　紫外消毒的特点是：杀生力强，接触时间短，设备简单，操作管理方便，处理后的水不产生二次污染。不影响水的物理性质和化学成分，不增加水的嗅和味。

紫外消毒的缺点是：紫外剂量不足时将不能有效地杀灭病原体，病原体在光合作用或者"暗修复"的机制下可能会自行修复，且无持久杀菌能力，在管网中运输需加余氯保持杀菌作用；水中的生物、矿物质、悬浮物等会聚积在紫外灯表面，影响杀菌；浊度和 TSS 对紫外消毒的影响较大；电耗大，消毒费用高。

4.139　紫外消毒效果与哪些物理因素有关？

答　① 影响紫外消毒效果的物理因素主要有灯管的功率、水流速度即水体在紫外灯表面停留时间、水层受辐射击的距离和灯管的寿命。

② 紫外灯管的功率随着使用时间的增加其辐射能量随之下降，需及时更换灯管保持紫外灯管的照射功率。

③ 当水流一定时，过流面积大，水流速度慢，水体在灯壳内有足够的停留时间，有利于杀菌。但是壳体直径越大，水层厚度越厚，离灯管的距离也就越远，杀菌效果差。据资料介绍，30W 紫外灯对 1cm 厚的水层杀菌效率为 90%，对 4cm 水层灭菌效率只有 40% 左右。因此要保证水在壳体内有足够的停留时间，同时还要保证紫外灯照射的厚度，才能达到规定的杀菌结果。

4.140　紫外消毒运行应注意什么？

答　① 设备灯源模块以及控制柜排架必须严格接地，严防触电事故；通电前一定要盖好盖板，严禁带电打开；严禁改变设备灯管配置，以免影响消毒效果；严禁未接灯管前通电，以免损坏电控系统。

② 所有操作维护都必须先戴上防紫外光眼镜才能进行；玻璃套管清洗液有腐蚀性，操作时应注意安全，做好防护准备，不能溅到皮肤与眼睛等处。

③ 严禁水位超过排架的气缸底部位置，同时应注意避免电气柜体进水。

④ 严格控制消毒水渠的水量、水位在设计范围之内，在水量严重超过设计容量时应做

好消毒水渠的排泄或旁通，严禁水位高过排架上的气缸底部，否则会对系统的运行造成严重损害。

⑤ 严禁在消毒水渠无水或水量达不到设计水位时通电并点亮紫外灯。消毒水渠的顶盖必须用密闭的工程塑料板，以确保系统的安全运行。

⑥ 拔下紫外消毒模块的重载接插件时，必须注意保持其清洁、防尘与防潮，对于排架上的重载接插件插头，必须用塑料袋包住并扎紧，对于镇流器电箱上的重载接插件插座，必须用其随带的保护盖板盖好，不可裸露，否则会损坏设备。

⑦ 水渠在排架之前的部位应放置栏网或格栅，防止大件杂物进入紫外消毒模块设备，缠住和粘住排架上的气缸，导致气缸运行不顺。

⑧ 应注意设备上的人机界面显示的各个数据是否正常，并做好记录工作。观察处理水量情况，严禁出现设备超负荷运行，出现异常情况时应及时上报并参照说明书提示进行处理，必要时通知厂家进行检修；

⑨ 设备前端的格栅应该依据实际情况定期进行垃圾清理工作。每半年对消毒水渠底部进行淤泥清除。每间隔1～2个月对紫外设备玻璃套管进行人工清洁。每间隔1～2年对紫外设备紫外灯管进行更新。

第5章

污水处理厂化验室的运行和管理

5.1 污水处理厂化验室的一般工作流程是什么？

答 污水处理厂化验室的一般工作流程如图 5-1 所示。

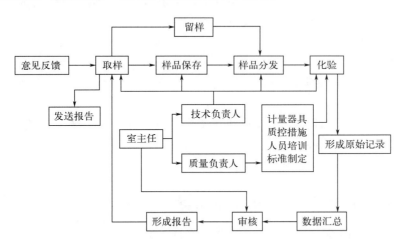

图 5-1 污水处理厂化验室工作流程

5.2 化验室主任有哪些岗位管理职责？

答 ① 贯彻执行污水处理厂和上级主管部门的指令和决定。负责管理化验室的安全和生产工作。组织制订化验室的各项安全操作规程和规章制度。

② 组织制订和审定化验室发展计划和年度工作计划，并组织各项计划的具体落实。

③ 组织技术负责人、质量负责人等有关技术人员制订《质量管理手册》，在化验工作中全面落实和认真执行。

④ 管理化验室的安全和生产工作，组织制订化验室各项安全操作规程和制度。

⑤ 负责审核检验报告，对化验室出具的检验报告承担主要责任。

⑥ 控制本室的预算和成本，合理分配开支。在保证化验质量的前提下，节约用水、用电、用药。定期进行化验成本分析，降低费用。

⑦ 组织培训职工，不断提高业务水平。学习新知识，使职工素质也不断提高。

5.3 取样组长有哪些岗位管理职责？

答 ① 实施取样工作，安排人员采样，发放及保存试样，认真执行样品交接传递手续。

② 做好监督工作，保证样品容器清洁干净，容器材质要符合有关规定，取样地点、取样时间要按照厂制订的计划完成。

③ 按时提交本组年度工作计划与总结，督促检查本组承担工作任务完成情况和质量控制情况，及时解决工作中存在的问题。

④ 严格遵守《质量管理手册》、安全操作规程和各项规章制度。

⑤ 做好本组检验报告正本的发放送达工作，并负责汇总样品资料，及时提交污水处理事故的工作报告及情况反映。

5.4 化验组长有哪些岗位管理职责？

答 ① 组织贯彻执行上级有关指示和规定，确定本组的质量方针和目标。

② 组织制订本组工作计划，各项规章制度，并组织实施、检查和总结。

③ 建立健全质量保证体系，确保完成各项工作任务，保证检验工作的独立性和检验结果的公正性、准确性。

④ 组织审定仪器设备购置、报废计划、业务学习、培训计划、审核上报的报告和报表。

⑤ 负责全组人员的调配，监督检查和协调各专业组的工作协调与有关部门的工作，监督各专业小组工作的运转及完成情况。

⑥ 监督检查《质量管理手册》的执行情况。

5.5 技术负责人有哪些岗位管理职责？

答 ① 在室主任的领导下，具体负责化验室技术工作。

② 负责分析化验数据，复核检验报告。按时完成各项年、季、月计划报表，统计报表，并报室主任审核。

③ 负责对化验人员业务培训、安全培训和新项目开展的技术准备。

④ 负责化验室的安全检查、劳动考勤、健康卫生工作。

⑤ 负责定期进行化验室的成本分析、技术业务学习工作。

⑥ 熟悉化验各个岗位，能随时指导、培训化验人员和上岗操作。

5.6　质量负责人有哪些岗位管理职责?

答　① 在室主任的领导下,具体负责质量保证体系的正常运行。

② 负责组织计量测试仪器的送检和自检工作,负责组织标准物质的计划汇总、分发工作,监督标准物质的正确使用,保证标准计量的溯源。

③ 组织实施检测过程的质量抽查,保证检测工作处于良好的质量控制状态。

④ 处理检测过程中质量事故及检测质量事宜。

⑤ 具体负责《质量管理手册》中规范性文件的制订并组织检查其执行。

⑥ 在检验报告质量发现有问题时,有权做出暂缓发出报告并要求复查或复测的决定。

⑦ 对不按操作规程技术标准进行检测,或对不执行《质量管理手册》有关规章制度的检测人员,应进行批评教育,对屡教不改者可给予纪律处分。

⑧ 对化验室发出的原始记录及检验结果的质量全面负责,组织填写检验报告副本并复核。

⑨ 检查、督促仪器管理人员、监测项目管理员和样品收发员做好本职工作。

⑩ 监督检测人员的检测质量,遇到问题及时采取有效措施,帮助解决。

⑪ 在"质量第一"的前提下协调安排好检测工作各项检测任务,协调保证检验结果与评价结论之间的一致性。

5.7　化验操作工岗位责任制的主要内容有哪些?

答　① 掌握专业理论和业务知识、了解本专业工作计划进度及工作方法,在室主任、组长及上级技术人员的指导下参加具体的业务实践,并按时完成任务。

② 掌握与本人所承担工作有关的基本操作技术,承担各类调查和化验工作的各项准备及工作完成后的仪器、器材等清理工作。

③ 在上级技术人员的指导下,参与对重大的、综合性的城市排水监测的调查技术评价及事故处理,及时请示汇报;调查结束后,做好有关资料的汇总整理及统计工作。

④ 严格遵守各项规章制度和工作流程,按照《质量管理手册》中的有关标准操作规程进行检测工作。

⑤ 努力学习业务知识,提高技术水平,按时参加上机上岗考核,无证不得使用有关仪器和从事有关项目的检测。

⑥ 认真负责做好检测工作,力求减少质量差错,杜绝质量事故,坚持检测质量控制程序,提高检验结果的准确性及可靠性。

⑦ 爱护仪器设备,正确使用及时登记,协助保管员做好维护保养工作。

⑧ 不得擅自对外公布检测数据。

5.8　检测资料保管员岗位责任制的主要内容有哪些?

答　① 注意收集并保管好有关排水监测业务范围的有关法律技术标准、规范、规程和标准检测方法。

② 保管好厂内各部门为保证检测质量而下发的各项规章制度、通知和要求。

③ 做好检验报告及本室的所有检测方面的资料的收集存档的工作。

④ 执行化验室技术档案及资料的借阅制度。

5.9 样品收发管理员岗位责任制的主要内容有哪些?

答 ① 认真做好样品发放及各化验小组之间的样品收发交接传递手续。

② 建立样品的登记本,在收到样品后应及时登记并标识。

③ 对于应留样的试样,按规定留样和保存。

④ 样品要做到分区存放,摆放整齐、清洁、无污染,严防变质、丢失。

5.10 仪器设备管理员岗位责任制的主要内容有哪些?

答 ① 做好化验室仪器设备的管理工作,建立台账,做到账、物相符。

② 做好仪器设备的送检和自检工作,保证按期检定,对于超周期及不合格的仪器设备有权做出停用的决定,严格实行标志化管理。

③ 及时做好仪器设备的维护保养工作,并做好设备档案资料。

④ 仪器设备发生故障应及时报厂维修部门,协助做好维修工作,保障设备完好。

⑤ 对确实已损坏无法修复的仪器设备应及时贴停用证,报技术负责人、室主任,经厂主管领导批准后报废。

5.11 检测工作质量检查制度的主要内容有哪些?

答 ①《质量管理手册》颁发后,全体人员应认真贯彻执行,确保检测工作的质量。

② 检测工作质量实行三级监督检查制度。即岗位责任检查,质量负责人校核,化验室主任审核。

③ 检测人员的工作取决于工作质量,检测人员的工作考核成绩与报酬挂钩。

④ 质量负责人定期对检测人员的工作质量进行检查考核,对每个季度的工作质量检查情况,写出书面总结材料,由化验室主任审批后存档。

⑤ 仪器管理人员定期检查仪器、设备完好的状况。

⑥ 每年对工作质量检查情况进行汇总,写出书面总结材料,报主管部门。

5.12 检测事故分析报告制度的主要内容有哪些?

答 (1) 质量事故的范围

在检测工作中发生下列情况之一,应作为检验质量事故。

① 检测人员违反操作规程,使检测设备损坏或造成精度下降。

② 检测人员玩忽职守,造成火灾及人身伤亡等。

③ 检测数据失真。

④ 检测样品遗失或造成非检测性损坏而无法弥补。

⑤ 受检项目漏检、漏报,而且无法弥补。

⑥ 原始记录、检验报告丢失或损坏而无法弥补。

⑦ 没有按照样品卡工作,搞错样品或用错设备。

⑧ 违反检测方法。

⑨ 检验报告判定失误,不合理。

⑩ 由于有毒、易燃、易爆等危险物品不按规定保管造成事故。

（2）事故处理方法与程序

① 事故一旦发生，当事人或发现人要立即报告。

② 检测质量事故。由质量负责人召集有关人员组成事故处理小组，分析原因，采取相应的措施，重新检测，并追究当事人责任，写出事故报告，报技术负责人复核、由室主任审核后上报厂主管部门备案。

③ 仪器设备事故。由技术负责人召集有关人员组成事故处理小组进行现场分析，对事故进行处理。有关人员对仪器设备进行维修、检定，追究当事人责任，写出事故报告，报技术负责人复核，由室主任审核后上报厂主管部门备案。

④ 重大事故。由质量负责人召集有关人员组成调查小组召开事故分析会，写出事故报告，经技术负责人复核，报化验室主任审核后上报厂主管部门作出处理。

事故责任人应实事求是地填写事故报告，说明事故发生地点时间、经过、原因等，报事故处理（调查）小组。事故发生后隐瞒不报者，一经查出，严肃处理。事故报告具有统一的格式，事故报告的详细资料要归档。

5.13　化验人员技术培训制度的主要内容有哪些？

答　① 化验室人员的业务技术培训应纳入工作计划，由技术负责人编制培训计划，提出具体培训内容和课程安排，由化验室负责人审批后组织实施。

② 基础知识培训以自学为主，专人授课为辅，鼓励工作人员系统的学习专业基础理论知识。

③ 专业技术培训，有计划地安排工作人员，针对所从事的技术工作，以授课的形式学习专业技术标准、应用技术。其内容包括：专业检测知识，误差理论，数据处理质量控制，质量管理，计量学理论知识，国家有关产品计量的法律、法规和文件。

④ 有计划的安排工作人员外出进修，参加上级部门组织的培训班。

⑤ 人员技术培训也可委托上级有关部门对工作人员进行统一技术培训和考核发证。

⑥ 为不断提高化验人员的技术水平，按层次实施培训。

a. 对工程师以上技术人员，要求以自学为主，鼓励他们积极开展科研，参加学术活动，掌握应用新理论、新技术、新方法，成为各学科领域的专门人才和学术带头人。不断提高检测业务水平和管理水平。

b. 对助理工程师，主要进行系统化培训，使他们达到任职水平并带领下级检测人员，以确保化验室的检测质量，并有计划地选派人员外出参加各类学习班及技术交流、论文报告会等，以提高他们的业务水平。

c. 对其他检测人员主要是根据培训计划进行正规化培训，首先打好扎实的专业基础，建立一支优秀的检测队伍，并且经3～5年培养，使他们达到晋升上一级技术职务的业务水平。

d. 选派计量检定人员参加法定计量部门举办的各种有关学习班，通过学习和考核，取得专门的合格证书。

5.14　化验人员技术考核制度的主要内容有哪些？

答　① 化验人员应熟悉所从事的业务工作，具有熟练的工作技术，清楚工作的原理及关键步骤。对检测结果及检测的准确度、精密度要有正确的分析表达能力。

② 化验人员应熟悉有关的基础知识，了解有关的标准和国家的政策法规。

③ 化验人员的技术考核，根据培训的情况应纳入化验室的工作计划，进行定期考核。

④ 化验人员的考核由技术负责人会同质量负责人等有关人员组成考核小组进行，合格者发给上岗证。

⑤ 化验人员考核也可由上级有关部门培训后进行考核，合格者发证。

⑥ 上岗证有效期一年，到期后由主管部门重新组织考核验证。

⑦ 考核成绩记入档案。

⑧ 没有经过考试、考核的人员或不合格者，不能独立工作，不能在各种分析报告、检定报告上签字。

⑨ 化验人员的考核内容根据培训内容而定。

5.15　化验室技术档案管理制度的主要内容有哪些？

答　① 仪器设备的技术档案、技术资料由专人管理。

② 技术资料应分类，登记建档，妥善保管。

③ 存档范围包括以下内容。

a. 国家地区和部门有关的文件、政策、法令。

b. 样品的技术标准及有关标准。

c. 仪器设备操作规程，检测实施细则。仪器说明书，计量检定合格证，计量仪表仪器设备的验收证书，维修、大修、使用、报废记录。

d. 仪器设备的一览表，台账。

e. 计量检定规程，暂行校验方法。

f. 各类检验报告，检测原始数据、检验申请单据。

g. 送检（受检）部门反馈意见及处理意见。

h. 技术图纸，工艺文件等其他资料。

④ 存档资料仅为本室检测工作服务，厂管理部门应保存一套完整的资料，一般情况下不得借阅和复印，有关人员查阅时，需经室主任批准，登记好后，方可在档案室内查阅，严禁涂改、复印。

⑤ 各类检验报告，检测原始数据、检验申请单等档案资料，归档后保存期为五年（如需要可存电子版），超期后，经室主任批准，在有关人员监督下，统一销毁。

⑥ 其他档案资料，只有在新版本可替代时，原版本资料才可超期报废。经室主任批准后，在有关人员监督下，统一销毁。

⑦ 检测样品的原始记录、检验报告属保密范围，其管理执行厂保密工作制度。

⑧ 各种技术档案资料应完整，不得损失。

5.16　化验室保密工作制度的内容有哪些？

答　① 所有人员需认真执行有关规章制度，遵守保密原则。

② 外来人员未经室主任批准，不得进入化验室参观。

③ 存档的技术资料仅为本室检测工作服务，查阅有关资料应严格履行有关手续，经室主任批准后方可查阅，不得拿出室外，严禁涂改、损坏。

④ 超期需销毁的资料，经室主任批准后，在有关人员监督下统一销毁，严禁泄密。

⑤ 检测样品的技术资料、图纸检验报告属保密范围，严禁向无关的第三方人员泄露。

⑥ 保密范围包括以下内容：a. 本室的技术业务水平，发展方向和已有的技术成果；b. 本室正在进行的科研项目；c. 本室的工作计划，工作总结，工作考核；d. 检测实施细则，仪器设备的操作规程校验方法；e. 仪器设备技术档案；f. 原始记录，检验报告；g. 未公开的考试、考核、考评结果；h. 质量分析报告、质量处理报告、重大事故分析报告；i. 单位技术、资料档案；j. 要求保密的文件和会议记录。

5.17 计量标准器具，检测仪器设备的使用、保管、降级和报废制度的内容有哪些？

答 ① 计量器具、仪器设备由专人统一管理，并建立设备台账。

② 新购进的国产进口仪器设备、计量器具，统一由专人组织验收检定并会同使用部门及有关人员共同开箱验收、安装调试，并做好验收记录。

③ 订制或自制专用仪器设备应有技术检定报告和校验方法，方可投入使用。

④ 进口仪器设备、器具的验收，必须具有使用方法和校验部分的中文译本再组织验收。

⑤ 验收合格的仪器设备、计量器具按标志管理投入使用。验收不合格的仪器设备、计量器具应退货。

⑥ 仪器设备、计量鉴定装置的使用人员，必须经培训后具有较熟练的操作技能，具有上岗证，方可允许上岗操作，并保证做到严格执行仪器设备操作规程。

⑦ 仪器设备和计量检定装置在使用前，首先要检查新用仪器设备是否正常。使用时发现异常情况时，应当立即停止使用，及时报告负责人，并在仪器设备位用登记本上做好记录。协同仪器设备负责人进行检修。

⑧ 除化验室新用滴定管、刻度吸管、容量瓶进行使用前，需一次性鉴定外，其余玻璃量器只需经外观检查正常后，就可直接投入使用。

⑨ 玻璃温度计只进行使用前一次性检定，使用过程中发现面壁断柱现象停止使用，并报技术负责人更新并检定。

⑩ 仪器设备、计量器具，超过鉴定周期时，检测人员应拒绝使用。

⑪ 各组新配备的仪器设备、计量检鉴装置需确定仪器设备负责人。

⑫ 仪器设备的保管人员，应熟悉其负责的仪器设备、检定装置的技术性能，操作方法和一般的维护保养知识，定期检查其性能，进行维护保养工作并做好记录。

⑬ 仪器设备的保管人员须保管好零配件。

⑭ 仪器设备、检定装置，不经质量负责人同意，一律不得外借或相互调配。

⑮ 标准计量器具的降级或报废以计量部门的鉴定证书为准，任何人无权自行决定。

⑯ 仪器设备的报废降级，首先应由使用部门提出报告，经质量负责人审核，由技术负责人组织有关人员进行指标的验证后再予以决定，如需报废降级，经室主任审批后，报上级有关部门审批，再办理报废降级手续，并做好归档工作。

⑰ 所用仪器设备执行周期检定制度，必须根据其鉴定（校验）结果，依据国家技监局标志使用规定分别贴合格证（绿色）、准用证（黄）、停用证（红色）。

⑱ 对玻璃量器的计量进行记录。

5.18　标准物质的保管及使用制度的内容有哪些？

答　① 为了确保量值的正确传递，保证检验结果的准确性和检验工作质量，必须对标准物质进行严格管理。

② 技术负责人做好化验室标准物质的计划汇总、复核分发工作。

③ 标准物质是指由法定计量部门颁发证书的用作测试分析标准的物质，化验室在测试分析中必须使用可以得到的各种标准物质作为测量值的溯源。

④ 标准物质由各化验小组长提出年度计划，由技术负责人汇总，报室主任批准，采购回来后由技术负责人根据报的计划及实际需要分发至有关专业组。

⑤ 技术负责人编制化验室标准物质一览表，检测人员配制标准工作溶液时应有标准工作溶液配制记录等，由化验组统一负责管理。

⑥ 标准物质和标准工作溶液统称为标准品，由各专业小组长统一保管。各标准品必须在有效期内使用，不得任意延长使用期，各标准品必须单独存放，避免其他试剂的污染，存放条件要严格按照规定的环境要求，指定专人保管，领用时必须履行登记手续，使用中应严格按规定进行，防止污染和破坏而失效。

⑦ 超过有效期的各标准品根据情况可降级作为一般试剂用或报废销毁，销毁时必须注意环境保护，降级或报废的标准物质由各专业小组报技术负责人备案。

⑧ 技术负责人要经常注意国内外有关标准物质的生产情况，同时监督化验室的订购和使用情况，积极收集资料。

5.19　样品保管制度的内容有哪些？

答　① 取样组在采样时，要严格按照采样规范中规定的采样条件、采样方法、采样位置、样本大小以及运输、保存方法等内容进行，以确保样品的代表性。

② 在水质检验等采样过程中要严格执行双人采样规定。采样人员要秉公执法，坚持原则，如在采样过程中，发现被采样单位有弄虚作假、违反规定的现象，采样人员可拒绝采样，并报上级主管部门进行处理，反之，如发现采样人员有违纪现象，按情节轻重严肃处理。

③ 样品采取后填写检验申请单再交样品收发员编号登记，然后送交化验室进行检测。

④ 委托试样由委托单位持介绍信到化验室填写检验申请单，经技术负责人同意后交样品收发员进行编号登记，然后将样品送到化验组进行检测。

⑤ 样品收发员对检测样品统一收发，来样后先对试样检查是否符合来样要求，手续是否齐备，然后再对来样登记、编号和分发。对于突发事件样品、紧急试样、易变质样品等特殊情况，可先将试样直接送到化验室进行检验，然后再尽快到样品收发员处办手续。

⑥ 样品收发员对于应留样的试样应按规定留样以备复验，同时登记留样日期，留样量及保存期限，检测个人不得留存，对于超过保存期限的留样应及时按规定方法妥善销毁。

⑦ 化验组长收到待测试样后，应校对检验样品卡与样品标签无误后发至检测人员再进行检测。检测剩余试样由各专业小组长持检品卡送回样品收发员处，样品收发员负责对剩余样品进行处理。

⑧ 留样或剩余试样的保留，原则上定为从报告签发之日起至有效保质期，以备质量有异议时复验用，但易腐败变质样品、挥发性样品等不能复测，也不作留存。对于检测结果随

时间不断变化的项目则不予复测。

⑨ 样品收发员及各专业组长必须切实做到保证样品不丢失、不混乱，不因保管不当而损失变质。否则按质量差错或事故处理。

5.20 试剂使用、管理制度的内容有哪些？

答 ① 各化验小组根据需要每月由组长提出试剂的购置，列明品名规格、数量或生产厂家，交室主任审核后，报分管厂长审批购置。

② 各化验小组根据工作需要填写领料单，一般试剂由室主任签名到厂仓库办理领料手续，特殊试剂由化验室主任到仓库办理领料手续。

③ 化验组使用的标准溶液由试剂员配制。化验组长将本组所用标准溶液每星期报质量负责人审核同意后交试剂员配制；领用时，填写领用单，由试剂员进行签字后，方可领取。

④ 经登记后领回到化验组的标准溶液，由组长指定专人负责保管。

⑤ 易燃易爆试剂应存放于防火及防爆地方，剧毒试剂应存放在保险柜内。避光试剂应放于暗处保存。

⑥ 试剂配制好后，应立即贴上标签，写明名称、浓度、配制时间、配制人。标准溶液应记录配制人、标定人及复核人。认真填写原始记录，在标签上写明名称、标定浓度、配制人、配制时间、有效期限。

⑦ 药品、试剂应分类整齐放置在试剂架上，用毕后放回原处。

5.21 易燃、易爆、剧毒物品的保管与领用制度的内容有哪些？

答 ① 易燃、易爆、剧毒物品均属危险品，危险品应存放在危险品库中，危险品采取限额领用制，随用随领。

② 使用易燃、易爆、剧毒试剂，要认真填写领用记录。剧毒物品应有双人双锁统一保管。对配成液体的剧毒品，一次未使用完的，要与一般试剂分开，放入专柜加锁，由两人负责保管。

③ 实验室内不得存放大量易燃、易爆药品（包括废液），如汽油、酒精、乙醚、苯类、丙酮及其他易燃有机溶剂等。少量易燃易爆试剂应放在远离热源的地方或带锁冰箱内。

④ 严格按照国务院 2013 年 12 月 7 日修订的《危险化学品安全管理条例》办理剧毒、易燃、易爆物品的购买、储存、领用等。

5.22 废物、废液处理应注意什么？

答 ① 凡是有毒、有害的试剂未经无害化处理不得随便排放。

② 一切不溶固体或浓酸、浓碱废液，不得倒入水池，以防腐蚀和堵塞下水道。

③ 易挥发性有机溶液不得排入下水道，应回收处理。

④ 易燃物品废料不得用纸或类似可燃物包裹丢入废料箱中或用水冲洗排入下水道，以免自燃引起火灾。

⑤ 对其他各种废物和废液的处理，应按化学性质严格参照有关规定处理。

5.23 化验室管理制度的内容有哪些?

答 ① 进入化验室时,必须按各化验室的要求,更换工作服。

② 化验室及周围环境应清洁整齐,室内物品放置应符合房间布局图的要求,做好定置管理。化验室内实行卫生负责制,室内仪器设备应清洁整齐。

③ 化验室必须保持安静,禁止在室内喧哗、嬉闹,严禁吸烟、进食和存放食物。

④ 不准在化验室内会客,不准在化验室内做与工作无关的事,与工作无关的物品禁止带入化验室。

⑤ 检测人员必须遵守劳动纪律,工作时不准离岗。

⑥ 化验室电源、火源由使用者负责,工作结束时必须确保熄灭火源,切断电源,做到火在人在,危险品应远离火源。

⑦ 化验室不得存放过量易燃、易爆、剧毒物品,其使用必须按有关规定执行。

⑧ 室内电线布置合理,不得随意安放。火源需要放于固定地点,不得随意挪动。

⑨ 离开化验室前应对试验用品进行清洁整理,并检查水电门窗的情况,确保安全。

⑩ 消防器材不准乱动或挪作它用,应及时更换到期消防器材,协同消防部门做好安全工作。

5.24 《质量管理手册》和各项制度的制定、修改、颁发应注意什么?

答 ①《质量管理手册》和规章制度的作用是确保化验室检测工作的质量,是本室一切工作人员从事各项活动的准则和依据,不得随意更改。

②《质量管理手册》和各项规章制度的制订,是由室主任组织质量负责人、技术负责人和有关技术人员参加起草编制。经室主任审批后,颁发执行。

③ 有关修改意见每年收集一次,由质量负责人召集有关人员讨论分析,整理成册,经室主任审批后,作为附册颁发执行。

④ 属检测能力等重大修改,应报技术监督局计量认证办公室审查。

⑤《质量管理手册》和各项制度的下发由质量负责人分发给各组并登记、建档保存。

5.25 检测实施细则,仪器设备操作规程的制订、修改、颁发应注意什么?

答 ① 检测工作中必须严格执行已确定的检测实施细则和仪器设备操作规程,不得随意更改。

② 化验室的检测实施细则,由质量负责人负责组织召集有关人员起草,经技术负责人复核报室主任审核后颁发执行。

③ 仪器设备操作规程由仪器设备管理员组织召集有关人员起草编制,经技术负责人审批后颁发执行。

④ 检测实施细则需修改时,由质量负责人召集有关人员讨论分析,整理成书面报告,经技术负责人审核、室主任审批后颁发执行。

⑤ 仪器设备操作规程需修改时,由技术负责人召集有关人员讨论分析,整理成书面报告,经室主任审批后颁发执行。

⑥ 检测实施细则和仪器设备操作规程由技术负责人分发给各组并登记、建档保存。

5.26 对检测工作质量提出异议的处理制度内容有哪些?

答 ① 受检单位对检测结果有异议时,可在收到检验报告后在规定日期内向化验室提出书面申诉。

② 提出质量申诉单位应出示化验室的检验报告,若送到其他单位检测,应提交其他单位所测数据,检验方法,仪器型号等技术资料。

③ 技术负责人负责对检测工作质量申诉的收集,并登记建档。

④ 技术负责人收到异议申诉后,通知质量负责人召开有关人员会议,复核原始记录是否正确,检测仪器设备是否完好,检测方法是否正确,根据分析结果,确定申诉是否成立。

⑤ 对申诉不成立的,由质量负责人写出书面分析处理报告,经技术负责人审核、室主任批准,通知受检单位,阐明理由。

⑥ 对检测结果有怀疑,经技术负责人审批后,质量负责人组织重新检验,复检结果证明申诉成立,由化验室补发正确报告,撤回原报告,并向受检单位致歉。

⑦ 对有错误的检测结果,化验室内部要追究责任者的责任,造成严重后果的要进行经济处罚。

⑧ 一切申诉及处理结果均由技术负责人签字,送档案室归档。

⑨ 申诉及处理结果均需填写质量申诉登记表。

5.27 《质量管理手册》执行情况检查制度的主要内容有哪些?

答 ①《质量管理手册》颁布后,全体人员应认真贯彻执行遵守。

② 化验室负责人负责检查《质量管理手册》执行情况。

③ 各职能室每季度检查一次《质量管理手册》书面报告。

④ 化验室每年检查一次《质量管理手册》书面总结材料,报主管部门。

⑤ 化验室负责人应经常检查《质量管理手册》落实情况和下达整改任务书完成情况。

⑥ 工作人员执行《质量管理手册》情况的好坏,作为其工作考核内容之一。

5.28 水质化验分析在污水处理中有什么作用?

答 水质化验分析工作是污水处理厂运行管理中的一项重要工作内容,其作用如下。

① 及时对污水处理厂进水水质检测化验,掌握入厂污水水质情况,对可能出现水质超标或超标的化验分析数据及早上报主管工艺运行负责人,厂领导和上级监管部门,采取应对措施,减少超标污水对厂内工艺运行的冲击。

② 对污水处理厂各工艺段进行必要的化验分析,为厂运行管理技术人员提供准确的化验、分析数据,有助于他们根据运行现状进行工艺参数调节。

③ 有利于控制污水处理厂的出水质量,保证达标排放,污水处理厂运行管理中最重要的中心任务就是要保证出水水质在任何时候都能达到国家规定的排放标准。这就要求污水处理厂化验检测能准确、及时提供各项指标的检测结果。发现出水水质一项或数项指标达到临界状态或超标时,及时反馈给工艺运行管理负责人,尽快找出原因和对策,调整工艺。消除隐患,纠正工艺运行参数,保证出水水质达标排放。

5.29 化验室的水质化验工作有什么要求?

答 要求污水处理厂的化验室能准确、可靠、及时提供检测数据。

① 提供准确的化验数据是污水处理厂化验室的中心工作,不正确的检测数据可能会误导技术管理人员,影响处理系统的正常运行,甚至造成严重的后果。检测数据的正确性是由多种主、客观因素决定的,如检测人员的责任心、技术水平、专业知识。又如化验室的组织结构、人员搭配是否合理等都能影响检测人员的检测结果。

② 化验室及时提供运行所需的各类检测数据是保证污水处理厂正常运行的重要条件之一。当工艺运行的某些环节出现问题,水质恶化时,化验数据的及时性就显得尤为重要。化验人员应建立合理的检测工作程序,及时准确地报出数据,同时应尽量选择合理的水样预处理方法和检测方法,提高检测速度。

③ 检测数据的可靠性是和准确性密切相关的。作为检测人员不仅要掌握水质检测化验知识和技能,并不断积累经验,而且要掌握污水处理知识,了解各检测指标在污水处理过程中的实质意义,能用掌握的各类指标的相关性、匹配性判断检测结果,使化验数据具有可靠性。

5.30 化验室常用水质分析方法有哪些?

答 水质分析的方法与水中待测定成分的性质和含量有关系,常用的水质分析方法有化学法、气相色谱法、离子色谱法、原子吸收法、原子荧光法、电极法等。其中化学法包括重量法、容量滴定法和光度法三种,容量滴定法又可分为沉淀滴定、氧化还原滴定、络合滴定和酸碱滴定等,光度法又可分为比浊法、比色法、紫外分光光度法、红外分光光度法和可见光光度法等。

为了方便迅速地得到检测结果,现在各种水质分析项目的检测有向仪器方法发展的趋势,但水质的常规分析还是以化学法为主,只有待测成分含量较少、使用普通化学分析法无法准确测量时,才考虑使用仪器法,而且仪器法往往也需要用化学法予以校正。

5.31 常用水质监测方法测定哪些项目?

答 常用水质监测方法测定项目如表 5-1 所示。

表 5-1 常用水质监测方法测定项目

方法	测定项目
重量法	SS、可滤残渣、矿化度、油类、SO_4^{2-}、Cl^-、Ca^{2+} 等
容量法	酸度、碱度、CO_2、溶解度、总硬度、Ca^{2+}、Mg^{2+}、氨氮、Cl^-、F^-、CN^-、SO_4^{2-}、S^{2-}、Cl_2、COD、BOD_5、挥发酚、凯氏氮等
分光光度法	Ag、Al、As、Be、Ba、Ca、Co、Cr、Cu、Hg、Mn、Ni、Pb、Sb、Se、Th、Zn、氨氮、NO_2^-、NO_3^-、PO_4^{3-}、F^-、Cl^-、S^{2-}、SO_4^{2-}、BO_3^{2-}、SiO_3^{2-}、挥发酚、甲醛、三氯乙醛、苯胺类、硝基苯类、阴离子洗涤剂
荧光光度法	Se、Be、Cl、Ba、P、油类等
原子吸收法	Ag、Al、Ba、Be、Bi、Ca、Cd、Co、Cr、Cu、Fe、Hg、K、Na、Mg、Mn、Ni、Pb、Sb、Sn、Zn、Se 等

方法	测定项目
原子荧光法	As、Sb、Bi、Ge、Sn、Pb、Se、Fe、Hg 等
火焰光度法	Li、Na、K、Sr、Ba 等
电极法	DO、F^-、Cl^-、CN^-、S^{2-}、NO_3^-、K^+、Na^+、NH_3 等
离子色谱法	F^-、Cl^-、Br^-、NO_3^-、NO_2^-、SO_4^{2-}、SO_3^{2-}、$H_2PO_4^-$、K^+、Na^+、NH_4^+ 等
气相色谱法	Be、Se、苯系物、挥发性卤代烃、氯苯烃、六六六、DDT、有机磷农药类、三氯乙醛、硝基苯类
液相色谱法	阴离子洗涤剂、多环芳烃类
ICP-AES	用于水中基本金属元素、污染重金属以及底质多种元素的同时测定

5.32 化验室化验用水有哪几种？

答 化验室应根据化验工作的不同要求选用符合质量要求的化验用水。化验用水的制备一般采用离子交换法、电渗析法和蒸馏法。有些分析项目需要用特殊要求的水，如无氨水、无酚水、无二氧化碳水等。

5.33 我国生产的常用试剂规格有哪几种？

答 目前我国生产的常用试剂规格分为如表 5-2 所列的四种。

表 5-2　我国生产的常用试剂规格

等级	名称及符号	标签颜色	用途
一	保证试剂(GR)	绿	纯度很高,杂质含量低,用于要求较高的分析,有的可作基准物质,主要用来配制标准溶液
二	分析试剂(AR)	红	纯度较高,杂质含量低,用于一般分析,可配置普通溶液
三	化学纯(CP)	蓝	质量较分析试剂差,用于工业分析及实验
四	实验试剂(LR)	黄	纯度较差,杂质含量更多,用于普通实验

选择试剂时应根据需要在不降低分析结果准确度的前提下，本着节约的原则，选用合格试剂。购买试剂时应根据日常使用情况确定数量。过多会造成试剂因存放时间过长而质量下降，过少则会影响检测工作的正常进行。对新购试剂应对其质量进行必要的检查。

5.34 配制溶液时应注意什么？

答 配制溶液时应注意以下事项。

① 溶液浓度的表示方法有质量浓度，常用单位有 g/L、mg/L 等；质量摩尔浓度，单位为 mol/L；还有质量分数、体积分数等。

② 配制时所用试剂的名称、数量及有关计算，均应详细记录。

③ 当配制准确浓度的溶液时，如溶解已知量的某种基准物质或稀释某一已知浓度的溶

液时，必须用经校准的容量瓶，并准确地稀释至标线，然后充分混匀。

④ 配制酸、碱溶液时一定要将浓酸或浓碱缓慢地加入水中，并不断搅拌，待溶液温度降至室温后，才能稀释到规定的体积。

⑤ 若溶质需加热助溶或在溶解过程中放出大量溶解热时，应在烧杯中配制，待溶解完全并冷却到室温后，再加足溶剂倒入试剂瓶中。

5.35 试液使用与保存时应注意什么？

答 试液使用与保存时应注意以下几点。

① 碱性试液和浓盐类试液不能用磨口玻璃瓶贮存，以免瓶塞与瓶口固结后不易打开。

② 配制好的试液应在瓶签上写明试剂名称、浓度、配制日期、配制人、有效期及其他需注明的事项。

③ 有些标准溶液会发生化学变化或微生物作用而变质。需要注意保存并经常进行标定，有些试液受日光照射易引起变质，这类试液应贮存于棕色瓶中保存。

④ 盛有试液的试剂瓶应放在试液橱内或无阳光直射的试液架上，并安装玻璃拉门，以免灰尘积聚在瓶口上而导致污染。

⑤ 试液瓶附近勿放置发热设备，以免使试液变质。

⑥ 试液瓶内液面以上的内壁，常凝聚着成片的水珠，用前应振摇，以混匀水珠和试液。

⑦ 吸取试液的吸管应预先洗净和晾干。多次或连续使用时，每次用后应妥善存放避免污染，不允许裸露平放在桌面上。

⑧ 同时取用相同容器盛装的几种试液，特别是当两人以上在同一台面上操作时，应注意勿将瓶塞盖错而造成交叉污染。

⑨ 当测定同一批样品并需对分析结果进行比较时，应使用同一批号试剂配制的试液。

⑩ 有毒溶液应按规定加强使用管理，不得随意倒入下水道中。

⑪ 已经变质、污染或失效的试液应随即废弃并妥善处置，以免与新配试液混淆而被误用。

5.36 污水处理厂化验室常用仪器有哪些？

答 （1）精密仪器

包括分析天平、浊度计、pH 计、生物显微镜、分光光度计、DO 分析仪、BOD_5 测定仪、COD_{Cr} 测定仪、气相色谱仪、余氯测定仪、原子吸收分光光度计等。

（2）电气设备

包括恒温箱、可调高温炉、蒸馏水器、六联电炉、BOD_5 培养箱、电冰箱、恒温水浴箱、电烘箱、电动离心机、高压蒸汽灭菌锅、搅拌机等。

（3）玻璃仪器

包括烧杯、量筒、量杯、漏斗、试管、容量瓶、移液管、吸管、玻璃棒、酸式滴定管、碱式滴定管、刻度吸管、DO 瓶、比色管、冷凝管、酒精灯、蒸馏水瓶、碘量瓶、洗气瓶、广口瓶、称量瓶、锥形瓶、分液漏斗、圆底烧瓶、平底烧瓶、玻璃蒸发皿、平皿、玻璃管、干燥器等。

（4）其他设备

包括操作台、扭力天平、滴定管架、采样瓶、冷凝管架、漏斗架、分液漏斗架、比色管架、烧瓶夹、酒精喷灯、定量滤纸、定性滤纸、定时钟表、温度计、搪瓷盘、防护眼镜、洗瓶刷、滴定管刷、牛角匙、白瓷板、标签纸，医用手套等。

5.37 污水水样如何采集？

答 污水水样的采集方式可以分为瞬时取样和混合取样。瞬时取样只能代表取样时的水流、水质情况。混合取样是将多次取样混合在一起，然后再进行分析测定。其结果可以用来分析污水一日内平均浓度。对于污水处理厂来说，混合样可用于对来水或出水水质进行综合分析。采集混合样时可每隔相同的时间间隔采集等量的水样混合而成，也可在不同的时间按污水流量的一定比例采样混合而成，上述两种方法分别适用于污水流量稳定和多变的情况。水样可以人工采集，也可以在重要取样位置安装自动取样器。采集水样的容器要根据检测项目选择，一般为硼硅玻璃瓶或聚乙烯瓶。

确定取样位置时应注意以下几点。

① 厂内取样的地点要相对稳定，所取水样要具有代表性。

② 取样点的水流状况比较稳定，不能在死角或水流湍急处取样。

③ 如果每一工艺过程有多个并联单元，水样采集应尽量多点取样，或选择有代表性的单元取样。取与工艺有关的水样，应与工艺运行管理人员协商确定取样点。

5.38 污水水样如何保存？

答 水样采集后，由于物理、化学和生物的作用会发生各种变化。为使这些变化降低到最小限度，必须对所采集的水样采取保护措施。水样的保存方法应根据不同的分析内容加以确定。

(1) 充满容器或单独采样

采样时使样品充满取样瓶，样品上方没有空隙，减少运输过程中水样的晃动。有时对某些特殊项目需要单独定容采样保存，比如测定悬浮物时定容采样保存，然后可以将全部样品用于分析，防止样品分层或吸附在取样瓶壁上而影响测定结果。

(2) 冷藏或冷冻

为了阻止生物活动、减少物理挥发作用和降低化学反应速度。水样通常应在 4℃ 冷藏，贮存在暗处。如 COD_{Cr}、BOD_5、氨氮、硝酸盐氮、亚硝酸盐氮、磷酸盐、硫酸盐及微生物项目时，都可以使用冷藏法保存。有时也可将水样迅速冷冻，但冷冻法会使水样产生分层现象，并有可能使生物细胞破裂，导致生物体内的化学成分进入水溶液，改变水样的成分，因此尽可能不使用冷冻的方法保存水样。

(3) 化学保护

向水样中投加某些化学药剂，使其中待测成分性质稳定或固定，可以确保分析的准确性。但要注意加入的保护剂不能干扰以后的测定，同时应做相应的空白试验，对测定结果进行校正。如果加入的保护剂是液体，则必须记录由此而来的水样体积的变化。化学保护的具体方法如下。

① 加生物抑制剂，如在测定氨氮、硝酸盐氮和 COD_{Cr} 的水样中，加入 $HgCl_2$ 抑制微生物对硝酸盐氮、亚硝酸盐氮和氨氮产生的氧化或还原作用。

② 调节 pH 值，如测定 Cr^{6+} 的水样需要加 NaOH 调整 pH 值至 8，防止 Cr^{6+} 在酸性条件下被还原。

③ 加氧化剂，如在水样中加入 HNO_3（pH 值＜1）和 $K_2Cr_2O_7$（0.05％），可以改善汞的稳定性。

④ 加还原剂，如在含有余氯的水样加入适量的 $Na_2S_2O_3$ 溶液，可以把余氯除去，消除余氯对测定结果的影响。

5.39 污水处理检测项目有哪些？检测频率是多少？

答 污水处理检测项目和检测频率如表 5-3 所列。

表 5-3 污水处理检测项目和检测频率

序号	项目	周期	序号	项目	周期
1	pH 值	每日一次	21	蛔虫卵	每周一次
2	SS		22	烷基苯磺酸钠	
3	BOD_5		23	醛类	每月一次
4	COD_{Cr}		24	氰化物	
5	SV％		25	硫化物	
6	MLSS		26	氟化物	
7	MLVSS		27	油类	
8	DO		28	苯胺	
9	氯化物	每周一次	29	挥发酚	
10	氨氮		30	氢化物	每半年一次
11	凯氏氮		31	铜及其化合物	
12	硝酸盐氮		32	锌及其化合物	
13	亚硝酸盐氮		33	铅及其化合物	
14	总氮		34	汞及其化合物	
15	磷酸盐		35	六价铬	
16	总固体		36	总铬	
17	溶解性固性		37	总镍	
18	总有机碳		38	总镉	
19	细菌总数		39	总砷	
20	大肠菌群		40	有机磷	

5.40 污泥样品如何采集与保管？

答 城市污水处理厂污泥脱水相对较稳定，污泥浓度随时间变化不大，故一般现场取瞬时样品。污泥样品采集量视监测项目、目的而定，一般为 1～2kg（湿重），测定项目较少时，可予酌减。供无机物分析样品可用塑料袋（瓶）包装，供有机物分析样品，应置于棕色磨口玻璃瓶中，瓶盖内衬垫可使用洁净铝箔或聚氟四乙烯薄膜（不可用其他薄膜），及时将污泥样品的外观性状填表记录并及时送交实验室进行样品预处理。

5.41 污泥处理检测项目有哪些？检测频率是多少？

答 污泥处理检测项目和检测频率如表 5-4 所列。

表 5-4 污泥处理检测项目和检测频率

序号	项目	周期	序号	项目	周期
1	有机物含量		14	锌及其化合物	
2	含水率		15	铜及其化合物	
3	pH 值	每日一次	16	铅及其化合物	
4	脂肪酸		17	铬及其化合物	
5	总碱度		18	镍及其化合物	
6	沼气成分	每周一次	19	镉及其化合物	
7	酚类		20	汞及其化合物	每季度一次
8	氰化物		21	砷及其化合物	
9	矿物油		22	硼及其化合物	
10	苯并[a]芘	每月一次	23	总氮	
11	细菌总数		24	总磷	
12	大肠菌群		25	总砷	
13	蛔虫卵				

5.42 什么是水质分析的空白试验？

答 空白试验是以水质分析时使用蒸馏水或纯水代替被测水样，其他所加试剂与样品测定完全相同的操作过程。空白试验应与被测水样的测定同时进行。

一般情况下，样品测定结果不仅与样品中待测物质的浓度有关，试剂中的杂质、环境及操作过程中的玷污等因素都有可能影响测定结果。因此，为了了解这些因素对样品测定的综合影响，在每次进行样品分析的同时，都应该进行空白试验。

空白试验值的大小与分析方法及各种试验条件有关，所以，空白试验结果可以反映化验室的基本状况和化验操作人员的技术水平。当空白值偏高时，应全面检查空白试验用水、试剂的空白、量器及容器的玷污情况、测量仪器的性能及试验环境状态等。

5.43 化验室采样员采样时应注意哪些安全事项？

答 在城市污水处理厂现场采样时，必须采取必要的预防措施，配备相应的设备和仪器，并注意以下安全事项。

① 在排水检查井、泵房集水池及均质池等存在高浓度有机物废水或未处理污水的地方取样时，要有预防可燃性气体引发爆炸的措施。

② 在泵房、检查井等半地下或地下式构筑物处取样时，首先要通风，其次用便携仪表检测是否有毒气或可燃气，合格后才能进去工作，防止硫化氢、一氧化碳等有毒气体引起的中毒危险和缺氧引起的窒息危险。

③ 取样时，如需上下曝气池、二沉池等较高构筑物和地下泵房的爬梯，要注意防止滑跌摔伤，特别是在雨、雪、台风、大暴雨天等恶劣天气条件时更要十分当心。

④ 在泵房、集水池、曝气池等各种水处理构建筑物上取样时，应穿上救生衣或拴上安全带，并有人监护，防止溺水事故发生。

第6章

污水处理厂生产及设备管理

6.1 生产调度的责任是什么？如何实施？

答 生产调度的责任是协调全厂正常生产，保证最终出水水质、水量，污泥处理效果，沼气产量、质量，沼气合理利用等。

厂内进行的一切工艺生产活动均由生产调度室的调度指令为依据，任何人不得违背调度指令，擅自进行设备开关，改变参数等工艺调节行为。

实施办法如下。

① 生产调度室必须对本厂的生产调度工作切实负责。调度员应以中控室、化验室及各车间提供的运行数据和生产信息为依据，结合现时状况，精心协调，防止因调度失误而导致生产不正常的现象。

② 生产调度室在提出指令前必须查询清楚设备的运转情况，保证指令的准确性。

③ 生产调度室发出生产调度指令后，当事人须在 15min 内完成该指令。

④ 涉及停水进水、开关鼓风机、沼气罐放空，消化池顶阀放空等重大情况，调度室下达指令前必须报请主管厂长批准。

⑤ 各车间开停设备前须先填写设备开停申请单，调度室批准后方可操作，避免造成其他车间与中控室工作混乱，手动设备可口头协调（包括水区车间、泥区车间、鼓风机房、沼气锅炉房、变电室、维修车间）。

⑥ 中控室在设备故障 15min 内必须通知调度室和设备所在车间，当事人应在 15min 内做出反应并将解决故障结果告知中控室和调度室。

⑦ 各车间技术负责人及值岗人员在发觉调度指令存在错误时，应立即报告调度室解决。

⑧ 夜班和节假日期间遇到工艺、设备不正常情况，可以请示值班负责人，由值班负责人做出决定。

⑨ 调度员和值班负责人遇到不能解决的情况，必须在 0.5h 内通知到厂主管领导。

6.2 领导检查生产制度有哪些规定？

答 以某厂为例。

① 每天早晨上班时，各单位负责人应先检查各种记录和报表，认为合格并签字后，方可允许下班人员离厂。

② 白班由各单位负责人上午和下午各检查一次。上午：8:30～12:00，下午：12:00～17:00；夜班由值班领导在上半夜和下半夜各检查一下。上半夜：17:00～24:00，下半夜：0:00～8:00，并签字说明时间。

③ 检查内容为有无漏抄现象，记录时间是否与规定时间一致，数据是否与中控室记录相吻合。

④ 生产技术科每天将抄表情况及技术报表情况上报厂长。

⑤ 厂部每月组织两次检查，每月的最后一个星期五结合其他检查一起进行，另一次为不定期检查，检查内容为各种记录及报表的制表人签字，各单位负责人签字，值班干部签字及数据的真实性、完整性。

6.3 什么是抄电表制度？

答 按时抄电表是保证设备正常运转，及时预见设备故障的一种重要手段。其内容为各生产班组按时抄录所辖的大型设备的电压表和电流表及其他仪表的读数。

实施办法如下。

① 各生产班组须使用规范化的表格记录。

② 当班工作人员每小时整点用指定的记录本抄录指定的电压表及电流表读数一次，一式两份。

③ 若发现仪表有异常情况，值班人员应立即通知各单位领导并做记录（夜班可通知中控室）。

④ 本班完成工作后，制表人署名并由单位负责人签字，一份报送生产技术科，一份本单位存档，并由专人保管。

⑤ 本班交完报表后方可离厂。若发现迟交、漏交、伪造数据等行为，按厂有关规定处理当事人。

⑥ 如丢失记录本应及时报告各单位领导，追究责任。

以上规定适用范围：格栅间、进水电控间、回用水车间、加氯间、污泥电控间、污泥脱水机房、鼓风机房、沼气锅炉房、燃煤锅炉房、变电室、中心控制室。

6.4 怎样报生产报表？

答 污水处理生产报表是污水处理厂生产结果的书面体现，它为全厂的生产调度、工艺调节、设备维修保养提供依据，是各生产单位的重要工作之一。

内容：设备运行数据、各工段运行数据、材料消耗、能源消耗。

实施方法如下。

① 当班人员详细真实地按表格内容填写本班技术数据，一式两份。

② 填制表格完毕后，制表人签名，并由各单位负责人（车间主任、班长）检查签字后方有效。

③ 每班报表一份报送生产技术科，一份各班组留底，并由专人保管。

④ 每班交完报表后方可离厂（夜班委托白班代交，并交代抄表情况），若发现迟交、漏交、伪造数据，按厂有关规定处理。

⑤ 适用范围：泥区车间、水区车间、变电室、鼓风机房、中心控制室、化验室、燃煤锅炉房。

6.5　什么是巡查设备制度？

答　对厂内设备进行定时巡查是及时发现设备故障，避免事故发生的关键。只有实行严格的巡查制度，才能预防事故的发生。

内容：观察设备有无异常声音、设备是否空转、有无过热现象、有无倾斜现象、有无设备损坏及其他妨碍生产的情况。

实施方法如下。

① 各生产单位值班人员每隔1h把自己所辖的所有设备、设施巡查一遍，并进行记录。若发现异常情况应及时向本单位领导汇报（夜班通知中控室）。

② 出巡前和巡查完毕都应通知中心控制室，由中控室记录出巡时间。

③ 各单位负责人应每天检查记录并签字。

6.6　生产车间怎样交接班？

答　（1）值班人员

值班人员应按照本厂规定每班前15min为交接班时间。接班人应提前15min到达工作场所，交班人未办完交接手续，不得擅离职守。

（2）接班人员

接班人员不得无故迟到，确属有病或家中有急事，必须在班前到厂办理请假手续，以便安排其他人员顶班。

（3）下班时间

超过下班时间，接班人员未到，交班人不得下班，待厂部安排顶班人员，办理交接班手续后方可下班。

（4）交接班的内容

① 设备运转及安全防护装置完好情况；

② 上级指示或新更改的信号指令情况；

③ 工具物品和消防器材是否完好无损；

④ 人员出勤情况；

⑤ 现场卫生和文明生产情况；

⑥ 交下一班需完成的领料和维修任务；

⑦ 交接班时应做到全面交接，对口检查；

⑧ 交接完毕后，双方值班长在交接班记录簿上签字。

6.7 变电站怎样交接班?

答 (1) 值班人员

值班人员应按照本厂规定每班前 15min 为交接班时间。接班人应提前 15min 到达工作场所,交班人未办完交接手续,不得擅离职守。

(2) 接班人员

接班人员不得无故迟到,确属有病或家中有事,必须在班前到厂办理请假手续,以便安排其他人员顶班。

(3) 下班时间

超过下班时间,接班人员未到,交班人不得下班,待厂部安排顶班人员,办理交接班手续后方可下班。

(4) 交接班的内容

在处理事故或进行倒闸操作时不得进行交接班,交接班发生事故,停止交接班,并由交接班人员处理,接班人员在交接班长指挥下协助工作。

交接班的内容一般为:

① 系统和本站运行方式;

② 保护和自动装置运行及变更情况,各种音响、信号、事故照明、试验情况;

③ 设备异常,事故处理缺陷处理等情况;

④ 倒闸操作及未完成的操作指令;

⑤ 设备检修、试验情况,安全措施的布置,接地线组数、编号及位置和使用中的工作情况;

⑥ 上级指示,工具备件,现场卫生及消防器材等情况;

⑦ 交接班时应做到全面交接,对口检查;

⑧ 交接完毕后,双方值班长在运行记录簿上签字。

6.8 锅炉房怎样交接班?

答 ① 交接班人员在交班前,应对锅炉进行全面的检查和调整,并使锅炉的水压、水温(气压、气温、水位)稳定在正常范围,安全附件灵敏可靠,仪表、辅机运转正常。

② 交接班人员在交班前,应做好场地、设备、工具的清洁整理工作。

③ 交接班人员在交班前,应做好清炉除灰工作,炉前落碴仓、出碴机存碴车、除尘器落灰斗内无积存物;煤斗内煤达到标准。

④ 交接班人员应向接班人员说明在本班运行中,锅炉、安全附件、仪表、自动装置和辅助设备的情况,锅炉负荷状况,水处理及软化水、炉水质量、设备缺陷及检修情况,事故及处理情况,交代设备和场地清洁状况。公用工具情况,并请接班人员检查本班的运行记录。

⑤ 接班人员在接班前保持头脑清醒(接班前 8h 内不得饮酒,保证充足的睡眠),提前15min 到达锅炉房,并做好准备工作(如穿戴好劳保用品等)。

⑥ 接班人员在查阅运行记录、交班记录并听取交班人员介绍情况后,应对锅炉及辅机进行一次全面检查,逐一核实,发现问题应及时提出。

⑦ 接班检查无误后,接班人员应及时在交班记录上签名,表示交接班完毕;双方签名

后，交班人员方可离开锅炉房。

⑧ 在交班前或交接过程中如发生事故，应停止交接班。此时交班人员负责处理事故，接班人员应主动协助，待事故处理完毕后，再进行交接班。

⑨ 如接班人员未按时上班，交班人员应向车间领导报告，待车间领导安排替班人员，办理交接班手续后方可下班。

6.9　变电站如何巡回检查设备、设施？

答　① 值班人员必须认真地按时巡视设备，对设备异常状态要做到及时发现，认真分析，正确处理，做好记录，并向有关上级汇报。

② 巡视应在本站规定的时间、路线进行，一般应包括：a. 交接班时；b. 高峰负荷时。

③ 遇到下列情况应增加巡视次数：a. 设备过负荷或负荷有明显增加时；b. 设备经过检修，改造或长期停用后重新投入系统运行，新安装的设备投入系统运行时；c. 设备缺陷近期有发展时；d. 遇有在大风、雷雨、浓雾、冰冻等恶劣气候，事故跳闸和设备运行中有可疑的现象时；e. 法定节假日及上级通知有重要供电任务期间。

④ 负责生产技术领导和专职技术人员须进行定期巡视。

⑤ 值班人员进行巡视后，应将检查情况和巡视时间做好记录，同时将设备缺陷记入设备缺陷记录簿，重大缺陷应立即向电气负责人和厂领导汇报。

⑥ 值班长每班至少全面巡视一次，变电站站长专职工程师（技术人员）每周分别进行监督巡视一次，并做好记录。

⑦ 巡视时遇有严重威胁人身和设备的安全情况，应按事故处理或按有关规定进行处理，并同时向厂领导汇报。

6.10　司炉工如何巡回检查锅炉及辅助设备？

答　为了保证锅炉安全运行避免事故发生，规定司炉工巡回检查制度如下。

每小时巡查一次是否符合下列内容。

① 锅炉燃烧正常，气压稳定，炉内无异常响声。

② 锅炉水位正常，水箱水位正常，水泵运转良好，给水管路阀门等无泄漏，调节阀开关灵活，给水水质符合要求。

③ 锅炉气温正常。

④ 安全附件完好，水位表清晰、可靠；压力表指示正确，安全阀灵敏可靠，测量、控制仪表准确无误，高低水位报警及低水位连锁保护、超压连锁保护等指示正确，动作灵活。

⑤ 受压部件各可见部位无鼓包、变形、过热、渗漏等现象。

⑥ 炉墙无裂缝和倾斜、倒塌等现象，炉内炉顶无过热烧红、变形等情况。

⑦ 炉门、灰门、检查门、拨火门、防爆门等是否严密，开关灵活。

⑧ 风机运转正常，烟道无堵塞破裂现象，开关灵活。

⑨ 转动机械运转正常，润滑、冷却良好，无特殊震动或响声，炉排运转良好、无破裂。

⑩ 汽水、排污管路良好，操作阀门所处状况正常，无跑冒滴漏现象。

⑪ 人孔、手孔、头孔及检查孔严密。

⑫ 除尘器工作正常，无破损漏气、无堵塞。

⑬ 电气设备运转正常，电机温度正常，无异常响声和塞动，路线完好，接地可靠，照明良好。

⑭ 锅炉房各部位整齐清洁，无杂物，无积灰，无积水，无油垢。

如不符上述内容，应及时排除故障。当不能处理时，应上报值班领导。

6.11　水处理车间如何管理生产及设备？

答　① 遵守厂内的劳动纪律，不迟到、不早退、不旷工，值班人员做到不空岗，不串岗，不干私活等。值班人员不得私自换班、替班，确属有病或家有急事，必须提前办理请假手续，以便安排他人替班。

② 值班人员要做好交接工作，交接好设备运行情况记录本、报表、对讲机等物品。

③ 值班人员要做好日常的巡视工作。若发现设备故障，应及时排除，当不能排除时应上报车间或值班领导和值班人员。

④ 值班人员要按时记好《仪表记录表》和《生产设备运行时间记录表》，并真实准确。

⑤ 要定期对设备做好保养工作，包括投甲酸，加润滑脂，更换、检查齿轮箱油和螺丝、螺栓的紧固工作。

⑥ 要定期对设备做好检修工作，要及时解除设备故障。一些大的设备故障要及时上报设备材料科。

⑦ 要按《生产调度制度》进行工艺调节，各设备的运行要符合工艺运行要求。

⑧ 对工艺参数 SV 要定期检测，并做好微生物相的镜检工作，及时掌握进出水情况。

6.12　泥处理车间如何管理生产及设备？

答　① 遵守厂内的劳动纪律，不迟到，不早退，不旷工，值班人员做到不空岗，不串岗，不干私活等。车间工作人员必须认真执行生产管理制度，严格要求自己。

② 值班人员必须按时认真进行交接班，交接好设备运行情况记录本、报表、对讲机、工具等物品后，交班人员方可离去。

③ 值班人员必须按时、按路线对车间进行巡视，发现有问题，必须及时排除。当不能排除时，应上报值班领导。

④ 值班人员在上班时，不准进行喝酒、织毛衣、打扑克、串岗等违反纪律的活动。

⑤ 值班人员必须认真、仔细填写报表，不准提前、拖后填写报表，虚报、假报数据。

⑥ 值班人员不得私自换班、代班，确属有病或家中有事，必须提前办理请假手续，以便安排他人替班。

⑦ 值班人员对自己负责管理的设备必须按时进行润滑保养。

6.13　设备如何管理？

答　**(1) 设备固定资产的管理**

① 凡单台机电设备原购置价值（包括设备的出厂价值、运杂费、安装费等）在 2000 元以上，使用年限在一年以上者应列为固定资产。

② 凡列为固定资产的设备，设备材料科按《设备统一分类及编号目录》，统一进行分类编号，并建立设备台账。

③ 在已列入固定资产的设备中，根据污水处理厂的实际情况，将直接影响正常生产的

大型设备作为厂的主要生产设备。

④ 新增设备和自制专机安装验收后，需填写新增设备验收鉴定移交单，财务部门提供设备购置原价，方能列入设备固定资产台账。

⑤ 设备材料科的台账，每年应与财务部门的设备固定资产台账核对一次。每年对全厂生产设备进行一次清点，做到账账相符，账账统一。

⑥ 设备档案内容包括出厂合格证、装箱单、开箱验收单、验收鉴定移交单、事故报告单、封存启封单、大修任务书、定期保养单、改装、改造技术资料、设备移装单、设备完好普查记录单、精度检验单等。

⑦ 凡属设备上的一切附属部件、附件、工具等，任何部门和个人不得任意拆除移用和改装。设备材料科负责建立工具附件卡，一份归档，一份由操作者负责保存。操作者变动时，应办理工具附件的交接手续，并报设备科备案。附件如因生产确需移用时，需经设备科同意。

（2）新增设备的开箱验收及移交生产

① 新到厂设备开箱时，由设备材料科会同安装、使用部门共同参加。按设备装箱单逐一清点主机、辅机、随机附件、工具和零配件、技术文件等，并填写设备开箱验收单。若验收不合格，设备材料科负责查询，落实。

② 开箱清点后，随机附件及工具由使用部门的操作者保管，随机备件由仓库负责保管，技术文件由设备材料科统一整理归档，使用说明书分发给设备材料科和使用单位。

③ 新设备的安装，由设备材料科负责。制订安装方案后，组织进行调试，空运转试验、负荷试验及精读复验。调试合格后，填写新增设备验收鉴定移交单，办理移交手续。

④ 未经验收移交的新增设备不得投入使用。移交投产使用的设备应收集整理初期使用阶段情况，并进行分析总结，做好信息反馈。设计、制造缺陷及质量问题，由设备材料科负责与制造单位联系解决，安装中存在问题由设备科解决。

⑤ 开箱验收单、验收鉴定移交单应填写清楚整齐，有关人员的签证齐全，主要生产设备的验收移交工作，除有关部门参加外，应有分管设备厂长参加。

（3）设备的调拨、移装及外借

① 设备的调拨，由调入、调出双方协商同意后，填写固定资产调拨单，经分管厂长审批后方可办理调拨手续。

② 设备的调拨实行有偿调拨。调出设备所得价款，只能用于设备的更新和技术改造，不得挪作它用。

③ 设备调出时，使用说明书、档案及专用附件应随机调出，专用备件及全套图册应按质作价后随主机调出。

④ 本部门进行设备移装需报设备材料科审批后方可进行设备迁移，但可不填写固定资产内部转移单。

⑤ 设备的外借须经设备材料科、生产计划科同意，主要生产设备须经主管厂长批准，由设备材料科具体办理。

⑥ 外借设备由设备材料科与租用单位签订设备租借协议，由财务科按协议收取押金费后方能出厂。设备租赁期间，财务科应按月收取租金，租赁期间的修理费用，由租用单位负责；租借到期后，由设备材料科负责收回。

（4）设备的封存与启封

① 闲置三个月以上的设备，使用部门应填写生产设备封存单，经生产计划科、设备材料科签署意见后，可原地封存。财务科根据此单办理停止提存折旧费的手续。

② 封存设备的启封由使用部门填写生产设备启封单，经生产计划科、设备材料科签署意见后方可启用。财务科据此单办理重新提存折旧费用手续。

③ 设备封存时，所在部门必须实行三断（电、油、水或气或汽），清点附件，擦拭干净，无漆面部件应涂油覆盖，并挂上封存标牌。设备封存期间使用部门应指定专人进行定期保养和检查。

④ 闲置封存一个月以上的设备，使用部门应上报设备材料科，经与生产计划科核查落实后，如确属厂内不再使用的，应列为闲置设备进行外调。

（5）设备事故的处理及分析

① 凡设备因非正常损坏，而造成停产或降低效能或精度者，均为设备事故。修复费用在 $500 \sim 10000$ 元以内，或因设备事故造成全厂供电中断 $10 \sim 30min$ 为一般设备事故。

修复费用 10000 元以上或因设备事故使全厂电力供应中断 30min 以上者为重大设备事故。

修复费用 50 万元以上或由于设备事故造成全厂停产 3 天以上，车间停产一周以上者为特大设备事故。

② 凡因人为原因，如违反操作规程、维护保养不当等原因致使设备损坏停产或效能降低者属责任事故。凡因设备制造质量不良，或检修、安装不当造成设备损坏停产或效能降低者属质量事故。凡因遭受自然灾害致使设备损坏停产或效能降低者属自然事故。

③ 设备事故发生后，应立即切断电源，严格保护现场，逐级上报。一般设备事故由发生事故部门主管领导组织有关人员，在设备材料科参加下，根据"三不放过"的原则（事故原因分析不清不放过；事故责任者与群众没有受到教育不放过；没有防范措施不放过）进行调查分析，在 2 天内车间设备员填写设备事故报告单，报送设备材料科签署意见，由主管厂长批示后归档。

④ 主要生产设备的事故及重大设备事故发生后，使用部门应立即报告设备科和主管厂长，由设备使用部门主持，会同主管厂长、设备科、各有关科室人员一起参加事故分析，做出处理决定。凡属重大事故，设备科应在 1 天内报告上级主管部门并在 10 天内写出事故情况及分析报告，报送上级主管部门，所填设备事故报告单报送主管部门一份备查。

⑤ 对事故责任者，根据事故情节，按照有关厂纪厂规进行处罚。

（6）设备的改装和改造

① 设备的改装和改造，由使用部门或技术科填写设备改装申请书，并附改装、改造方案和图纸，经设备科审查，主管厂长批准后方可实施。

② 设备的改装设计制造由技术科负责，结合大修进行的技术改造由设备材料科负责。改装或技术改造后，由改装部门组织有关部门进行试车验收，一切技术文件由设备科归档。

③ 结合大修的技术改造，应进行技术、经济分析论证后实施。

④ 技术科负责的技术改造，由技术科提出分析论证。

⑤ 设备改装后性能、用途发生改变时，设备的分类、编号应随之改变，并重新调整账卡。

（7）设备的报废、更新、购置

① 列入固定资产的生产设备，符合下列条件之一时可申请报废：超过使用年限或经过三次大修，主要结构陈旧，精度误差大，生产效率低而且不能改装和修复，设备效能已达不到最低工作要求的设备；未到使用年限但不能迁移的设备，因建筑物改造或工艺布置改变必须拆除者；因事故或其他灾害，使设备遭到严重损坏且无修复价值者；绝缘老化、磁路失效，性能低劣且无修复价值者；腐蚀过甚，继续使用易发生危险且无修复价值者。

② 设备报废审批程序及权限：设备原值在万元以下，或折旧费已提完，符合报废条件的设备由使用部门提出报废申请，设备材料科组织有关人员进行鉴定后，填写"固定资产报废审批表"，报主管厂长批准并报上级主管部门备案；原值在万元以下，折旧费未提完者，或原值在万元以上的设备报废，由设备科填写固定资产报废审批表报上级主管部门批准。

设备未经正式批准报废前，不得拆卸、挪用零部件和自行处理。经正式批准报废后，可估价外调或将可利用的零部件回收后，作为原材料或废料处理，处理或外调所得款价用于设备更新和技术改造费用。

设备经正式批准报废后，注销该设备的卡片和在设备台账中的编号以及其他有关资料，并转财务科注销设备资产。

③ 设备更新的原则：已到或超过使用年限的；大修过三次以上的；精度、性能难以恢复，修复又不经济的，结构简单，技术落后，制造质量差，效率低的；能耗高，又有新的型号可代替的；故障较多及其他方面原因的。

更新时由本部门提出申请，报设备科。设备科根据历史普查资料和工艺上的要求，提出更新设备清单，经主管厂长批准后纳入年度技术更新改造计划中执行。

更新设备到货、安装、移交等手续与新增设备同。

④ 设备选型的原则：考虑现有机型的统一，备件供应方便；设备技术先进、可靠、维修性好、价格合理；耗能低，质量好，制造厂家售后服务周到。

设备选型前，先进行市场调查，收集信息，然后根据上述原则进行对比分析，由设备科选几家后采取招投标的办法选定供货商，然后报主管厂长批准。

6.14　如何结合固定资产台账进行设备运行的动态管理？

答　固定资产台账建立后，需对固定资产台账进行分级，以达到进行设备运行动态管理的目的。固定资产台账分为功能层和技术层两级。功能层包括工厂名称、实体、装置、总成及功能位置，技术层包括设备及零配件。固定资产台账按上述分级后，可分别对每一台设备的状态进行录入，例如：设备运行时间、保养项目、周期及时间，维修时间、维修内容，维修时所更换的配件，更换配件的型号、价格、生产厂家、供应商等详细内容。

因此在检查某台设备的时候，根据固定资产台账的分级目录可以方便地查到该台设备，再打开该台设备的明细，这台设备的运行状态可以做到一目了然，可以做到对固定资产台账的动态管理。

6.15　如何确定设备的维护周期？

答　一般根据设备自带的使用手册上的维护周期对设备进行维护保养，这只是对设备在其正常使用状态下适用。当设备使用过程中，维持正常的维护周期时，设备故障频繁，抢修时常发生时，就要根据设备维护维修记录缩短设备的维护周期，这就要求我们对设备运行状态和故障进行分析，直至找出适合此台设备的设备维护周期。

相反，如果设备在正常维护周期状态下，长时间运转正常，没有或极少发生故障，可以延长设备维护周期，降低设备的维护成本。

6.16　什么是设备的"强制保养，动态备用"原则？

答　强制保养就是变事后被动抢修为提前主动保养。动态备用就是备用设备动态管理，主动定期启动。

污水处理设备所处使用环境恶劣，如果仅仅按照设备使用说明的要求进行保养，往往在不到维护周期要求的时间，设备就会出现故障，造成频繁抢修，这样不但会造成设备维修的次数，影响正常生产，而且维修的成本由此会大大提高。根据设备使用的实际情况缩短维修周期，提前主动保养，可将设备故障消灭在萌芽状态，减少设备的抢修、维修次数。

污水处理厂一些关键工艺部位，往往会有一些备用设备。在主要设备正常运行时，这些备用设备往往处于停机状态，如果这些设备长时间不用就会造成设备内部锈蚀等损坏情况，当备用设备要投入使用时，就有可能发生故障，耽误正常生产。应定期开启这些设备并进行保养，保持备用设备长期处于正常使用状态，使这些设备处于动态备用，一旦需要，就可以马上投入正常运行。

6.17　设备维修如何管理？

答　① 实行使用维护保养责任制，做到定机到人，对多人操作的设备（或机组），建立机长负责制，指定专人负责，统一指挥协同操作。

② 制定技术操作规程、检修规程和维护保养规则准确全面。

③ 设备润滑必须严格实行"五定"。如采用代用油或新用品油时必须化验后，经设备科技术员同意，设备科长批准后再予使用。

④ 严格按规程使用设备，严禁超负荷超规范使用设备。发生意外情况，注意保护现场，及时报告车间设备员和设备科，以便妥善处理。

⑤ 必须正确使用安全限位装置，不得随意拆卸或挪用。

⑥ 维护保养应以操作工人为主，维修人员配合要遵照说明书的规定，不得随意拆卸部件，以免影响设备的精度和性能。

⑦ 对违反操作规程、超负荷运转的任何指令，设备操作者有权拒绝，并及时报告有关部门处理。

⑧ 在日常维护保养中，除可拆零件外，一般不应拆卸零件。当必须拆卸时，由专业的修理人员进行。

⑨ 擦拭材料和清洗剂应严格按照说明书规定，不得随意代用。只准使用润滑卡上规定的并经化验合格的油料和冷却液，加前须经过滤。

⑩ 设备的附件和专用工具应用柜架搁置，保持清洁，防止碰伤，不得外借或作其他用途。

⑪ 加强保养、设备点检和预防性维修工作，有计划地进行强制性预检预修，对于不能维持到下一个修理周期的零件、可换可不换的零件，一定要修换，尽量减少突发故障，确保

生产顺利进行。

⑫ 设备发生故障后，应认真进行故障分析，严肃处理设备事故。

⑬ 库存备件应齐全。定储备范围，定储备定额，保持最低备件储备量。随机附件完整，妥善保管，暂时不用的应合理存放，同样要保管维护好。

⑭ 主要生产设备确定后，随着生产任务、工艺的改进、设备精度、事故等情况的发生，以及设备的更新改造和工序质量管理点的变动主要生产设备也随之改变，要定期地组织有关人员进行研究，重新确定。

6.18 设备故障如何管理?

答 ① 对主要生产设备实行预防维修制度，通过巡回检查、定期检查、精度检查和调整完好状态检查等方法，掌握易发生故障的机件部位，有目的地进行预防性维修，以控制和防止故障的发生。

② 加强故障管理基础资料工作，做好设备故障记录，认真填写设备故障修理记录单和原因分析，及时汇总和上报归档。

③ 车间统计员应每月收集设备故障修理记录单统计故障情况，列出详细清单，由设备员负责按重复故障清单及记录内容进行分析，找出规律，提出对策，并填写故障处理报告单。

④ 统计员将故障处理报告单报维修车间处理，处理完毕后要填写维修记录，验收，同时将信息反馈给设备材料科存档。

⑤ 设备材料科通过对多发生性故障或设备缺陷进行检验分析，摸清故障发生的原因，找出规律和对策，对设备进行改装和改善修理工作。

6.19 材料采购如何管理?

答 ① 材料采购要根据厂内的生产情况及库存量的多少，由材料计划员做好采购计划，经设备科长签字后，报分管厂长批准后方可进行，要做到既及时供应，又不积压，大宗材料需签订采购合同。

② 材料采购能从厂家直接采购的不得从中间环节采购。采购数额少的应由两人以上同行，并采用货比三家的办法进行性价比，确认后报分管厂长审定后采购。采购数额大的应采用招投标的办法采购。

③ 购进的材料必须有化验单、合格证、质保书，不准购进假冒伪劣和"三无"产品，谁购进质量低劣的材料，谁负责退货，所造成的经济损失由有关人员承担。

④ 材料采购进厂后，采购人员持发货票与材料一起交仓库保管人员，根据价格、数量、金额查验清楚后，开具材料验收入库单，交材料会计记账。

6.20 仓库保管如何管理?

答 ① 仓库保管必须做到账卡相符，卡物相符。

② 每半年必须清点一次，发现问题及时报设备材料科及相关单位处理。

③ 仓库物品必须堆放整齐，各种物品防止受潮霉变，防止鼠害、虫害，以免给国家造成损失。

④ 严格做好防火、防盗工作，保管员要定时学习消防知识及掌握消防器材的使用。

⑤ 易燃品、毒品、油料必须单独设库，以免发生事故。

⑥ 各车间在月底前报出下月的材料使用计划，经厂领导同意，交设备材料科实施。

⑦ 临时需用的大宗材料须报分管厂长批准后，由设备材料科采购后发放。

⑧ 各车间、科室须有专设的材料员，持各车间、科室负责人的签条到仓库领材料。

⑨ 各车间所做的材料计划必须切合实际，严禁多领、冒领以免造成浪费。

⑩ 各车间剩余的材料而又长时间不用的，应及时到仓库办理退料手续并送回仓库，以免丢失和浪费。

6.21 如何进行设备维修管理？

答 设备维修按以下内容与要求操作。

（1）计划工作

维修车间根据技术鉴定、可行性分析、设备资料、生产需要等情况，制订设备维修计划。

（2）准备工作

① 拟订维修方案及维修措施；

② 核对、核准更换零、部件图纸并确定修理尺寸；

③ 提出修理更换件的材料、型号、规格；

④ 确定修理更换零件、部件的加工或外协件；

⑤ 确定修理时间，落实更换件或外购件是否齐全。

（3）维修工作

① 组织修理具体操作人员；

② 明确修理要求、修理方案、维修部位、更换零部件等情况；

③ 与被修理车间协商，合理安排修理顺序与进度；

④ 落实减少材料、辅助材料消耗的措施，降低维修成本；

⑤ 修理完工后交接验收；

⑥ 做好原始记录及统计工作。

（4）统计、结算工作

① 维修占用时间、实用工时、待料工时、消耗材料、费用等的核算；

② 修理工作总结与经济活动分析，研究提高及改进措施。

6.22 怎样采购物资和领用物资？

答 为了确保生产正常进行，正确合理使用物资，避免浪费，对物资的采购和领用做出以下决定。

① 各车间（部门）将每周、每月申购计划报设备科，由设备科统一做出每周、每月材料申购计划由主管领导批准后进行采购。

② 设备科根据生产实际情况确定安全库存量，每半月做出库存材料申购计划由主管领导批准后进行采购。

③ 采购材料和设备要货比三家，大宗物品或贵重物品要招投标采购。生产急需的申购计划报主管领导特批后由设备科采购。

④ 各车间（部门）在领用物资前须填写物料申购单并经本车间（部门）领导签字后持

物料申领单领用。

⑤ 领用时间为每天上午，每天下午仓库管理员进行盘查，遇有特殊情况须经设备科负责人和主管领导批准后方可领用。

⑥ 各车间（部门）每月须填写物料使用回执单报设备科备查。

6.23　什么是设备维修通知单？什么是设备维修回执单？

答　① 设备维修通知单由各生产车间填写，一式四份，车间存放一份、设备科、维修车间和生产技术科各一份，由生产车间自行维修的设备，设备维修通知单可一式三份，车间存底一份、设备科和技术科各一份。

② 设备维修通知单应认真填写，填写时一律用钢笔或圆珠笔，不得用铅笔，字迹要工整。

③ 填写内容应齐全，包括设备名称、故障发生时间、故障发现人、故障内容、填表人和负责人签字等。

④ 故障内容填写时语言应简练、规范，尽可能详细的反映出设备故障发生的具体情况。

⑤ 设备科和维修车间的人员，对设备维修通知单有不清楚内容时，送表人应认真解答，讲明实际情况，对提出的合理化建议应虚心接受。

⑥ 设备无论是由生产车间自行维修，还是由维修车间维修，设备维修通知单都应在设备发生故障后半天内送至设备科和生产技术科。

⑦ 回执单由维修车间填写，一式四份，车间存底一份，设备科、生产技术科和设备故障车间各一份；若由车间自行维修设备，回执单可一式三份，车间存底一份、设备科和生产技术科各一份。

⑧ 回执单应认真填写，填写时一律用钢笔或圆珠笔，不得用铅笔，字迹要工整。

⑨ 填写内容应齐全，包括设备名称、维修时间、维修人、维修内容、填表人和负责人签字等。

⑩ 维修内容填写时，语言要简练、规范，尽可能详细地反映出所维修的具体内容，包括维修和改造方法，用料情况等，如有可能应写清楚零件型号等。

⑪ 对回执单的修后遗留问题及建议一栏，维修车间应认真填写，以便用于指导生产。

⑫ 设备科和设备故障车间的人员对设备维修通知单有不清楚内容时，送表人应认真解答，讲明实际情况，对提出的合理化建议应虚心接受。

⑬ 为了便于设备科和生产技术科对资料进行统计整理，回执单的设备名称应与设备维修通知单的设备名称相一致。

⑭ 设备无论是由生产车间自行维修，还是由维修车间维修，回执单都要在设备修好后半天内送至设备科和生产技术科。

⑮ 回执单应随修好的设备一起送至有关部门，在部门负责人检查合格签字后，方可送至设备科。

⑯ 由于设备维修通知单可反映出各个车间、部门的实际工作量，因此各车间应及时完整地填写，并与值班记录、单机设备档案和运行时间统计表相吻合。

6.24　如何利用设备维修任务单进行设备维护维修工作的闭环管理？

答　① 当设备发生故障后需进行维修的，由使用部门填写维修任务单并送至设备管理部门，设备维护维修工作的闭环管理如图 6-1 所示。

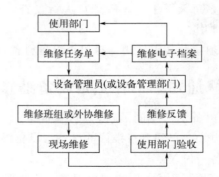

图 6-1　设备维护维修工作的闭环管理图

② 设备管理部门接表后由接表人填写报修统计表由送表人、接表人签字后，由设备管理员填写维修任务单及工作任务统计表，分配到各维修班组。

③ 维修班组接到维修任务单后根据工作的轻重缓急情况进行工作任务的分配。

④ 接到维修任务的维修人员应持工作任务单根据以下程序进行维修工作。

a. 与各部门相关人员联系，确定维修任务。

b. 进行维修任务。

c. 完成维修任务后，维修人员应与各部门相关人员联系进行维修工作任务的验收，并由各部门现场协调人填写验收意见。

d. 任何一项维修任务在由使用部门验收合格后被视为完成；未经验收或验收不合格被视为维修任务还未结束。

e. 经验收合格的维修任务，由各班组填写工作统计表和工时统计表后将维修任务单交设备管理员。

f. 设备管理员将经分管领导签字的维修任务单输入微机备案并填写维修通知单的反馈意见经分管经理签字后反馈给使用部门。

⑤ 需外协维修的维修任务由设备管理员注明需外协维修后交由外协部门进行。外协任务完成后，设备管理员将经分管领导签字的维修任务单输入微机备案。

6.25　构筑物、建筑物怎样维护保养?

答　① 每季度对厂内所有构筑物全面检查一次，其他时间随时发现随时上报生产技术科。

② 发现构筑物结构受到损害后，应立即上报分管厂长，并制订相应的措施，及时进行维修。

③ 每逢海位大潮或下大雨时应检查地下水位，当越过警戒水位时，应对曝气池、最终沉淀池和接触池等地下池体进行相应的保护措施。

④ 对所有吸泥桥的行走轨道每月检查一次，发现有损坏迹象的应提前申报计划，进行维修。

⑤ 对瓷砖及表皮脱落的构筑物随发现随修复。

⑥ 清理水池时应平衡放水，防止池体倾斜。

⑦ 对构筑物的沉降缝每半年维修一次。

⑧ 每月对厂内门窗检查一次，对损坏的门窗及玻璃及时修补。每年对铝合金门窗彻底保养一次，打一次密封胶。

⑨ 构筑物内的照明设备每半月维修更换一次，上水管道、中水管道、下水管道、消防设施及其他设备每季度全面维修一次。

⑩ 雨季来临之前检查全厂房屋是否漏雨，并及时修复。

⑪ 严禁在构筑物基础范围内打井取水，防止发生不均匀沉降。

第7章

污水处理厂的安全生产管理

7.1 为什么要建立、健全、完善安全生产制度？

答 在污水处理厂的运行生产过程中，可能会因为一些不安全、不卫生的因素导致了一些人身伤亡、设备损坏的事故，影响了环境效益、社会效益和经济效益。所以我们应在生产运行中采取必要的防护措施，防止危害劳动者和设备设施的健康与安全。

污水处理工艺生产运行中需要的工种多，发生事故的苗头多。如污水处理用的电机水泵多，不注意用电安全可能会出现触电事故，不注意搬抬泵的安全可能会出现摔坏设备和砸伤职工的事故；厌氧消化池、浓缩池、检查井及地下闸门井内容易产生和积累毒性很大的 H_2S 气体，不提前鼓风通风，不检测 H_2S 含量和采取有效措施就下井、下池就可能中毒甚至死亡，还可能出现连续下井、下池救人发生群死群伤的恶性事件；污水中含有各种各样的病毒、病菌和寄生虫卵，污水处理工人接触污水，不注意卫生，就可能感染疾病和寄生虫病。因此，要制定、建立、健全、完善安全生产制度，确保安全生产，是污水处理厂正常运行的前提条件。

7.2 污水厂主要负责人对本单位安全生产工作负有哪些责任？

答 ① 建立、健全本单位安全生产责任制。
② 组织制定本单位安全生产规章制度和安全操作规程。
③ 保证本单位安全生产投入的有效实施。
④ 督促、检查本单位的安全生产工作，及时消除生产安全事故隐患。
⑤ 组织制定并实施本单位的生产事故应急救援预案。

⑥ 及时、如实报告生产安全事故。

7.3 污水处理厂的安全生产管理制度内容有哪些？

答 以某厂为例。

(1) 机构与职责

① 厂设立安全管理委员会，由厂长任主任，副厂长任副主任，厂安全人员，各车间、部门负责人任委员，办事机构设在厂安全部门。

车间、科室设安全领导小组，主任、科长任组长，科员、班组长为组员。车间设安全员。

② 厂安全委员会职责：在各项工作中，贯彻执行安全第一、预防为主的方针，贯彻上级法令、法规及本厂规章制度。定期召开会议，分析全厂安全生产形势，研究对策，制订安全管理目标及达标措施。

③ 厂安全部门职责

a. 审查厂劳动安全技术措施计划。

b. 负责全厂职工的安全教育。

c. 负责全厂职工劳动防护用品用具的计划编制、采购、发放和使用管理。

d. 组织协助有关部门制订安全生产制度和安全操作规程，并对这些制度和规程的贯彻执行进行监督、检查。

e. 参加厂新建、改建、扩建项目，劳动安全卫生工程技术措施的设计审查和竣工验收。

f. 参加厂职工伤亡事故的调查处理并负责统计上报。

④ 车间、科室安全领导小组职责

a. 落实厂劳动安全技术措施计划。

b. 负责本车间、科室职工的安全教育。

c. 负责本单位职工劳动防护用品用具的发放和使用管理。

d. 负责落实安全生产和安全操作规程，并加以检查和总结。

e. 参加本单位职工伤亡事故的调查处理并上报。

(2) 安全会议

① 厂每周召开一次安全委员会成员参加的办公会议。

② 厂每月召开一次全体职工大会。

③ 厂经常召开安全人员会议。

(3) 安全管理制度与规程

① 厂要按照上级有关规定，健全厂安全管理制度。

② 各车间、科室要根据厂规定及部署，制订本单位的安全管理制度，工序、工艺的安全作业规程以及各工种的安全操作规程。

③ 各种制度、规程必须符合劳动安全卫生标准规范要求，符合上级规定。

④ 各种制度、规程要不断完善、充实，使之更加科学、合理、实用。

⑤ 全厂职工、各部门必须严格遵守各种制度、规程。

(4) 安全教育与培训

① 全体干部职工要自觉学习安全操作技术，提高业务技能。

② 厂每月组织一次全厂性的安全学习，每年进行两次安全技能、安全知识的考核。

③ 新进厂职工必须经过厂、车间或科室、岗位三级安全教育，合格后方准上岗。

④ 调换工种人员、复工人员，必须经过车间、岗位二级安全教育，合格后方准上岗。

⑤ 电工、金属焊接（气割）工、机动车辆驾驶工、锅炉司炉工、压力容器操作工、有害有毒物质检测等特种作业人员，必须经劳动行政部门进行专门的安全技术培训，经考试合格取得操作证后，方准上岗。

取得操作证的特种作业人员，必须按规定定期进行复审。

（5）安全器材、特种设备

① 安全器材的购买、配置，由厂安全部门统一管理。

② 安全器材的维护、保养，由使用部门负责，安全器材必须处于良好状态，如有损坏，要立即上报，并尽快修复。气体检测仪等的定期检定由厂安全部门负责，维护保养要按产品说明书进行。

③ 所购置的设备、材料、劳动防护用品、救护器材等必须符合国家或行业标准；不符合标准的不得使用。

④ 特种设备由厂安全部门及设备管理部门共同管理。

（6）职工伤亡事故的调查处理　按上级有关规定执行。

（7）奖励与处罚

① 奖励

a. 对坚持安全生产，防止事故发生，参加事故抢险救护以及进行劳动安全科学技术研究等方面做出贡献的职工。

b. 对认真遵守安全规章制度、规程；在安全工作中有突出贡献的单位、个人。

② 处罚

a. 对不按要求建立健全制度、规程，违反规章制度及规程造成后果的。

b. 对威胁职工安全的险情和事故隐患不采取措施的。

c. 对购进伪劣安全器材、安全用品的。

d. 对违章指挥或强令职工违章作业的。

e. 对拒不参加上级及厂组织的安全活动的。

f. 对发生责任伤亡事故的。

7.4　污水处理厂安全检查分几种形式？

答　安全生产检查是防止发生各类事故，保证安全生产的重要环节，也是贯彻执行党和国家安全生产、劳动保护政策，提高干部职工安全生产意识的重要途径。污水处理厂安全检查一般分四种形式，即定期检查、经常性检查、专业性检查、不安全因素整改。

（1）定期安全检查

① 厂级检查为每季度及元旦、春节、五一、国庆节，由主管厂长带领厂安全委员会成员进行。

② 每月由厂安全部门组织各车间（部门）安全员检查，检查记录作为考核车间、部门安全生产的依据。

③ 车间（部门）每周检查一次，由车间（部门）领导带领车间（部门）安全员、班长

进行检查。

④ 班组安全检查由值班人员在生产过程中随时进行。

（2）专业性安全检查（各检查周期由各专业组根据实际情况确定）

① 危险设备检查：由设备、安全、使用部门派专业人员检查。

② 仪器、仪表检查：由技术部门组织专业人员检查。

③ 厂房建筑、避雷设施检查：由技术、设备动力组织专业人员检查。

④ 防寒防冻检查：由设备动力、安全、使用部门进行。

⑤ 防暑降温检查：由劳工、安全、后勤部门检查。

⑥ 易燃、易爆、剧毒品检查：由设备、安全、使用部门进行。

⑦ 便携式毒气监测仪检查：由安全、使用部门进行检查。

（3）经常性安全检查

① 厂各级干部、职工要经常在本职范围内进行安全检查，边查边改。

② 各级安全人员要经常深入现场检查。

（4）不安全因素整改

① 凡查出的不安全因素要登记入册，按照定人员、定时间、定措施、定质量的原则，限期解决。

② 因现有技术、物质条件所限，不能按期解决的必须将延期整改理由报分管厂长和厂安全部门加以解决，直至报上级主管部门和领导。

7.5 污水处理厂怎样防触电?

答 污水处理厂的生产用电量是很大的，其电费占总费用的 1/3 左右，所有工艺都要用电机和接触到高低压电，不可避免与电打交道，因此为避免触电事故发生，用电安全知识是污水处理厂职工必须掌握的。对电气设备要经常进行安全检查，检查包括：电气设备绝缘有无破损，设备裸露部分是否有防护，保护接零线或接地线是否正确、可靠，保护装置是否符合要求，手提式灯具和临时局部照明灯电压是否安全，安全用具、绝缘鞋、手套是否配备，电器灭火器材是否齐全，电气连接部位是否完好等。对污水处理厂职工来说，必须遵守以下安全用电要求。

① 操作电气设备的职工必须持证上岗，也就是到电业局指定的培训点学习电工知识，合格后发证，才能操作电气设备。

② 操作电气设备必须穿绝缘鞋，操作高压设备还应穿相应等级的绝缘靴，戴绝缘手套。

③ 损坏的电气设备应请专门电工及时修复。

④ 电气设备金属外壳应有效的接地。

⑤ 移动电工具要有三眼（四眼）插座，要有三芯（四芯）坚韧橡皮线或塑料护套线，室外移动性闸刀开关和插座等要装在安全电箱内。

⑥ 手提行灯必须要用 36V 以下电压，特别是在潮湿的地方（如站在水沟中，管道沟槽内有水的地方）不得超过 12V。

⑦ 注意使电器设备在额定容量范围内使用。各种临时线不能私自乱接，应请电工专门接线。用完后立即拆除，避免有人触电。

⑧ 电器设备的控制按钮应有警告牌，以备电气设备修理时用。

⑨ 要遵守安全用电操作规程，特别是遵守保养和检修电气的工作票制度，以及操作时使用必要的绝缘工具。

⑩ 要有计划地进行安全活动，如学习安全用电知识；分析发生事故的苗头；进行防触电的演习和操作。学习触电急救法，特别是触电者呼吸停止，脉搏、心脏停止跳动时，必须立即施行人工呼吸及胸外心脏按压法。这就需要电工在平常训练熟练掌握，以备在突然发生人员触电时抢救得当、及时。

⑪ 污水处理厂职工还应懂得电气灭火知识，当发生电器火灾时，首先应切断电源，然后用不导电的灭火器灭火。不导电的灭火器有粉末灭火器、二氧化碳灭火器等。这些手提灭火器绝缘性能好，但射程不远，所以灭火时，不能站得太远，应站在上风头灭火。

7.6 污水处理厂怎样防雷击？

答 ① 雷雨天应注意不宜使用电话、无线电话，不宜使用水龙头等。避免高压电沿接收信号线或金属管道进入人体造成危害。

② 污水处理厂职工在户外工作遇雷雨天气应尽量进入室内，必须在户外工作时应穿不透水的防水雨衣和绝缘水靴，离开空旷场地和水池面。更不能站在楼顶或凸出的物体上。要远离树木、电线杆、灯杆等尖耸物体。

③ 切勿接触金属门窗、电线、带电设备或其他类似金属装置。

④ 在室内避雷时应关闭门窗，防止球形雷侵入，最好不要看电视、听收音机、操作计算机等。也不要接触室内的金属管道、电线等。

⑤ 构建筑物、变配电站都要设避雷装置。

7.7 污水处理厂内哪些地方存在有毒气体和有害气体？怎样预防？

答 污水处理厂的进水渠（管道）中，各种浓缩池、地下污水、污泥闸门井、不流动的污水池内以及消毒设施内都能产生或存在有毒有害气体。这些有毒有害气体虽然种类繁多成分复杂，但根据危害方式的不同，可将它们分为有毒气体、腐蚀性气体和易燃易爆气体三大类。

① 有毒气体是通过人的呼吸器官对人体内部其他组织器官造成危害的气体，如硫化氢、氰化氢、一氧化碳、二氧化碳等气体。

② 腐蚀性气体一般是消毒气体如氯气、臭氧、二氧化氯等，发生泄漏时，对呼吸系统起腐蚀作用产生毒害。

③ 易燃易爆气体是通过与空气混合一定比例时遇明火引起燃烧甚至爆炸而造成危害，如甲烷、氢气等。

在污水处理厂内产生有毒有害气体的部位设置通风装置和检测报警装置，并给相关工作人员配备个人防护器具，如空气呼吸器，防酸、碱工作服和工作靴，防毒气的呼吸滤罐等。

必须对职工长期不间断地进行防硫化氢等毒气的安全教育，让每一个人都熟知毒气的性质、特征，泄漏后或报警后采取正确的有保护的抢险措施和中毒后自救或他救的正确方法，避免蛮干、盲目的抢险，导致伤亡事件扩大。另外，还要用已经发生过的、全国各地已有的中毒事故案例教育职工。

7.8　污水处理厂怎样防火、防爆？

答　① 凡是超出有效范围的燃烧，造成人身和财产损失的称为火灾，否则称为火警。

燃烧必须同时具备三个基本条件，即有可燃物存在（如固体物质如木材，液体物质如汽油等，气体物质如甲烷等），有助燃物存在（如空气中的氧），有点火源存在（如电气火花、静电火花、机械摩擦或撞击产生火花等），也称三要素，三个条件缺一不可，否则不会引起燃烧。而灭火的基本原理就是消除其中任意一条件即可。

② 爆炸是指物质由一种状态迅速地变为另一种状态，并在瞬间放出巨大能量，同时产生气体以很大的压力向四周扩散，伴随着巨大的声响。爆炸可分为物理性爆炸和化学性爆炸。物理性爆炸是指物质因状态或压力突变（如温度、体积和压力）等物理性因素形成的爆炸，在爆炸前后，爆炸物质的性质和化学成分均不变（如蒸汽锅炉爆炸）。而化学性爆炸是指物质在短时间内发生化学反应，形成其他物质，产生大量气体和高温现象（如可燃气体、液体爆炸）。火灾与爆炸是相辅相成的，燃烧的三个要素一般也是发生化学性爆炸的必要条件，而且可燃物质与助燃物质必须预先均匀混合，并以一定的浓度比例组成爆炸性混合物，遇着火源才会爆炸，这个浓度范围叫作爆炸极限。爆炸性混合物能发生爆炸的最低浓度叫爆炸下限，反之为爆炸上限。物理性爆炸的必要条件是压力超过一定空间或容器所能承受的极限强度。而防爆的基本原理同样也是消除其中任意一条必要的条件。

③ 污水处理厂防火防爆应首先划出重点防火防爆区（如污泥消化区），重点防火防爆区的电机、设备设施都要用防爆类型的。并安装检测、报警器。进入该区禁止带火种、打手机、穿铁钉鞋或有静电工作服等。重点部位设置防火器材。

④ 学习掌握有关安全法规，防火防爆安全技术知识，操作防火防爆器材。平常按计划要求严格训练，定期或不定期进行安全检查，及时发现并消除安全隐患。做到"安全第一，预防为主"。配备专用有效的消防器材，安全保险装置和设施，专人负责确保其随时都可用于灭火。

⑤ 清除火源，易燃易爆区域严禁吸烟。维修动火实行危险作业填动火票制度。易产生电气火花、静电火花、雷击火花、摩擦和撞击火花处应采取相应的防护措施。

⑥ 控制易燃、助燃、易爆物，少用或不用易燃、助燃、爆炸物。用时要加强密封，防止泄漏。加强通风，降低可燃、助燃、爆炸物浓度，使之达不到爆炸极限或燃烧条件。

7.9　污水处理厂怎样防落水？怎样防高空坠落？

答　污水处理厂构建筑物大都是有水的池子，如曝气池、沉砂池、预浓缩池、消化池等，防止掉入池中溺水尤为重要。这些池子离地面有一定的高度，因此还有防坠落问题。

① 水池周边必须设置若干救生圈，大部分救生圈拴上足够长的绳子，以备急救时方便。

② 在水池周边工作时，应穿救生衣，以防落入水中。

③ 水池周边必须设置可靠护栏，栏杆高度高于1.2m。在需要职工工作的通道上要设置开关可靠的活动护栏，方便工作。

④ 水池上的走道不能有障碍物、突出的螺栓根、横在道路上的东西。防止巡视时不小心被绊倒。

⑤ 水池上的走道面不能太光滑，也不能高低不平。给工作人员一条安全行走通道。

⑥ 在水池周边工作时，不要单独一人工作，应至少两人，有一人监护。在曝气池上工

作时，还要求扎上安全带，因曝气池的浮力比水池低。坠入曝气池很难浮起。坠落曝气池时，必须马上拽出水面，以确保安全。

⑦ 污水处理厂内的钢格板、铁栅栏、检查井盖、压力井盖容易被腐蚀。发现有腐蚀严重、缺失、损坏时应及时更换和维修。免得工作人员不注意，坠入井中或地下。

⑧ 污水处理厂职工有时需要登高作业，如换水池上的灯泡和到水池的桥上工作等。放空水池后要进出空池作业也相当于登高工作。这一类的登高作业应牢记"三件宝"（安全帽、安全带、安全网），并遵守登高作业的其他一系列规定。

⑨ 当遇恶劣天气时，不应登高作业，如刮风天、有雷雨天、下大雪、结冰天气、下冰雹等。确因抢险要登高工作，必须采取特别的安全措施，确保不发生危险。

7.10 污水处理厂怎样防机械事故？

答 因为污水处理厂的机械设备比较多，如维修用的砂轮机、钻孔机、车床、电锯、无齿锯等。运行中的电机与水泵之间的柱连接、起重吊车、行走桥等，都需要一定的安全工作程序和防护措施。

① 电机与设备连接处和裸露在外面转动的机械要加防护罩，防止手脚或身体受转动部分伤害。

② 有突出部分的机械设备要加隔离网，防止有人碰到这些突出物受伤害，如皮带运输机等机械。

③ 起重吊车作业时，起重机臂下转动区域内和吊车下严禁站人。

④ 干机械活或搬、挪铁件时应戴手套，防止铁件刺伤、碰伤、挤伤手指。开砂轮机和可能溅入眼中异物的设备要带防护镜。

⑤ 使用钻床时，工件一定要夹紧，操作者手、头等部位不要靠近钻床转动部分，严禁戴手套进行操作，严禁持带液体（冷却液、润滑液等）的棉纱、棉布进行冷却，禁止用套管加在手柄上加力钻孔。

⑥ 使用钻床必须装防护挡板或防护罩，使用砂轮必须使用专用工具，并固定在夹架或卡具上。

⑦ 金属切削机床操作者开工前必须正确穿戴好劳动防护用品、防护服上衣领口、袖口、下摆应扣扎好。设备运转时，操作者不应戴手套。女工的头发必须罩在工作帽内。不准穿拖鞋、凉鞋、高跟鞋或其他不符合安全要求的服装。上岗前严禁饮酒，酒后禁止开机。整理好工作场地，清除操作范围内一切障碍物，以及地面的油污、水渍。认真检查机床上的刀具、夹具、工作装卡是否牢固正确，安全可靠。确认在机床倒车、换向和加工过程中，受到冲击时不致松动、脱落而发生事故。工件上机床前，要认真清除毛刺、飞边、油污和铸造黏砂等，防止装卡时伤手，旋转时砂尘飞溅伤人。焊工在焊接时应戴好防护镜（电焊要戴防电火花镜），穿防烫伤工作服，并尽量站在上风头，防止焊接烧出的烟呛人。在焊接压力容器时，要防止焊接发生爆炸。高空作业时要戴安全帽和安全带，穿绝缘防烫（皮质）防挤压鞋，注意避免触电事故。

7.11 污水处理厂怎样防车辆交通事故？

答 驾驶机动车不得有下列行为：在车门车厢没有关好时行车；吸烟、饮食、拨打或接听电话、翻阅报刊资料、观看电视等妨碍安全行驶的行为；在机动车驾驶室的前后风窗玻璃范围内悬挂、放置妨碍安全驾驶的物品，或放置、张贴法律、行政法规规定以外的标志、标牌；雨、雪天气驾驶刮水器失灵的机动车；下坡时熄火或者空挡滑行；向道路上抛洒物品；前方无障碍时故意慢行；穿拖鞋、高跟鞋驾驶机动车；连续驾驶机动车超过 4h 等。

驾驶员上路前必须对机动车的安全性能进行认真检查，不得驾驶安全设施不全或者机件不符合技术标准等具有安全隐患的机动车。检查的内容、方法如下。

① 对机动车的安全技术性能进行检查，保证机动车安全行驶所必需的安全技术要求，主要通过人工检查，确定机动车装备的完整性（含照明、转向信号、喇叭、轮胎、备胎等），各部件连接紧固情况以及总成技术状况，检查后视镜、刮水器、燃油、水箱、防冻液等情况。通过发动车辆、踩离合器、踩制动、挂挡、加油、打转向盘等，检查车辆的发动机、操纵性能、制动性能是否符合《机动车运行安全技术条件》。

② 检查发现机动车安全设施或者机件是否符合技术标准，存在安全隐患的，不得上路行驶。

7.12　污水处理厂怎样保障职工健康卫生？

答　① 为防止职工因接触污水而感染疾病和中毒，首先把好防护关。上班要穿工作服、戴口罩（在传染病流行期间），饭前、饭后、工作后都要洗手。勤换衣服，勤洗澡等。二要把好交叉传染关。喝水杯要每个人单独使用，不能互相借用。毛巾单独使用，不能混用、合用。工作服、工作鞋不能混穿。洗澡用淋浴，不设热水池澡堂。

② 注意饮食卫生，首先搞好食堂卫生（个人卫生、炊具卫生、环境卫生等）。职工碗筷不能混用，不吃腐烂变质食品、瓜果、蔬菜、鱼肉等，吃饭前应按卫生要求洗手、洗脸。

③ 夏天工作要安排好职工的防暑降温，防止高热、高湿侵扰职工。冬天要注意防寒，防冰雪滑倒跌伤。

④ 要绿化污水处理厂的所有空地，让树木、草地消耗一些有害气体并给人带来良好的工作环境。提供新鲜的空气。

⑤ 污水处理厂的职工因经常与污水接触，容易感染各种传染性疾病，应坚持每年查体，及早发现感染病人，早隔离，避免疾病扩大。对患有其他疾病的职工也可早发现，早治疗。

⑥ 长年坚持除"四害"，尽可能不用剧毒药杀灭"四害"，尽可能利用生物或动物来消灭"四害"。生活垃圾日产日清。污泥、栅渣、沉砂都要消毒后外运，避免病毒、病菌传播。

7.13　污水处理厂怎样保证出水接纳体的卫生安全？

答　城市污水经二级生物处理后，污水中的污染物已大量消除，细菌、病毒含量也大幅度减少，但细菌的绝对值仍较高，并存在有病原菌的可能性，因此，在排放到接纳水体或下游接纳地前，农田灌溉地应按规定进行消毒处理，城市污水再生回用时也应进行消毒处理。

污水消毒应连续运行，特别是在城市水源地上游、旅游区、夏季或流行病流行季节，更应连续严格消毒。非上述地区或季节，在经过卫生防疫部门的同意后，也可考虑采用间歇消毒或阶段消毒或酌减消毒剂的投加量。目前，用于消毒的方法有液氯消毒、臭氧消毒、次氯酸钠消毒、二氧化氯消毒、紫外光消毒等。

7.14 污水处理厂为什么要防腐蚀？

答 污水处理厂有许多设施设备暴露在空气中（如钢铁制件）、埋在地下（如地下管道）和在水中的管道等。虽然这些设备、设施受到腐蚀后不能马上遭到破坏。但它们是在没有被注意的情况下缓慢地被锈蚀，待腐蚀到一定程度时突然发生破裂，造成泄漏、坍塌等事故，致使耽误生产或停产，甚至造成人员伤亡的严重事故。

因此，要加强平时的腐蚀检查和设备设施的维护保养。发现腐蚀问题早处理，防止腐蚀恶性突发事件的发生。

7.15 自然环境中有几种腐蚀？

答 自然环境中一般有大气环境腐蚀、水环境腐蚀、土壤环境腐蚀三种腐蚀。

7.16 大气腐蚀有哪些？怎样防治？

答 大气腐蚀常见的有均匀腐蚀、缝隙腐蚀、应力腐蚀、选择性腐蚀、电偶腐蚀等。除均匀腐蚀外，其他形态均属于局部腐蚀。其防治腐蚀的方法如下。

① 均匀腐蚀是常见的腐蚀形态，即腐蚀破坏面积均匀分布在金属表面上，但又有别于点腐蚀。且无明显的腐蚀坑窝。如钢铁板表面生锈；锌、铝材料及其镀层表面布满白色腐蚀产物；铜的表面发绿或变黑等。均匀腐蚀的危险性相对局部腐蚀比较小，若知道其腐蚀速度之后，即可估算其使用寿命，增加腐蚀裕量或使用合适的覆盖层，用表面处理、缓蚀剂等方法加以抑制或抵消腐蚀量。

② 大气环境中发生缝隙腐蚀的机理，主要是金属与金属，或金属与非金属连接处因缝隙内外氧的浓差极化缝隙内部氧浓度，而引起浓度差电池。缝隙内部为阳极区，腐蚀集中于缝隙周围。在大气腐蚀的状态下，污水处理厂中常发生暴露在空气中的管道法兰连接面，干式泵的座基螺母压紧面，垫片的垫圈处，焊接的气孔，湿式沼气柜的焊接缝处或锅炉炉体的焊接缝以及腐蚀产物与金属表面介质间等缝隙腐蚀事例。抑制缝隙腐蚀一般方法如下。

a. 制作时应尽量避免缝隙的存在或采用耐腐蚀而有弹性的材料加以填充。

b. 尽量不用铆接、螺杆连接，应以焊接为宜，且焊件应避免气孔或焊缝存在。

c. 不宜采用普通石棉、纸质等吸湿材料作为垫圈，石棉中含有大量氯离子应加以特殊处理后使用。采用聚氯乙烯材料垫圈较为理想。

③ 在大气环境中常见的应力腐蚀有铝合金、高强钢在潮湿工业大气、海洋大气中，黄铜在湿热大气中，铜合金在含氨大气中的应力开裂。工程结构中钢丝绳，弯头部件也常会发生应力腐蚀。

防止应力腐蚀的方法如下。

a. 用退火处理消除金属内部的残余应力减少工件的工作载荷。

b. 采用耐腐蚀材料，尤其对应力腐蚀不敏感性材料，或施加表面保护。

c. 改善环境的腐蚀性。如添加缓蚀剂或祛除对应力腐蚀其作用的有害化学物质。

d. 采用阴极保护：如钢柜下面阴极保护采用焊接锌块。

④ 选择性腐蚀。如在潮湿工业大气中因灰口铸铁中有一定量的片状石墨，铁相对石墨是阳极，石墨是阴极形成腐蚀电池。铸铁中的铁被优先溶解，表面上残留一层由石墨骨架与

铁锈组成的海绵状物质，铸铁强度严重降低。即所谓的铸铁的"石墨化"。

防止选择性腐蚀一般是从材料成分上解决，如黄铜中加入少量砷（0.02%～0.06%）。含锌量不可大于35%，以免造成α+β双相黄铜，脱锌是由α相开始扩展到β相的。铸铁的石墨化主要是其中含有游离的石墨骨架所至，可采用球墨铸铁，因铁与石墨球化，可避免"石墨化"发生。

⑤ 电偶腐蚀的原因是在大气环境中，许多设备及构件多数是由多种金属组合的，如铜与铁、铝与铜、铁与锌等，在电解质水膜下，形成腐蚀性电池。从而加速了其中电位金属的腐蚀，导致设备或构件的早期失效。应特别注意发生电偶腐蚀的可能性。影响电偶腐蚀的主要因素是环境因素、介质导电性因素和阴、阳极的面积比。海洋大气中由于湿度高，水膜导电性大，因此电偶腐蚀最为严重，靠近海岸的大气环境比内地的大气环境腐蚀的要严重。据大气暴露实验结果表明，在所有的情况下锌与铜的组合，锌均为阳极。防止电偶腐蚀的主要措施如下。

a. 所采用的金属应参考金属的电位序，尽量选用电位序相近的材料组合。

b. 在设备部件中，当两种以上金属组合时，控制阴极和阳极面积相近；严禁阴极材料面积大于阳极材料面积。

c. 两种材料相接时，在连接面加以绝缘，在法兰连接处所有接触面均用绝缘材料作垫圈或涂层保护。

d. 在使用涂层时必须十分谨慎，必须涂覆在阴极性金属上，以减少阴极面积。如果涂在阳极面上，则因涂层的多孔性，可能使部分阳极面积暴露与介质中，反而会造成大阴极与小阳极的面积组合面加速腐蚀。

7.17 水的腐蚀有哪些？怎样防治？

答 水的腐蚀大体上分淡水腐蚀和海水腐蚀两种。

淡水腐蚀的原理为淡水中金属的腐蚀是氧去极化的电化学腐蚀，通常是阴极过程控制。以钢铁为例，其腐蚀按下列反应进行。

阳极反应：
$$Fe \longrightarrow Fe^{2+} + 2e^-$$

阴极反应：
$$\frac{1}{2}O_2 + H_2O + 2e^- \longrightarrow 2OH^-$$

溶液中：
$$Fe^{2+} + 2OH^- \longrightarrow Fe(OH)_2$$

纯净的$Fe(OH)_2$是白色的，但在淡水中即使溶解氧极少量氧的情况下，也会进一步氧化成3价的$Fe(OH)_3$：

$$4Fe(OH)_2 + O_2 + 2H_2O \longrightarrow 4Fe(OH)_3$$

氢氧化铁部分脱水成为铁锈：

$$2Fe(OH)_3 - 2H_2O \longrightarrow Fe_2O_3 \cdot H_2O$$

或
$$Fe(OH)_3 - H_2O \longrightarrow FeOOH$$

除金属镁在水中会发生析氢腐蚀外，绝大多数金属在淡水中都发生吸氧腐蚀，或称氧去极化腐蚀。其阴性过程是氧的还原过程。因此，水中氧的存在是导致金属腐蚀的根本原因。

海水是一种含有多种盐类近中性的电解质溶液，并溶有一定量的氧，这就决定了大多数金属在海水中腐蚀的电化学特征。除镁及合金外，所有的工程金属材料在海水中都属于氧去极化腐蚀，即氧是海水腐蚀的去极化剂，这种腐蚀称为吸氧腐蚀或耗氧腐蚀。

海水是典型的电解质溶液，金属的海水腐蚀是典型的电化学腐蚀。其主要特点如下。

① 由于海水氯离子含量很高（氯度为 19‰），因此大多数金属如铁、钢、铸铁、锌、镉等在海水中是不能建立钝态的。海水腐蚀过程中，阳极的阻滞（阳极化率）很小，因而腐蚀速度相对于淡水很高。

② 由于海水电导率很大，海水腐蚀的电阻性阻滞很小。所以海水腐蚀中不仅腐蚀微电池的活性大，腐蚀宏电池的活性也很大。海水中不同金属接触时很容易发生电偶腐蚀。金属在海水中的腐蚀行为按腐蚀速度受控制情况可分为两大类：第一类为金属的腐蚀速度受阴极过程控制。这类金属在海水中不发生钝化，阳极极化率很小，腐蚀速度受氧的扩散控制，增加含氧量，加速氧的扩散会增加腐蚀速度。碳钢、低合金钢、铸铁、锌、镉等属于这一类。第二类金属的腐蚀速度受表面钝化膜的控制。这类材料有钛、镍基合金、不锈钢及铝合金等。这是一些在海水中能自钝化的金属，其腐蚀速度主要决定于钝化膜的稳定性。钛及其合金、某些镍基合金的钝化膜在海水中十分稳定，因此基本不腐蚀。普通不锈钢和铝合金钝化膜在海水中不稳定，当供氧不足时，钝化膜很容易被破坏而发生孔蚀等局部腐蚀。

淡水与海水的最大区别是淡水含盐量低，导电性差。江河水的电导率约为 $2 \times 10^{-4} S/cm$，雨水为 $1 \times 10^{-5} S/cm$，而海水电导率平均为 $4 \times 10^{-2} S/cm$，电导率相差两个数量级以上。所以淡水中电化学腐蚀的电阻性阻滞比海水中大，淡水中的腐蚀主要以微电池腐蚀为主，宏电池的活性较小。同海水相比，淡水中异种金属接触时产生的电偶腐蚀的作用较小。

海水腐蚀的防护措施因其腐蚀与多种因素有关，涉及几方面的内容。因此，它还是一个系统工程，需做以下工作（淡水的防腐比海水容易，因此淡水的防腐参考海水即可）。

① 对服役环境因素的全面调查分析，包括海水的物理性质、化学性质、气候条件、海浪与潮汐、海生物生长情况、服役海域及海洋区域载荷特点与大小及过去的腐蚀损伤治理经验。

② 根据腐蚀因素和结构使用性能要求选择合适的材料，既能保证结构的承载能力，又能保证在服役寿命内不发生腐蚀破坏。

③ 根据材料性质、环境特点、服役寿命及经济性确定正确的防腐蚀方案。海洋环境中通常采用的防护措施是表面涂镀和阴极保护，有时还用耐蚀合金包覆。

④ 合理的防腐设计和精心的防腐蚀施工。除结构设计时考虑结构使用性能要求和结构承载力外，还要考虑防腐蚀方面要求，以减轻或消除腐蚀危害。施工包括成形、焊接、涂装和阴极保护施工，每个环节的精心施工可以减少腐蚀隐患。特别注意某些大型结构的腐蚀破坏常常从一些被忽视的细节引发。

⑤ 腐蚀监测与维护管理是整个防护系统正常运行的重要保证。需要设置腐蚀监测系统，跟踪监测或定时检测腐蚀情况及防护效果。如阴极保护系统中阴极保护电位的检测与控制。还要对设备定期或视现状维护，如定期或不定期涂装，更换牺牲阳极等，对重要设备应建立设备腐蚀情况及使用维护档案，如锅炉、沼气柜、沼气管道、热水、蒸汽管道等。在上述各个环节中，合理选材和确定正确的防护方案最为重要。

7.18 土壤的腐蚀有哪些？怎样防治？

答 土壤是一个由气、液、固三相物质构成的复杂系统，其中还生存着数量不等的若干种土壤微生物，土壤微生物的新陈代谢产物也会对材料产生腐蚀。有时还存在杂散电流的腐蚀问题。因此，在材料的土壤腐蚀研究领域中，土壤腐蚀这一概念是指土壤的不同组分和性质对材料的腐蚀，土壤使材料产生腐蚀的性能称土壤腐蚀性。土壤的腐蚀性不能单独由土壤物理化学性能来决定，还与被测材料及两者相互作用的性质密切相关，因此，除注意土壤的性质分析外，还要注意被测试材料的性质，材料在土壤环境中的化学和电化学的反应，以及反应生成物的性质等。

① 金属材料受到周围土壤介质的化学作用、电化学作用而产生的破坏，称为金属的土壤腐蚀。在土壤中总含有一定的水分，因此，金属材料的土壤腐蚀属电化学腐蚀。

电化学反应包括氧化和还原反应。例如：

$$Zn \longrightarrow Zn^{2+} + 2e^- \text{ 氧化反应（阳极反应）}$$

$$2H^+ + 2e^- \longrightarrow H_2 \uparrow \text{ 还原反应（阴极反应）}$$

在阳极反应中，金属锌失去两个电子，表明是氧化反应。在阴极反应中，氢获得两个电子，表明是还原反应。

以上两式说明金属土壤腐蚀的电化学过程。

② 在金属/土壤界面上，与金属/溶液界面上相类似，也会形成双电层，使金属与土壤介质之间产生电位差，这个电位差就称作该金属在土壤中的电极电位，或称自然腐蚀电位。金属在土壤中的电极电位，取决于两个因素，一是金属的种类及表面的性质，另一个是土壤介质的物理化学性质。由于土壤是一种不均匀的、相对固定的介质，因此，土壤的理化性质在不同的部位往往是不相同的。这样在土壤中埋设的金属构件上，不同部件的电极电位也是不同的。只要有两个不同电极电位系统，在土壤中就会形成腐蚀电池，电位较正的是阴极，电位较负的是阳极。

③ 土壤中的常用结构金属是钢铁，在发生土壤腐蚀时，阴极过程是氧化还原，在阴极区域发生 OH^- 离子：

$$O_2 + 2H_2O + 4e^- \longrightarrow 4OH^-$$

只有在酸性很强的土壤中，才会发生氧的放电：

$$2H^+ + 2e^- \longrightarrow H_2 \uparrow$$

在嫌气条件下的土壤中，在硫酸盐还原菌的参与下，硫酸根的还原也可作为土壤腐蚀的阴极过程：

$$SO_4 + 4H_2O + 8e^- \longrightarrow S^{2-} + 8OH^-$$

金属离子的还原，当金属（M）高价离子获得电子变成低价电子，也是一种土壤腐蚀的阴极过程：

$$M^{3+} + e^- \longrightarrow M^{2+}$$

实践证明，金属构件在土壤中的腐蚀，阴极过程是主要控制步骤，而这种控制过程受氧输送所控制。一般认为，对于颗粒疏松的土壤来讲，氧的输送还是比较快，相反，在紧密的高度潮湿的土壤中，氧的输送效果是非常低的。尤其是在排水和通气不良，甚至在水饱和的土壤中，因土壤结构很细，氧的扩散速度更低。

④ 钢铁构件在土壤中腐蚀的阳极过程，像在大多数中性电解液中那样，是两价铁离子进入土壤电解质，并发生两价铁离子的水合作用：

$$Fe + nH_2O = Fe^{2+} \cdot nH_2O + 2e^-$$

或简化为：

$$Fe \Longrightarrow Fe^{2+} + 2e^-$$

只有在酸性较强的土壤中，才有相当数量的铁成为两价和三价离子，以离子状态存在于土壤之中。在稳定的中性和碱性土壤中，由于 Fe^{2+} 和 OH^- 之间的次生反应而生成 $Fe(OH)_2$。当土壤中存在 HCO_3^-、CO_3^{2-} 和 S^{2-} 阴离子时，与阳极区附近的金属阴离子反应，生成不溶性的腐蚀产物：

$$Fe^{2+} + CO_3^{2-} \longrightarrow FeCO_3$$
$$Fe^{2+} + S^{2-} \longrightarrow FeS$$

低碳钢在土壤中生成的不溶性腐蚀产物与基体结合不牢固，与土壤细小土粒黏合在一起，可以形成一种紧密层，有效地阻碍阳极过程，尤其在土壤中存在钙离子时，生成 $CaCO_3$ 与铁的腐蚀产物黏合在一起，阻碍阳极过程的作用就更大。这就是影响阳极过程的一个重要原因。

在土壤介质中，影响阳极过程的第二个原因是阳极钝化。在土壤中，铁的阳极钝化的历程与其他电解质相近，活性离子如 Cl^- 的存在阻碍阳极钝化的产生；反之，在疏松、透气性好的土壤中，空气中的氧很容易扩散到金属电极表面，促使阳极钝化。

⑤ 根据以上对土壤腐蚀的阴极过程和阳极过程的分析，有以下几种典型情况。

a. 对大多数土壤来讲，尤其是潮湿和密实的土壤，腐蚀过程主要由阴极过程所控制。

b. 对于很疏松和干燥的土壤，腐蚀特征已接近于大气条件的腐蚀，腐蚀过程由阳极过程所控制。

c. 对于长距离宏电池起作用的土壤来说，电阻因素所起的作用增加，在这种情况下，土壤腐蚀可能由阴极电阻控制。甚至是电阻控制占优势。

⑥ 金属在土壤中的腐蚀，绝大多数是属于自然状态下的电化学腐蚀。因此，在金属与土壤介质的反应中必然同时存在阴极和阳极两个过程，阴极过程和阳级过程是以相等的速度进行，阴极和阳极过程常常在不同地区局部进行。阴极、阳极和土壤介质就构成腐蚀电池。

⑦ 根据组成电池的电极大小，可以把土壤腐蚀电池分为两类：一类为微观腐蚀电池，它是指阴阳极过程发生在同一地点，因此电极尺寸很小，常常造成均匀腐蚀，简称微电池；另一类为宏观腐蚀电池，它是指阴阳极过程不在同一地点，因此电极尺寸比较大，这种腐蚀一般导致不均匀腐蚀。宏观腐蚀电池简称宏电池，它受阴、阳两极比和土壤电阻率的影响，这是它与微电池腐蚀的重要区别。

a. 对于短小的金属构件，它的周围土壤介质可以认为是均匀的，这时的金属腐蚀可以认为是腐蚀微电池的作用。

b. 对于不很长的构件（如沼气罐），它周围的土壤介质可认为是相同的，但个别区域透气性有可能相差很大。这时金属构件的腐蚀，除微电池作用外，小距离的宏观电池也可能形成。

c. 对于很长的金属构件（地下钢铁管线等）确定土壤腐蚀性最困难，因为沿线上的土壤理化性质变化很大，微电池、宏电池都有作用，而且是相互、交叉、重复。

⑧ 土壤的浓度差电池是由于同种金属材料的不同部位所接触的土壤介质具有不同的理化性质而形成的。如氧浓度差电池、盐浓度差电池、酸浓度差电池、温度差电池等。地下管线等大构件在土壤中往往受以上几种腐蚀的重复叠加作用。

⑨ 防治金属在土壤中的腐蚀目前比较流行的是采用防腐涂层和阴极保护以及这两种方法联合防腐。

防腐涂层是在金属表面上施加保护涂层来防止金属腐蚀的重要方法。它的作用在于使金属构件表面与土壤介质隔离开来，以阻止金属表面层上微电池的腐蚀作用。对防腐涂层要求如下：

a. 与底层金属有很强的黏结力，且连续完整；b. 具有良好的防水性和化学稳定性；c. 具有高强度和韧性；d. 具有一定的塑性，在土壤介质中不软化也不脆断。

在地下金属构件上施加涂层是由有机或无机物质组成，常用表面防腐材料及涂层主要有石油沥青、煤焦油沥青、环氧煤沥青、聚乙烯胶黏带、硬质聚氨酯泡沫塑料、聚乙烯塑料、粉末环氧树脂等，在埋地管道涂层外有玻璃布加固层等。

阴极保护就是依靠外加直流电源或牺牲阳极（通常是镁、锌和铝），使被保护的金属成为阴极（实际上不产生腐蚀），从而减轻或消除金属的腐蚀。

阴极保护有两种方法。一种方法是在被保护金属在土壤介质中组成大电池，使被保护金属变成阴极，从而得到保护，这种方法称为牺牲阳极保护法。另一种方法是外加直流电源，通过辅助阳极给被保护的金属通以恒定的电流，电源的正极与辅助阳极连接，使阴极极化，以减轻和防止腐蚀，这种方法称为外加电流阴极保护法。

7.19 回用水泵房怎样保证安全生产？

答 ① 值班人员，应穿好工作服及绝缘鞋后方可上岗。

② 开机前首先开启水泵的进水闸门检查螺栓是否松动、盘根是否漏水、水泵中的机油是否在液位以上，挂好开启指示牌后，方可启动电机。

③ 停泵后，要认真检查闸门是否关闭，确认无误后操作人员方可离开。

④ 如遇紧急情况严重威胁设备及人身安全，应采取紧急措施，事后及时向有关部门申报情况。

⑤ 检修机械和电器设备必须挂停电牌，谁挂谁取，非操作人员严禁合闸，合闸前必须检查，确认无误后方可合闸。

⑥ 定期检查、检验、冲洗压力表、安全阀和玻璃液位计。

7.20 加氯间怎样保证安全生产？

答 ① 加氯间操作人员必须经培训方可上岗操作，必须熟悉加氯机的性能、结构和有关安全用氯知识，掌握运行操作规程。

② 严格执行加氯机运行操作工艺，运行前必须首先打开通风设备，检查防护设备是否完好。

③ 经常检查巡视氯压表、水压表、流量计是否保持稳定，如发现不稳定应及时调整，并做好记录。

④ 更换氯气瓶时，必须戴防毒面具。氯瓶更换后，必须用氨水或水、肥皂水检查氯瓶接口处是否漏氯，确认没有跑漏方可使用。

⑤ 管理人员必须加强责任心，严格执行交接班制度。

⑥ 加氯机停止运行后，由当班人员按操作规程的步骤检查，确认氯气无跑漏方可离开。

⑦ 运行过程中，如发现氯瓶、管道跑气，应及时报有关部门。维修时应由两人进行，同时必须戴防毒面具。

⑧ 在夏季，氯瓶库应采取降温措施。

⑨ 氯瓶装卸过程中，必须两人以上操作，同时必须穿戴好防护服。注意吊臂下严禁站人。

⑩ 加氯间严禁存放易燃、易爆物品，严禁吸烟和动火作业。

7.21　水处理车间怎样安全生产？

答　① 必须遵守劳动纪律、安全操作规程。

② 要穿戴合适的劳保用品。呼吸器和消防器应至少每月检查一次。

③ 格栅间要保持通风，排风机要经常运转，门窗要常开。

④ 进入地下坑、井、沟作业，首先要通风换气（自然通风或机械通风），然后用监测仪或其他可靠方法进行监测，确认无毒气后方可作业。下坑、井、沟作业人员要戴空气呼吸器、安全带，作业中要保持通风，并有两人在地上监护。

⑤ 上池、上桥作业，要注意防止坠落和机械挤伤。风、雨、雪天气时，穿戴好安全带、救生衣后方可上池、上桥作业。

⑥ 操作各种电气设备要穿绝缘鞋，防止触电。

⑦ 操作皮带运输机、格栅、栅渣压实机等，要防止挤轧手脚、缠绕衣服、头发等，更不能在皮带运输机上面或下面走动。

⑧ 保养、修理设备，一律要在设备停止状态下进行，且须有两人以上配合操作。搬运、吊装、移动设备，应防止跌落、砸伤。

⑨ 投配甲酸，要戴好防毒面具、防酸手套、防酸水鞋、安全带、救生衣。

⑩ 在池上进行捞渣或清理工作时，必须穿救生衣，并由两人配合进行，应在曝气池上捞渣，不准站在护栏上进行。

⑪ 加氯间排风机要常开，更换氯气罐时，要穿戴好空气呼吸器和专用防护服，且要有两人以上配合操作。加氯操作时要戴好过滤式防毒面具或空气呼吸器；并在操作时随时用氨水检查是否有氯气泄漏。发现漏气，应立即关闭，并及时处理。

⑫ 用吊葫芦吊运物件，要在其载荷内使用。使用前应对机件及润滑情况进行仔细检查，机件完好方可使用。要确保物件捆绑牢固，吊运过程要均匀、缓和，吊运中物件下严禁人员站立、走动及作业。

⑬ 严格执行巡视检查制度，认真填写运行记录和交接班记录。

7.22　泥处理车间怎样安全生产？

答　① 严格执行厂内制定的相应安全规定、安全操作规程。严禁烟火。禁止在车间内明火作业，灭火器材和空气呼吸器应至少每月检查一次是否正常。

② 对浓缩池刮泥桥进行维修保养的过程中，必须戴安全带并明确救生圈的摆放位置。

③ 进入预浓缩池泵房、后浓缩池泵房、污泥循环泵房、地下室，必须先通风 15～20min。

④ 对沼气柜水封罐、沼气火炬放水时，必须戴呼吸器。

⑤ 值班人员上岗期间必须着工作服、绝缘鞋。穿高跟鞋、化纤衣服者禁止进入沼气提升泵房等甲类防火防爆区域。严格执行巡视检查制度，认真填写运行记录和交接班记录。

⑥ 脱水机房在运行过程中，应开启门、窗、通风扇，保证车间内空气流通。

⑦ 登高作业时，谨防滑到、跌落、挤伤。

⑧ 按时对安全设施进行检查，确保万无一失。

⑨ 严格执行厂内制定的泥区安全规定，禁止在岗上吸烟和使用电热器具。

⑩ 按操作规定进行投泥、排泥、排上清液，做好运行记录和交接班记录。

⑪ 值班人员按规定巡视各消化池和贮气柜，发现问题应及时向有关部门报告。

⑫ 定时排沼气管路中的冷凝水。定期检查进、出气柜水封罐水位，以便按时补水。

⑬ 登高作业时，谨防滑倒、跌落、挤伤。

⑭ 进入预浓缩池泵房、后浓缩泵房和检查井时，必须先通风，再用仪器或小动物检查，确认无毒害气体时再进行工作。

⑮ 按时检查气体报警装置，确保万无一失。

7.23 脱水机房怎样安全生产？

答 ① 上班前应穿好一切防护用品，加药时必须穿防滑胶鞋防止滑倒、摔伤。

② 脱水机运行时，应按操作程序操作，做好运行记录和交接班记录。

③ 设备运转出现故障时应立即停车检修，严禁开机排除故障。

④ 脱水机房内要按时通风，禁止吸烟和使用各种电热器具。

⑤ 使用行吊要两人操作，一人指挥，一人操作，行吊臂下严禁站人。

⑥ 非电工人员不得私自检修各种电器设备，以防发生触电事故。

7.24 污泥消化间怎样安全生产？

答 ① 消化车间、污泥循环泵房及沼气提升泵房，严禁烟火。

② 进入消化车间的工作人员必须穿防静电工作服、工作鞋。不准穿化纤衣服、高跟鞋、带铁钉鞋等易引起火星的人员进入消化车间。

③ 启动沼气提升泵之前，先应检查水压是否正常，水路、气路是否通畅，泵体轴承是否转动灵活。

④ 运转的沼气提升泵，应检查气压是否正常，泵体是否发热，零件是否有松散现象，排水电磁阀是否正常。

⑤ 停止沼气提升泵后，应关闭气体的进、出阀门，排空泵体中的水。

⑥ 沼气提升泵前的鹅卵石过滤器应定时清洗，以防堵塞。

⑦ 脱硫装置启动前，先检查水路管道阀门是否开启，各过滤网是否堵塞，再切换沼气管道阀门。

⑧ 运转的脱硫装置，应检查补充水源是否正常，各泵是否有流量。

⑨ 要定时清洗管道、过滤网，每月用稀盐酸清洗整个脱硫系统，去除垢质。

⑩ 投加碱时，应把成块的碱捣碎，把硬块取出。

⑪ 脱硫装置排出的废液中含有 H_2S 成分，应防止其流经的管道排出 H_2S 引起中毒。

⑫ 启动污泥循环泵之前，应先检查柱连接轴转动是否灵活，然后开启泵体前后阀门。

⑬ 运转的污泥循环泵，检查是否有流量，没有流量应排放泵内气体，并加强通风，防止中毒。

⑭ 拆修污泥循环泵，必须先放气，再松固定螺丝。并加强通风，防止中毒。

⑮ 关闭污泥循环泵后，必须按下急停按钮，关闭泵体前后阀门。

7.25　中央控制室怎样保证安全生产？

答　① 工作人员必须穿好工作服、工作鞋。

② 做好中控室设备（软件、硬件）的管理工作，做好计算机防病毒工作，必须保管好各种软件的备份（2份）。

③ 做好防火防触电工作，检修仪表、设备时，注意防中毒。高空作业时，必须带安全带，以确保设备及个人的人身安全。

④ 值班人员应保持室内清洁，交班前应把室内打扫干净。各种设备摆放整齐，保证桌面不放与值班无关的东西，值班日志、报表摆放整齐。

⑤ 非操作人员未经许可，不得进入中控室内，更不准动室内各种设施。

⑥ 因工作需要进入中控室内的人员，一律换用拖鞋。

⑦ 严格执行巡视检查制度，认真填写运行记录和交接班记录。

7.26　变电站怎样保证安全生产？

答　① 与变电站无关人员不得进入变电站。

② 外单位参观、培训人员经本单位有关领导同意后方可进入变电站，进入前应登记。

③ 严格遵守电业局有关安全操作规程，无证人员不得独立操作变电设备，有证人员按相关等级操作。

④ 变电站内严禁晾晒衣服。

⑤ 变电站内严禁存放易燃、易爆物品。

⑥ 严禁在工作时间喝酒、睡觉、干私活和娱乐打闹。

⑦ 每月进行一次安全学习（包括消防知识的学习，人人要学会正确使用灭火器具灭火），进行反事故演习。

⑧ 应坚持按时巡视，发现险情应在保证安全情况下先行处理并及时上报有关业务部门。

7.27　鼓风机房、沼气锅炉房怎样保证安全生产？

答　① 值班人员必须穿好工作服、绝缘鞋。

② 严格执行防火安全规定，禁止在车间内吸烟和明火作业，灭火器材和空气呼吸器应至少每月检查一次是否正常。

③ 严格执行巡视检查制度，认真填写运行记录和交接班记录。

④ 工作场地应每2h通风一次，气体报警装置每月检查一次是否正常。进入沼气加压间必须先通风，及时消除中毒和火灾隐患。

⑤ 开停电动鼓风机必须先与配电室联系，配电室同意后方可操作。

⑥ 严禁用易燃、易挥发物品擦拭设备。如果设备上有油和冷却剂残渣必须立即擦出，含油抹布不能放在设备上，设备周围不能有易燃液体。

⑦ 外来参观人员，穿裙子、带铁钉的鞋和梳披肩发者严禁进入车间。

⑧ 使用天车时，应一人操作，一人监护，防止吊运物品碰撞设备，吊物臂下严禁站人。

⑨ 在车间内和机器上的说明、安全标志和标志牌，在任何时间都必须严格遵守。

7. 28 燃煤锅炉房怎样安全生产?

答 ① 与锅炉房无关人员，不得进入锅炉房。

② 外单位参观、培训人员，经本单位有关部门同意后，方准进入锅炉房。

③ 锅炉房内设施，非锅炉房当班人员不得动用。

④ 无证的司炉工、水质化验人员不得独立操作锅炉或水处理设施。

⑤ 锅炉房内不得存放易燃、易爆物品。

⑥ 夜间停用的锅炉房，应在锅炉停炉后采取稳妥措施（如关闭汽阀，保证水位，防止复燃等），并关闭门窗，防止他人入内。

⑦ 锅炉房内严禁晾烤衣物。

⑧ 按照要求定期检查安全阀、压力表。

7. 29 沼气发电站怎样安全生产和防火安全管理?

答 因沼气发电站包括沼气锅炉、沼气发动机、高压变电等设备，其安全生产内容具有前述设备的所有特点。

沼气发电站防火安全管理一般规定如下。

① 配电站的防火组织由负责人和值班员组成，负责人负责防火的领导工作。

② 发电机房为防爆区域，严禁烟火。发电机房、变压器室内严禁吸烟，并应悬挂"禁止烟火"的标示牌。

③ 防火设施及用具应保持完整无缺，砂子不潮不冻，箱、铁锹等用具应涂红色，并写明"防火用"字样，不得做其他工作使用。

④ 发电站的防火通道不得堆积物品车辆等，必须畅通无阻，不得以任何理由堵塞。

⑤ 发电站内不得存放油桶易燃、易爆物品及其他杂品和闲散器材。

⑥ 在发电机房、变压器室内使用喷灯、电气焊等均应有主管负责人批准方可使用，并应设专人监视做好防火措施。

⑦ 消防用具每年要检查试验一次，值班人员应学会使用方法，定期做防火演习。

沼气发电站火灾事故的处理的规定如下。

① 发生火灾时应立即停止发电机运行，停止沼气风机运行，停止通风机运行。

② 在着火时打开门窗通风均助长火势扩大，所以发生火灾或着火后应把所有门、窗关闭，以减少空气流入。

③ 发生火灾时，应立即报告配电站和科室负责人、消防队，同时组织人员使用有效的灭火器具进行灭火。

④ 电气设备发生火灾时，应立即断开设备电源、拉开开关和刀闸，使用有效的绝缘灭火器及沙子灭火，如果油着火，可使用泡沫灭火器及砂子，不准使用水以免扩大损失。

⑤ 火焰有蔓延可能时，应采取措施进行隔离。

7. 30 机修车间怎样安全生产?

答 ① 本车间全体职工必须按时参加各级部门召开的安全教育会议。

② 本车间所有人员凡到有危险因素的场所检查、测绘、维修等必须两人以上，严禁单

独作业。

③ 凡到有危险因素的场所工作前必须先找有关人员全面、彻底地了解情况，如暂时无法了解，须上报领导，务必将问题了解清楚方可工作，工作前进行毒气检测（仪器检测、动物检测）。

④ 进入危险场所，必须戴好安全防护用品，如防毒面具、防毒口罩、绝缘手套、绝缘鞋等。在相对高度较高时，必须系安全带。下井、下池作业时，须用安全绳，一头系于腰间，一头系于离工作位置最近的安全点，此外在整个作业过程必须至少留一人观察安全情况，若超过规定时间不见作业者返回或未发回安全讯号，应立刻报警并用安全绳索拉出作业者，决不可盲目到危险场所抢救。

⑤ 在危险场所明火作业时，必须经安全部门批准方可施工，施工时必须同时做好消防准备工作。

⑥ 工作中严禁高声喧哗、打闹、开玩笑，严禁离岗。

⑦ 进入防火区严禁携带火种。

⑧ 任何人的指挥有碍人身及设备、设施安全，作业者有权拒绝服从。

7.31 化验室怎样安全操作？

答 ① 不准用试验器皿作茶杯或餐具，并不得用品尝味道的方法来鉴别未知物，不准食用化验室药品。

② 工作完毕后，应用肥皂洗手。

③ 实验室内瓶装试剂必须贴有明显标签，标明试剂名称及浓度。

④ 开启容易挥发的试剂瓶（如乙醇、浓盐酸、浓氢氧化铵等），尤其在夏季或室温较高的情况下应先经流水冷却后盖上湿布再打开，且不可将瓶口对着自己或他人，以防气液冲出引起事故。

⑤ 取下正在加热至近沸的水或溶液时，应先用烧杯夹将其轻轻摇动后才能取下防止其沸腾，飞溅伤人。

⑥ 高温物体（如刚从高温炉中取出的坩埚等）要放在耐火石棉板上或瓷盘中，附近不得有易燃物，需称量的坩埚待稍冷后方可移至干燥器中冷却。

⑦ 实验室的各种精密贵重仪器、设备应有专人负责保管并制定单独的安全操作规程，未经保管人员同意或未掌握安全操作规程不得随意使用。

⑧ 能产生有害气体、烟雾或粉尘的操作，必须在通风橱内进行。

⑨ 使用积累性毒物汞时，应避免溅洒。收集汞的容器内应经常用水覆盖，防止产生汞蒸汽挥发。

⑩ 浓 H_2SO_4 与水混合时，必须边搅拌边将 H_2SO_4 注入水中，待稍冷却后移至耐热的玻璃器皿中。不得将水直接倒入浓 H_2SO_4 中，因为在这种情况下稀释时，酸能释放大量的热并溅出伤人的。

⑪ 氢氟酸较其他的酸碱烧伤更危险，使用时应特别小心。操作时应戴手套，操作后应立即洗手，以防造成意外烧伤。

⑫ 使用易挥发、易着火试剂，严禁在有明火的地方操作。使用时应特别小心。

⑬ 试验室使用的各种化学试剂，由试验室提出购置计划，详细列明试剂的品名和级别，

由厂材料科统一购置、储存和管理。

⑭ 各种化学试剂除实验室少量存放外，应保存在专用药库中。

⑮ 试剂使用人应熟悉有关试剂的化学性质和使用注意事项，保证安全使用。

⑯ 在检测过程中产生的各种废液，检验员应及时倒入废液桶中，按有关规定统一处理。

⑰ 实验试剂的管理情况，化验室负责人应经常进行监督检查，每季度组织一次全面检查。

7.32 化验室怎样保证安全存放危险药品？

答 ① 使用剧毒、易爆试剂，要认真填写使用记录，剧毒物品应由专人统一保管，对于配成液体的剧毒品，一次未使用完，不应与试剂一起放置，应分开放入保险柜中，由专人负责。

② 盛有易燃、易爆物品的容器应密封，封盖应有安全减压阀，并在存放物品的房内严禁烟火。

③ 实验室内不得存放大量易燃药品（包括废液），如汽油、乙醚、丙酮、酒精及其他易燃有机溶液。易燃药品应放在远离热源的地方。

④ 严格按照市公安局颁布的有关制度办理，剧毒、爆炸物品的购买、储存及出入库制度。

7.33 消防器材如何管理？

答 （1）消防器材范围

消防器材包括：消火栓、消防水龙带、消防水龙头、消防桶、消防锹、消防斧、灭火器等。

（2）管理

① 各种消防器材实行分片管理的原则，谁使用谁管理。

② 灭火器要定点存放室内明显、取用方便又较安全的地方，不得随意挪动，更不准随意存放。

③ 消防锹、消防斧、消防桶、消防沙应定点放置在明显、取用方便又较安全的适当位置，不得挪作它用。

④ 水龙带、水龙头、消防扳手应定点放置在消火栓附近，其存放位置应明显、取用方便、安全，不得与生产用水龙头、水龙带、扳手混用，不得随意挪动和用于其他目的。

⑤ 消防器材要有专人负责。

⑥ 全体职工应熟悉本岗位内各种消防器材的存放地点、性能及使用方法。

⑦ 各种消防器材要定期检查，发现损坏、失效、遗失等现象，要及时报告。

⑧ 消防器材的购置、发放、配置应由厂安全部门统一管理。

（3）维修、检验

各种消防器材要定期维修检验，由厂安全部门负责进行。

（4）奖惩

① 发现有乱放、乱用消防器材的现象，按每次、每件扣2天奖金对责任单位进行罚款。

② 发现随意放掉灭火器药剂的现象，按换药费用的2倍对责任单位进行处罚。

③ 发现随意破坏消防器材的现象，按消防器购入价的 2～5 倍对责任单位进行处罚。

④ 对消防器材管理混乱，并因此造成严重后果的，要加重处罚，并按有关规定追究有关人员责任。

⑤ 对在消防器材管理方面成绩优秀的单位及个人，要给予适当的奖励。

7.34 怎样对污水厂的安全进行考评？

答 对污水厂一般进行 8 个方面的考评。

(1) 对负责人与责任方面的考评

① 负责人应负的责任；

② 安全方针目标；

③ 安全机构设置；

④ 各级管理人员及从业人员的安全职责；

⑤ 安全生产费用投入。

(2) 对法律法规与管理制度落实、制定方面的考评

① 法律法规的落实；

② 安全生产规章制度的制定和落实；

③ 安全操作规程的编制和落实；

④ 有关安全文件和档案的建立和管理。

(3) 对安全培训教育方面的考评

① 对管理人员培训教育的落实；

② 对从业人员培训教育的落实；

③ 对新从业人员培训教育的落实；

④ 对其他人员培训教育的落实；

⑤ 日常安全教育的落实。

(4) 对生产设备设施安全管理方面的考评

① 对生产设备设施建设的落实；

② 设备设施运行管理方面的落实；

③ 关键装置及重点部位落实到人；

④ 重大危险源的确定、防范、管理即应急措施；

⑤ 对安全设备设施维护保养的落实。

(5) 对作业安全方面的考评

① 对安全作业证上岗方面的落实；

② 在危险地方有警示标志；

③ 在作业环节有相关的规定措施。

(6) 对职业健康方面的考评

① 对本行业的职业危害要到安全管理部门申报并告知从业人员；

② 对从业人员需配备劳动防护用品。

(7) 对事故与应急救援方面的考评

① 明确事故报告制度和程序；

② 发生生产安全事故后，应迅速启动应急救援预案，积极抢救，妥善处理，以防止事故的蔓延扩大。发生重大事故时，企业负责人应直接指挥，安全技术、设备动力、生产、防火、保卫等部门应协助做好现场抢救和警戒工作，保护事故现场；

③ 事故调查和处理按照"四不放过"的原则进行处理；

④ 建立应急管理机构和队伍并组织训练、演练；

⑤ 按国家有关规定，配备足够的应急救援器材，并保持完好。

（8）对本单位安全检查与绩效考核方面的考评

① 对本单位安全检查有明确的目的、要求、内容和具体计划；

② 定期或不定期地开展综合检查、专业检查、季节性检查和日常检查，并符合规定的检查频次，与责任制挂钩；

③ 对各种安全检查所查出的隐患进行原因分析，制定整改措施及时整改，对整改情况进行验证；

④ 建立绩效考核制度，每年至少一次对安全标准化进行综合考核，提出进一步完善安全标准化的计划和措施，实现安全生产的长效机制。

第8章

污水处理厂的管理职责和行政管理

城市污水处理厂在日常管理工作中，要运行好各种污水处理设施、设备，管理好运营工作，调动和保护职工的积极性和责任心，取得环境、社会、经济效益，必须建立起以岗位责任制为中心等一整套管理制度，使污水处理厂的管理人员、操作人员等全体职员围绕着水质、水量达标排放这一中心任务，做好各自责任内工作。随着改革开放的深入，有的单位简化管理岗位、行政岗位。因此，本书所写岗位职责只做参考。

● 污水处理厂管理岗位责任制

8.1 污水处理厂长的管理职责是什么？

答 ① 监督质量保证体系正常运转，为质量体系的有效运转提供充分资源。

② 负责全厂的生产工作。认真编制生产计划，落实《生产管理规定》，搞好调度指挥，抓好工艺管理，保证完成年度生产任务。

③ 负责全厂的行政管理，负责对外、对上级的联系。保持良好的工作秩序。

④ 负责财务管理，认真贯彻国家的财务管理制度，合理使用各项资金，杜绝不合理开支和浪费现象。

⑤ 负责科研工作，组织重大科研攻关项目，实施科技兴厂战略，落实各种培训教育，提高全体职工的专业技能和科学技术水平。

⑥ 负责全厂的安全保卫工作。认真执行国家的有关政策规定，定期组织安全教育、搞好安全检查，坚持安全生产、文明生产。

⑦ 抓好厂区绿化卫生工作。关心职工身体健康，定期检查身体，采取预防措施，防止疾病的传染。搞好厂区绿化，为职工创造良好的工作、生活环境。

⑧ 负责全厂设施管理，定期检查、维护。负责全厂设施重大改造、更新的审批。

⑨ 抓好后勤保障工作，改善职工的工作和生活条件。

8.2 污水处理厂副厂长的管理职责是什么？

答 ① 负责质量体系的有效实施。

② 负责全厂的设备管理。抓好材料、设备、物质的采购、保管、使用。抓好各项管理制度的落实，及时组织力量维修保养设备，保证生产需要。

③ 负责设备的技术革新和备品备件的工作。

④ 负责全厂业务培训工作，定期组织业务考核，提高职工的业务技术素质。

⑤ 负责工艺管理，提高污水处理水质达标率。

⑥ 协助厂长做好安全工作。认真执行国家有关的安全政策和规定，定期组织安全教育，搞好安全检查，认真执行国家有关政策规定，坚持安全生产、文明生产。

8.3 办公室主任有哪些管理职责？

答 ① 负责督查质量体系运转。

② 负责全厂会议的召集、记录和服务工作，催办、查办会议决议事项的贯彻落实。

③ 负责全厂文秘工作以及全厂档案管理工作。

④ 负责全厂生产及节假日值班工作的安排。

⑤ 负责全厂的车辆管理，保证生产和工作用车。

⑥ 负责对办公用品、用具、福利、劳保用品的购买、领用、分发、管理。

⑦ 负责医疗、卫生、绿化、食堂、办公用房等管理工作。

⑧ 负责全厂劳动纪律的管理工作。

⑨ 负责全厂通信设备、水、电费用的支付管理。

⑩ 负责来厂参观学习的接待工作。

⑪ 负责对外行政联系工作和本科室的行政管理。

8.4 安全保卫科科长有哪些管理职责？

答 ① 贯彻执行各项安全、质量的方针、政策。

② 负责制订本厂的安全规章制度。负责安全事故的调查处理，确保安全生产。

③ 监督、检查各部门安全生产过程中的质量管理工作。

④ 负责全厂安全器材、劳保器材的采购、校正、鉴定、管理工作。

⑤ 负责全厂的治安保卫、门卫工作。组织防汛、抢险工作。

⑥ 负责安全教育、安全培训工作。制订各种抢险预案，组织预案演习。如救火演习、抢救中毒人员等。

⑦ 负责对外安全保卫的联系和本科室的行政管理。

8.5 生产技术科科长有哪些管理职责?

答 ① 负责全厂生产计划的编制和执行监督工作。

② 负责组织搞好全厂生产过程中的登记统计工作,按期汇总上报,定期进行生产成本分析。提出全年大修改造计划,经厂领导和上级主管部门批准后监督执行。

③ 负责全厂生产调度和工艺管理工作,确保工艺运行良好。

④ 组织搞好全厂科研、技术革新。负责污水、污泥技术开发研究工作。

⑤ 负责技术资料的收集、整理、存档工作。

⑥ 负责全厂生产设施的管理和全厂的基本建设。

⑦ 负责全厂污水、污泥化验管理工作。

⑧ 负责对外技术、科研联系工作和本科室的行政管理。

⑨ 组织全厂业务技术的培训、考核和技术比武工作。

8.6 设备材料科科长有哪些管理职责?

答 ① 负责全厂生产设备、材料的采购、保管与使用。

② 负责全厂设备的维护保养计划的制订及落实。

③ 负责设备管理制度制订及落实。

④ 负责设备技术资料收集、整理及存档。组织全厂设备分析,提出设备大修改造方案。

⑤ 负责全厂设备的资产评估、转资、报废、更新工作。

⑥ 加强对进口设备国产化的研究,大力组织开展修旧利废活动。挖掘潜力,节约成本。

⑦ 负责全厂微机管理工作。

⑧ 负责对外、对上级设备材料的联系和本科室的行政管理。

8.7 财务科科长有哪些管理职责?

答 ① 负责制定本厂全年财务计划。

② 负责按期上报月、季度财务预算。

③ 负责会计核算、成本核算。组织全厂经济分析,不断降低成本,提高经济效益。

④ 负责现金管理及现金报销工作。

⑤ 负责财务档案管理。

⑥ 负责对外、对上级的财务联系工作和本科室的行政管理。

8.8 水区车间主任有哪些管理职责?

答 ① 组织带领职工按期、按量、按质完成水区各项工作。

② 负责水区车间设备管理,组织职工及时检修和按期保养设备。

③ 负责水区车间安全保卫工作,教育职工坚持安全生产、文明生产。

④ 负责值班记录和各种报表的填写、上报工作。

⑤ 负责水区车间职工的业务培训,提高职工业务素质。

⑥ 负责水区车间劳动纪律,维护良好的工作秩序。

⑦ 负责水区车间卫生工作，增进职工健康。

⑧ 负责本车间的行政管理。

8.9 泥区车间主任有哪些管理职责？

答 ① 组织带领职工按期、按量、按质完成泥区各项工作。

② 负责泥区车间设备管理，组织职工及时抢修和按期保养设备。

③ 负责泥区车间安全保卫工作，教育职工坚持安全生产、文明生产。

④ 负责值班记录和各种报表的填写、上报工作。

⑤ 负责泥区车间职工的业务培训，提高职工业务素质。

⑥ 负责泥区车间劳动纪律，维护良好的工作秩序。

⑦ 负责泥区车间卫生工作，增进职工健康。

⑧ 负责本车间的行政管理。

8.10 维修车间主任有哪些管理职责？

答 ① 组织带领职工按期、按量、按质完成维修各项工作。

② 负责维修车间设备维修管理，组织职工及时抢修和按期保养设备。

③ 负责维修车间安全保卫工作，教育职工坚持安全生产、文明生产。

④ 负责值班记录和各种报表的填写、上报工作。

⑤ 负责维修车间职工的业务培训，提高职工业务素质。

⑥ 负责维修车间劳动纪律，维护良好的工作秩序。

⑦ 负责维修车间卫生工作，增进职工健康。

⑧ 负责本车间的行政管理。

8.11 动力车间主任有哪些管理职责？

答 ① 组织带领职工按期、按量、按质完成各项工作。

② 负责动力车间设备管理，组织职工及时抢修和按期保养设备。

③ 负责动力车间安全保卫工作，教育职工坚持安全生产、文明生产。

④ 负责值班记录和各种报表的填写、上报工作。

⑤ 负责动力车间职工的业务培训，提高职工业务素质。

⑥ 负责动力车间劳动纪律，维护良好的工作秩序。

⑦ 负责动力车间卫生工作，增进职工健康。

⑧ 负责本车间的行政管理。

8.12 沼气发电站站长有哪些管理职责？

答 沼气发电站站长全面负责电站的生产运行、设备维护保养、安全生产等工作。

① 认真贯彻执行安全操作规程，确保电站安全生产。

② 负责组织电站的生产运行，安排电站运行工的倒班。

③ 负责完成电站的经济指标，包括发电量、成本（维修用的配件、油料等）。

④ 按照电站运行规则认真贯彻执行电站操作规程。对设备进行维护、保养和维修，确保设备的正常运行。

⑤ 组织贯彻执行"机组维护保养规范"，按时对设备进行维护、保养和维修，确保设备的正常运行。

⑥ 负责电站运行中的技术培训和岗位练兵。

⑦ 负责组织电站的文明生产，确保设备、环境卫生规格化。

⑧ 完成领导交办的其他任务。

● 行政管理制度

8.13　财务管理制度有哪些？

答　**(1) 资金管理办法**

① 资金是指公司所拥有的现金、银行存款和其他货币资金。

② 本办法规定了现金开支范围、现金库存限额等，并规定现金收入应及时存入银行，不得坐支现金。财务人员应每日进行现金盘点，应当建立健全现金账目。现金日记账应当日清月结，账实相符。

③ 财务人员要严格银行存款支出控制，银行付款必须手续齐备。银行各类支票及其他结算凭证必须由出纳人员保管和签发，银行支票等结算凭证和印鉴要由出纳和会计分开保管。银行存款日记账逐笔逐日登记，每日结出余额，定期与银行对账单核对，并编制银行存款余额调节表，调整未达账项。未达账项超过半年的要查明原因，报上级公司财务部进行处理。

④ 本办法规定了资金支出的分类和依据、审批权限等。资金支出预算经公司董事会审批，财务部负责预算执行情况的反馈。各单位、各部门要严格执行月度资金预算计划。

⑤ 本办法规定了融资的原则和方式、融资管理组织的职责、融资决策程序、担保决策程序等。

(2) 全面预算管理办法

① 全面预算是按照发展战略目标，在对未来环境预测的基础上，确定预算期内经营目标，逐层分解下达到企业内部各经济单位，并以价值形式反映企业生产经营和财务活动的计划安排。全面预算管理流程由预算编制、审批、执行、控制、报告与分析、调整、考核及奖惩等环节构成。

② 本办法规定了预算管理组织架构及职责、具体分工。公司董事会是预算管理的最高决策机构；预算办公室负责组织企业财务预算编制、报告、执行、考核和日常监控工作；公司各单位、各部门是财务预算执行单位。

③ 预算编制按照"由下而上、由上而下、上下结合、分级编制、逐级汇总"的程序进行。各预算单位分别按照其所从事的经济业务类型及责任权限，编制相应的预算。

④ 预算一经批准下达，即具有指令性，各预算单位必须认真组织实施，将预算指标层层分解，从横向和纵向落实到各部门、各企业、各环节和各岗位，形成全方位的预算执行责任体系。

⑤ 预算正式下达后，原则上不作调整。但在预算执行过程中发生对单位经营活动和财务收支产生重大影响，使下达的预算指标发生较大变化的事项，经审批可予以调整。

⑥ 预算年度终了，财务部依据财务决算结果对各预算执行企业进行考核，并根据考核结果形成书面材料提报绩效考核部门计入组织绩效考核。

（3）税务管理办法

① 税务是指与税收相关的事务，包括税务登记、计税、纳税等事项。

② 遵守税收法规、依法诚信合理纳税是公司税务管理工作的宗旨。公司和税务管理人员应严格遵守国家税收法律、法规和政策，依法纳税，不得有偷税、抗税或其他违反税收法律、法规行为。

③ 公司财务部负责本单位税务登记、纳税申报、税款缴纳、账簿凭证和其他涉税资料的准备、填报和保管，发票管理以及税款的核算、申报和缴纳等涉税工作。

（4）会计档案管理办法

① 会计档案是指各单位在进行会计核算过程中接收或形成的，记录和反映单位经济业务事项的，具有保存价值的文字、图表等各种形式的会计资料。

② 会计档案主要包括：会计凭证、会计账簿、财务会计报告、其他会计资料等。

③ 各单位每年形成的会计档案，应当由财务部门按照归档要求，负责整理立卷，装订成册，编制会计档案保管清册。当年形成的会计档案，在会计年度终了后，可暂由各单位财务部门保管一年。期满之后，应当由财务部门编制移交清册，移交本单位档案机构统一保管。

④ 各单位保存的会计档案不得借出。如有特殊需要，经本单位负责人批准，可以提供查阅或者复制，并办理登记手续。查阅或者复制会计档案的人员，严禁在会计档案上涂画、拆封和抽换。

8.14 劳动人员管理制度有哪些？

答 ① 录用新工人由人事部门根据厂劳动力计划的实际需要，提出增人指标，经厂领导研究同意报上级人事部门批准，办理录用手续。新工人入厂前要审查、体检，坚持德、智、体全面考核，择优录用的原则。干部（包括大、中专毕业生）要经政工部门审查（先分配到生产第一线锻炼，1 年后再另行分配）。

② 新工人入厂后，必须遵循"先培训，后上岗"的规定，进行培训（培训期为 3 个月）。经过考试合格者发给上岗证，方准上岗。

③ 所有职工调离本厂（退职、自动离职、开除、上大学等）统一由人事部门按照有关规定办理。

④ 所有职工要严格遵守本厂考勤管理制度。需要临时加班的应由各车间部门负责人根据实际需要，按规定填写加班单，报厂主管领导签字审批后交人事部门安排人员加班。其他任何管理人员不得随意安排人员。

⑤ 厂内聘用的临时工作人员，由人事部门登记注册，统一管理。各车间部门负责人根据实际需要按规定填写用工单，报厂主管领导签字审批后，交人事部门分配人员。

⑥ 不服从组织调动，不按时到新安排的工作岗位，经教育不改者，按旷工处理，情节严重者要按厂内职工奖惩的有关规定严肃处理。

⑦ 本厂内部职工的调配要保持稳定平衡，严格控制改变工作岗位，要求改变工种的要报厂人事部门按呈批手续办理。

8.15 考勤制度有哪些？

答 （1）请假

① 需请事假、休公假等的职工，应及时办理请假手续。请假时间在1天之内（含1天）的，由请假人写出申请报科室或车间负责人审批；请假时间在1天以上的，由请假人写出申请，科室或车间负责人签字后报厂领导批准。职工急事电话请假，由所在单位负责人出具证明，报相关科室，待厂领导批准后，方可休假。凡不及时按照规定办理有关请假手续擅自脱离工作岗位的，一律视为旷工。员工年内因事请假天数累计超过7天，取消考核评优、良资格，超过30天不参加年度考核。

② 凡需请病假的职工，须出具县市级医院诊断证明，办公室核实。报厂领导批准。员工病假全年累计超过180天（包括180天），不参加年度考核。病假在2个月内，按照本人基本工资100%计发。病假超过2个月，从第3个月起，工作年限不满10年，按照本人基本工资90%计发；工作年限满10年，按照本人基本工资100%计发。病假超过6个月，从第7个月起，工作年限不满10年，按照本人基本工资70%计发；工作年限满10年，按照本人基本工资80%计发。福利停发，不保留现职岗位。

③ 所有假条最后一律汇总到办公室存档。

④ 单身职工离开市区须报办公室说明具体去向及返厂时间。

（2）出勤考评

① 当月累计请事假10天以下（含10天）者，每请假1天扣1天奖金。月累计请事假11天以上（含11天）者，扣除当月奖金。

② 当月累计请病假6天以上（含6天）15天以下（含15天）者，每天扣1天奖金。当月累计病假超过16天及长休、长病人员扣除当月奖金。

③ 女职工休产假，符合晚育年龄的，产假为150天，不符合晚育年龄的，产假为90天，其中产前可休假15天。难产的增加产假15天，多胞胎生育的，每多生育一个婴儿增加产假15天。符合晚育年龄的妇女休产假期间，前3个月不享受午餐、保健津贴，后2个月午餐及保健津贴全额发放。妇女休产假超假1个月以内按病假处理，超假1个月以上按事假处理。产假期间享受所在单位出勤奖和生产奖的平均数。

④ 法定的婚假、晚婚假、丧假、探亲假、年度公休，均视为出勤，照常享受午餐和保健津贴。

⑤ 当月请事假、病假达到1天以上（含1天）人员的午餐、保健津贴，均按实际工作天数发放。旷工达到1天以上（含1天）人员当月的午餐、保健津贴停发。

⑥ 出差人员按每出差1天扣1天误餐费，同时按上级规定计发差旅费。

⑦ 为了保证生产正常进行，完成一些临时性的突击工作任务，各单位在报请厂领导批准后，可安排职工加班。

a. 加班时间以小时为单位记录。

b. 安排职工延长劳动时间的，按工资的150%计发加班工资。

c. 职工休息日加班，按工资的200%计发加班工资。

d. 法定休假日安排职工加班，按工资的 300％计发加班工资。

e. 机关科室人员一律不计加班。

f. 厂安排加班，由生产技术科统一安排（或厂领导通知生产技术科安排），生产技术科备案，写明加班时间、人数、工作内容等事宜。

g. 如果车间安排加班、由车间报告生产技术科，经厂领导批准后安排加班，生产技术科备案。

h. 每月的加班情况、除车间、科室在每月的考勤中详细说明外，生产技术科要把当月加班情况于次月 3 日前报办公室。

⑧ 禁止职工自行替班，如确需替班，须经车间部门领导同意，并书面向办公室报告说明，被替班者按事假处理。

（3）纪律考评

① 当月迟到、早退 3 次以内（含 3 次）者，每次扣 1 天奖金，迟到、早退当月累计 4 次以上（含 4 次）者，每次扣 2 天奖金。迟到以班车到厂时间为准，晚到 1h 以内算迟到；超过 1h 按旷工处理（早退以厂规定下班时间为准）。

② 旷工或擅离职守者，每小时扣 5 天奖金。当月奖金扣完超出部分从下月奖金中扣除。

③ 在岗人员喝酒、下棋、打扑克，每发现 1 次每人扣 10 天奖金。在工作时间干私活，发现 1 次扣 2 天奖金，2 次扣 5 天奖金，3 次或 3 次以上每次扣 10 天奖金。

④ 工作人员在工作时间不按规定穿戴工作服、绝缘鞋等劳动防护用品，每发现 1 次扣 2 天奖金。

⑤ 在岗睡觉者，每发现 1 次扣 5 天奖金。发生串岗现象，串岗和被串岗位人员每次扣 5 天奖金。

⑥ 违纪、受行政警告等处分人员的待遇按上级规定执行。

⑦ 凡全厂集体活动，每迟到 1 次扣 1 天奖金，无故不到者每次扣 4 天奖金，扰乱正常活动秩序者，每次扣 6 天奖金。

⑧ 发生打架、骂人、闹事或进行其他扰乱正常工作秩序或生活秩序的，每人每次扣半个月奖金。

⑨ 不能积极完成生产任务，工作态度不认真，玩忽职守，违反操作规程造成经济损失的，除执行安全管理规定外，根据情节轻重及经济损失数额的大小酌情扣款。

（4）考勤

① 各单位要设立专职考勤员。考勤员要作风正派，工作认真负责，严格按规定考勤。

② 考勤要清晰、准确，有加班等特殊情况的应备有详细说明。

③ 每月考勤应在次月 3 号前，由科室、车间负责人签字和厂领导审批签字后报送办公室。

④ 厂组织有关人员对各单位的考勤情况不定期的进行检查，对考勤不符合实际情况的单位负责人和考勤员各扣 5 天奖金。

8.16 文件管理制度有哪些？

答 ① 文件必须实行专人管理，文件管理人员要保持相对的稳定，如有调动及时报告保密委员会，要严格交接手续，交接不清不得离任。

② 文件收发阅办等各个环节，要做到制度严、手续清，及时准确、安全、保密。

③ 所有文件一律分簿登记、编号，收、发件人签字，使文件安全、完全，份份有据可查。

④ 文件传阅，文件夹内要设有文件清单，以备查对。传阅时有文件专管人员直接送阅，严禁领导人之间、科室之间传阅。

⑤ 文件传阅要有手续，使用完后及时退还。

⑥ 文件要定期清理、核对，主管上级来文要做到及时核对清退，绝密文件要当日清退不过夜，确保安全。

⑦ 加强文件保管措施。阅文不出办公室，将文件存放在文件橱内，门窗要有安全设备，严禁将文件存放在不安全的地方。

⑧ 严禁将文件、资料出售给废品收购部门。

⑨ 上级发来的文件、资料，不准擅自销毁。需销毁的文件、资料要填写登记表，经领导批准后由专人监销。

8.17　技术资料及技术书刊管理制度有哪些？

答　（1）技术资料档案管理制度

① 对建厂时期的设计图纸、资料、竣工验收的资料及外文资料等建立专档管理。

② 对日常管理工作中收到的技术资料，如各类标准，厂区改造工程资料、音像资料及新技术、新工艺、新材料、新理论方面的资料，进行分类建档管理。

③ 对全厂的运行资料，如各类运行记录表、化验资料及统计、经济分析资料等，每年度终了时，将全年的运行资料移交档案室归档管理。

④ 管理人员对收到的各类技术资料，应及时登记存档，做到资料完好。摆放整齐、编目清楚，便于查阅和利用。

⑤ 各类技术资料外借时，应办理登记手续，并保证按时完好归还，若有丢失和损坏现象，按有关规定进行处罚。

⑥ 对各类原始资料，本单位人员原则上只许查阅，不外借。对外单位来厂人员，未经厂领导批准，不许进行查阅和外借。

⑦ 管理人员对技术资料要定期进行检查和整理，保持资料完好、整洁。对无保存价值的资料提出处理意见，经厂领导审查后进行处理。

（2）阅览室技术书刊管理制度

① 凡本厂职工均可凭工作证到资料室借阅，每人借书不得超过 2 本，资料 1 份，期刊 2 份，借期为 1 个月，如因工作需要须持书到资料室续借。到期不还者，图书管理员可督促其归还，借期 1 年仍不还者，按丢失处理，书费从借阅人工资中扣除，并且决不允许由借阅者直接转借他人。

② 借阅图书资料、期刊必须注意爱护，严禁在书上乱画和损坏，如有损坏和丢失者酌情按其原价的 1～2 倍赔偿。

③ 字典、样本和稀有书籍，一律不外借，只限在资料室内查阅，如有急需，经厂领导批准，在管理员陪同下，外出复印后归还。

④ 借阅图书资料时间为：每周四下午两点到四点。进入资料室内不得乱翻乱放，阅完

图书资料后要按编号放回原处，严禁在资料室内吸烟，保持室内清洁。

⑤ 因图书资料份数少，借阅者借阅的图书资料、期刊不到归还日期，其他的借阅者又因工作急需，图书管理员可说明情况收回转借他人。

⑥ 全厂的图书资料、期刊订购均由资料室统一负责办理，出差在外的同志需购买图书资料时，必须经领导批准，管理员同意才可报销。

⑦ 职工调离工作时，需主动将所有借阅的图书资料、期刊归还资料室。并请组织和劳工部门根据资料室会签手续开证明。

8.18　会议制度有哪些?

答　(1) 厂长办公会议

① 由厂长主持，副厂长、办公室主任参加。

② 会议时间：每周五下午召开一次。

③ 会议内容：讨论决定一周以来生产，行政方面的重大问题，布置下一周的工作；学习上级指示，讨论落实措施。

(2) 生产安全办公会

① 由厂长或副厂长主持，厂内各单位部门负责人参加。

② 会议时间：每周一下午召开一次。

③ 会议内容：

a. 各单位部门汇报上周的工作情况，提出需要解决或协调的问题；

b. 厂长（副厂长）小结上周检查落实工作的情况，布置本周生产、安全工作要点；

c. 传达学习上级有关文件和决议。

(3) 全厂职工会议

① 由厂领导主持，全体职工参加。

② 会议时间：每月 16 日上午。

③ 会议内容：学习传达上级的文件指示精神，布置和总结工作等。

(4) 班组学习

① 由各班组长主持，班组所有职工参加。

② 会议时间：每月下旬的第一个星期四。

③ 会议内容：学习有关规章制度，总结班组情况，安排生产任务。

8.19　参观接待制度有哪些?

**答　**① 本着"相互学习，相互交流，取长补短"的原则，积极配合外单位的参观和培训学习。

② 外单位来厂参观学习，要与办公室联系接洽，填写学习登记单，并报请领导批准。

③ 办公室负责向参观学习者介绍厂内规章制度和安全条例，并负责与有关部门联系，安排相关的技术人员来指导参观。

④ 外单位来厂参观学习，应认真遵守厂内各项规章和安全条例，听从陪同人员的指导和安排，并由该单位负责来参观学习人员的人身、财产安全。

⑤ 大、中专院校学生来厂的毕业学习，必须由所在院校教师做好人员管理，加强安全知识教育，并由该校负责学生的人身、财产安全。

8.20　办公用品保管、领发制度有哪些？

答　① 厂属各科室、车间、班组的办公用品统一由办公室负责计划购置和管理。

② 办公用品由各单位负责人统一领发。

③ 个人使用的办公用具，在工作调动时，应及时主动到办公室办理移交手续，并开出证明后，办理调动手续。

④ 各部门凡是需新购的办公用品，需提前一周写出申请计划单，经分管厂长批准后，由办公室统一购置（特殊情况例外）。对不履行手续，自行购置的一律不予报销。

⑤ 个人和集体使用的办公用品，由于磨损、失修无法继续使用时，报请办公室查看后方能以旧换新。

⑥ 生产办公使用的专用工具、统计表格，由使用部门提出规格、图样，经分管厂长批准后由办公室负责联系和购置。

⑦ 对于会议室、接待室、图书室等公共事务用品，由办公室统一配置和管理。个人不得随意挪用和挪动，须由使用者提前申请。

⑧ 办公室所购置的办公用品必须实行验收、记账、入库，库房建立账卡，做到账、物、卡相符，库存物品要加强管理，做到防盗、防火、防腐变。领用办公用品的单位和个人需签手续后领取。

⑨ 办公室对办公用品每季度检查一次，如发现丢失者和故意损坏应照价赔偿。由办公室负责从本人当月工资中扣除，然后发给新办公用品。

8.21　绿化管理制度有哪些？

答　① 全厂干部职工必须认真学习国家有关绿化造林及环境保护的法令、法规、政策，提高环境保护意识，自觉保护绿化成果，维护厂区环境。

② 对绿化区实行分片包干、责任到人。各单位对所负责的绿化区要定期整理，保证无杂草。厂绿化领导小组将不定期进行检查、评比，并进行奖惩。

③ 厂绿化管理组要对所有草坪随时进行修剪、浇水。对树木精心管理、施肥打药。

④ 各部门必须注意保护好本单位工作区域内的花、草、树木及绿化设施。不得在花木周围及草坪上堆放杂物及有害物质（油类、化学物质等），不准摘花损木。

⑤ 绿化管理部门年初要将全年的绿化计划报告厂绿化领导小组，经厂领导小组审查同意后方可实施。

⑥ 草坪上、花木旁，严禁明火作业，不准乱扔烟头，严禁点火烧草。

⑦ 设立绿化领导小组及专职绿化队伍。

8.22　厂区卫生管理制度有哪些？

答　① 厂内道路要每日进行打扫，尤其是运污泥车辆经过的道路要及时清扫、冲洗干净。

② 养成良好的卫生习惯，自觉保持厂内卫生，不随地吐痰，不乱扔瓜果皮核及其他

杂物。

③ 厂内禁止吸烟。

④ 垃圾要做到日产日清，春、夏、秋季要有专人打药灭蝇。

⑤ 清扫道路使用的工具、物品，要整齐摆放到指定地点。

8.23　行政值班制度有哪些？

答　**（1）值班负责人职责**

① 维持全厂工作秩序，抓好劳动纪律，制止和处理一切违纪行为。

② 协助调度、生产人员处理好生产中发生的突发事件，搞好安全生产。

③ 处理好生产之外的工作，如接待来宾，治安保卫，安排值班车辆等。

（2）值班负责人人员

① 车间班组长以上干部参加值班。

② 科室工作人员参加值班。

③ 女职工孕期及小孩三周岁以内者不列入值班范围。

（3）值班要求

① 值班负责人要熟悉全厂情况，有强烈的事业心和责任感，遇事能认真负责，正确处理。

② 值班负责人值班时，要模范遵守厂一切规章制度，着工作服，不喝酒，不进行其他任何娱乐活动。

③ 要严格按照厂《值班负责人表》值班，不准随意调班，如确需调班，需经办公室批准另行安排方可。

④ 夜班每班查岗 4 次，下午 5:00～5:30 和次日早 6:00～8:00 点作为固定查班时间，其余 2 次根据工作需要适当安排。工休日、节假日白班至少查岗 2 次。要做好值班记录，内容包括值班职责涉及的各项内容。

⑤ 值班负责人除必要事务外，要坚持在值班室值班。

（4）检查、奖惩

① 厂每月组织 2 次以上的抽查，抽查组由 3 名中层以上干部组成，厂领导每月至少参加 1 次抽查。

② 抽查组对全厂工作进行全面检查，发现生产人员有违纪行为或因违纪造成责任事故的，酌情对值班负责人进行连带处理。

③ 办公室、技术科每月对全厂行政和生产值班记录进行检查，对违规者按厂规定处理。对表现良好的值班负责人进行适当的奖励。

8.24　生产值班记录使用制度有哪些？

答　值班记录本是对各岗位值岗情况全面、详细的书面记录。它有利于工作人员掌握本单位的生产调度、工艺调节、设备状况、交接班等各项生产活动，是各单位进行生产管理的有效工具之一。

（1）使用要求

① 值班记录本每月一本，由各车间统计员于每月 1 日将旧本送交生产技术科，同时换

取新本（逢节假日时，应提前领新本准备，节假日过后，将旧本送交生产技术科）。

② 值班人员按记录本所列内容详细、及时、如实填写，不得漏项，不得编造。

③ 外观保持良好，不得出现破损等现象；填写认真，字迹清楚，不得乱涂乱画。

④ 交接班情况记录：由班组长以上人员于现场监督进行交接班，并通过记录本了解本岗生产情况。完毕后，签字认可。

⑤ 对生产调度及工艺调节指令，上级交代事项应详细记录，包括指令下达时间、内容、完成时间及完成情况等。

⑥ 对某一项工作的记录应连续，各班次不得间断，直至工作结束。

⑦ 关于设备情况，按如下要求如实详细填写。运行状态时分以下情况：运行状况良好、运行故障发现时间、故障现象、故障处理情况。停用状态时分以下几种情况：备用、检修、维修、保养。

⑧ 卫生、办公用品、工具、报表等情况应如实填写，接班人员对交班人员有不满意情况可拒绝签字接班，并由交班人员妥善处理。

⑨ 其他与生产有关的事项也应填入记录本。

（2）适用范围

水处理车间、泥处理车间、中控室、燃煤锅炉房、变电站、鼓风机房。

8.25　计算机管理制度有哪些？

答　① 所有计算机设专人管理，非计算机工作人员进入机房，须经部门领导同意，由计算机工作人员陪同。

② 要保持机房卫生整洁，进入机房要更换拖鞋，禁止在机房内吸烟、吃食物。

③ 注意不要堵塞设备通风孔，以防机器温度过高；机器上不准堆放杂物，要避免阳光直射屏幕；平时不要随意搬动机器，机器带电时严禁搬动；严禁带电打开机壳，机器工作时不要插、拔电源及信号线。

④ 任何人不要利用计算机做本职以外的工作。

⑤ 开机器时，要先开外设电源，后开主机电源，关机过程相反；关机后若再打开，需间隔 1min 以上。

⑥ 工作人员只允许进入其负责的计算机系统，并在其工作范围内操作。未经允许不得进入其他计算机系统中。

⑦ 硬盘驱动器灯亮时，不要键入下道命令，更不能震动机器。

⑧ 机器运行过程中遇到意外停电，应立即关闭所有设备的电源开关，机房无人时，要关掉所有机器设备。

⑨ 不得随意删除文件，对无保存价值的文件要列出清单，经部门领导同意后方可删除。

⑩ 禁止在微机上玩游戏，外来软件需经病毒检测后方可使用。

⑪ 做好保密工作，本厂的计划、协议统计报表中的数据及打印文件中的内容，不能给无关人员阅读。贮存秘密信息的盘要有明显标志，并放入专柜加锁保存，不得与其他盘混放。

⑫ 为便于工作，减少损失，各计算机系统工作人员要做好本部门的数据、软件的备份工作，并对备份做好记录，妥善保管。

8.26 计算机网络怎样应用和管理？

答 计算机网络应用非常广泛，在企业集中表现于办公和财务系统。办公实行域管理策略，根据不同部门、人员的权限进行分级管理。每台 PC 机上均设置共享磁盘，每个用户可根据不同权限，实现文件查看、复制、修改和输出。根据这个策略开发办公 OA 平台，可轻松实现办公文件的收发、批复、执行流程，真正达到办公无纸化的效果。财务系统采用用友 U8 平台，在服务端安装数据库、备份系统，客户端根据不同权限进行访问，实现安全、高效的财务管理。

网络管理主要体现在局域网和广域网的安全控制。局域网管理采用国际认可的卡巴斯基集中网络杀毒系统，实时进行病毒库更新和定期杀毒；广域网则采用硬件防火墙，杜绝各类木马、黑客的侵入。具体网络管理如下。

① 计算机机房严禁无关人员进入。允许的人员进出机房要登记时间，并进行身体静电释放。IT 管理员每天要巡视机房设备，查看机房所有设备的运行状态是否正常，查看服务器运行日志，升级病毒库特征，备份相关信息。

② 建立管理台账，包括所有 PC 机硬件和软件信息。计算机硬件信息包括配置和保修状态；软件信息包括正版的系统软件和应用软件等。根据台账信息，及时进行报废更新，提交下年度预算。

③ 客户端 PC 机管理除要求安装正版系统和相关应用软件外，禁止安装未经授权和安全验证的软件，比如 QQ 等极易泄露个人信息和黑客侵入。禁止工作时间玩网络游戏和非法下载，影响整个网络带宽。

④ 定期分析硬件防火墙日志，查找网络异常原因，主要包括定期检查机房到客户端的网络硬件连接（线缆、水晶头、各类交换机等），网络带宽分析是否接入点中断、黑客和木马侵入等。

8.27 档案管理制度有哪些？

答 **（1）综合档案归档接收制度**

① 厂各职能部门都要按照《档案法》和有关规定，建立健全综合文件材料的形成、积累、收集、整理、立卷、归档工作，各部门要指定专人对本部门所形成的文件材料进行妥善保管和归档工作。

② 按国家档案局的立卷标准要求，将金属物去掉，采用统一封皮，卷内按一定顺序，逐一编号，认真编写卷内目录、备考表，标明保管期限，档案装具以国家标准规格为准。

③ 除财务科以外，各部门要在第二年上半年以前，按材料自然过程，保持文件历史的内在联系，按问题性质进行分类组卷，并按规定时间向厂综合档案室移交。财务档案在形成之后，在本部门保管一年再向档案室移交。

④ 档案人员参加设备开箱验收、产品展销会、科研项目的立项、工程竣工验收等。

（2）档案借阅制度

① 凡是厂职工因工作需要查借档案，经厂领导批准后，由借阅人在档案室办理借阅手续，填写借阅登记卡，在档案室内阅读后及时归还。

② 外单位借阅档案，必须持介绍信，写明查阅目的，经领导批准办理借阅手续后，方

可查阅。

③ 档案借阅一般不得带出档案室，确需带出时，须经领导批准，与档案管理员当面点清、登记并要及时归还。退还时要当面点清、登记、严格检查，确认无误后，在登记册上注销。

④ 查阅者要注意爱护档案，妥善使用，确保完整无损，不准私自转借、复印、抄录、圈注、折卷。所借文件如属案卷，只准翻阅有关部分，并要保密，阅后立即归档。

⑤ 借阅单位要摘录档案原件时，须经领导批准，对摘录的证据材料，经档案员审查后加盖公章生效。

⑥ 借阅档案者调动工作时，必须将所借档案主动退还档案室，不得转交他人使用。

（3）更改档案制度

① 各项档案如果需要更改，在更改前必须办理审批手续，填写修改通知单，由主管领导批准后方可进行。

② 科技档案更改时必须先改蓝图，后改底图。

③ 档案部门及使用档案各部门，如发现图物不符，可随时将不符部分用铅笔在蓝图上勾划清楚，经核对无误后及时更改底图。对有物无图部分可复制底图，底图随时返回档案室。

④ 底图经过修改补充后，档案管理人员立即复制，便于利用和存档。

（4）档案鉴定、销毁制度

① 鉴定档案保存期的原则：

a. 凡是在厂活动中形成的有长远利用价值的档案应永久保存；

b. 凡是在厂活动中，在一定时期内有利用价值的档案要分别长期保存 20～50 年和短期保存 5～20 年。

② 介于两种保管期限之间的档案，其保管期限一律从长。

③ 经过鉴定已超过保管期限，失去保存价值的档案，要填写销毁注册，经领导审批，报市档案局备案后方可销毁。

（5）档案保管及库房管理制度

① 对接收的档案要及时登记造册，每年按登记情况全面检查一次档案。

② 查阅档案时注意不得随意折角、撕毁、弄脏。

③ 加强档案的安全管理，档案必须存放在专用保险柜内，保证严密，档案室门窗要坚固、安全可靠。

④ 库房内保持清洁，卷内摆放整齐，案卷排列规整，透气性好。

⑤ 库房内严禁吸烟和放置易燃、易爆物品。

⑥ 严格执行"七防"（防盗、防光、防虫、防潮，防尘、防火、防有害气体）和"四不"（不损坏、不丢失、不泄密，不失密）的要求。

⑦ 档案管理严格按厂保密制度和有关档案借阅制度执行，不准擅自提取、抄录外借库存档案。

⑧ 档案管理要做到账、物、卡、位"四一致"。

（6）保密制度

① 各级领导必须重视和宣传保密工作，坚持对职工进行保密教育，检查保密制度的执行情况，防止丢失、泄密，窃密事件的发生。

② 凡是密级的材料必须专人专柜保管，严格按有密级档案借阅制度执行。

③ 凡是经过领导批准特殊外借的有密级档案要有严密措施，严禁带回家和公共场所，不准转借他人，用后及时归还。

④ 还档案时，档案管理人员必须当面点清，确认无误后方可入库，如发现缺损，应认真查找，并报保密委员会备案，听候处理。

⑤ 档案管理人员对有密级档案定期检查，发现变质、损坏，立即报告保密委员会，在保密委员会监督下，采取有效措施，或进行复制确保密级档案完整、准确。

⑥ 外单位借用或索取密级档案，必须经厂保密委员会批准办理手续，严禁私人借用或送人。

（7）档案管理人员岗位责任制

① 负责收集具有保存价值和利用价值的档案、资料，合理组卷归档。

② 负责档案的鉴定工作，按照文件规定及时鉴定档案归档范围、保管期限、档案密级程度。

③ 发挥档案作用，积极为领导决策问题提供可靠依据，为用户创造条件，编制好案卷目录，卡片索引。

④ 遵循档案的分类原则，按文件规定负责档案的整理，进行二次加工，合理组卷，系统排列，准确划分保管期限及密级。

⑤ 保护档案的完整、安全、机密，达到档案保管的"七防"要求。

⑥ 准确完成档案的统计工作，熟悉掌握库藏，定期统计档案的利用率、效果等。

8.28　单身宿舍管理制度有哪些？

答　① 住单身宿舍的职工要保持各宿舍的整洁。

② 轮流负责每天清扫走廊、厕所、窗户、玻璃。

③ 禁止将剩菜、剩饭倒在水池子里，防止堵塞下水道。

④ 禁止从窗户向外扔垃圾，污染宿舍周围环境。

⑤ 宿舍内禁止使用电炉子做饭，禁止大声喧哗，影响他人休息。

⑥ 晚上要按时熄灯，白天要人走灯灭。

⑦ 同宿舍内职工注意搞好团结，互帮互助。

⑧ 爱护宿舍内公用物品，防止损坏、丢失，不在宿舍居住时，将公用物品及时交回。

⑨ 未经厂领导批准，不许留客人住宿。

8.29　食堂管理制度有哪些？

答　① 经常组织食堂人员学习《食品卫生法》，以《食品卫生法》指导工作，确保无食物中毒，切实把好食物卫生关。

② 做好班前、班后的卫生清理工作，穿好工作服，戴好工作帽，并经常换洗衣服。

③ 出售熟食品要用夹子，不用手抓。各种炊具要做到用后清洗干净，消毒后放置在固定地方，公用餐具用完后及时消毒。

④ 生、熟刀板要分开，防止病从口入，腐烂变质的东西不买不卖，待用食品放好盖好。菜盆、米、面盆要盖防蝇网。

⑤ 食堂工作人员要定期进行体格检查，经常洗澡，剪指甲，便后消毒洗手。

⑥ 工作间每天清扫、清刷一次，每周六大扫除，做到窗明地净，餐具、炊具、炉灶前、水池内外保持清洁，污物垃圾随产随清，保证无蝇、无蚊、无虫、无鼠。

⑦ 定期召开生活委员会，征求职工对伙房的意见，并按月公布账目，让职工放心、满意。

8.30 澡堂管理制度有哪些？

答 ① 节约用水，防止长流水，人走关水阀。

② 澡堂管理人员定期对澡堂内设备进行检修，防止跑、冒、滴、漏。

③ 禁止在澡堂内洗衣服，违者罚款。

④ 在规定的时间内洗澡，不准提前或推迟。

⑤ 爱护澡堂内设施，不损坏公物。讲究卫生，不乱扔杂物。

⑥ 非本厂工作人员，未经允许不准到澡堂洗澡。

⑦ 澡堂要按时清扫和消毒。

8.31 门卫制度有哪些？

答 ① 外来人员、车辆、物资必须到门卫办理登记手续，并经有关部门同意后，方可入厂。出厂车辆需要有关部门签发证明，经门卫验证后放行。

② 外来人员要遵守厂内各项规定，爱护公物和设施。

③ 厂内禁止吸烟，严禁随意动火。

④ 无防火罩车辆禁止入防爆区内。

⑤ 禁止携带儿童进入厂区。

⑥ 无关和闲杂人员禁止入厂。

⑦ 出租车禁止入厂。

⑧ 自行车出入请下车。

⑨ 凡进入厂内人员，要讲卫生，不随地吐痰和乱扔杂物。

⑩ 爱护花草树木，切勿践踏草坪。

8.32 厂区内公共场所有哪些禁止吸烟的规定？

答 ① 禁烟场所有食堂灶间及食堂大厅、澡堂、班车上、办公室、走廊、传达室、值班室、会议室、接待室、仓库、防火防爆区等。

② 禁烟场所内一律禁放烟具，一旦发现予以没收。

③ 在办公室、值班室、会议室、接待室等处设禁烟标志，来客不用香烟接待。

④ 在禁烟场所发现吸烟者，每人每次扣5天奖金。

⑤ 在车间、值班室、办公室发现烟头，每个烟头扣2天奖金。

⑥ 因吸烟导致事故者，按有关规定严格处理。

⑦ 厂爱卫会每月不定期检查，若在某单位两次发现吸烟者或烟头，扣该单位领导5天奖金，若一个季度检查无违纪现象，对该单位进行奖励。

⑧ 对于吸烟者，职工有权向厂爱卫会举报，每举报一次奖励4天奖金。

8.33 培训管理制度有哪些?

答 ① 各车间、科室负责根据生产需要提出本单位年度培训申请表。由生产技术科汇总培训申请表编制年度培训计划,报厂长批准后执行。

② 年度计划若有变更或追加,由生产技术科及各部门提申请,报厂长批准后实施。

③ 特殊工种培训由所需单位提出培训申请,报厂长批准后实施。

④ 特殊工种应定期审核,由安全科联系落实。

⑤ 新进员工的安全培训,由所在车间、科室写出培训申请表,报安全科,由安全科实施。

⑥ 厂内部培训人员,由承办科室组织考核。考核结果报所在单位并存档。

⑦ 厂建立职工培训档案备查。

第9章

污水处理厂的运行指标管理

● 污水处理工艺运行主要指标

9.1 污水处理量如何控制?

答 城市污水量每日是随着工业废水的波动和居民的生活污水的波动而不断变化。当污水的进入量变化幅度超过一定系数,就会影响污水处理。因此,在污水处理厂的进、出口装上水量计量的仪表,显示污水量的变化,使得污水处理厂能按照设计要求调整进水量,保证污水处理的稳定。

城市污水的计量主要有两种方式:一种是渠道式,如巴歇尔渠道加超声波测水位仪、文丘里渠道加超声波测水位仪等;另一种是管道式,如电磁流量计、超声波流量计等,其单位为 m^3/h。

污水处理量以设计处理水量为准考核,一般每天记录,每月统计上报,年统计以 347 天计,允许有 18 天的累计维护保养和大修改造天数。统计水量还有每日最大量(m^3/d),每小时最大量(m^3/h)和小时流量(m^3/h)。

城市污水处理厂的服务区域较大,范围广,其水量变化率较工业废水处理系统小。一般为平均流量的 $50\% \sim 200\%$。

9.2 怎样考核污水处理厂的出水水质指标?

答 污水处理厂的出水水质按不同的设计工艺考核。如目前考核标准为《城镇污水处理厂污染物排放标准》（GB 18918—2002）。传统活性污泥法按 BOD_5、COD_{Cr}、SS 三个主要指标考核。有脱磷除磷工艺的按 BOD_5、COD_{Cr}、SS、总磷、氨氮五个主要指标考核。

$$每个单项达标率 = \frac{全年出水水质达标天数}{347 \text{ 天}} \times 100\%$$

污水处理厂每个单项出水水质达标率应在 95% 以上。

9.3　如何计算污水处理厂的污染物去除量、去除率？

答　① 污染物的总去除量是城市污水处理厂在水污染物总部量控制与削减中的一个重要数量。污染物的削减量等于每日处理污水量乘以进水水质减出水水质（如果求年削减量则公式中的日改为年）。其公式为：

$$M_{污} = Q(M_{进} - M_{出})$$

式中　$M_{污}$——污染物的削减量，kg/d；

　　　Q——每日处理污水量，$\mathrm{m^3/d}$；

　　　$M_{进}$——污染物的日进水平均浓度，$\mathrm{kg/m^3}$；

　　　$M_{出}$——污染物的日出水平均浓度，$\mathrm{kg/m^3}$。

② 污染物的去除率等于进水浓度减去出水浓度除以进水浓度。污染物的去除率公式如下：

$$\eta_{污} = \frac{M_{进} - M_{出}}{M_{进}} \times 100\%$$

式中　$\eta_{污}$——污染物的去除率，%；

　　　$M_{进}$——污染物的日进水平均浓度，$\mathrm{kg/m^3}$；

　　　$M_{出}$——污染物的日出水平均浓度，$\mathrm{kg/m^3}$。

污水处理厂的处理水量、水质和成本都受污水浓度的影响，应按日分析，按月、年统计，尽可能向城市主管部门、环保部门提供信息，促使完成雨污分流排水体制，排入下水道污水符合《污水排入城镇下水道水质标准》（GB/T 31962—2015），降低运行成本，最大限度发挥环境效益、社会效益、经济效益。

9.4　污水中的砂、栅渣、浮渣如何计量？

答　污水处理中的预处理单元要产生栅渣、砂、浮渣。其产量随着城市中的企事业单位排水水质、水量不同，下水道体制、居民生活方式、污水泵站等不同，差异很大。一般采取称重计量和体积计量两种方式。

9.5　污泥泥饼产生量与哪些因素有关？

答　污泥泥饼量与城市污水来水情况、生产工艺、消化浓缩效果以及脱水的药剂、脱水的工艺方法有很大的关联，即各种工艺产泥饼的含固率或含水率不同，导致最后的泥饼产量也不同。但含水率按《城镇污水处理厂污染物排放标准》（GB 18918—2002）要求达标，泥饼量按重量计。

9.6　如何计算出水水质达标率？

答　出水水质达标率（$\eta_{达标率}$）是水质达标天数与全年应该运行天数（即 347 天计）之

比，即：

$$\eta_{达标率} = \frac{出水水质达标天数(d_{达标})}{年应该运行天数(d_{运行})} \times 100\%$$

式中　$d_{达标}$——出水水质达到标准为 GB 18918—2002 中规定的相应标准的天数，其工艺不同，水质指标也不同；

　　$d_{运行}$——年应该运行天数为 347 天。

管理运行好的污水处理厂出水水质达标率应在 95％以上。

9.7　如何计算设备完好率和设备运转率？

答　① 城市污水处理厂的设备完好率公式如下：

$$设备完好率 = \frac{完好设备台数 \times 每月统计时间}{总设备台数 \times 每月总时间} \times 100\%$$

每月总时间和每月统计时间的单位可以是天，如果要求再详细些可用小时为单位。设备完好率的时间还可以汇总成季度、年的完好率。

② 城市污水处理厂的设备运转率公式如下：

$$设备运转率 = \frac{在运转设备的台数 \times 每月实际设备运转时间}{总设备台数 \times 每月总时间} \times 100\%$$

注：时间单位为小时。

该公式中的运转设备的台数不包括备用设备，一旦运转设备损坏可马上换备用设备，因此正常运转时该百分比应相对稳定。

9.8　如何计算污水处理单位成本和能耗？

答　① 污水处理厂在运行时，最主要的工作就是在保证出水达标的情况下尽可能降低成本，提高处理水量。污水处理厂的财务、技术、设备等部门需要共同分析运行成本中存在的问题，提出降低成本的各种对策，保证污水处理正常运转。

污水处理厂运行成本公式为：

$$运行成本 = \frac{总运行费用}{总处理水量}$$

运行费用中包括：污泥处理费用、污水处理费用、人工费、药剂费。成本分析可参考《全国城市污水处理厂先进单位评定标准》，污水处理厂运行成本见表 9-1。

表 9-1　污水处理厂运行成本　　　　　　　　　　　　　　　单位：元/m³

类型	规模		
	$< 5 \times 10^4 m^3/d$	$(5 \sim 20) \times 10^4 m^3/d$	$> 20 \times 10^4 m^3/d$
传统活性污泥工艺法	0.55～0.70	0.40～0.55	0.30～0.45
氧化沟工艺法	0.50～0.60	0.40～0.50	0.25～0.40
AB工艺法	0.50～0.60	0.40～0.50	0.30～0.40
A^2/O工艺法	0.60～0.75	0.50～0.60	0.40～0.50
氧化水解工艺法	0.70～0.90	0.55～0.70	0.40～0.55

② 污水处理厂的能耗主要指电耗，一般采用水处理量的单位电耗（kW·h/m³），其公

式为：

$$单位电耗 = \frac{污水处理总用电量}{污水处理厂总处理水量}$$

污水处理总用电量包括污泥处理电耗。同样污水处理厂因其不同规模，不同工艺处理的标准不同，运行的电耗也有所不同。

9.9 其他考核指标还有哪些？

答 **（1）药耗**

① 污泥脱水用药量（kg/m^3）。如有机絮凝剂（聚丙烯酰胺 PAM）、无机絮凝剂（聚铝、聚铁、硫酸铝等）。

② 脱硫药耗。如湿式脱硫剂（$NaHCO_3$、$NaOH$）、干式脱硫剂（Fe_2O_3）等。

③ 再生水药耗。如有机絮凝剂、无机絮凝剂。

④ 消毒剂药耗。如氯气、二氧化氯。

⑤ 水质监测药剂。

⑥ 锅炉软化水药剂。如磷酸三钠、亚硫酸钠、$NaOH$、Na_2CO_3。

（2）耗自来水量和再生水量

如果污水处理厂没有再生水来冲洗脱水机履带、厕所，浇绿地等，势必造成大量使用自来水，浪费资源和增加成本。这两个指标经常是密切相关的，耗再生水量增加，就可使耗自来水量减少，成本减少。

（3）燃料消耗量

污水处理厂如果有污泥厌氧处理，需加温时，要燃煤或燃油或燃其他燃料。每年北方污水处理厂冬季生产和办公场所也需要供暖消耗燃料。

● 污水处理的记录与汇总

9.10 如何做好污水处理运行管理记录？

答 在污水处理工作的日常管理中，需要记录各种工作过程的轨迹，有的要把每小时甚至每分钟发生的情况及时记录下来，这些记录是有关领导、管理人员和技术人员分析、核实、总结工作的基础资料，所以这些记录要及时、准确、完整、清晰，实事求是地反映运行状况，有关人员加以汇总、积累分析、收集、整理、保存，还应把结果向有关领导、管理人员汇报，便于汇编成册存档和指导下一步工作。

记录以用计算机系统记录为主，并以数字、图表打印或显示，以人工记录为辅。

工作记录的内容主要有：①运行值班记录；②设备维修及档案记录；③安全工作记录；④行政工作记录；⑤化验数据记录等。

9.11 运行值班记录有哪些？

答 运行值班记录根据各厂工艺不同，记录种类也不尽相同，大致有：①水处理值班记录；②泥处理值班记录；③35kV 或 10kV 变电站值班记录；④鼓风机房值班记录；⑤锅炉房值班记录；⑥再生水车间值班记录；⑦中央控制室值班记录；⑧消毒加药间记录等。

9.12 设备维修及档案记录有哪些？

答 设备维修及档案记录有：①泵维修及档案；②桥维修及档案；③变配电设备维修及档案；④阀门、管道维修及档案；⑤水处理构筑物维修及档案；⑥仪器仪表维修档案；⑦锅炉风机维修档案；⑧脱水机维修及档案；⑨沼气利用系统维修及档案；⑩化验设备及档案；⑪备品备件库存记录等。

总之，设备记录要做到每台设备都有详细记录和编号（又称单机档案），便于查找每台设备的情况。其记录有设备的产地、厂家名称、技术数据和维修、大修、改造等原始数据。

9.13 安全工作记录有哪些？

答 安全工作记录有：①安全教育培训记录；②安全器材档案记录；③工伤分析和处理记录；④安全事故分析、调查、处理记录；⑤安全检查、分析报告记录；⑥安全报警器材检验记录；⑦门卫登记记录。

9.14 行政工作记录有哪些？

答 行政工作记录有：①收发文件记录；②会议记录；③行政值班负责人记录；④人事档案；⑤绿化工作记录；⑥职工健康卫生工作记录；⑦考勤记录；⑧各部门工作记录档案；⑨电话、传真、网络等记录；⑩厂内各种规章制度档案；⑪办公用品、器具发放记录。

9.15 化验数据记录有哪些？

答 化验数据记录主要是为了配合工艺运行而做的各种物理、化学、生物实验所得数据，并加以分析、统计和汇总，将每日要求的化验数据制成图表报给有关领导和技术人员分析、调整工艺用。

• 污水处理运行计划与统计报表

9.16 污水处理厂运行计划表与统计报表有什么用途？

答 在污水处理运转过程中，积累了大量的原始记录，结合上级主管部门下达的生产计划和本厂的生产计划，完成计划的统计报表等，对其统计分析，进行汇总整理，把原始材料加工处理、总结、提高，上升为人们的管理经验，并反馈于生产实践，用以指导生产，更好地完成生产任务。生产运行计划表和财务计划表，以及运行计划完成统计表，财务计划完成统计表一般每月1次，每季1次，每半年、每年各1次。

9.17 污水处理厂的生产运行计划有哪些内容？

答 以某污水处理厂为例，结合上级主管部门的计划，制订月生产运行计划见表9-2。

表 9-2　污水处理厂月生产运行计划

项目			单位	本月数	备注
污水处理		运行天数	d		
		处理水量	10^4 t		
		BOD_5 达标	d		
		COD_{Cr} 达标	d		
		SS 达标	d		
		总磷达标	d		
		氨氮达标	d		
污泥处理		运行天数	d		
		脱水污泥量	m^3		
		污泥含水率(≤80%)达标	d		
		沼气产量	10^4 m^3		
回用水总量			t		
用电总量			万度		
自来水用量			t		
絮凝剂用量			t		
脱硫剂用量	干式		t		
	湿式	Na_2CO_3	t		
		NaOH	t		
砂量			m^3		
栅渣量			m^3		
取暖燃油量			t		
其他					

9.18　污水处理厂的财务计划有哪些内容?

答　财务成本计划见表 9-3。

表 9-3　污水处理厂月财务成本计划

单位名称：　　　　　　　　　　　　　　　　　　　　　　　　单位：万元

项目	单位	当月数	说明
一、工资性支出	人数(人)		
1. 基职工资			
2. 三班费	数量(个)		
3. 加班费	数量(个)		

项 目	单 位	当月数	说 明
4. 双薪			
5. 临时工工资	人数（人）		
6. 其他工资			
7. 福利费			
8. 工会经费			
二、社会保障费	比例（%）		
1. 公积金			
2. 医疗保险费			
3. 养老保险费			
4. 合同制保险			
5. 失业保险费			
6. 生育保险			
7. 其他保险			
三、公务费			
1. 办公费			
2. 电话费	数量（部）		
3. 机动车燃料费	数量（辆）		
4. 机动车维修费			
5. 机动车辆其他费用			
6. 公用取暖费			
7. 防暑降温费			
四、业务费			
1. 电费			
2. 水费			
3. 絮凝剂费			
4. 脱硫剂			
5. 化验费			
6. 设备保养维护费			

项目	单位	当月数	说明
7. 构、建筑物维护费			
8. 绿化费			
9. 劳保费			
10. 其他业务费			
11. 污泥运输			
五、其他费用			

9.19 污水处理厂维护，保养，大、中、小修，改造计划有哪些内容？

答 ① 设备维护、保养是按设备的说明书和经过一段时间的运行总结，确定在一定时间内对某一种设备的维护、保养工作，称为定期保养。如格栅应每月对转动链条上润滑脂，对不常开的闸门每月要活动一次并上润滑脂等。

② 设备的大、中、小修是根据定期维修和运行中发现故障情况，安排大、中、小修计划。有的设备故障急需抢修，只能抢修后加以统计上报。

③ 设备、设施的改造计划事先要确定可行性改造项目，再经有关部门、技术人员充分论证，报上级主管部门和领导批准，落实资金后才能列为改造计划。

9.20 统计报表有哪些内容？

答 统计报表与计划报表有相互一一对应的部分，统计报表比计划表多出一部分统计的工作。如设备维修统计，除维修支出外，还需统计各种设备运转时间，大、中、小修的规律，设备的故障统计和抢修统计等。

污水处理厂的统计报表一般按生产每班统计，汇总成每日统计报表、每月统计报表、每季统计报表。每半年和每年再汇总两次。整理后报厂主管部门、厂领导、上级主管部门。还必须在本厂保存一份归档备查。统计报表按内容可分以下几种。

① 每月生产运行统计报表，内容与生产运行计划一一对应。每月召开一次生产工艺分析会，统计分析进出水量、污泥处理量、沼气产量以及耗能、耗材、耗药品与出水质量、出泥含水率、投入的资金等关系。分析存在问题和总结经验，为下一个月、季、年内的生产做好准备。

② 每月财务成本统计报表，内容与财务成本计划一一对应，并且分析成本降低或升高的原因，提出降低成本的建议或减少损耗的建议，让领导决策。

③ 每月的设备大、中、小修，设备维护保养完成的情况。设备运转小时汇总、设备的完好率、运转率。设备的改造、更新状况等将各种记录汇成统计报表。

此外各车间、班组、科室还有许多统计数据，如安全生产、材料消耗、行政后勤、办公用品消耗等。统计工作的基本要求是及时、准确，切忌弄虚作假。每一项统计工作都有专人统计，专人校核，防止误报、漏报。因为每一个数据的错误或漏报，都可能影响一连串数据的正确性。单位负责人或统计部门负责人要定期抽查统计数据的准确性，把统计工作的好坏列为评比的内容之一。

统计工作的成果是报表，统计报表是在原始记录基础上汇编而成的，报表可分为运行、设备、财务、化验、安全等报表，要求定时、专业、系统、准确、精练地反映污水处理系统运行管理、辅助运行系统管理和行政后勤管理的关键信息，应分别报送上级主管部门和本厂有关领导、管理和技术人员。

第 10 章

污水处理成本及管理

● 污水处理成本与成本分类

10.1　污水处理成本的内容是什么？有什么意义？

答　污水处理成本的内容是指污水处理厂在污水处理过程中发生的费用。不同规模、不同工艺的污水处理厂其污水处理成本的内容不尽相同，有一定的区别，但其主要的成本内容包括如下几项。

① 在污水处理过程中耗用的各种材料、药品（如有机絮凝剂 PAM）、低值易耗品。

② 污水处理厂耗用的水、电、燃料等。

③ 污水处理厂全体职工的工资及福利费。

④ 固定资产购置费、设备的备品备件费、固定资产折旧费。

⑤ 其他费用。如污泥处置费、生产用车和办公用车费、办公费、差旅费、通信费等。

污水处理成本是综合反映污水处理厂经营管理水平的重要指标。材料和能源消耗是节约还是浪费，生产设备的利用程度合理与否，出水水质的优劣，处理水量的多少等，都会通过污水处理成本直接或间接地显示出来。

10.2　污水处理成本怎样分类？

答　**（1）按成本职能分类**

将各种成本费用按经济用途分为若干成本项目。这不仅便于按成本项目归集费用，计算成本，而且能反映成本的内容，便于分析、比较成本升高或降低的原因，找出解决问题的对策。

由于污水处理厂有的属于事业单位性质，有的属于企业单位性质。因而其成本项目有事业单位成本项目和企业单位成本项目之分。

(2) 按成本习性的分类

指成本总额对业务量总数的依存关系。这种关系是客观存在的。研究、分析它们之间的规律性联系，有助于企业实现最优化管理，充分挖掘企业内部潜力，争取实现最佳经济效益。按成本习性可将全部成本分为变动成本和固定成本两大类。

10.3　什么是事业单位成本项目？

答　事业单位的成本项目可分如下几项。

(1) 人员经费支出

指用于个人方面的开支。包含以下内容。

① 工资。指按规定支付给职工（包括固定工、合同工）的劳动报酬，包括基础工资、职务工资等。

② 补助工资。指按规定发给职工的属于工资总额范围内的各种补贴，是工资的延伸和补充。包括因工作性质、工作地区的特殊性或民族习惯不同的原因而支付的补助，因价格因素、超额劳动等原因支付的补贴、奖金及临时职工的劳动报酬。如煤气生活补贴、回民补贴、保健补贴、岗位津贴、夜班费、加班工资等。

③ 职工福利费。指用于职工福利待遇，解决职工及其家属生、老、病、死等所支付的费用。包括按规定标准核发的工会经费、独生子女学费、托儿费补贴、探亲路费、医药费、丧葬费、病假两个月以上期间的人员工资、退职金等。

④ 社会保障费。指主要用于职工医疗、养老、待业、住房等社会保障性质的开支，包括按规定计算交纳的养老保险金、待业保险金、住房公积金、医疗保险费用。

(2) 公用费支出

指为了完成污水处理事业计划，用于单位公务、业务活动方面的开支。包括以下内容。

① 公务费。指单位日常性管理费用。包括办公费、水电费、通信费，公用取暖费、差旅费、会议费、宣传费、绿化费、卫生费、办公用车燃料费、维修费、保险费、养路费、炊事管理维持费、办公设备维修费。

② 业务费。指为了完成污水处理专业所需的消耗性费用开支及购置的低值易耗品。含生产用水电费、药品费，生产用设备维修费、污泥处置费（包括运输、堆放费）、清淤费（清理池内的砂、泥、渣等），生产用车辆的燃料费、维修费、保险费、养路费，技术资料复印费、业务资料印刷费、化学试剂、生产资料、工具等低值易耗品。

③ 设备购置费。单位购买的不够基本建设投资额及按固定资产管理的各种设备的开支。包括办公用一般设备，车辆购置费及车辆购置附加费，污水处理专业设备购置费，档案设备购置费等。

④ 修缮费。指单位的办公用房、生产车间的用房及构建筑物的修缮费，不够基本建设投资额度的零星土建工程费用。

⑤ 其他费用。含职工教育经费、外籍专家经费、外宾接待费（指国外贷款项目）、抚恤金等。

⑥ 业务招待费。

10.4 什么是企业单位成本项目？

答 （1）直接材料

指在生产过程中直接耗用的材料费、备品备件费、药品费、燃料费、水电费等。

（2）直接工资

指生产过程中直接从事生产人员的工资、奖金、津贴、补贴、加班费等。

（3）其他直接支出

指直接从事生产人员的职工福利费等。

（4）制造费用

指企业各个生产单位（分厂或车间）为组织和管理生产所发生的各种间接费用。包括生产单位管理人员的工资福利；生产单位房屋、建筑物；机器设备折旧费、修理费；物料消耗费、低值易耗品、生产水电费、办公费、差旅费、劳动保护费、保健费等。

（5）管理费用

指企业行政管理部门为管理和组织经营活动的各项费用，包括公司经费、工会经费、职工教育经费、劳动保险费、待业保险费、咨询费、审计费、诉讼费、绿化费、税金、业务招待费、存货盘亏、毁损及报废等。其中公司经费包括厂部管理人员工资、福利费、差旅费、办公费、折旧费、修理费等。

（6）财务费用

指企业为筹集资金而发生的各项费用。包括利息支出、汇兑损失、金融机构手续费等（注：现行的企业会计制度还包括销售费用）。

10.5 什么是变动成本？

答 凡成本总额与业务量的总数成正比例增减关系的，叫作变动成本。但若就单位产品中的变动成本而言，则是不变的。在污水处理厂，变动成本主要有燃料和水电费、药品费、材料费、设备维修费等。

10.6 什么是固定成本？

答 （1）凡成本总额在一定时期和一定量业务范围内，不受业务量增减变动影响而固定不变，叫作固定成本。但若就单位产品中的固定成本而言，则与业务量的增减成反比例变动。如基本水电价、清淤费、绿化费、宣传费、卫生费、养路费、保险费、办公费、差旅费、劳动保护费、固定资产折旧费、管理人员工资等。在规模一定，生产工人人数相对稳定的情况下，还包含生产工人的工资。

（2）固定成本通常又可分为酌量性固定成本与约束性固定成本两类。

① 酌量性固定成本。指通过管理层的决策行为可以改变它们数额的固定成本。如人员的培训费、会议费、差旅费、宣传费等。

② 约束性固定成本。指通过管理层决策行动不能改变它们数额的固定成本。如固

定资产折旧费、各种保险费、基本水电价等。它们是单位经营业务必须负担的最低成本。因为经营能力一经形成，短期内很难改变。即使业务中断，该项固定成本仍将保持不变。

● 污水处理成本的核算方法

10.7　污水处理成本核算有什么意义？

答　① 污水处理成本核算可以全面、正确地反映污水处理成本状况。通过核算，对比收支，计算盈亏，摸清"家底"，并进行货币计数，物品计价，登记账簿和编制会计报表，向厂领导和上级主管部门提供决策依据。

② 通过成本核算，可以正确评价全厂资本运行情况，分析考核成本升降的具体原因，为挖掘单位潜力，节约生产消耗，降低成本提供重要的数据资料。

③ 成本核算可为污水处理厂及时、有效地监督管理和控制污水处理过程中的各项费用支出，争取达到或小于预期的成本目标提供数据资料依据。

④ 通过成本核算，可以为完成本期的成本预测、规划下期的成本水平和成本目标提供重要的数据资料。

综上所述，成本核算是成本管理的基础。正确运用成本核算方法，对于加强成本管理，全面、细致地进行成本核算，不断改进生产经营管理，争取最优的经济效果，具有重要意义。

10.8　污水处理成本核算的内容和程序怎样确定？

答　在污水处理过程的各个阶段，费用和成本总是与处理过程紧密相关的，因此，如何正确地进行成本核算取决于不同单位的生产特点和管理要求。成本核算的内容和程序，归纳起来主要有：确定成本核算对象、成本计算期、成本项目等几个方面。

10.9　怎样确定成本计算对象？

答　成本计算对象是指归集费用的对象。进行成本计算，首先是确定成本计算对象，然后按确定的成本计算对象归集各种费用。污水处理厂根据自身的生产特点和管理要求可以确定多个成本计算对象。

例如，可以以污水处理过程的各个阶段为成本计算对象，如水处理段、泥处理段、运行保障系统段；也可以以厂部的管理部门划分出成本计算对象，如技术科、设备材料科、办公室、安全科等。

10.10　怎样计算成本核算期？

答　成本核算期是指每隔多长时间计算一次成本。

一般来说，成本计算期应当同产品的生产周期一致。但在确定成本计算期时，还必须考虑生产技术和生产组织、流程的特点，以及分期考核经营成果的要求。污水处理的产品只从厂的污水入口开始到排放口为止。没有进料的工序和向外运输、销售的环节（有的污水厂管理进水泵站），比较简单，每日每时产品源源不断向外排放。可人为划定周期，如每日成本核算，每周成本核算，每月成本核算等。一般污水处理厂是按月核算，与上级部门财务部门拨款紧密配合。还可按季核算，半年核算，每年到年底必须进行年度核算。

10.11　怎样确定成本项目？

答　成本项目是指各种费用按其经济用途的分类。

构成各种成本的费用，其经济用途是不同的。例如构成污水处理成本的水电费、车辆维修费等，有的直接用于污水处理过程，有的则用于管理和组织生产。因此，仅有一个概括的成本指标，难以满足成本管理的要求。这就有必要将成本中的各种费用，按其用途分为若干项成本项目，按成本项目归集费用，计算成本。现行的财务制度已对不同类型企事业单位的成本项目做了大致的规定，究竟应设置哪些成本项目较为恰当，要根据不同单位的生产特点和对成本管理的要求来决定。

10.12　怎样归集和分配各种费用？

答　污水处理成本计算的过程，实际上是费用归集和分配的过程。为了正确地归集和分配各种费用，做好污水处理成本的计算工作，一般应做到以下几项原则。

(1) 按国家规定的成本开支范围，注意划清几个支出界限

哪些成本支出可以计入成本，哪些费用支出不可以计入成本，国家都有统一规定，即开支范围。任何单位都必须遵守国家关于成本开支范围的规定，不得乱挤成本。

① 划清基建支出与污水处理费用支出的界限。凡是达到基本建设额度的支出，应报请上级计划部门从基建投资中安排，不得挤占污水处理经费。

② 划清单位支出与个人支出的界限。应由个人负担支出的，不得由单位负担。

③ 划清经营支出与污水处理费用支出的界限。有其他经营业务的污水处理单位，不得将其他经营支出列入污水处理项目，也不要把污水处理费用列入其他经营支出。

(2) 按权责发生制的原则，划清费用受益期限

① 权责发生制的原则，就是指凡由本期成本负担的费用，不论是否支付，都应计入本期成本，凡不应由本期成本负担的费用，即使已经支付，也不能计入本期成本。

② 纳入企业会计核算体系的单位，应该按照权责发生制的原则，正确划分费用的归属期，将待摊费用和预提费用合理地由各期成本负担。

③ 按事业单位会计核算的单位，虽然是按收付实现制进行核算，但也要注意经费支出的列报口径，比如材料费的支出应在领用时列支报出。

(3) 按成本分配受益原则，划清费用受益对象

按成本分配受益者原则划分，就是指发生的各种费用，要按照各个成本对象有无受益和受益程度大小来负担。凡能分清应由某一成本对象负担的费用，应采取直接分配法，直接计入该成本对象。凡不能分清费用对象，即应由两个以上的成本对象共同负担的费用，就应按一定的分配标准，采用间接分配法，间接分配计入各成本对象。能够直接计入成本对象的费用，叫作直接费用，不能直接计入成本对象的费用叫作间接费用。

（4）按成本计算对象开设并登记费用、成本明细分类账户，编制成本计算表

计算各个成本计算对象的成本，是通过费用、成本明细分类核算来完成的。因此，计算成本必须按规定的成本项目，为各个成本计算对象开设有关的费用、成本明细分类账户。根据各种费用凭证，将发生的各种费用，按其经济用途在各明细分类账户中进行归集和分配，借以计算各成本对象的成本。然后，根据各费用、成本明细分类账户的有关成本资料，按规定的成本项目编制成本计算表，全面反映各个成本对象总成本和单位成本的完成情况。

10.13　污水处理成本核算应怎样设置会计科目？

答　① 按事业单位会计制度核算应设置"事业支出"科目，该科目是核算事业单位开展各项专业业务活动及其辅助活动发生的实际支出。"事业支出"应按以下科目进行明细核算：基本工资、补助工资、其他工资、职工福利费、社会保障费、公务费、业务费、设备购置费、构建筑物修缮费和其他费用。

"事业支出"的报销口径规定如下。

a. 对于发给个人的工资、津贴、补贴和抚恤救济费等，应根据实有人数和实发金额，取得本人签名的凭证后列报支出。

b. 购入办公用品可直接列报支出。购入其他材料可在领用时列报支出。

c. 社会保障费、职工福利费和管理部门支付的工会经费，按规定标准和实有人数每月计算提取，直接列报支出。

d. 固定资产修缮基金按核定的比例提取直接列报支出（指有收入的单位）。

e. 购入固定资产，经验收后列报支出，同时记入"固定资产"和"固定基金"科目。

f. 其他各项费用，均以实际报销数列报支出。

g. 发生污水处理费用时，借记"事业支出"科目，贷记"现金""银行存款"等有关科目，年终将"事业支出"借方余额全数转入"事业结余"科目。

② 纳入企业会计核算体系的单位应设置"生产成本""制造成本""管理成本"等成本费用核算科目。"生产成本"按直接材料、直接人工、其他直接费用进行核算。"制造费用"按规定开支的项目内容进行核算。

企业单位应按权责发生制的原则计算列支当期的污水处理费用，由于污水处理厂没有产品及产成品项，在期末，"生产成本""制造费用""管理费用"的借方余额应全部转入"本年利润"科目。

③ 实行内部成本核算的事业单位，其成本项目和计算分配成本的方法，可以参照企业财务制度的规定，结合本单位具体情况，制定具体方法。需要特别强调的是，事业单位实行内部成本核算，必须符合事业单位财务管理基本要求，保证事业单位财务管理体制的统一性和完整性，其成本费用支出必须与事业支出科目相衔接。在进行成本项目设计时，其具体的明细项目，应当与国家统一规定的事业支出科目衔接起来。如一级科目可以参照企业财务制度设置为生产成本、制造费用、管理费用、财务费用等。也可以根据实际情况进行简化合并，二级科目则可以按照事业支出科目设置为工资、补助工资、其他工资、职工福利费等。这样既满足了内部成本核算的要求，又能与国家统一规定的事业支出科目相衔接。

10.14　污水处理成本核算指标有哪些？

答　① （以事业单位为例）人员经费支出总额即工资、补助工资、其他工资、职工福利费、社会保障费的支出总额。

② 人员支出比率

$$人员支出比率 = \frac{人员支出}{事业支出} \times 100\%$$

③ 公用支出总额即公务费、业务费、设备购置费、修缮费和其他费用的支出总额。

④ 公用支出比率

$$公用支出比率 = \frac{公用支出}{事业支出} \times 100\%$$

⑤ 污水处理总成本即人员经费与公用支出的总额。

⑥ 污水处理单位成本

$$污水处理单位成本 = \frac{污水处理总成本}{污水处理总量}$$

⑦ 污水处理经营总成本

$$污水处理经营总成本 = 污水处理总成本 - 设备购置费（或固定资产折旧费）$$

⑧ 污水处理单位经营成本

$$污水处理单位经营成本 = \frac{污水处理经营总成本}{污水处理总量}$$

● 污水处理成本的管理方法

10.15　成本管理有什么意义？

答　污水处理厂的成本管理，就是对生产经营活动的所有环节，运用预测、计划、核算、考核、分析、评价、控制、监督的技术，对生产经营的耗费和支出实行科学管理。

成本管理的根本目的，就是要在生产经营的一切环节，实现节约，降低成本，以提高经济效益。

10.16　成本管理的基本要求是什么？

答　**(1) 增强成本意识**

污水处理厂的各级领导及全体职工，都应具有成本观念，千方百计节约污水处理过程中的耗费和支出，努力争取较好的经济效益。实践证明，单位成本管理工作的好坏，同单位领导成本观念的强弱有很大关系。领导的成本观念强，在安排或进行工作时，考虑降低成本的要求，组织降低成本的活动，检查降低成本的工作；广大职工有了成本观念，会自觉地提高工作效率，在自己的岗位上注意节约，多方寻找降低成本的潜力。

(2) 划分降低成本的责任

节约污水处理的耗费和支出，不断降低成本，还需要明确划分成本责任，规定各部门、各车间、各班组及个人节约支出、降低成本的指标，定期进行考核，按工作的业绩实行奖罚。

（3）健全管理基础，保证成本真实

按照成本管理的要求，污水处理厂要健全成本管理基础，对各种材料物资的领发和消耗、工时的利用、费用的开支、污水处理总量及出泥量、进水水质和出水水质的监测等，都应在办理交接手续的基础上做好记录，提供给有关管理部门进行分析、汇总、计算。领取物资材料，要有计划和审批手续，要有准确的定量、计量和控制标准，避免随意使用、用量不计数无控制的现象。只有做好了这些成本管理基础工作，才能保证成本核算中信息源的真实性。

（4）正确核算成本

一是要遵守成本开支范围，二是要遵守国家的财经纪律。

遵守成本开支范围，首先要划清几个界限，如上所述。遵守国家规定的各项财经纪律，也是成本管理的一个重要内容，只有这样才能保证污水处理成本的真实性和可比性。

为了正确地核算成本，还需要采取科学的成本计算方法，每个污水处理厂都应根据自身的特点，采用能够与其相适应的成本计算方法。

（5）严格成本考核

成本信息用于管理，就要以成本信息为依据，对各部门、各车间、各班组及个人的成本责任或成本计划指标进行考核，据此评价其工作。

（6）加强成本控制，实行成本监督

① 对于成本的支出应加强控制，对开支的合理性、合法性实行监督，以保证人力、物力、财力得以合理、有效地使用，取得较好的经济效益。

② 为了加强控制，必须健全生产耗费的定额管理，规定生产用料、用工定额，按定额控制材料物资的领发，生产工时的利用。对各项开支，要执行规定开支标准，不得随意扩大范围和支付标准。对于消耗定额，开支标准的执行要进行监督，避免有法不依，有章不循。

以上成本管理的基本要求是同成本管理中的经常性工作紧密联系的。认真做好这些工作，就可以保证成本管理工作的加强，使成本管理取得成效。除此之外，在成本管理工作中也要注意开展成本预测，进行成本分析，更多地依据成本信息，考虑成本降低和提高效率的要求。

10.17 什么是成本管理的制度控制方法？

答 在污水处理过程中，为了控制生产耗费和支出，应当建立健全各项成本控制制度。通过严格执行，使生产中的耗费和支出按预定标准支出。一般来说，主要有如下制度。

（1）成本分级分口管理责任制

分级分口管理是我们目前成本管理工作中贯彻责任制的有效形式，也是进行成本管理首先要制定的制度。分级分口管理就是在单位内部，在厂长或主要负责人的统一领导下，以厂部成本管理为主导，建立厂部成本管理、车间（工段）成本管理、班组成本管理相结合的纵向管理责任体系；以财会部门为中心，建立财会、生产、设备、劳资、技术等部门密切配合的横向成本管理责任网络。

实行成本分级分口管理，可以使成本计划指标和生产任务分解落实到各部门，变为全体职工的行动目标。从而调动一切积极因素，挖掘各方面的潜力，保证成本任务的完成。

分级分口管理要求明确各级各部门在执行成本管理方面的职责，赋予成本管理上的权限，定期组织检查，对完成的结果进行考核，并作为评比奖励的条件。

（2）材料物资的管理制度

材料物资的管理制度是成本管理中一项重要的制度。在材料物资管理中，对于材料的购买，应有购买条件、审批权限、购买手续的规定。对于材料的领发应有批准、核发、计量、验收的规定，对余料、废料应有分级、计量、回收的规定。

制定材料物资管理制度，可避免买料无计划、领料无手续、发料不计数、用料不核算、废料不回收的现象，降低材料物资的消耗成本。

（3）财务支出制度

财务支出制度是贯彻执行国家规定的有关财务的制度，控制成本开支，进行成本管理的重要环节。在财务支出制度中，应规定成本开支的范围，开支标准，各项费用支出的审批权限，审批手续，监督方式等。

在财务支出制度制定后，领导可按规定审批，财务按制度把关，使各项成本费用支出有章可循，避免任意扩大开支范围，提高开支标准。

除以上主要制度外，还有设备的维护保养制度、车辆维修制度、用车制度、劳保制度、接待制度、办公用品购买制度等。各单位可根据自身特性（点）来制定。

10.18　什么是定额控制方法？

答　为了控制生产耗费和支出，要借助各项消耗定额。定额应当合理，反映先进水平，使多数人经过努力可以达到。定额也应当根据生产条件的变动，适时进行修改，使定额始终保持它的先进性、合理性。

污水处理成本控制中利用的定额一般包括以下几点。

① 材料消耗定额。如污泥脱水用药量。

② 燃料消耗定额。如油锅炉用油量。

③ 电能消耗定额。如用电量。

④ 费用定额。如公务费、福利费、污泥外运费、污泥堆放费等。

10.19　什么是目标成本控制方法？

答　目标成本是指一定时期内污水处理成本和总控制都达到的标准。一般是指一个年度达到的标准。

目标成本控制的方法主要包括：目标成本的制订、成本差异的计算与分析。

（1）目标成本的制订

目标成本的制订要根据成本特性将所有的成本分为变动成本与固定成本两大类，针对不同类型的成本采用不同的编制方法。

① 变动成本。这类成本与业务量的总额成正比增减关系。主要指直接材料费、直接人工费（计时制企业）和燃料、水电费、辅料等变动费用。其中直接材料费、直接人工费可采用制订标准成本的方法，燃料、水电、辅料等变动费用可以采用编制弹性预算方法。

a. 标准成本实质上就是按成本项目反映的单位目标成本。标准成本是由价格标准与用量标准两个因素构成的。如：

$$直接材料的标准成本 = 价格标准 \times 用量标准$$

或

$$计划单价 \times 消耗定额$$

$$直接人工的标准成本 = 价格标准 \times 用量标准$$

或

$$工资率标准 \times 工作时间标准$$

有了标准成本，就可根据污水处理量的大小来计算目标成本。

b. 弹性预算是在编制费用预算时，考虑到计划期内业务量可能发生变动，编出一套能适合多种业务量的费用预算，以便分别反映在该业务量的情况下所应开支的费用水平。由于这种预算是随着业务量的变化做机动调整，本身具有弹性，故称为弹性预算。

c. 在实际工作中，许多费用项目属于半变动或半固定性质。因此，需对每个费用子项目逐一进行分析计算，并编出一套能适应多种不同业务量水平的费用预算。在污水处理厂，可按设计的污水处理能力来预测这类变动费用的总额，并根据以编制这类变动费用的弹性预算。

$$每 1 m^3 标准变动费用分配率 = \frac{变动费用预算合计（达设计能力）}{污水处理能力}$$

$$变动费用的目标成本 = 变动费用分配率 \times 污水处理量$$

按标准成本和弹性预算方法来确定目标成本，一定要有过去和现在的本单位和国内其他同类行业数据为基础，然后由管理部门采用各种专门方法，结合目前科学技术的发展情况及物价变动情况，进行计算、比较和分析，最后再做出判断。

② 固定成本。这类成本不受业务量的增减变动影响而固定不变。如事业单位固定职工的基本工资、固定资产的折旧费、大修费、车辆的保险费、养路费、基本电价费、宣传费、工本费、差旅费、绿化费、通信费、社会保障费等。这类费用可采用零基预算的方法编制目标成本。

零基预算的基本原理是：对于任何一个计划期，任何一种费用的开支数，不是从原有的基础出发，即不考虑基础的费用开支水平，而是一切以零为起点，从根本上来考虑各个费用项目的必要性及其规律。

零基预算的具体做法，大体上分以下 3 个步骤。

a. 要求各部门的责任人，根据在单位计划期内的目标和该部门的具体任务，详细计划期内需要发生哪些费用项目，并对每一费用项目编写一套方案，提出费用开支的目的，以及需要开支的数额。

b. 对每一费用项目进行分析，然后把各个费用开支方案在权衡轻重缓急的基础上，分成若干层次，排出先后顺序。

c. 按照上一步骤所定的层次与顺序，结合计划期内可动用的资金来源，落实预算，确定目标成本。

（2）成本差异的计算与分析

在日常经济活动中，往往由于种种原因，使实际发生的成本数额与预定的目标成本会发生偏差或差额，这种差额就叫作成本差异。成本差异可归结为价格差异与数量差异两种。

例如：材料价格差异的计算与分析。

① 材料价格差异的计算

$$材料价格差异 = 实际价格 \times 实际数量 - 标准价格 \times 实际数量$$

② 材料用量差异的计算

$$材料用量差异 = 标准价格 \times 实际用量 - 标准价格 \times 标准用量$$

③ 材料差异的分析。如材料出现了不利价格差异，就是对采购部门亮出了红灯，应由采购部门负责。当然也会有一些是采购部门难以负责的因素，应由采购部门加以分析，找出原因。

④ 如果材料出现了不利数量差异，一般来说应由生产部门负责。但有时也可能是因采购部门片面为了压低进料价格，购入质量低劣的材料，造成用量过多。

⑤ 其他差异如工资差异、产品质量差异、变动制造费用差异等与材料的差异计算与分析相同，可根据分析出的原因，立即采取措施加以改进和纠正。其中变动制造费用是由许多明细项目组成，必须根据变动制造费用各明细项目的弹性预算与实际发生额进行对比。

10.20　污水处理成本的日常管理应做好哪些工作？

答　为了降低污水处理成本和提高生产效率，必须抓好各种费用的日常管理。在污水处理的一切环节，注意合理利用资源，如人力、物力、财力等，在保证产品质量和数量的前提下，节约一切能够节约的耗费和支出。一般来说，不同性质的费用，应有不同的管理方法。

10.21　燃料、水电费用管理应做好哪些工作？

答　① 实行定额管理。为使各个部门合理、节约地使用燃料和水电，需对燃料、水电等耗能实行定额管理。应由技术部门和设备材料部门按设备、按生产车间的性质，结合已往消耗的经验数据，制定燃料消耗和水电消耗的定额，按定额控制消耗。对超定额的消耗，要按规定手续审批，并分析原因，明确责任，兑现奖罚。

② 健全计量工作。要执行燃料领发计量制度，分部门、班组核算燃料、水电用量，安装水表、电表，克服各部门耗用数量不清、定额消耗责任不明的现象。用定额量与表的计量相比较，对各部门、班组进行考核（兑现奖罚）。

③ 建立分管部门责任制是提高专业管理人员的责任心的有效手段之一，只有将责任落实到个人，才能使"要他做"变为"我要做"。还要加强对耗用燃料的设备、供水设施、供电设施的技术管理，向管理要效益，防止损失和浪费。同时按管理的绩效进行考核，实行奖罚兑现。

④ 加强对燃料、水电等使用情况的分析，总结和推广合理节约的经验，查明燃料、水电等非生产损耗和浪费的原因，督促责任部门、责任人采取措施加以改进，使消耗能源逐渐趋于更合理、更节约。

10.22　材料费用管理应做好哪些工作？

答　在污水处理厂运行中，各种材料费（含各种药剂费、备品备件费等）在成本中占有较大比重，因此，应当是成本日常管理的重点。

(1) 制定材料消耗定额

材料的收、发、保管，一般由设备材料科归口管理。因此，设备材料科会同各个生产部门，在财务部门的配合下，制定各种消耗定额，作为材料领、发、消耗的控制标准。对于主要材料，应按规定消耗定额领用和消耗（如药剂等）。但对种类繁多的零星耗用材料，可以实行金额控制法，即以零星材料耗用的历史材料为依据，核定允许领用的总金额，在总金额范围内控制领用。

（2）采用有利于节约材料的先进科学技术

采用科学的材料配方和先进的生产工艺，是促使合理和节约利用材料的重要途径。污水处理厂应在保证出水水质、水量的条件下，不断试验，采用新工艺、新材料、新技术，以达到节约材料、降低成本的目的。还要积极开展科学研究，开展技术革新，开展设备改造，节约各种零配件的消耗。

（3）开发新的材料资源，采用优质廉价的代用材料

随着科学技术的发展，新的可以利用的资源不断出现，经过科学试验，肯定了许多的材料品种，因而出现了资源多、价格低的材料替代稀缺昂贵的材料，这种替代不仅缓解了某些物资稀缺的限制，更有利于降低成本。

污水处理厂因其生产的特殊性，不像工业产品企业那样需用大量直接构成产品实体的原材料，但其所用的药剂（如絮凝剂）维修所用配件（国产替代进口），污泥脱水所用的滤带（国产替代进口），空气滤布（国产替代进口）等，也可以在不影响污水处理水质、水量的前提下，尽量采用廉价的代用材料。

（4）减少运输和储存的损耗

材料在运输和储存中，往往会发生损耗。属于正常合理的损耗部分，应当制定定额加以控制。超定额的损耗，则应采取措施加以防止。如在材料运输中，要加固产品包装，减少破损洒漏，尽量采用直达运输，减少装卸中转次数。对储存有期限的药剂，尽可能在期限内用完，不能多存。否则超期用不完会造成浪费。在材料、备品备件等存储中，要实行科学管理，保证库容整洁，存放有序，账、物、卡全对齐。要有防火、防潮、防霉变、防虫害、鼠害措施，不使库存物资发生短少和意外损失。

（5）选购质优价廉材料，降低材料采购成本

材料采购供应部门一般由设备材料科担任，应加强市场调查，掌握市场信息和供货商的信誉。选择货真价实的供货单位。少量购货采用"货比三家"的原则。大宗贵重物品要招投标。

10.23 工资费用管理应做好哪些工作？

答 工资费用在污水处理成本中占有一定的比例，尤其是在规模较小的工厂，要占较大比重。因此，加强工资费用管理，对于控制污水处理成本也有重要意义。

工资费用管理，主要应做好以下几个方面工作。

① 正确计算和发放工资。劳动人力部门应与车间、科室密切配合，严格考勤制度，核定人员，记录考勤。处理违反劳动纪律的人和事。财会部门应在考勤的基础上，按照规定的工资制度、工资标准，正确计算和支付工资。

② 控制工资增长。随着经济发展，人民生活水平不断地提高，工资增长是必然的趋势，但是应该控制那些不能调动人们积极性的，没有必要的工资费用的增长。

③ 制定健全的用人制度。

④ 要按照合理设定的岗位以及劳动定额配备工人。根据经营管理需要设置机构，按照精简、高效的原则，配备管理人员。使单位内任何一个岗位都能得到相对最佳人选。

⑤ 严格控制加班加点，减少不必要的加班工资支出。

⑥ 严格掌握工资开支的范围和标准。

10.24 综合费用管理应做好哪些工作?

答 ① 污水处理厂的综合费用是指除燃料、材料、人工工资以外的费用,由许多明细费用项目组成。各项综合费用支出的节约和超支,对成本也有一定的影响,因此,也要加强管理,从管理中得到效益。

② 实行指标控制。对全厂各项综合费用,应根据综合费用计划,实行指标分解,再落实到各科室、车间、班组。例如,按批准的公务费计划指标,进行总额控制,再将其分解到各部门,各部门根据分解指标报送明细使用计划,对某些明细项目,可对分管部门实行项目控制。如办公费由行政部门归口管理。即将分解的该项目指标向下各部门再分解,按该计划对下各部门进行控制。

③ 严格审核支出。对综合费用的每笔支出,财会部门事前应审核其合法性,合格后再支出。购货后,应根据原始凭证进行审核,监督支出的合理性、合法性。对不合规定、不合法或者超过开支标准的支出,应严格把关,堵住铺张浪费。

各部门应对下达费用指标的完成情况负责。特殊情况需要超过指标开支费用的,应由开支部门提出申请,经厂领导批准,给予追加指标。

④ 为了便于财会部门按其他部门的自控费用支出,也便于使用经费的部门做到心中有数,可推荐两种方法在实际管理中应用。

a. 费用手册方式。费用手册按部门设置,里面记载有各部门经厂核准的费用指标,记录每次实际支出的费用数额,并随之计算出费用指标的结余额,这样使使用部门和控制部门都很明白费用指标的支出和剩余现状。便于财会部门控制和使用部门对指标余额精打细算,合理安排。

b. 内部流通券方式。这种方式由财会部门印制,发行内部流通券(也称内部货币),按各部已核定的费用指标,发给等额的流通券。各部门领用消耗物品,按物品内部价格付给有关部门等额的流通券,向外购物清款和报销费用,也同时付给财会部门等额的流通券。月末存于各部门的流通券(未用完的),就是各部门费用指标的节约额。

以上两种方法,各部门均要指定专人负责管理。

⑤ 完善费用核算项目。财会部门除按会计制定要求,组织好费用总分类核算和明细核算外,还可以按分管费用的责任部门建立辅助记录,以分别记载各部门费用的实际发生数,掌握费用计划或指标执行的动态,定期进行检查考核,对费用支出有可能超支的分管部门,及时发出信息。

⑥ 定期组织费用计划执行情况的检查和分析(至少每月一次)。对于综合费用计划的执行情况,应当实行检查和分析,全面了解费用支出节约或超支的项目和金额,分析取得节约、发生超支的原因,深入检查存在的问题,提出相应的对策和措施,及时督促有关责任部门或人员迅速改进。对于各责任部门完成指标好的,又节约成本的经验也及时加以总结和推广。

10.25 怎样对各部门进行绩效考核? 如何兑现奖惩?

答 绩效考核办法是根据每个单位、部门的全年目标责任分解到每个月或每个季度设置指标考核。从以下几个方面考核指标打分。

（1）本单位或部门的主要业务工作的考核

如运行单位的业务是生产指标完成情况。

① 处理水量按要求完成打分。

② 处理水质达标完成打分。

③ 污泥脱水含固率达标完成打分。

④ 沼气产量或沼气发电量完成打分。

⑤ 生产回用水量按计划完成打分。

⑥ 污泥运输无撒漏、堆放符合环保要求完成打分。

（2）本单位或部门的成本核算

如运行单位的成本消耗情况。

① 电量单位消耗标准完成打分。

② 污水处理、污泥处理、生产回用水药剂单耗完成打分。

③ 自来水消耗完成打分。

④ 出水消毒剂单位消耗完成打分。

⑤ 生产车辆油耗、维修费用完成打分。

⑥ 其他成本，如办公用品、劳保用品、保洁用品等费用完成打分。

（3）本单位或部门的安全工作考核

如运行单位的安全工作考核。

① 无重大安全责任事故和人身事故，一般事故每发生一次扣分一次。重大责任事故和人身事故全扣分。

② 有违章操作、不佩戴劳动防护用品扣分。

③ 发现安全隐患在规定时间内未完成扣分。

④ 按规定组织本单位职工参加安全学习，有不参加者每次扣分。按规定组织外来施工人员安全培训，漏培训者扣分。

⑤ 每月组织安全会议和检查，及时上报事故和未遂事件。每漏开会议和检查或迟交一次上报事故和未遂事件扣分。

⑥ 门卫对人员、车辆出入的管理达到厂《门卫管理规程》的要求，保安管理到位。根据执行情况酌情扣分。发生被盗事件一次扣分。

（4）本单位或部门的设备管理考核

如运行单位的设备管理考核。

① 设备的运转率、完好率达标，达不到扣分。

② 设备按计划维修保养到位，完不成扣分。

③ 设备大修、改造按计划完成，完不成扣分。

④ 设备紧急重大抢修、节约较大维修费用、合理化建议改造设备提高效率等加分。

⑤ 设备卫生（承包到个人）达标，不达标扣分。

⑥ 设备档案按要求记录并存档，不符合要求扣分。

（5）员工管理

① 劳动纪律检查。对有严重违规行为的员工，扣除该项分数。

② 每月对部门员工出勤情况进行抽查（指纹打卡或工作情况抽查）。若有违规行为，每

次扣分。

③ 培训管理。按时提交部门年度培训计划并组织实施。未达要求，每次扣分。

④ 厂组织的各类培训，参训人数出勤率达 90% 以上。未达要求，每次扣分。

⑤ 执行培训管理制度。未达要求，每次扣分。

⑥ 绩效考核执行。考核制度公正，提交考核报告及时无失误。未达要求，每次扣分。

（6）绿化卫生管理

① 确保厂区各部门负责的绿化整齐美观。树木花草按季节修整、打药。

② 道路按时打扫整洁干净。如不合格，按实际状况扣分。

③ 室内、车间物品摆放整齐，没有蚊蝇、蜘蛛网。地面清洁无死角，门窗玻璃洁净。如不符合要求扣分。

④ 厕所每天打扫，轮流值日，无蚊蝇、无异味。如不符合要求扣分。

兑现奖惩首先对考核结果进行打分。

① 分数可封顶，如满分 100 分，没有增加分数项，做得不好有减分，做得最好就满分。

② 分数也可不封顶，有加分项，如特殊贡献奖增加 10 分，就可能 110 分以上。最后总得分数乘以分值等于奖金数给予兑现。

③ 奖惩可多样化。可物质奖励为主，精神奖励为辅。物质奖励可多样化，如送技术培训，专业证书培训，到外地同行参观学习等。精神奖励也可多样化，如口头表扬，书面表扬。设各种荣誉称号，如先进个人、先进集体等。

● BOT 模式的水价确定原则

10.26　什么是 BOT 模式？

答　我国的污水处理厂最初基本上都是由政府投资和建设管理，20 世纪末逐步进入 BOT 商业模式，全国污水处理厂的建设也因此得到较快的发展，市政公用事业特许经营权为主导的市场化经营模式大量兴起。

BOT（build-operate-transfer）模式，即建设、运营、移交，是城市公用基础设施特许经营制度的一种典型形式。政府通过特许权协议，将由政府投资经营的基础设施如污水处理厂，授予企业投资、建设、运营、维护；特许期限内，项目公司向用户收取费用，由此回收项目投资、经营和维护成本并获得合理回报；特许期满，项目公司把基础设施无偿移交政府。

为实现节能减排的任务，2008 年全国县级市都要求建设污水处理厂。BOT 商业模式解决了当前城市污水处理所面临的两大难题：一是建设资金问题；二是运行管理问题。2015 年 4 月 25 日国家发展改革委、财政部、住房城乡建设部、交通运输部、水利部、人民银行令第 25 号公布《基础设施和公用事业特许经营管理办法》，鼓励社会资金采用独资、合资合作等多种方式，参与市政公用设施建设。政府通过 BOT 商业模式，利用时间和空间统筹了政府监管、商人获利和环境改善等方面，落实了全国的节能减排政策。BOT 模式有 3 个基本特征。

① 包括建设、拥有、运营和移交全过程。项目公司在特许期内对项目资产的所有权不

是完整意义上的所有权。

② 政府特许经营。项目公司必须经政府特别许可才拥有建设、经营资产的权利，政府与项目公司的关系由特许经营协议确定。

③ 项目融资。项目融资是一种无追索权或者只有有限追索权的融资贷款，其核心是归还贷款的资金来自项目本身。BOT 的这些特征使其不同于私有化。

BOT 涉及的方面多，结构复杂。实践中，在 BOT 基础上演变和创新出多种衍生方式，如 TOT（移交-运营-移交）、BOO（建设-拥有-运营）、ROT（修复-运营-移交）、BLT（建设-租赁-移交）、BT（建设-移交）等，都是对建设-拥有-运营-移交过程的变化，都仍然具有政府特许经营和项目融资的特征，可以统称为类 BOT 模式。

10.27　BOT 项目的运作程序有哪些？

答　BOT 项目的运作程序包括项目立项、招投标、合同谈判及签订、项目实施四个阶段。

（1）项目立项

项目管理部门对污水处理厂项目建议书、可行性研究报告、环境评价报告等以文件形式进行同意建设的批复。BOT 项目应按照国家基本建设程序立项或由地方政府批复，以避免招标后的项目审批风险。在项目没有立项的情况下进行招标工作，如果投资人确定后政府不批准项目，将会给中标人造成很大的损失。因此 BOT 项目在发布招标文件之前，按照国家的基本建设程序完成项目立项是非常必要的。

（2）招投标

招投标一般分招标资格预审、投标、评标和决标四个阶段。在投标过程中，投标书一般包含以下内容。

① 项目建设标准及投资。

② 进度安排及工期。

③ 收费标准及价格。

④ 投资回报预测及投融资结构。

⑤ 履约标准。

⑥ 不可抗力事件的规定。

⑦ 风险分析与分配。

招投标过程中，招标人要注意以下问题。

① 政府应严格执行招投标法律及相关文件，按照程序办事。

② 政府应聘请专业的投融资咨询公司、律师事务所和设计院作为顾问，认真审核投标法人资格证、企业的财务状况、工程实际业绩、员工技术力量、社会信誉等，审核技术标准、工艺设计、机械设备、投资、运行费用和节能等可行性。必要时，政府可针对项目面向群众举行听证会，让群众共同参与。对社会不良信誉、财务状况或技术力量较差的投标企业，政府应淘汰其出局。

③ 招标人应认真审核投标人标书的投资成本和运行成本，不能使污水厂成为垃圾工程。

（3）合同谈判与签订

谈判双方为政府主管部门与投资商，双方就污水处理项目的范围、工作内容、污水处理收费形式及价格、双方权利及义务、政府担保的内容和优惠的形式、特许经营权的授予、不可抗力及风险分担等内容进行充分协商，形成法律性文件。

（4）项目实施

项目实施包括工程设计、建设、运营和移交。合同签订后，由投资商成立项目公司，项目即进入实施阶段，开始施工设计、工程招标。工程竣工后开始商业运营，特许期满后将工程移交政府或指定机构。在实施期间，政府与投资商必须确保项目从设计、建设到运营和维护都完全按照合同规定的要求进行。

10.28 BOT 模式下的污水处理水价通常如何确定（经营期 20 年）？

答 水价由固定成本、变动成本、利润三部分组成（表 10-1）。

① 固定成本包含设备设施折旧、维修费、贷款利息、人工福利费、管理费、其他固定补贴。

② 变动成本包含药剂费、电费、水费、污泥外运费等。

③ 利润按自有资金 8% 投资回报率或成本加成率计算。

④ 付费方式。

$$水费＝全水价×基准水量＋（实际处理水量－基准水量）×变动成本$$

表 10-1 价格核算原则

项目	设计规模	年基准水量	实际处理水量	总投资	
	$A/365$	A	B	Q	
（一）固定成本	项目费率	年总费用	备注		吨水单价
1. 折旧	4.80%	$C=Q×4.8\%$	或按财务分类计提法		C/A
2. 修理费	2%～3%	$D=Q×2\%～3\%$	定额		D/A
3. 工资福利费		E	社平工资及劳动定额		E/A
4. 借款利息	基准利率	$F=$利息总额$/20$ 年	央行发布，$70\%Q$ 为贷款额		F/A
5. 管理费用及其他费用	10%	G	$D+E+N$ 为基数		G/A
6. 其他补贴		L	谈判		L/A
固定成本合计		M			a
（二）变动成本	单位	年总数量		年总费用	吨水单价
1. 药剂费	t			H	H/B
2. 电费	万度			I	I/B
3. 水费	t			J	J/B
4. 污泥外运费	$10^4 m^3$			K	K/B
变动成本合计				N	b
（三）年总成本费用				$M+N$	
（四）单位成本				$a+b$	
其中：单位固定成本				a	
单位变动成本				b	

项目	设计规模	年基准水量	实际处理水量	总投资	
	$A/365$	A	B	Q	
(五)年利润总额	%	税后利润率,谈判获取,采用②、③方式一般为8%		①成本加成 $R=(a+b)\times x\%$ ②投资回报 $R=Q\times30\%\times x\%$ ③投资收益 $R=$专业数学模型	$d=R/A$
(六)含利润单位处理成本(水价)					$P=a+b+d$
(七)付费方式		$PA+b(B-A)$			

第 11 章

污水处理厂的清洁生产

11.1 什么是清洁生产?

答 清洁生产是指不断采取改进设计、开展循环经济、再生资源利用、使用清洁的能源和原料、采用先进的工艺技术与设备、改善管理、综合利用等措施,从源头削减污染,提高资源利用效率,减少或者避免生产、服务和产品使用过程中污染物的产生和排放,以减轻或者消除对人类健康和环境的危害。《中华人民共和国清洁生产促进法》自 2003 年 1 月日起施行,为我国大力推行清洁生产提供了法律依据。

11.2 为什么污水处理厂要开展清洁生产活动?

答 开展清洁生产活动是国家的宏观政策,也是企业生存和发展的迫切需要。目前,企业间的竞争越来越激烈,而且随着市场的开放,出现了 BOT、TOT 以及 PPP 等建设经营方式,使得国内的污水处理行业成为投资热点产业。只有保证生产安全运行,开展循环经济、再生资源利用、节能减排、降耗增效才能取得成本优势,使环境效益、社会效益、经济效益全面发展。

我国的污水处理厂很早开展了污水再生利用、污泥综合利用。20 世纪 80 年代以来,陆续开展了污泥厌氧产沼气、污水热源泵、污泥焚烧热源、太阳能利用、风力发电等再生能源利用。青岛海泊河污水处理厂在 1993 年就开始利用沼气锅炉给污泥厌氧消化加热,使沼气发动机带动鼓风机替代电能,节约全厂能耗 30% 左右。青岛麦岛污水厂 2008 年开始沼气发电和尾气余热加热污泥产沼气,提供该厂 60% 的日常用电和日常加热污泥的全部用热,成为国内沼气利用的示范工程。现在污泥厌氧产生沼气,利用沼气发电、利用沼气锅炉替代煤锅炉加热污泥已成标准设计。

开展清洁生产活动也是社会对公用事业的呼吁和要求。在我国,污水处理率越来越高,污水处理标准也越来越高，污水处理所占的能耗也越来越大。2006 年污水处理所占能耗约 0.5%，现已增长到约 1%，对比发达国家的用能比重，这一比例肯定还会大幅度提高。各地提高污水处理收费的报道越来越多，公众对污水处理中节约能源的呼吁和降低成本的呼声等越来越引起运营单位的高度重视。

清洁生产也是环境政策的要求。我国国民经济和社会发展第十一个五年规划纲要中首次明确提出节能减排的目标。2016 年，国务院印发《"十三五"节能减排综合工作方案》（以下简称《方案》）。《方案》明确了"十三五"节能减排工作的主要目标和重点任务，对全国节能减排工作进行全面部署。

《方案》指出，要落实节约资源和保护环境基本国策，以提高能源利用效率和改善生态环境质量为目标，以推进供给侧结构性改革和实施创新驱动发展战略为动力，坚持政府主导、企业主体、市场驱动、社会参与，加快建设资源节约型、环境友好型社会。到 2020 年，全国万元国内生产总值能耗比 2015 年下降 15%，能源消费总量控制在 $50 \times 10^8 \text{t}$ 标准煤以内。全国化学需氧量、氨氮、二氧化硫、氮氧化物排放总量分别控制在 $2001 \times 10^4 \text{t}$、$207 \times 10^4 \text{t}$、$1580 \times 10^4 \text{t}$、$1574 \times 10^4 \text{t}$ 以内，比 2015 年分别下降 10%、10%、15% 和 15%。全国挥发性有机物排放总量比 2015 年下降 10% 以上。这项政策的实施，不仅要求污水处理厂进行升级提标，也要求采取有力的措施实现节能降耗。

目前，我国在资源利用效率上与国际先进水平差距较大，在污水处理行业也存在着能效不高的问题。提高能效并不断研发新的节能设备和控制程序，才能使节能目标变为现实。因此，需要在污水处理厂大力推进清洁生产活动。

11.3 污水处理厂清洁生产要达到什么目的？

答 污水处理厂清洁生产的目的是保证生产安全运行，在满足国家污水排放标准的前提下达标排放，并且综合利用各种资源节能、降耗、减排、增效。综合利用就是再生资源利用、绿色能源应用等，如污水热能利用、再生水利用、污泥生产肥料、污泥焚烧热源利用、污泥焚烧后制建筑材料、沼气发电和尾气余热利用，达到热电连供、太阳能应用、风能应用等。

① 节能就是节约能源，即节电、节油等。

② 降耗就是降低生产消耗，也就是减少原辅材料（如自来水、化学药剂、絮凝剂、润滑剂等）损耗，提高资源利用效率。

③ 减排就是减少向环境排放污染物，这就要求在整个生产过程都要进行控制，减少污染物的产生量。

④ 增效就是提高设施设备效率，提高药剂等原材料利用率，降低污水处理成本，增加环境效益、社会效益、经济效益。

11.4 清洁生产中污水处理厂有哪些可替代能源？

答 清洁生产中污水处理厂最主要的可替代能源是污泥消化产生的沼气。除此之外，污水中还含有大量的热能，对某些工业废水如印染废水而言，温度更高，可供利用的废热含量也更高。其他的产能方式还有水力发电、太阳能供热和供电，某些地方还可利用风能发电。

（1）消化气体（沼气）

通过污泥消化产生沼气，可以减少污水处理厂的外用能量，甚至使污水处理由净耗能变为净产能。沼气可用于污水处理厂内热电联产（CHP）。沼气燃烧的产电效率只有 1/3 左右，而另外 2/3 的能量则转化为热量，以热空气的形式排出。通过热电联产的办法可以将热效率提高到 80％以上，产生的电可用于多种设备的驱动，产生的热量可用于污泥干化、消化池加热或向建筑物供热。进入消化池的污泥主要为初沉池污泥，沼气产量较高，大约是剩余活性污泥的沼气产量的 2 倍。

一般情况下，消化气的组成成分为 60％～70％的甲烷，30％～40％的二氧化碳，4％的氮气和少量的氧气，还含有硫化氢。硫化氢是一种有腐蚀性、有毒的气体，限制了沼气在汽轮机中的直接利用，需要较贵的脱硫设备保证储存、输送和使用。在沼气燃烧或沼气发电机的利用方面，我国对沼气中硫化氢的含量都做出了限制，沼气在使用前都要进行脱硫处理。

（2）废水余热

污水中含有的低品位热值可以提取出来，用于污水处理厂内有关建筑物内工作和办公场所的加热，或向附近的居民小区冬季供热和夏季供冷。这种提取污水余热的方法已在国内的多个污水处理厂得到了应用。

污泥或污水中的热量是影响生物生长的必要因子。因此，热量的提取通常只是在处理工艺的尾端，即废水净化之后。常用提取热量的设备是热泵。由于废水流量大而且稳定，废水是一种非常合适的热源。另外，废水被提取热量后，尾水温度较低，对水体环境也是有益的，有助于水体质量的提升。

对工业废水来说，过高的温度不利于生物处理。在这种情况下，更有必要从污水中提取热量，既有利于污水生物处理，所提取的热量还可用于污泥的干化、减量。

（3）水力发电

如果污水处理厂所处地面较高，出水口相比落地面位差合适，就可以考虑水力发电的可能性。水力发电的最大好处是清洁能源，没有污染。发电效率高，一般可以达到 70％以上。从技术上讲，1.7m 的水头即可驱动水力发电机，但在实际应用时要求最低水压为3～4.5m。

污水处理厂的原污水和处理后的尾水均可用于水力发电，但原污水发电的成本要高一些。因为没经处理的原污水含杂质太多容易堵塞发电设备，采用的发电设施可能需要特殊材料，进行一些特别防护或保护。图 11-1 就是利用污水处理厂尾水进行水力发电的示意图。

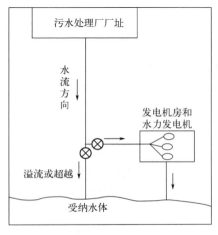

图 11-1　利用污水处理厂尾水进行水力发电

污水处理厂排放出来的尾水一部分进入水力发电站，利用涡轮发电机发电。产生的电可以就近接入公共电网，也可以通过专用线缆输送至污水处理厂。

（4）太阳能

太阳能可以转化为热量或电能。吸收太阳能要利用大面积的吸热板。因为多数污水处理厂占地面积很大，这个条件不难满足。另外，太阳能板的安装地点问题也比较容易解决。

影响太阳能是否能得到推广应用的最主要因素是当地的光照时间。由于污水处理厂地理位置的不同，太阳能吸热量大致为 $300\sim450kW \cdot h/(a \cdot m^2)$，相应产电 $50\sim120kW \cdot h/(a \cdot m^2)$，产生的电可以占到污水处理厂 4% 左右的用电量。

（5）风能

多数污水处理厂地势较低。不便于利用风能。但如果污水处理厂位于海边，如东南沿海或渤海湾等沿海地区的污水处理厂，则可以考虑风能利用。太阳能和风能发电的主要问题是发电受气象条件的限制，不稳定，较难并入公共电网，可在厂内不便铺设供电线路的地方设置。

11.5　开展清洁生产时污水处理厂的能耗如何划分？

答　开展清洁生产时污水处理厂的能耗划分有多种方式。

（1）按用途划分

可分为直接能耗和间接能耗。

① 直接能耗指污水处理工艺过程现场消耗的能源，如电能、石油能源消耗。

② 间接能耗指生产处理过程中所用的原料、建筑材料的能耗，如处理药剂、基建材料的能源。

（2）按使用设备分

主要集中在以下 5 个方面。

① 泵类用能。用于提升和输送污水、污泥和臭气。

② 风机和搅拌机用能。用于生物处理的供氧和推动混合以及除臭装置。

③ 污泥处理、处置用能。用于污泥消化加热和污泥脱水处理。

④ 其他专用工艺机械设备的耗能。指格栅机、吸泥机、浓缩机、皮带输送机等的耗能。

⑤ 杂用能。如附属建筑、厂区的照明等。

（3）按消耗的介质分

可分为电能、燃料和药剂等部分。其中电耗约占总能耗的 60%～90%。

11.6　开展清洁生产时能耗的统计数据怎样直观地表现出来？

答　开展清洁生产时能耗的统计数据可以用图表方式直观地表现出来。如一座典型活性污泥法污水处理厂（规模 $11.4\times10^4 m^3/d$）的物料与能量平衡数据见表 11-1。

表 11-1　典型活性污泥法污水处理厂的物料与能量平衡数据

处理单元	厂内能耗/10^9J	回收能量/10^9J	净能量/10^9J
污水提升	41.36		41.36
预处理	3.17		3.17
一级处理	0.84		0.84
活性污泥法	116.05		116.05

处理单元	厂内能耗/10^9J	回收能量/10^9J	净能量/10^9J
消毒	9.50		9.50
气浮浓缩	15.61		15.61
厌氧消化	32.92	−121.75	−88.83
污泥外运	20.15		20.15
总能耗	239.60	−121.75	117.85

典型污水处理厂内各处理单元的能耗比例和用电分布可用图 11-2、图 11-3 表示。

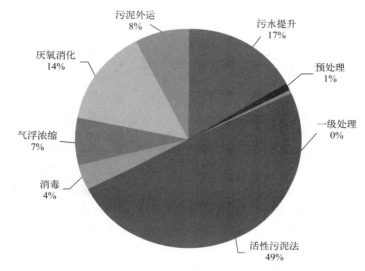

图 11-2 典型污水处理厂能耗比例

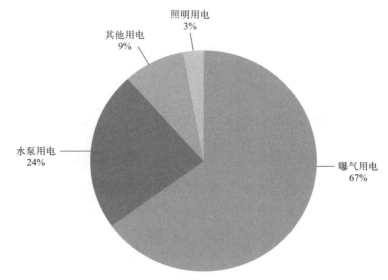

图 11-3 典型污水处理厂用电分布

不同污水处理厂由于所处理污水的性质不同、处理工艺和设备效率的差别，能耗分布也有着很大差异。图 11-2 和图 11-3 中，生物处理的用电比例分别是 49％和 67％。

尽管能耗分布存在着差异，从上述图表可以发现，污水处理厂的主要能耗是在生化处理阶段的曝气、污水提升、污泥回流。因此，节能的重点应放在曝气系统和水泵机械上。近年来，随着污水排放标准的提高，以及对污泥问题、臭气、噪声问题的重视，新工艺的出现以及设备效率的提高，污水处理能耗分布也在发生新的变化。污泥处置、臭气处理和污水深度处理的能耗比例加大。在某些污水处理厂，污泥处置的能耗已达到总能耗的40%，导致综合总能耗上升，成为新的关键用能环节，也是选择污水处理工艺和设备必须重点考虑的问题。

11.7　清洁生产的步骤有哪些？

答　企业实行清洁生产的步骤如下。

① 进行数据统计，计算吨水单耗情况，然后对照行业标准、国际标准进行评估，若单耗过高须分析原因，制定解决方案。

② 实施方案。

③ 检查方案实施后的效果。

④ 总结、评价清洁生产活动。

虽然各污水处理厂工艺不同，但清洁生产实施步骤都是一样的，只是实际操作有所不同。清洁生产的定义包含了两个清洁过程控制：生产全过程和产品周期全过程。对生产过程而言，清洁生产包括节约原材料和能源，淘汰有毒有害的原材料，并在全部排放物和废物离开生产过程以前，尽最大可能减少它们的排放量和毒性。对产品而言，清洁生产旨在减少产品整个生命周期过程中从原料的提取到产品的最终处置对人类和环境的影响。清洁生产思考方法不同之处在于过去考虑对环境的影响时，把注意力集中在污染物产生之后如何处理，以减小对环境的危害，而清洁生产则是要求把污染物消除在它产生之前。

根据经济可持续发展对资源和环境的要求，清洁生产需要达到以下两个目标。

① 通过资源的综合利用、短缺资源的代用、二次能源的利用以及节能、降耗、节水，合理利用自然资源，减缓资源的耗竭。

② 减少废物和污染物的排放，促进工业产品的生产、消耗过程与环境相融，降低工业活动对人类和环境的风险。

11.8　污水处理厂的清洁生产如何进行？

答　污水处理厂的清洁生产按下列步骤进行。

(1) 计划和评估

① 成立清洁生产管理部门。指定专人负责清洁生产活动的设计、沟通和实施，并聘请有资质的评估单位对整个活动进行评估。

② 制定清洁生产计划，并高效、经济地实施。包括：邀请技术专家或专业节能公司，与其他单位（如商业伙伴、设备供应商、周边城市和学校）沟通交流，制定奖励政策，规定需要禁止的事项。

③ 结合污水处理厂的大修改造年度计划进行系统的审计和工程技术分析，找出最需要实施清洁生产的环节，排出优先顺序。

④ 定义并量化目标。通过仔细研究收集的资料，讨论最优性价比的方案、员工需求和

社区反响，确定清洁生产目标。

⑤ 在设计和评估节能项目时，充分利用网上（在线）资源。

⑥ 设定时间表。制定的计划应与本单位的生产协调一致。此外，还应考虑政府的财政周期、专项资金的使用规则以及期限等。

（2）清洁生产活动的实施

对于污水处理、污泥处理工艺运行，清洁生产活动的实施如下。

① 适当增加调节池或贮水池的利用，将白天水量高峰和水质高峰消减后储存（即"削峰填谷"）到晚上水量低峰和水质低峰时处理，配合用电"削峰填谷"。

② 将污泥脱水处理，污泥外运安排在晚上至清晨满负荷运行，对水处理、污泥运输都能起到平衡负荷的作用。

对于污水、污泥处理系统设备，清洁生产活动的实施如下。

① 将污水处理系统、污泥处理系统改造成至少有两个并行系统运行，保证污水处理的运转率。

② 根据冬夏两季极端天气的运行历史记录，制定出极端天气的运行参数，提前做好准备，保证出水达标。

③ 改变高能耗设备（工艺）的工作时间，减少高峰用电。建立负荷管理系统，采用程序控制系统和能源管理系统（energy management system，EMS）进行管理。

④ 关闭或超越低效的设备或工序。

⑤ 安装计算机管理系统和设备，以自动调节操作，从而使用户能更好地控制处理能耗。

对于加热、通风和空调设备，清洁生产活动的实施如下。

① 根据季节的变化进行温度或湿度设定。如在夏季空调设定温度每提高 1℃，可节电 1%～2%。可安装程序控制或 EMS 系统来规范这些操作。防止不必要的太阳能进入系统或空调造成损失。安装设备、软件等管理系统来规范这些加热、通风或空调设备。

② 改变工作时间以避开用电高峰。

对于照明灯具，清洁生产活动的实施如下。

① 尽量使用新节能灯照明，如 LED 灯。某处或某房间不用时或自然光足够时，应采用光控开关及时关灯。

② 下班应关闭不需要的电源，如空调、电脑灯。使用程序控制或 EMS 控制照明灯具。灯泡过多时摘除部分灯泡或断开电源连接以减少照明。

③ 安装设备、软件或管理系统以规范照明系统的使用。如使用照度传感器、红外感应器，可节省 20% 的建筑照明费用。楼道走廊等有人经常走动处安装声控照明。改变工作时间以减少高峰用电。

对于办公或其他辅助设备，清洁生产活动的实施如下。

① 保持打印机、显示器和复印机等办公设备处于省电模式。

② 用电高峰时关闭不必要的办公设备，或将用电负荷转移到用电低谷。拔掉或断开不必要装饰辅件的电源连接。改变工作时间可以减少办公设备的高峰用电。

对于能源替代与更换，清洁生产活动的实施如下。

① 考虑对电网用电量实行"削峰填谷"。

② 尽可能使用可替代能源，如出水口水力发电机、风能发电（如露天照明改为风能照明或风能与太阳能组合照明等）、太阳能（如太阳能热水器供职工洗澡）、污水热能（如污水

热源泵供冷、热空调）等。

③ 在污水输送时尽量利用重力流等替代水泵耗电能方法。

④ 尽可能利用污泥消化产生的沼气进行热电联产。

对于主要的污水、污泥处理设备、设施、土建构筑物，清洁生产活动的实施如下。

① 在财力允许条件下，尽量采用新工艺、新技术、新材料、新设备以提高工艺效率。

② 试验和更新低效的设施、设备。大修改造不符合要求的土建构筑物。

③ 淘汰落后的系统控制设备。

对于公众或职工教育，清洁生产活动的实施如下。

① 通过 E-mail、微信、公告栏、公司网站等向职工宣传节能、降耗的知识和理念。

② 采取一些奖励政策，如竞赛、考核加分、年终评比等，吸引职工或公众参与。

（3）监测和测量运行数据和评价节能效果

对于收集清洁生产活动中的项目资料，清洁生产活动的实施如下。

① 根据实际情况进行调整和不断改进，以求获得最佳效果。可建立跟踪系统或使用监测工具，以便详尽地记录并分析能量的使用情况。为了少走弯路，避免活动中出现错误，应多与同行交流或向专家咨询。

② 评价一项活动是否成功要综合考虑以下指标：资源节省、运行费用节省和投资费用对企业经济的影响、环境的影响、社会效益的影响等。

11.9 污水处理厂的清洁生产怎样进行技术可行性分析？

答 对技术简单、经济效益、明显的节能项目，主要是要教会操作人员使用，不必进行长篇论证分析。但对于比较复杂的项目，在实施前需要与现场操作管理人员、供货商、技术顾问等人员一起研究其是否可行，有时还要做必要的试验。技术可行性分析的主要内容如下。

① 项目实施后能节能吗？

② 项目的实施对职工安全有影响吗？

③ 项目实施后出水质量会提高或保持现状不恶化吗？

④ 新型节能设备安装空间够不够？

⑤ 新的设备、工艺和流程与已有的操作程序、工艺流程、处理能力相配吗？

⑥ 新的项目是否需要更多的人员来实施和管理？

⑦ 是否需要对操作人员进行内部培训或请专业人员进行操作和维护？

⑧ 现有设施能否支持这一项目的实行，还是必须以新增投资的方式安装新设备？

⑨ 项目实施期间会有多长时间的设施停运？

⑩ 供货商能否提供所要求的售前、售中、售后服务？

⑪ 每年的操作和维护费用是否会上升？

⑫ 项目是否会带来其他的能源或环境问题？

⑬ 建设费用是多少？建设费用包括：设备价格、设施改造费用、扩建面积、公用设施的改建、除臭、降噪费用、安装费用、周期性维护费用。

⑭ 每年的运行费用是多少？运行费用包括：设备设施、人工、培训、办公费、维护和保养、备品备件费用、药剂费用、化验费用、污泥运输和处置费用。

11.10　污水处理厂推行清洁生产可获得哪些政策和法律法规方面的支持？

答　国际上的通常做法是对节能产品的使用者和制造者实行现金补贴、优惠以及贷款扶持。

由于清洁生产问题是世界性的，许多国家政府、地方政府、大学和非营利组织都非常关注，发达国家更是如此。在我国，为推动全社会节能、缓解能源矛盾和环境压力、促进清洁生产，陆续出台了以下相关政策以鼓励和约束用户清洁生产。

① 《中华人民共和国清洁生产促进法》。

② 《中华人民共和国节约能源法》。

③ 《中华人民共和国循环经济促进法》。

④ 《公共机构节能条例》。

污水处理厂在开展具体的清洁生产活动时，应及时了解国家和地方政府的节能政策，争取得到政策上、资金上的支持，起到事半功倍的效果。

11.11　污水处理厂的清洁生产活动有哪些配合措施？

答　开展清洁生产活动有很多是技术上的支持，还须配合采用行之有效的管理措施才能实现。管理措施在应用时还要结合企业的具体情况实施。以下是几种常用的管理措施。

(1) 贯标

即实施标准化管理。标准化的实质是对重复性事物功能与结构的选择，固定后重复利用和扩大利用，确保重复性事物的有序发展，以获得全面的最佳效果。标准化对重复性事物功能与结构的选择、固定，有四个标准化基本原理，即统一、简化、协调、选优。在标准化基本原理运用下，标准化可以借助多种方法实现。国际通行的 ISO 9000 标准化管理认证、ISO 14000 环境管理认证和 ISO 18000 职业健康安全管理认证中都有清洁生产的有关要求，采用国际统一标准无疑有助于培养管理者和全体员工的清洁生产意识。

(2) 5S 管理、精益管理和六西格玛管理

近年来，先进的国际管理理念也被引入到污水处理领域。例如，5S 管理是日本企业中广泛采用的管理手段。包括清扫、清洁、整理、整顿、素养。这些措施是维护设备的良好状态的重要保障。

(3) 合理化建议

通过对合理化建议的奖励，鼓励员工广开思路，开源节流。

(4) 质量控制 (QC) 小组活动

针对岗位上存在的运行成本高问题，组成不同形式的 QC 小组，开展技术攻关。如某厂先后就以"降低二期工程生化运行成本""降低污泥脱水中的 PAM 用量""保证一期工程曝气池供氧量"等课题组织 QC 小组攻关，取得了很好的效果。

(5) 班组建设

通过班组建设，提高职工的清洁生产意识和技术素质，落实清洁生产责任制到每个工作岗位，从而激发员工参与这一活动的积极性和创造性。实践证明，只有加强班组建设，常抓不懈、持之以恒地把清洁生产工作渗透到生产管理、技术管理、质量管理、设备管理等各项工作的全过程，才能实现清洁生产目标。

清洁生产是一个长久的意识培养和贯彻过程。当所有的员工把清洁生产都转化为日常行为的时候，企业才能够在实现达标排放、节能减排、开源节流、降低成本的同时，尽到环境责任和社会责任。

11.12 污水处理厂开展清洁生产如何保证进水畅通？

答 污水通过泵站提升或自流进入污水厂的预处理设施，也称作物理处理设施。主要由格栅、沉砂池、进水泵站、初沉池等组成。这些设施的单体设计和先后顺序组合对于后续的生化处理设施能否正常运转起重要作用。而且，从预处理设施一直到最后出水需要建成两套以上可独立运行也可同时运行的系统，才能保证进水畅通，最大程度的清洁生产。同时还需要两条不同的供电线路来保证不间断运行。

11.13 如何在沉砂池进行清洁生产？

答 现在一般的污水厂设计粗格栅在前，沉砂池在后。因此砂粒污染物对粗格栅造成磨损或堵塞，影响后续设施正常运行。通过实践体会，建议在预处理设施粗格栅前增加小沉砂池，把污水中的大砂粒、砖块、石子等无机大颗粒沉淀下来，以减轻后续机械磨损、设施堵塞、沉积过多影响正常运行。另外在小沉砂池上方建抓砂桁车架和抓砂斗，随时将沉在沉砂池的砂石和杂物等抓进垃圾箱或垃圾车里。小沉砂池需建2套并行工作，互不干扰，按并联系统设计。当水量较少时，可考虑1格工作，1格备用。当有1个系统出故障时，可停这个系统抢修，另1个系统继续工作。

小沉砂池设计参数如下。

① 小沉砂池按去除相对密度大于2.65、粒径大于1mm的砂粒设计。流速低于进水渠道流速1/2以下。

② 小沉砂池底部低于粗格栅进水底部3m，每格宽度大于3m，或保证抓砂斗能张开，能抓到底部。每格长度大于5m。小沉砂池四壁直上直下便于抓斗抓砂。

③ 小沉砂池横向设置带机械抓斗钢梁桁车架，其高度保证能装卸垃圾车，抓斗能随时清砂。

污水处理厂沉砂池的形式有平流式、竖流式、涡流式、曝气式等。其中最常用的平流式、竖流式、涡流式停留时间短（30～60s），对裹在砂子表面的污泥不能有效去除，经常造成除砂设备堵塞，不利于维护保养。采用曝气式可克服这一缺点。

曝气式沉砂池是在池的一侧通入空气，使池内水流产生与主流垂直的横向旋流，造成污水中悬浮颗粒相互碰撞、摩擦并受到气泡上升时的冲刷作用，使黏附于砂粒表面的污泥得以去除，沉于池底的砂粒较为干净，大量的油脂和浮渣漂浮到水面。曝气式沉砂池的优点是通过调节曝气量，可以控制污水的旋流速度，使除砂效率较稳定，受流量变化、污泥包裹砂子程度的影响较小，还对污水起预曝气作用。但是，曝气沉砂池的水面受曝气波动影响，不能平缓流动，不便于收集油脂和浮渣。对曝气沉砂池加以改进，设计曝气沉砂撇油池、曝气沉砂撇浮渣池，较好地解决了沉砂、油脂、浮渣对后续设施的影响。曝气沉砂撇油池有刮浮渣刮砂桥、吸砂泵、砂水分离器等配套设施，需要联动自动控制。曝气沉砂撇油池的设计参考值见相关国标设计标准。

11.14　如何在粗、细格栅进行清洁生产？

答　污水处理厂的格栅基本都是机械清渣，并且是自动控制。如果在污水中砂粒多的地区，最好将粗格栅设置在曝气沉砂撇油池之前，细格栅设置在曝气沉砂撇油池之后，以保证粗、细格栅发挥各自的优势能正常运转。在格栅处进行清洁生产需要注意以下问题。

① 格栅因生产厂家不同，形式和结构也不同，因而类型很多，需要根据污水的性质和格栅所处的位置选择适合的格栅类型。这点很重要，需做细致的调查研究落实。

② 为保证格栅运行正常，配套的辅助设备有天车、维修平台，当出现故障时能迅速吊出或在平台上抢修。

③ 格栅应设置在格栅间内，并有通风除臭设施。冬季有保温措施，防止格栅结冰，影响进水。

④ 格栅应配套栅渣输送带或螺旋输送机、栅渣压实机，将栅渣脱水压实送至垃圾箱。栅渣脱水前含水率在 80%～90%，脱水压实后含水率在 50%～60%，体积缩小到 1/5～1/6。臭味也能减轻很多。

⑤ 格栅和栅渣输送设备、栅渣压实机需要自动控制联动，格栅自身控制一般是前后水位差自动控制和连续运转控制。一旦渣量增大，格栅需要连续运转才能应对。栅渣压实机的出口应是喇叭口，也就是终端出口比进口粗才能保证栅渣顺利推出。这点要特别注意。

11.15　如何在进水泵房进行清洁生产？

答　在进水泵房进行清洁生产应考虑污水经过除砂、除渣、除油脂等工序后，由进水泵站将污水提升至后续处理单元所要求的高度，使污水靠重力流过后续各个处理构筑物。这是整个污水处理厂的核心环节。进水泵房一旦有故障，就会影响整个工艺运行，如果严重时会使整个泵站有被淹的危险，甚至停止运行。泵房内有硫化氢等有毒有害气体中毒危险，需加装报警和通风装置。有的污水厂因工艺需求或地形限制不得不设置了二次提升泵站，还有的污水厂因为改造提标也增设了二次提升泵站。这些因素造成提升费用成倍提高，也是值得考虑怎样才能节省能源的地方。

泵站一般由水泵、集水池和泵房组成。集水池的作用是调节来水量与抽升量之间的不平衡，避免水泵启动过于频繁；当用干式泵提升污水时，集水池与泵房分建；当用潜污泵时，集水池与泵房合建，也就是将潜污泵放入集水池中。对泵站建设改造的要求如下。

① 根据运行经验建议如下。在污水厂的进水口设置紧急溢流口，并配置不间断电源速闭闸，保证断电或严重事故时能避免泵站被淹。一般污水厂只设 1 座集水池，当池内有故障（如潜水泵基座损坏）需抢修时，就不得不全厂停止进水。如果在池中建一道隔墙，隔墙上带有手电两用闸门，当遇有池内故障时，可随时关闭隔墙闸门，抽干半个池子，紧急抢修。至少有半个池子继续进水，损失可避免半数以上。

② 为避免泵站内水泵频繁启动和启动电流冲击，一台泵安装变频控制系统，其他泵安装软启动控制系统。池内泵的运行采用动态备用，也就是按设定时间轮流工作，轮流备用，提高污水泵的寿命。

③ 城市污水处理厂的进水大都是生活污水，具有居民生活规律，呈现 M 型变化。以某城市污水厂的进水为例，白天 9 点至 11 点成高峰状，11 点至 13 点略有下降，13 点至 15 点

略有上升，15点至20点略有下降，20点至22点又成高峰状，23点以后呈下降趋势，1点快速下降，3点至6点降至最低点。4点至5点有可能断断续续。从6点开始，进水快速上升，直至9点达到高峰。而水质的变化几乎随水量同时变化。白天和后半夜水量、水质的最小量与最大量能差2~3倍，甚至更高，会严重影响生物处理的效果。因此，考虑建调节池来稳定进水量和水质。但大多数污水厂在设计、建设时没有考虑此事。建议在改扩建项目时，利用现有在集水池周边的空地扩建调节池，或者利用进水管道、进水渠道、初沉池等优化调节进水量和水质，消除大的波动，起到削白天高峰、填后半夜低谷的作用。

11.16　如何在曝气系统进行清洁生产？

答　曝气系统的能耗占全厂能耗的50%以上，对污水处理厂而言，曝气系统是最主要的节能环节之一。因此，对这个重点工艺段进行分析，找出存在问题和节能潜力，为系统优化提供基础资料，不仅是确保正常生产出水达标的关键，也是清洁生产能否取得实效的关键。

以最常见的机械鼓风曝气系统为例，该曝气系统由鼓风机、曝气管道和曝气器组成，主要功能是以压缩空气的形式为曝气池内的微生物提供氧气。

曝气系统的节能可分两个方面：一是降低单位供风量的电耗，用最少的电耗提供更多的风量；二是提高对供风的利用率，使进入曝气池压缩空气中的氧气得到最大程度的利用。前者主要涉及降低管路阻力、提高风机效率和减少管路漏气方面的问题，而后者则涉及面更广，与污水水质、曝气器性能（主要是孔径大小、老化程度）、曝气器布置方式、曝气池池形池深等多个因素有关。本书主要对第二个问题进行分析。

【例题】　某厂一期工程，日处理污水27×10^4t，曝气池进水COD约1000mg/L，出水COD约160mg/L。生化处理阶段产生的剩余污泥为$3.5t/ \times 10^4$t污水。供风量为180000m^3/h，装机为1550kW×4的单级高速离心鼓风机。选用球冠形微孔曝气头18万个。单个曝气器的供气量为1m^3/h，氧利用率为45%，动力效率为7.85kg O_2/(kW·h)。污泥COD为1.2g COD/g MLSS。

解：首先分析氧的利用率。需氧量计算公式：

$$R = Q(S_o - S_e) - QR_x \times 1.2$$

式中　Q——污水量，m^3/d；

S_o，S_e——进、出水COD浓度，kg/m^3；

R_x——产泥量，kg/m^3。

代入有关数据，得$R = 270000 m^3/d \times (1.0 - 0.16)kg/m^3 - 27 \times 3.5 \times 10^3 \times 1.2 kg/d = 113400(kg\ O_2/d)$

氧的利用率为：

$$\frac{113400 \div 24 \times 100\%}{0.3 \times 180000} = 8.75\%$$

同理可知，当气量为140000m^3/h时，氧利用率为11.25%。

动力效率为：

$$\frac{113400}{1550 \times 3 \times 24} = 1.02 kg\ O_2/(kW \cdot h)$$

这些数据与微孔曝气器在清水状态下的测试指标［氧利用率45%，动力效率7.85kg O₂/(kW·h)］差距很大，也预示着曝气系统有极大的节能空间。微孔曝气器在污水状态下的效率要比清水测试指标低得多，推测可能有以下原因。

① 污水中含油和表面活性剂，大大降低了氧溶解效率。

② 温度的影响，实际运行中温度高达70℃以上，而清水测试时基本接近水温即25℃。

③ 控制中的问题，如阀门未按最大开度原则进行控制，曝气池前后布气不合理等，造成了人为的浪费。

11.17　清洁生产怎样落实在微孔曝气系统运行管理上？

答　在清洁生产中微孔曝气系统虽然节能效果显著，但维护工作量较大，老化和堵塞是两个主要问题。这两个问题如果处理不好，将会影响其优势的发挥。微孔曝气系统堵塞根据污染源分为内堵和外堵两类。

① 由于鼓风机或压缩机的入口空气不洁净造成的孔内堵塞。预防措施为定期更换和清理风机入口前的空气过滤器，不使灰尘或尘埃进入曝气系统。

② 在污水侧引起的堵塞。当曝气系统停用一段时间时，曝气器表面会生长生物膜，造成曝气器外堵。针对这种堵塞，要求定期采用高压水或人工方法对曝气器进行清理。对橡胶微孔曝气器，不同的生产厂家有不同的清洗方法。如某些进口产品须采用甲酸向空气管内喷洗，国内某些产品则采取定期空气反冲洗和人工水下擦洗的方式。

对微孔曝气系统，除了做好堵塞的预防和处理之外，还要做好下几点。

① 在巡视时要认真观察气泡的大小和曝气的均匀性，检查有无曝气器的破损。近年来，国外已有专门的抽气分析装置来准确检测曝气池内氧利用率的变化，通过氧利用率的变化来及时发现曝气中存在的问题，为节能降耗和工艺分析提供了一种量化工具。检测曝气系统氧利用率的抽气分析装置见图11-4。

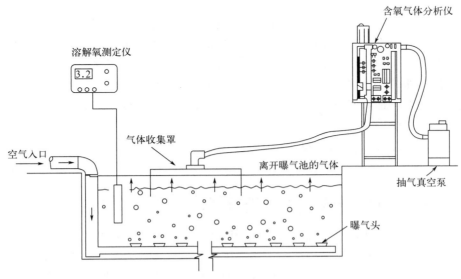

图 11-4　检测曝气系统氧利用率的抽气分析装置

② 定期排放管网内的积水。积水排除后应及时关闭阀门以杜绝气源浪费。当排水阀既

不能排出积水又不能排气时，可以判定排气阀内污泥或异物堵塞。可使用甲酸或清水倒灌的方法进行疏通，确保管网内积水及时排出，以预防管内压力过大损坏曝气器。有些曝气系统排水阀不便操作，管网中的污水长期得不到排除，就会造成管道压力升高，不但浪费能源，还会影响系统的安全。只能拆开管道，排除杂物，重新安装，恢复正常生产。

③ 密切关注曝气器阻力变化和鼓风机压力上升的情况，及时处理堵塞问题。可采用定期核算能耗比和观察风机压力上升趋势等方法及时发现堵塞现象。在发生堵塞初期，可用甲酸在曝气竖管上注入，以溶解堵塞在孔眼中的油脂、污泥。

④ 防止重物、尖锐物落入水中，使曝气管道破损进污泥。

⑤ 注意布气管道及支架的腐蚀情况。如有可能，应定期放空水池进行维修，及时加固支架，修补破损的防腐层。为减少水下管道的腐蚀，采用不锈钢管或 PVC 塑料管道比碳钢管道更有利于整个系统的节能。

⑥ 有些曝气器的材质与废水中的某些化学成分起反应，加速曝气系统的老化。老化橡胶膜的孔径大小不均匀，充氧能力和氧利用率下降，能耗上升。因此，在曝气器的材质方面要高度重视。在确定曝气器的材质前，应做必要的试验。在材质确定之后，要注意密切监视废水组分的变化和设备的正常运行。如三元乙丙橡胶不宜在含油量较高的污水中使用，因此，当采用这种材质的曝气器时，要防止鼓风机等设备严重漏油或企业倾倒废油造成橡胶膜微孔曝气器损坏。

最后，也是非常重要的一点，就是多与微孔曝气器生产厂商和材料供应商联系，共同探讨运行中已经发生或可能会发生的问题，并在管理中严格执行设备操作维护规程。

11.18　如何选择鼓风机、压缩机进行清洁生产？

答　鼓风机、压缩机是污水生物处理中的重要设备，其主要作用是向污水中的微生物提供空气或氧气。此外，气动阀门、气动控制设备的调节、曝气沉砂撇油池的曝气、沼气搅拌、沼气发动机供气压缩、沼气锅炉供气过程中会用到压缩机。除臭设施需要抽风机吸收臭气。鼓风机、压缩机在整个污水处理工程中所消耗的能量占整个系统所消耗能量的一半以上，其安全运行效率高低对实现清洁生产影响巨大。因此，各工艺段要根据风机、压缩机不同的型号、功能特点来选择性价比高的设备。按作用原理，鼓风机分为容积式和离心式两大类。

① 容积式鼓风机按压缩形式又分为回转式、往复式两种形式。回转式按风机叶片不同有罗茨式、滑片式、螺杆式风机；往复式按风机叶片不同有活塞式、隔膜式、自有活塞式风机。容积式鼓风机的特点是变压力恒流量。

② 离心式鼓风机有旋涡式、单级高速离心式、多级离心式风机。离心式风机的特点是变流量恒压力。

11.19　如何运行离心式鼓风机进行清洁生产？

答　离心式鼓风机在污水处理厂的应用较广泛，常常是污水处理厂耗能最大的设备，也是污水处理厂节能的主要对象。因此，了解其工作原理对落实清洁生产非常重要。

离心式鼓风机是根据动能转换为势能的原理，利用高速旋转的叶轮将气体加速，然后减速改变流向使动能（速度）转换成势能（压力）。从理论上讲，当转速一定时离心鼓风机的压力-流量特性曲线应是一条直线，但由于风机内部存在摩擦阻力等损失，实际的压力-流量特性曲线随流量的增大而平缓下降，对应的离心风机的功率-流量曲线随流量的增大而上升。当风机以恒速运行时，风机的工况点将沿压力-流量特性曲线移动。风机运行时的最佳工况点不仅取决于本身的性能，还取决于管网系统的特性，当管网阻力增大时功率-流量曲线将变陡。风机调节的基本原理就是通过改变风机本身的性能曲线或外部管网特性曲线，以得到最佳工况。

离心风机分为单级高速离心鼓风机和多级离心鼓风机。单级风机是指在一根轴上只有一个叶轮，而多级风机是指在一根轴上串联了两个以上的叶轮。单级风机利用高转速来达到所需风压和风量，比多级风机流道短，减少了多级间的流道损失，风量大但风机风压相对较小。多级风机利用逐级加压的方式提高风压，特点是风压大但风量相对小。离心式风机出口压力和实际风量受进气温度或密度变化的影响较大，对一个给定的进气量，最高进气温度（密度最低）时产生的压力最低，而所需的功率随进气温度升高而降低。

提高风机的节能效果，落实清洁生产应从以下几个方面加以考虑。

① 采用高效的离心风机。常见方法是采用进口导叶来代替进口挡板、阀门的节流调节，采用进出口联合导叶调节，采用空气悬浮鼓风机或磁悬浮鼓风机。

② 改善运行工况。采用各种方法减少入口压差、降低管网压力，减少压缩空气的浪费、降低进气温度等。

③ 运行调节。主要是对风机进行变频控制。

④ 配套设备。采用高效能、相匹配的设备。对于进风口过滤器，要求其孔径不宜太小，以减少进风端阻力过大而带来不必要的能耗。

目前污水处理厂曝气池大多采用微孔曝气器。这种曝气头的布气孔径为 $120\sim200\mu m$，所以须对进气进行过滤，以免堵塞微孔。空气污染严重时，要设粗、细两道过滤。一般膜片式曝气器要求通过的灰尘粒径小于 $10\mu m$，除尘效率在 95% 以上污水处理厂在设计时对除尘效率的要求不宜过高，过高的要求虽然在一定程度上保护了曝气系统，但导致能耗过高，污水处理总成本反而加大，应在两者之间找到最佳平衡点。另外，对大功率的离心风机还应注意配套电机的选择，如采用 10kV 高压电机来代替低压电机，也有助于降低能耗，落实清洁生产。

11.20 如何运行罗茨鼓风机进行清洁生产？

答 罗茨鼓风机是利用两个叶形转子在气缸内做相对运动来压缩和输送气体的回转压缩机，其结构和工作原理如图 11-5 所示。

这种鼓风机靠转子轴端的同步齿轮使两转子保持啮合。转子上每一凹入的部分与气缸内壁组成工作容积，在转子回转过程中从吸气口带走气体，当移到排气口附近与排气口相连通时，因有较高压力的气体回流，这时工作容积中的压力突然升高，然后将气体输送到排气通道。两转子依次交替工作，互不接触，它们之间靠严密控制的间隙实现密封，因此排出的气体不受润滑油污染。罗茨鼓风机结构简单，制造方便，适用于低压力场合的气体输送和加压，也可用作真空泵。由于周期性的吸气、排气和瞬时等容压缩造成气流速度和压力的脉动，因而会产生较大的气体动力噪声。此外，转子之间和转子与气缸之间的间隙会造成气体泄漏，从而使效率降低。

罗茨鼓风机属于容积回转式风机，其工作特点是当转速一定而压力在允许范围内时，流量的变动很小，转速和流量之间保持正比例关系。采用旁路调节法不能改变罗茨鼓风机的吸

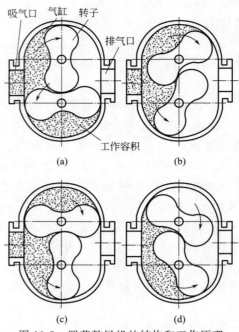

图 11-5　罗茨鼓风机的结构和工作原理

气量，所以风机始终在满负荷下运行，无法节能。如果改变转速，使风机吸气量发生变化，其功率消耗也随之改变。

（1）流量特性

罗茨鼓风机的理论流量与转子转速的关系式为：

$$Q_{th} = \frac{\pi}{2} D^2 L \lambda n$$

式中　Q_{th}——理论流量，m^3/min；

D——叶轮外径，m；

L——叶轮长度，m；

λ——面积利用系数，表征风机气缸空间的有效利用程度（圆弧-渐开线型线的面积利用系数 $\lambda = 0.563 \sim 0.521$）；

n——叶轮转速，r/min。

罗茨鼓风机的实际流量 Q 为：

$$Q = \eta_v Q_{th}$$

式中　η_v——容积效率，一般 $\eta_v = 0.7 \sim 0.9$。

由以上两式可知，对每一台罗茨鼓风机，其叶轮外径、长度和面积利用系数都是一个定值，当可忽略容积效率 η_v 变化时，罗茨鼓风机的流量 Q 正比于转速 n。

（2）功率特性

罗茨鼓风机的轴功率为：

$$N_z = \frac{Q_{th} \Delta p}{6000 \eta_m}$$

式中　N_z——轴功率，kW；

Δp——风机进出口压差，Pa；

η_m——机械效率，一般取 $\eta_\mathrm{m}=0.9$。

根据以上公式，可知当罗茨鼓风机转速 n 变化时，其轴功率 N_z 与转速 n 成正比。

（3）转矩特性

罗茨鼓风机的转矩 M 为：

$$M=9552\frac{N_z}{n}$$

由于罗茨鼓风机的轴功率 N_z 与转速 n 成正比，由上式可知，当转速变化时，罗茨鼓风机输出的转矩不变，即属于恒转矩运行。

罗茨鼓风机与离心风机相比具有结构简单、无喘振、流量受阻力影响小、送风稳定等优点，但效率较低、噪声大。罗茨鼓风机的特点决定了其比较适合于流量恒定压力多变的工况，多用在输气距离短、经常启动的场合。如气动阀门、气动控制设备调节的供气，在 SBR 工艺中应用较多。此外，也可以通过变频调节的控制方式降低能耗，落实清洁生产目的。

11.21　如何选择高效节能鼓风机进行清洁生产？

答　近年来，高速直联的离心式鼓风机不采用连接增速齿轮箱，而是用高速电机轴与风机叶轮直联，这类风机在污水处理厂的应用逐渐增多。从节能的角度来选择高效节能鼓风机进行清洁生产时应注意以下几点。

（1）符合行业标准和国家标准的要求

如单级离心鼓风机应符合《环境保护产品技术要求　单级高速曝气离心鼓风机》（HJ/T 278—2006）标准的要求。其中，规定鼓风机的效率应不低于 80%，效率测试按 JB/T 3165—1999 的规定进行。鼓风机空气动力性能允差：固定转速鼓风机在额定压力下进口容积流量允差为 0～5%，在额定流量下的出口压力与规定值允差为 0～5%，轴功率偏差不得超过规定值的 4%"。

（2）比功率低

鼓风机的比功率可视为压风量一定情况下单位供风量的能耗，单位为 $kW/(m^3 \cdot min)$，它是表征鼓风机节能效率的一个重要指标。高效的风机除满足安全性（如防喘振破坏）和工艺要求（如流量、风压）的要求之外，其比功率的大小决定了风机的效率高低。表 11-2 是各类鼓风机的性能对比。

表 11-2　各类鼓风机的性能对比

型号	类型	升压 /kPa	流量 /(m³/min)	输出功率 /kW	比功率 /[kW/(m³·min)]	节能 /%
GM20L	单级离心	68.6	75	100	1.3333	11
BCD80	多级离心	68.6	80	132	1.65	−9
3L63WC	罗茨	68.6	72.1	108	1.4979	0

从表 11-3 可知，单级离心鼓风机的比功率最低，最为节能。国产优质罗茨鼓风机其次。多级离心鼓风机效率最低。

另外，进口单级离心风机因采用联合导叶调节，节能幅度更大，如瑞士苏尔寿公司生产的超大型离心式曝气鼓风机，其调节范围为额定流量的35%～107%，调节效率达82%，平均节能率为2.5%～5.1%。全静叶可调轴流式曝气鼓风机的年节能率则可达6.7%～15.7%。从污水处理厂的实际应用来看，我国在设备节能上还有一定差距。

一般来说，高效鼓风机具有采用高效电机、进出口联合导叶、鼓风机可允许变频驱动等配置。近年来，空气悬浮鼓风机和磁悬浮鼓风机得到越来越多的应用。这种风机与传统的罗茨风机、多级离心风机、单级离心风机相比更为节能。空气悬浮离心鼓风机采用了高速直联电机、空气悬浮轴承及三维模拟涡轮叶轮，无冷却系统、无油润滑系统，具有效率高、噪声低、振动低、磨损低的特点。与传统的鼓风机相比，空气悬浮离心鼓风机设备系统简化，缩小了设备的外形尺寸，所输出的空气中不含油分，被称为绿色环保设备。与罗茨鼓风机相比可节能25%～35%，与传统多级离心鼓风机相比可节能15%～20%，与传统单级涡轮离心鼓风机相比可节能10%～15%。三种常用鼓风机的性能比较见表11-3。

表11-3　三种常用鼓风机的性能比较

性能比较	空气悬浮鼓风机	磁悬浮鼓风机	单级高速离心鼓风机
效率/节能性	效率高、能耗低	效率高,能耗低	能耗略高,效率较低
振动	低	低	高
风量调节范围	低	低	高
占地与土建投资	占地面积小,土建费用低	占地面积小,土建费用低	占地面积大,土建费用高
使用范围	中小型污水处理厂	中小型污水处理厂	大中型污水处理厂
耐受事故停电性能的比较	不受事故停电的任何影响,若遇事故停电,仅相当于一次正常关机	不能经受事故停电,对供电系统的可靠性要求极高,需另行配置安全供电设施	需要另行采取安全保障措施,如高位油箱或副齿轮组等
日常维护	维护工作量少	维护工作量一般	经常维护

11.22　在鼓风机生产运行管理中可采取哪些清洁生产措施?

答　鼓风机用电的基本公式为：

风机用电量=(配线损耗+控制装置损耗+传动装置损耗+风机损耗+空气阻力)×运行时间

在曝气池的鼓风曝气系统，鼓风机消耗功率的数学表达式为：

$$P_w = K_0 G_s \left[\left(\frac{10.43 + H_1 + H_2}{10.13 - \Delta p_0} \right)^{0.2857} - 1 \right]$$

式中　P_w——鼓风机消耗功率，kW；

　　　K_0——常数，与鼓风机的效率及电机的效率、气体密度和入口气温有关；

　　　G_s——标准状态下输送的空气量，m^3/s；

　　　H_1——曝气池内曝气器安装后曝气盘上方水深，m；

　　　H_2——曝气头阻力降，一般用水头损失表示，m；

　　　Δp_0——进口过滤器压降，m；

　　　10.13——以水柱表示的大气压，m；

　　　10.43——以水柱表示的大气压加上富裕压头，m。

从以上两个基本公式可知，鼓风机的功率既与鼓风机、电机的效率有关，也与气体密度、入口气温、过滤器压降、出口压力等多个因素有关。因此，要实现风机的清洁生产，可以考虑的方法有减少运行时间、采用高效机器及设备降低损耗、减少空气阻力等多种措施。

11.23　怎样加强鼓风机室外进气的清洁生产管理？

答　空压机对空气的做功与进口空气的温度成正相关。由于室内外空气温度不同，特别是在极端温度季节，室内外温差很大。在夏季，室外温度通常要高于室内温度很多，且湿度也很高，造成空气中的含氧量降低很多。需要压缩更多的空气才能达到污水中的需氧量。因此，压缩低温空气要比压缩高温空气节能。另外，因室外空气中的粉尘、飞行小动物等也对鼓风机的能耗有一定的影响，在污水处理厂建设和运行中也要采取相应的措施。加强室外进气的清洁生产管理，减少室外空气对进气的影响，有如下几种办法。

① 将鼓风机尽量靠近外墙。设对流窗口，方便夏季散热。

② 输送压缩气体管道的管廊内会很热，应多设检查井，在夏季时可打开检查井盖通风散热。

③ 鼓风机房应安装在曝气池的夏季上风向，以防夏季曝气池面上的空气中水蒸气和腐蚀性气体含量太高，影响进气质量，造成进气阻力过大，空气过滤系统受损。

④ 进气管口最好设在机房的北面背阴高处，建通风塔以降低气温，并采取遮阳、避雨措施。

⑤ 在进气管（廊道）口设置百叶窗。防止小鸟、小动物被吸进来造成停机。

⑥ 鼓风机房附近不要种草、种树，防止枯叶被吸进。

⑦ 不应与有粉尘源的车间靠得太近，如与污泥干化车间保持一定距离。

⑧ 进风间不宜朝阳。以免气温升高，影响进气质量。夏季可对进风口遮阳降温。

⑨ 当鼓风机进风口受水气污染较大时（如靠近沉淀池且在下风向时，或者在潮湿、高温情况下有喘振危险），可在进风口廊道内设置除湿降温设备保证生产正常运行。

参考文献

[1] 徐亚同，黄民生. 废水生物处理的运行管理与异常对策. 北京：化学工业出版社，2003.

[2] 赵庆祥. 污泥资源化技术. 北京：化学工业出版社，2002.

[3] 纪轩. 废水处理技术问答. 北京：中国石化出版社，2005.

[4] 王洪臣. 城市污水处理厂运行控制与维护管理. 北京：科学出版社，1997.

[5] 金儒霖. 污泥处置. 北京：中国建筑工业出版社，1982.

[6] 郑兴灿、李亚新. 污水除磷脱氮. 北京：中国建筑工业出版社，1998.

[7] 李胜海. 城市污水处理工程建设与运行. 合肥：安徽科学技术出版社，2001.

[8] 沈耀良，王宝贞. 废水处理新技术. 北京：中国环境出版社，2000.

[9] 朱亦仁. 环境污染治理技术. 北京：中国环境出版社，2002.

[10] 李耀中. 噪声控制技术. 北京：化学工业出版社，2004.

[11] 王光雍，王海江，李兴濂，等. 自然环境的腐蚀与防护. 北京：化学工业出版社，1997.

[12] 陈洁，杨东方. 锅炉水处理技术问答. 北京：化学工业出版社，2003.

[13] 周国庆，孙涛. 锅炉工安全技术. 北京：化学工业出版社，2005.

[14] 孟燕华. 工业锅炉安全运行与管理. 北京：中国电力出版社，2004.

[15] 周英，赵欣刚. 锅炉水处理实用技术. 北京：地震出版社，2002.

[16] 郑长聚. 环境工程手册：环境噪声控制卷. 北京：高等教育出版社，2000.

[17] 王丹均，王耿成. 仪表维修工. 北京：化学工业出版社，2004.

[18] 郑俊，吴浩汀. 曝气生物滤池工艺的理论与工程应用. 北京：化学工业出版社，2005.

[19] 贺延龄. 废水的厌氧生物处理. 北京：中国轻工业出版社，1999.

[20] 金兆丰，余志荣. 污水处理组合工艺及工程实例. 北京：化学工业出版社，2003.

[21] 李军，杨秀山、彭永臻. 微生物与水处理工程. 北京：化学工业出版社，2002.

[22] 张志峰，孟少卿. 污水处理节能降耗问答. 北京：化学工业出版社，2010.

[23] 周善东. 城镇污水处理厂运行管理实务. 济南：黄河出版社，2013.

[24] 徐强，刘明，张春敏. 污水处理节能减排新技术、新工艺、新设备. 北京：化学工业出版社，2009.